Lehr-Lern-Labore

Burkhard Priemer · Jürgen Roth
(Hrsg.)

Lehr-Lern-Labore

Konzepte und deren Wirksamkeit
in der MINT-Lehrpersonenbildung

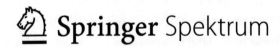

Hrsg.

Burkhard Priemer
Institut für Physik
Humboldt-Universität zu Berlin
Berlin, Deutschland

Jürgen Roth
Institut für Mathematik
Universität Koblenz-Landau
Landau, Deutschland

ISBN 978-3-662-58912-0   ISBN 978-3-662-58913-7 (eBook)
https://doi.org/10.1007/978-3-662-58913-7

Die Deutsche Nationalbibliothek verzeichnet diese Publikation in der Deutschen Nationalbibliografie;
detaillierte bibliografische Daten sind im Internet über http://dnb.d-nb.de abrufbar.

Springer Spektrum

Springer Spektrum ist ein Imprint der eingetragenen Gesellschaft Springer-Verlag GmbH, DE und ist
ein Teil von Springer Nature.
Die Anschrift der Gesellschaft ist: Heidelberger Platz 3, 14197 Berlin, Germany

Geleitwort des Geschäftsführers der Deutsche Telekom Stiftung

Endlich selbst vor einer Klasse stehen und mit den Schülern arbeiten! Endlich zeigen, was man all die Jahre gelernt hat! Das war wohl schon immer der sehnlichste Wunsch angehender Lehrerinnen und Lehrer, wenn das Studium sich dem Ende zuneigte und das Referendariat nahte. Und dann standen sie plötzlich dort, die Tafel im Rücken, das Handwerkszeug nur scheinbar fest verinnerlicht, und merkten recht schnell: So leicht ist das ja gar nicht, die Schülerinnen und Schüler für das eigene Fach zu begeistern, sie mit fachlicher Leidenschaft anzustecken.

Ich möchte gar nicht das Klischee vom „Praxisschock" bemühen. Den erfährt schließlich fast jeder Universitätsabsolvent, gleich, welches Fach er studiert hat. Zu Beginn des Arbeitslebens steht meistens erst einmal „Learning by Doing". Dass dies jedoch insbesondere im Lehrerberuf, der vom ersten Tag in der Schule an ein so diverses Set an Kompetenzen voraussetzt, nicht immer genügt, dass die „Übung am lebenden Objekt" gerade hier so früh wie möglich erfolgen sollte, wurde in der universitären Lehrerbildung lange Zeit nicht ausreichend anerkannt. So war es in der Vergangenheit keine Seltenheit, dass angehende Lehrkräfte erst ganz am Ende ihres Studiums, wenn nicht gar im Referendariat, erstmals in einer Schulklasse das Unterrichten probieren durften.

Diese Zeiten sind glücklicherweise vorbei. Das Thema Anwendungsbezug spielt heute in der Ausbildung zur Lehrerin und zum Lehrer eine zunehmend bedeutende Rolle. Allerorten wurden Praxisphasen ins Lehramtsstudium integriert, vielfach finden diese bereits im Bachelor statt. In einigen Bundesländern – ja, ja, der Bildungsföderalismus – gibt es sogar ganze Praxissemester, die an der Universität didaktisch vorbereitet und anschließend reflektiert werden. So lässt sich festhalten: Neben den Fachwissenschaften, den Fachdidaktiken und den Bildungswissenschaften scheint sich endlich und verdientermaßen auch die Schulpraxis ihren festen Platz im Curriculum des Lehramtsstudiums erobert zu haben.

Eine hervorragende Möglichkeit für Studierende, Praxiserfahrung zu sammeln, sind Lehr-Lern-Labore, die an den Universitäten angesiedelt werden. Die angehenden Lehrkräfte planen in den Laboren Unterrichtseinheiten, führen diese anschließend wiederholt mit Schülerinnen und Schülern durch und reflektieren nach jedem Durchgang ihre Fortschritte. Im Rahmen ihres Engagements für die MINT-Lehrerausbildung hat die Deutsche Telekom Stiftung von 2014 bis 2018 sechs Universitäten dabei unterstützt, gemeinsam das Konzept der Lehr-Lern-Labore weiterzuentwickeln und diese zu einem integralen Bestandteil ihrer Lehrerbildung zu machen. Die Arbeitsergebnisse des Entwicklungsverbundes „Schülerlabore als Lehr-Lern-Labore" sind in dem vorliegenden Buch zusammengefasst.

Der Verbund hat gezeigt, dass Lehr-Lern-Labore einen Mehrwert für alle Beteiligten schaffen können: Es sind Begegnungsorte für Akteure aus sämtlichen Phasen der Lehrerbildung. Schülerinnen und Schüler erleben dort forschendes Lernen und erweitern ihr Wissen in den MINT-Fächern. Lehrkräfte aus der Schulpraxis erhalten in den Laboren didaktische Anregungen direkt aus der Wissenschaft. Und angehende Lehrkräfte können ihre Kompetenzen praxisnah in einem geschützten Raum testen und dabei ihren forschenden Blick auf die Lernprozesse der Schülerinnen und Schüler verfeinern.

Den Verbundhochschulen, die in den vergangenen fünf Jahren so engagiert zusammengearbeitet haben, danke ich an dieser Stelle ganz herzlich für ihre Pionierleistung. Ich bin zuversichtlich, dass die gesammelten Erkenntnisse einen festen Platz in der Lehrerausbildung der Zukunft finden werden. Allen Leserinnen und Lesern wünsche ich eine aufschlussreiche Lektüre.

Dr. Ekkehard Winter

Geschäftsführer Deutsche Telekom Stiftung

Inhaltsverzeichnis

Autorenverzeichnis

Marie-Elene Bartel Institut für Mathematik, Didaktik der Mathematik (Sekundarstufen), Universität Konlenz-Landau, Landau, Deutschland

Martin Brämer Didaktik des Sachunterrichts, Freie Universität Berlin, Berlin, Deutschland

Ann-Katrin Brüning Institut für Didaktik der Mathematik und der Informatik, Westfälische Wilhelms-Universität Münster, Münster, Deutschland

Réne Dohrmann Didaktik der Physik, Freie Universität Berlin, Berlin, Deutschland

Gabriela Ernst Didaktik der Physik, Humboldt-Universität zu Berlin, Berlin, Deutschland

Corinna Hößle Didaktik der Biologie, Carl von Ossietzky Universität Oldenburg, Oldenburg, Deutschland

Friedhelm Käpnick Institut für Didaktik der Mathematik und der Informatik, Westfälische Wilhelms-Universität Münster, Münster, Deutschland

Michael Komorek Institut für Physik, AG Didaktik und Geschichte der Physik, Carl von Ossietzky Universität Oldenburg, Oldenburg, Deutschland

Hilde Köster Didaktik des Sachunterrichts, Freie Universität Berlin, Berlin, Deutschland

Bianca Kuhlemann Didaktik der Biologie, Carl von Ossietzky Universität Oldenburg, Oldenburg, Deutschland

Felix Lensing Mathematik, Freie Universität Berlin, Berlin, Deutschland

Miriam Leuchter Institut für Bildung im Kindes- und Jugendalter, Universität Koblenz-Landau, Landau, Deutschland

Tobias Mehrtens Didaktik des Sachunterrichts, Freie Universität Berlin, Berlin, Deutschland

Johannes Meister Fachdidaktik und Lehr-/Lernforschung Biologie, Humboldt-Universität zu Berlin, Berlin, Deutschland

Sabine Meister Fachdidaktik und Lehr-/Lernforschung Biologie, Humboldt-Universität zu Berlin, Berlin, Deutschland

Katharina Nave Fachdidaktik und Lehr-/Lernforschung Chemie, Humboldt-Universität zu Berlin, Berlin, Deutschland

Irene Neumann Didaktik der Mathematik & Didaktik der Physik, Leibniz-Institut für die Pädagogik der Naturwissenschaften und Mathematik an der Universität Kiel, Kiel, Deutschland

Knut Neumann Didaktik der Physik, Leibniz-Institut für die Pädagogik der Naturwissenschaften und Mathematik an der Universität Kiel, Kiel, Deutschland

Sandra Nitz AG Biologiedidaktik, Universität Koblenz-Landau, Landau, Deutschland

Volkhard Nordmeier Didaktik der Physik, Freie Universität Berlin, Berlin, Deutschland

Ilka Parchmann Didaktik der Chemie, Leibniz-Institut für die Pädagogik der Naturwissenschaften und Mathematik an der Universität Kiel, Kiel, Deutschland

Burkhard Priemer Didaktik der Physik, Humboldt-Universität zu Berlin, Berlin, Deutschland

Björn Risch AG Chemiedidaktik, Universität Konlenz-Landau, Landau, Deutschland

Peter Röben Fakultät V Institut für Physik, Carl von Ossietzky Universität Oldenburg, Oldenburg, Deutschland

Jürgen Roth Institut für Mathematik, Didaktik der Mathematik (Sekundarstufen), Universität Koblenz-Landau, Landau, Deutschland

Antje Saathoff Didaktik der Biologie, Carl von Ossietzky Universität Oldenburg, Oldenburg, Deutschland

Menke Saathoff Fakultät V / Institut für Physik / Arbeitsgruppe Technische Bildung, Carl von Ossietzky Universität Oldenburg, Oldenburg, Deutschland

Marie Schehl Zentrum für Bildung und Forschung an Außerschulischen Lernorten, Universität Konlenz-Landau, Landau, Deutschland

Johannes Schulz Didaktik der Physik, Humboldt-Universität zu Berlin, Berlin, Deutschland

Julia Schwanewedel Sachunterrichtsdidaktik, Humboldt-Universität zu Berlin, Berlin, Deutschland

Steffen Smoor Institut für Physik, AG Didaktik und Geschichte der Physik, Carl von Ossietzky Universität Oldenburg, Oldenburg, Deutschland

Stefan Sorge Didaktik der Physik, Leibniz-Institut für die Pädagogik der Naturwissenschaften und Mathematik an der Universität Kiel, Kiel, Deutschland

Jan Steger Didaktik des Sachunterrichts, Freie Universität Berlin, Berlin, Deutschland

Annette Upmeier zu Belzen Fachdidaktik und Lehr-/Lernforschung Biologie, Humboldt-Universität zu Berlin, Berlin, Deutschland

Birgit Weusmann Institut für Biologie und Umweltwissenschaften/AG Biologiedidaktik, Carl von Ossietzky Universität Oldenburg, Oldenburg, Deutschland

Ronja Wogram Fachdidaktik und Lehr-/Lernforschung Biologie, Humboldt-Universität zu Berlin, Berlin, Deutschland

Verena Zucker Institut für Bildung im Kindes- und Jugendalter, Universität Koblenz-Landau, Landau, Deutschland

Das Lehr-Lern-Labor als Ort der Lehrpersonenbildung – Ergebnisse der Arbeit eines Forschungs- und Entwicklungsverbunds

1

Jürgen Roth (iD) und Burkhard Priemer (iD)

Inhaltsverzeichnis

Abstract

Wie kann es gelingen, Studierenden nicht nur theoriebasiertes und deshalb möglicherweise eher träges didaktisches Wissen zu vermitteln, sondern ihnen bereits im Studium die Möglichkeit zu bieten, professionelle Kompetenzen von MINT-Lehrpersonen im Wechselspiel zwischen Theorie und Praxis aufzubauen? Ein aussichtsreicher Ansatz sind sogenannte Lehr-Lern-Labore an Universitäten, in denen Schülerinnen und Schüler sowie Lehramtsstudierende gemeinsam lernen und arbeiten. Schülerinnen und Schüler setzen sich in einer Laborumgebung weitgehend selbstständig aktiv mit Fragestellungen der Mathematik, der Informatik, der Naturwissenschaften bzw. der Technik auseinander. Angehende Lehrpersonen sammeln hier praktische Erfahrungen in einem organisierten und überschaubaren Rahmen: Sie bereiten theoriegeleitet Labor-Lernumgebungen vor, begleiten Schülerinnen und Schüler bei deren Arbeit an diesen Lernumgebungen, beobachten und analysieren das Lernen der Schülerinnen und Schüler und reflektieren das eigene Handeln als Lehrperson.

J. Roth (✉)
Institut für Mathematik, Didaktik der Mathematik (Sekundarstufen), Universität Koblenz-Landau
Landau, Deutschland
E-Mail: roth@uni-landau.de

B. Priemer
Didaktik der Physik, Humboldt-Universität zu Berlin
Berlin, Deutschland
E-Mail: priemer@physik.hu-berlin.de

© Springer-Verlag GmbH Deutschland, ein Teil von Springer Nature 2020
B. Priemer und J. Roth (Hrsg.), *Lehr-Lern-Labore*,
https://doi.org/10.1007/978-3-662-58913-7_1

Ein Verbund aus sechs Universitäten hat sich, unterstützt von der Deutsche Telekom Stiftung, zum Ziel gesetzt, Lehr-Lern-Labore zu einem integralen Bestandteil der Lehrpersonenbildung in den MINT-Fächern Mathematik, Informatik, Naturwissenschaften und Technik zu machen. Um das zu erreichen, haben sie aus den verschiedenen fachdidaktischen Perspektiven der MINT-Fächer einen Beitrag für eine theoretisch fundierte und empirisch abgesicherte Weiterentwicklung von Lehr-Lern-Laboren geleistet. In diesem Sammelband werden Ergebnisse der gemeinsamen Arbeit vorgestellt.

1.1 Entwicklungsverbund „Schülerlabore als Lehr-Lern-Labore"

Lehrpersonenbildung ist eine fortwährende Aufgabe, die sich über drei Phasen erstreckt: das Lehramtsstudium, das Referendariat sowie die Fort- und Weiterbildung. Bereits diese bekannte Feststellung macht deutlich, dass die Lehrpersonenbildung sich nicht in der Vermittlung theoretischen Wissens erschöpfen darf, sondern insbesondere auch die Ausbildung professioneller Kompetenzen bei (angehenden) Lehrpersonen unterstützen und fördern muss, denn diese sind es, auf die Lehrpersonen in ihrer Berufspraxis zurückgreifen. In den letzten Jahren haben insbesondere in der MINT-Lehrpersonenbildung immer mehr Hochschulstandorte erkannt, dass die Nutzung von Schülerlaboren als Lehr-Lern-Labore eine echte Chance bietet und die Lehramtsstudiengänge bereichert. Vielfach wird dabei auf deren inhaltliche sowie strukturelle Verankerung im Curriculum geachtet und beispielsweise die Arbeit in den Lehr-Lern-Laboren auch in den Modulhandbüchern abgebildet. Im Rahmen des von der Deutsche Telekom Stiftung initiierten und finanziell geförderten Entwicklungsverbunds „Schülerlabore als Lehr-Lern-Labore: Forschungsorientierte Verknüpfung von Theorie und Praxis in der MINT-Lehrerbildung" haben in den Jahren 2014 bis 2018 die Universitäten Kiel, Koblenz-Landau, Münster und Oldenburg sowie die Freie Universität Berlin und die Humboldt-Universität zu Berlin gemeinsam an Fragen rund um die MINT-Lehramtsausbildung in Lehr-Lern-Laboren gearbeitet. Ein Ziel war es, zunächst einen Überblick über die Lehr-Lern-Labor-Landschaft in Deutschland zu gewinnen und beispielsweise Typen von und Konzeptionen für Lehr-Lern-Labore systematisch zu erfassen und zu beschreiben. Auf dieser Basis und zurückgreifend auf die Vorerfahrungen der Projektpartner wurde ein abgestimmtes Programm für eine forschungsorientierte Weiterentwicklung bestehender Ansätze im Verbund entwickelt.

In einer Vielzahl von lokalen Arbeiten der Verbundpartner wurde z. B. unter den spezifischen Bedingungen des Standorts untersucht, wie wirksam die Lehre in Lehr-Lern-Laboren hinsichtlich der Professionalisierung der angehenden Lehrpersonen ist oder wie diese Lehrformate von Studierenden wahrgenommen werden. Wesentlich ist aber natürlich auch die Frage, inwiefern sich die Erfahrungen der verschiedenen Verbundpartner auf andere Lehr-Lern-Labor-Standorte übertragen lassen. Dazu hat der Verbund auf drei Aspekte der gemeinsamen Arbeit fokussiert. Erstens wurde eine detaillierte Bestandsaufnahme und Dokumentation der Einbindung von Schülerlaboren in die Lehrpersonenausbildung mittels mehrfacher

Erhebungswellen unter allen Verbundpartnern vorgenommen. Dabei trat die Vielfalt der Lehrformate und -angebote der Partner des Verbundes z. B. bezüglich der studentischen und schulischen Zielgruppen, der adressierten Lehrkompetenzen, der Dauer der Interaktion mit den Schülerinnen und Schülern oder der bearbeiteten inhaltlichen Themen zutage. Zweitens wurde verbundweit erhoben, inwieweit bei Studierenden die Teilnahme an Lehrveranstaltungen in einem Lehr-Lern-Labor den wahrgenommenen Praxisbezug des Studiums sowie die Einschätzung der Selbstwirksamkeitserwartung bezüglich des eigenen Lehrhandelns verändert. Bei beiden Konstrukten wird erwartet, dass Veranstaltungen in Lehr-Lern-Laboren positiven Einfluss haben. Drittens bilden sogenannte Videovignetten einen zentralen Aspekt der Verbundarbeit. Hierbei handelt es sich um Videosequenzen, die im Lehr-Lern-Labor aufgezeichnet werden und auf denen die Interaktion von Schülerinnen und Schülern zu sehen ist. Diese werden dann beispielsweise in Vorlesungen und Seminaren gezeigt bzw. in eigens dafür entwickelten Online-Lernumgebungen wie ViviAn (vgl. Kap. 5 von Roth sowie Bartel und Roth 2017) individuell von Studierenden bearbeitet. Auf diese Weise können diagnostische Fähigkeiten trainiert und theoriebasiert reflektiert werden. So kann die begleitende Lehr-Lern-Labor-Arbeit sogar bei Großveranstaltungen mit mehreren Hundert Studierenden gewinnbringend genutzt werden.

Der Entwicklungsverbund hat erstmalig in Deutschland die Arbeit mehrerer Hochschulen bei der Entwicklung und Evaluation des Ausbildungsformats „Lehr-Lern-Labore" der Lehrpersonenbildung zusammengeführt. In diesem Sammelband werden einige Ergebnisse dieser Arbeit dargestellt. Dies geschieht anhand der Abschnitte „Begriffsklärung und Ziele", „Konzepte und Veranstaltungsformate", „Studien zur Professionalisierung von Lehramtsstudierenden" sowie „Wahrnehmung der Lehr-Lern-Labore durch Studierende", wobei der Einsatz von *Videovignetten zur Schulung prozessdiagnostischer Fähigkeiten* als weiterer Aspekt querschnittlich mit abgebildet wird.

Begriffsklärung und Ziele

Eine Aufgabe bestand darin, zu sichten, wie Lehr-Lern-Labore an den verschiedenen Standorten gesehen und ausgestaltet werden, sowie darin, auf dieser Basis eine Arbeitsdefinition für Lehr-Lern-Labore zu erstellen. Einen Überblick über die diesbezüglichen Ergebnisse der Verbundarbeit geben in Teil I *Lehr-Lern-Labore – Begriffsklärung und Ziele* in diesem Band Kap. 2 von Brüning, Käpnick, Weusmann, Köster und Nordmeier sowie Kap. 3 von Weusmann, Käpnick und Brüning.

Konzepte und Veranstaltungsformate

In Teil II dieses Bandes werden in einzelnen Beiträgen *Konzepte und Veranstaltungsformate rund um Lehr-Lern-Labore* zusammengetragen. Diese führen deutlich vor Augen, wie vielfältig die Lehr-Lern-Labor-Landschaft hinsichtlich der Zielgruppen, der Ausgestaltung, der Art der Einbindung in das Lehramtsstudium und der Zusammenarbeit über mehrere Lehr-Lern-Labore hinweg ist. So berichten Schehl, Risch und Roth in Kap. 4 etwa vom *Zentrum für Bildung und Forschung an außerschulischen Lernorten*, das als zentrale wissenschaftliche

Einrichtung der Universität Koblenz-Landau ein strukturelles Dach über alle außerschulischen Lernorte – wie etwa auch die Lehr-Lern-Labore – dieser Universität spannt. Eine andere Art der Vernetzung wird in Kap. 5 von Roth beschrieben. Hier geht es darum, die gesamte mathematikdidaktische Lehramtsausbildung über ein Lehr-Lern-Labor zu verzahnen. Dies geschieht u. a. über Videovignetten aus Schülerarbeitsprozessen in Lehr-Lern-Laboren, die parallel zu fachdidaktischen Veranstaltungen von Studierenden bearbeitet und analysiert werden. In Kap. 6 von Neumann, Sorge, Neumann, Parchmann und Schwanewedel wird die Kieler Forschungswerkstatt beschrieben, in der mehrere Lehr-Lern-Labore strukturgleich zu ganz verschiedenen naturwissenschaftlichen Themen arbeiten und untereinander vernetzt sind. Von der Entwicklung eines neuen Lehr-Lern-Formats im Studienfach Sachunterricht berichten Köster, Mehrtens, Brämer und Steger in Kap. 7. Ein ganz anderes Konzept, nämlich die Einbindung eines Lehr-Lern-Labors in einer sehr frühen Phase des Lehramtsstudiums, stellen Ernst, Priemer und Schulz in Kap. 8 vor. Eine weitere Möglichkeit der Nutzung von Lehr-Lern-Laboren zeigen Lensing, Priemer, Upmeier zu Belzen, Meister und Meister in Kap. 9, wenn sie vom an der HU Berlin praktizierten interdisziplinären Zugang zur Lehr-Lern-Labor-Arbeit berichten. Dass Lehr-Lern-Labore nicht ortsfest sein müssen, wird in Kap. 10 von Wogram, Nave und Upmeier zu Belzen deutlich; dort wird das Humboldt Bayer Mobil beschrieben, ein in einen Sattelauflieger eines Lkws eingebautes Lehr-Lern-Labor, das die Schulen anfährt.

Studien zur Professionalisierung von Lehramtsstudierenden
Ein weiterer Arbeitsbereich des Entwicklungsverbunds bestand darin, in empirischen Studien Fragen zur Wirksamkeit der *Professionalisierung von Lehramtsstudierenden im Rahmen von Lehr-Lern-Laboren* zu beantworten. In Teil III werden solche Studien aus dem Entwicklungs- und Forschungsverbund vorgestellt. Zunächst wird in Kap. 11 von Priemer ein Überblick über den Stand der fachdidaktischen Forschung an Lehr-Lern-Laboren in den MINT-Fächern gegeben. In Kap. 12 von Brüning und Käpnick wird auf die Frage eingegangen, inwiefern Professionalisierung angehender Lehrpersonen durch die Verzahnung von Theorie und Praxis in Lehr-Lern-Laboren gelingt. Dohrmann und Nordmeier gehen in Kap. 13 der Frage nach, inwiefern ein Lehr-Lern-Labor-Blockseminar als Ausgangspunkt erster Professionalisierungsschritte zu Beginn des Lehramtsstudiums zielführend ist. Kap. 14 von Saathoff und Röben untersucht mithilfe von Repertory-Grid-Interviews, wie Selbstreflexionsprozesse bei Lehramtsstudierenden des Faches Technik gefördert werden können. Im Zusammenhang mit Lehr-Lern-Laboren werden immer stärker auch diagnostische Fähigkeiten von Lehramtsstudierenden gefördert. In Kap. 15 berichten Meister, Nitz, Schwanewedel und Upmeier zu Belzen von einer Studie, in der eine Förderung dieser Fähigkeiten im Lehr-Lern-Labor verglichen wird mit einer Förderung ohne Lehr-Lern-Labor, aber mithilfe von Videovignetten. Kap. 16 von Hößle, Kuhlemann und Saathoff setzt sich mit Diagnose- und Reflexionsprozessen von Studierenden in einem Lehr-Lern-Labor auseinander. Die Frage, wie zyklisches Forschendes Lernen in einem Lehr-Lern-Labor-Seminar gelingt, wurde in einer Studie untersucht, die in Kap. 17 von Smoor und Komorek dargestellt wird.

Wahrnehmung der Lehr-Lern-Labore durch Studierende

Auch die Frage nach der *Wahrnehmung von Lehr-Lern-Labor-Angeboten durch Studierende* wurde im Entwicklungsverbund untersucht. In Teil IV werden drei Studien und deren Ergebnisse zu diesem Themenkomplex vorgestellt. Sorge, Neumann, Neumann, Parchmann und Schwanewedel berichten in Kap. 18 von der Wahrnehmung der Studierenden zur Frage, inwiefern das Arbeiten in Lehr-Lern-Laboren auf den Lehrberuf vorbereitet. In der Studie von Bartel und Roth in Kap. 19 wird untersucht, wie Studierende eine Schulung ihrer diagnostischen Fähigkeiten mit Video- bzw. Transkriptvignetten aus Schülergruppenarbeitsprozessen in einem Lehr-Lern-Labor wahrnehmen. Zucker und Leuchter beschreiben in Kap. 20 das Vorgehen einer evidenzbasierten Entwicklung eines Lehr-Lern-Labors zur Förderung von Teilfähigkeiten des formativen Assessments anhand von Wahrnehmungen teilnehmender Studierender.

Die 20 Beiträge bieten zusammen einen umfassenden Einblick in den Stand der Entwicklung und Evaluation von Lehr-Lern-Laboren in Deutschland. Sie fußen dabei auf Vorarbeiten der Verbundpartner sowie auf den Ergebnissen dieses Entwicklungsverbunds und weiterer Quellen. Damit kann bereits zum gegenwärtigen Zeitpunkt vorsichtig eingeschätzt werden, welchen Beitrag Lehr-Lern-Labore zur MINT-Lehrpersonenbildung leisten und wie die Arbeit in einem Lehr-Lern-Labor im Sinne eines Good Practice gestaltet werden kann. Einige Antworten auf diese Fragen werden in Abschn. 1.2 und 1.3 zusammenfassend dargestellt (siehe auch Kap. 11 von Priemer). Selbstverständlich kann diese Darstellung keine abschließende sein. Dennoch erscheint es aber angemessen, nach vier Jahren Projektarbeit im Entwicklungsverbund ein Zwischenfazit zu ziehen.

1.2   Der Beitrag von Lehr-Lern-Laboren zur MINT-Lehrpersonenbildung

Welchen Beitrag können Lehr-Lern-Labore zur MINT-Lehrpersonenbildung leisten? Welche wesentlichen Kompetenzen ihrer späteren Profession können Lehramtsstudierende in den darin konzipierten Lernsituationen erwerben, die mit alternativen Angeboten (Vorlesungen, klassische Seminare, Schulpraktika, Praxissemester, Referendariat und anderem) kaum oder nur schwer zu erreichen sind? Diese Fragen nach dem Mehrwert von Lehr-Lern-Laboren lassen sich aus sehr verschiedenen Perspektiven beantworten. Im Folgenden werden ausgewählte Antworten auf diese Fragen skizziert, um als Einführung zu den Beiträgen in diesem Sammelband das Themenfeld mit seinen vielen Facetten zu umreißen.

Ein *Lehr-Lern-Labor* besteht aus drei Säulen, die sich gegenseitig befruchten (siehe Kap. 5 von Roth und Kap. 2 von Brüning, Käpnick, Weusmann, Köster und Nordmeier): Zunächst handelt es sich um ein *Schülerlabor*, in dem Schülerinnen und Schüler gefördert werden. Dabei arbeiten sie in einer Labor-Lernumgebung im Sinne eines entdeckenden oder Forschenden Lernens (vgl. Roth und Weigand 2014) an MINT-Fragestellungen. Darüber hinaus dient es als *Forschungslabor* der Grundlagen- und Entwicklungsforschung in den MINT-Fachdidaktiken. Schließlich werden hier auch Lehramtsstudierende ausgebildet, die ihr Wissen und ihre Fähigkeiten in einem komplexitätsreduzierten und klar strukturierten Rahmen in der Praxis mit Schülerinnen und Schülern erproben und diese Erprobung nach verschiedenen Gesichtspunkten reflektieren. Diese dritte Säule konstituiert ein Lehr-Lern-Labor. Dementsprechend wird – im Sinne des Pars pro Toto – die ganze Einrichtung nach dieser Säule *Lehr-Lern-Labor* genannt.

Gerade das Zusammenspiel dieser drei Säulen eines Lehr-Lern-Labors zeigt die Chancen und den Wert dieser Einrichtung auf. Im Zentrum steht zunächst die Förderung von Schülerinnen und Schülern auf der Basis einer soliden didaktischen Auseinandersetzung mit Instruktion. Dies ist ein wesentlicher Aspekt, weil so sichergestellt wird, dass das Agieren der Lehramtsstudierenden in Form von professionellen Tätigkeiten von Lehrpersonen erfolgt und nicht zu einem ziellosen Handeln ohne klare Perspektive wird. Die Tatsache, dass ein Lehr-Lern-Labor auch ein Forschungslabor ist, sichert das theoriebasierte Vorgehen, ermöglicht den Lehramtsstudierenden aber auch die direkte Beteiligung an der Gewinnung von empirischen Forschungsergebnissen. Letzteres kann sie dazu anregen, auch in ihrem späteren Berufsalltag systematisch Erkenntnisse zu ihrem eigenen Handeln als Lehrperson und dessen Auswirkung auf die Schülerinnen und Schüler zu gewinnen. Dass ihr eigenes Handeln als angehende Lehrperson sowie das Lernen der Schülerinnen und Schüler dabei immer im Mittelpunkt steht, ist bei dieser Art der Gestaltung der universitären Lehramtsausbildung allen Beteiligten fortwährend präsent.

Mit Blick auf die genannten drei Säulen möchten wir schlaglichtartig auf sechs zentrale Aspekte von Lehr-Lern-Laboren hinweisen, die deren speziellen Charakter verdeutlichen:

- *Theoriegeleitete Entwicklung von Lernumgebungen*
  Die fachlich und fachdidaktisch fundierte Gestaltung von Lernumgebungen mit klaren Zielvorgaben in einem strukturierten äußeren Rahmen ist Teil vieler Seminare in Lehr-Lern-Laboren. Dies erleichtert es den Studierenden, theoriegeleitet zu agieren und die theoretische Perspektive, auch durch die systematische Beratung durch Dozentinnen und Dozenten, im Prozess nicht aus den Augen zu verlieren.
- *Erkennen der engen Verzahnung von Theorie und Praxis*
  Durch die theoriegeleitete Entwicklung und Gestaltung von Lerngelegenheiten für die Unterrichtspraxis sowie durch diagnostische Tätigkeiten bereits bei der Vorbereitung und in der Durchführung von Instruktionen mit Schülerinnen und Schülern können Studierende direkt erfahren, wie ihnen Theorieelemente in der Praxis helfen können. Dies kann zu einer Einsicht in die Relevanz einer Auseinandersetzung mit fachdidaktischen Theorien und zu einem reflektierten Umgang mit diesen führen.
- *Komplexitätsreduktion*
  Praxiserfahrungen zeichnen sich in Praktika oft dadurch aus, dass Lehramtsstudierende unvermittelt mit der vollen Komplexität einer Unterrichtssituation im Klassenverband konfrontiert werden. Im Rahmen eines Lehr-Lern-Labors kann durch die äußere Gestaltung dafür gesorgt werden, dass nicht die volle Komple-

xität zum Tragen kommt, sondern Schwerpunkte auf verschiedene Aspekte der Lehrpersonentätigkeit gesetzt werden können.

- *Schulung prozessdiagnostischer Fähigkeiten*
  Für die Schulung prozessdiagnostischer Fähigkeiten im Rahmen des Lehramtsstudiums sind die Möglichkeit der systematischen Beobachtung realer Schülerinnen und Schüler, eine klare Rahmung sowie ein enger Diagnosefokus notwendig. Dies alles kann durch ein Lehr-Lern-Labor gewährleistet werden.

- *Interventionen in Arbeitsprozesse von Schülerinnen und Schülern*
  Interventionen von Lehrpersonen bei Arbeitsprozessen von Schülerinnen und Schülern müssen häufig recht spontan erfolgen. Gerade zu Beginn ihrer Lehrtätigkeiten fehlt Studierenden aber mangels Erfahrung oft die Fähigkeit, in solchen Situationen Handlungsoptionen aus der Theorie abzuleiten. Hier besteht die Gefahr, dass unreflektiert „aus dem Bauch heraus" oder auf der Basis des Lehrpersonenerlebens aus der eigenen Schulzeit agiert wird. Auch hier kann ein Lehr-Lern-Labor dazu beitragen, den Studierenden die Möglichkeit zur Reflexion mit Theorieabgleich zu bieten.

- *Systematische Selbst- und Fremdreflexion*
  Instruktionen in Lehr-Lern-Laboren, die in der Regel in festen Räumlichkeiten an Universitäten stattfinden, lassen sich so organisieren, dass eine Protokollierung der Interaktion zwischen Schülerinnen und Schülern, aber auch zwischen Lehramtsstudierenden und Schülerinnen und Schülern relativ einfach möglich ist. Dies kann z. B. durch Videoaufzeichnungen oder systematische Beobachtungen erfolgen. Ferner liegen den Studierenden alle Arbeitsmaterialien der Schülerinnen und Schüler, einschließlich der von diesen erstellten Produkte, vollständig vor. Dies ermöglicht eine tiefgehende Selbst- und Fremdreflexion.

Ergänzend zu dieser Liste spezieller Charakteristika von Lehr-Lern-Laboren möchten wir abschließend noch einen weiteren sehr wichtigen Aspekt detaillierter ausführen. Im Entwicklungsverbund „Schülerlabore als Lehr-Lern-Labore" wurde mit einem theoretischen Modell gearbeitet, das den Kompetenzerwerb der Studierenden durch zyklisches Forschendes Lernen beschreibt.

1.3   Modell des zyklischen Forschenden Lernens

Das Modell des zyklischen Forschenden Lernens in Lehr-Lern-Laboren wurde – basierend auf einer Arbeit von Hornung und Schulte (2011) – im Entwicklungsverbund „Schülerlabore als Lehr-Lern-Labore" entwickelt und erstmals im Verbundantrag (vgl. Nordmeier et al. 2014) vorgestellt. Im Folgenden wird dieses Modell anhand der Darstellung in Abb. 1.1 erläutert.

   Das Modell beschreibt einen forschungsähnlichen Ablauf der Erkenntnisgewinnung der Studierenden bezüglich der Lernsituationen für Schülerinnen und Schüler. Dabei werden wesentliche professionelle Kompetenzen von Lehrpersonen (vgl. die Kästen (a) bis (e) in Abb. 1.1) aufeinander aufbauend gefördert, indem die zugehörigen Tätigkeiten der Lehrpersonen wiederholt in einem Kreislauf – dem zyklischen

Abb. 1.1 Zyklisches Forschendes Lernen im Lehr-Lern-Labor: Theoretisches Modell, das im Entwicklungsverbund „Schülerlabore als Lehr-Lern-Labore" entwickelt wurde. (Vgl. Nordmeier et al. 2014; Designidee: M. Komorek)

Prozess – in der Praxis durchgeführt werden. Eine Randbedingung für ein zielgerichtetes Arbeiten ist dabei, dass jede der Tätigkeiten spezifisches Wissen voraussetzt (vgl. die Pfeile, die in Abb. 1.1 auf die Kästen verweisen). Das Modell gibt dabei nicht vor, an welcher Stelle des zyklischen Prozesses Lehrveranstaltungen beginnen sollten. Je nach dem Ziel des Seminars im Lehr-Lern-Labor, dem Vorwissen der Studierenden und deren praktischen Erfahrungen sind unterschiedliche Startpunkte und Teilzyklen möglich. In der hier gewählten Darstellung wird mit der Planung der Labor-Lernumgebung und der Konstruktion der jeweiligen Lernmaterialien begonnen, weil dies vielfach am Beginn eines Durchlaufs steht.

a) *Lernumgebungen planen und Lernmaterialien konstruieren*
   Damit Schülerinnen und Schüler in einem Lehr-Lern-Labor arbeiten können, sind zunächst Lern- und Forschungsziele festzulegen. Darauf aufbauend werden Labor-Lernumgebungen geplant sowie Lern- bzw. Arbeitsmaterialien für die Schülerinnen und Schüler entwickelt. Voraussetzung dafür sind einerseits fachwissenschaftliches und fachdidaktisches Wissen zu den Inhalten der Lernumgebung. Hierzu zählen z. B. die Kenntnis „typischer" Probleme und relevanter Schülervorstellungen. Darüber hinaus werden aber auch Kenntnisse zur Gestaltung von Arbeitsaufträgen, Hilfestellungen, Medieneinsatz usw. benötigt. Diese genannten Voraussetzungen lassen sich weitgehend durch theoretisches Wissen erfüllen. Sicherheit und Routine werden aber erst erworben, wenn bereits reflektierte Erfahrungen aus vorhergehenden Arbeitsprozessen mit Schülerinnen und Schülern vorliegen, aus denen Handlungsempfehlungen für das Erstellen zukünftiger Lernumgebungen hervorgegangen sind.

b) *Schülerlabor-Situation durchführen sowie Schülerinnen und Schüler individuell fördern*

Liegt eine Labor-Lernumgebung vor, kann sie von den Studierenden mit Schülerinnen und Schülern durchgeführt werden. Diese sollten bei ihrer Arbeit in der Labor-Lernumgebung angeleitet und individuell gefördert werden. Wenn Studierende dies umsetzen sollen, benötigen sie Wissen über methodische Fragen der Durchführung von Instruktion sowie Kenntnisse darüber, wie eine individuelle Förderung geeignet erreicht werden kann. Auch dies erfordert grundlegende theoretische Kenntnisse, deren Wert durch praktische Erfahrungen ergänzt wird.

c) *Denk- und Lernprozesse der Schülerlabor-Besucherinnen und -Besucher diagnostizieren*

Während der Arbeit der Schülerinnen und Schülern haben die Studierenden die Gelegenheit, deren Denk- und Lernprozesse zu diagnostizieren. Das bedeutet z. B. nach Bartel und Roth in Kap. 19, Besonderheiten im Lernprozess wahrzunehmen, diese zu beschreiben, ihre Ursachen zu erklären und daraus abgeleitete Entscheidungen für die Gestaltung von Interventionen zu treffen. Um das adäquat umsetzen zu können, ist theoretisches Wissen über Diagnosemethoden und Methoden der Prozessanalyse notwendig. Auch hier sind reflektierte praktische Erfahrungen sehr hilfreich.

d) *Abgelaufene Lehr- und Lernprozesse theoriegeleitet evaluieren und reflektieren*

Nach Ablauf von Lehr- und Lernprozessen in einem Lehr-Lern-Labor erfolgt eine theoriegeleitete Evaluation und Reflexion der gesamten Instruktion und der erzielten Ergebnisse. Erst auf dieser Basis können das Konzept und die Umsetzung der erarbeiteten Lernumgebung sowie die Diagnose- und Unterstützungsmaßnahmen im Prozess tiefgehend analysiert und bewertet werden. Dafür ist eine Dokumentation der abgelaufenen Prozesse – etwa durch Videoaufzeichnung, Protokollierung oder Beobachtungserfassung – notwendig, aus der relevante Diagnosedaten gewonnen werden. Mithilfe dieses Materials sowie mit Wissen über Analyse- und Reflexionsmethoden kann eine kritisch-konstruktive Auseinandersetzung mit den Lehrerfahrungen erfolgen. Auch dieser Prozess kann durch vorhergehende praktische Erfahrungen unterstützt werden.

e) *Planung und Materialkonstruktion adaptieren*

Das Forschende Lernen im Lehr-Lern-Labor ist erst dann vollständig, wenn die Erkenntnisse aus den Erfahrungen mit vorhergehenden Erprobungen genutzt werden, um die Planung der Labor-Lernumgebung sowie die Materialkonstruktion zu adaptieren und zu verbessern. Dies kann natürlich nur auf der Grundlage von Reflexionsergebnissen und deren Interpretation sowie des Abgleichs mit fachlichem sowie fachdidaktischem Wissen gelingen.

Wirklich zyklisch wird das Forschende Lernen im Lehr-Lern-Labor aber erst dann, wenn die Adaption der Planung und der Materialkonstruktion zum Ausgangspunkt einer erneuten Erprobung der Lerneinheit wird. Der in Abb. 1.1 dargestellte Zyklus wird dann wiederholt durchlaufen. Auf diese Weise können Studierende zum einen ihre professionellen Lehrpersonen-Kompetenzen weiterentwickeln und auch die Labor-Lernumgebung optimieren. Zum anderen eröffnet sich auch die Möglichkeit, dass Studierende im Sinne der fachdidaktischen Entwicklungsforschung (vgl. Prediger et al. 2012) anhand eigener Fragestellungen forschend tätig sind.

Das Modell stellt einen Ansatz vor, wie ein Seminar in einem Lehr-Lern-Labor prinzipiell realisiert werden kann. Die konkreten Umsetzungen können je nach Rahmenbedingungen an den Standorten jedoch sehr unterschiedlich sein.

1.4 Fazit

Sechs Hochschulstandorte der MINT-Lehrpersonenbildung – die alle über langjährige Erfahrung mit Lehr-Lern-Laboren verfügen – haben im Zeitraum 2014 bis 2018 den Entwicklungsverbund „Schülerlabore als Lehr-Lern-Labore" gebildet. Damit wurde erstmals in Deutschland eine Entwicklungs- und Forschungskooperation initiiert, die sich systematisch, theoriegeleitet und evidenzbasiert mit der Integration von Schülerlaboren in die Lehrpersonenbildung befasst. Die Arbeit im Verbund hat zum einen die lokalen Lehr-Lern-Labore ausgebaut und maßgeblich weiterentwickelt. Zum anderen erfolgte aber auch eine umfassende standortübergreifende Forschung, mit deren Ergebnissen nun auch Aussagen möglich werden, die sich nicht nur auf ein spezielles Lehr-Lern-Labor beziehen. Aufgezeigt wurden z. B. die vielfältigen Umsetzungen von Lehrveranstaltungen in Lehr-Lern-Laboren, die Bedeutung von Videovignetten als Begleitinstrument der Lehre sowie die Wirkungen der Teilnahme von Studierenden an Seminaren in Lehr-Lern-Laboren auf ihre empfundene Lehrwirksamkeit. Damit kann der Verbund wichtige Impulse für alle Standorte der MINT-Lehrpersonenbildung geben, die das Potenzial von Schülerlaboren für die Lehre entfalten möchten. Anregungen dazu bieten die vielfältigen Beiträge in diesem Sammelband.

Literatur

Bartel, M.-E., & Roth, J. (2017). Diagnostische Kompetenz von Lehramtsstudierenden fördern. Das Videotool ViviAn. In J. Leuders, T. Leuders, S. Prediger & S. Ruwisch (Hrsg.), *Mit Heterogenität im Mathematikunterricht umgehen lernen. Konzepte und Perspektiven für eine zentrale Anforderung an die Lehrerbildung* (S. 43–52). Wiesbaden: Springer.

Hornung, M., & Schulte, C. (2011). *ProspectiveTeachers@Research – CS Teacher Education Revised. Proceedings of the 11th Koli Calling International Conference on Computing Education Research* (S. 138–143). New York: AMC.

Nordmeier, V., Käpnick, F., Komorek, M., Leuchter, M., Neumann, K., Priemer, B., Risch, B., Roth, J., Schulte, C., Schwanewedel, J., Upmeier zu Belzen, A., & Weusmann, B. (2014). *Schülerlabore als Lehr-Lern-Labore: Forschungsorientierte Verknüpfung von Theorie und Praxis in der MINT-Lehrerbildung.* Unveröffentlichter Projektantrag

Prediger, S., Link, M., Hinz, R., Hußmann, S., Ralle, B., & Thiele, J. (2012). Lehr-Lernprozesse initiieren und erforschen – Fachdidaktische Entwicklungsforschung im Dortmunder Modell. *MNU, 65*(8), 452–457.

Roth, J., & Weigand, H.-G. (2014). Forschendes Lernen – Eine Annäherung an wissenschaftliches Arbeiten. *Mathematik lehren, 184,* 2–9.

Teil I
Lehr-Lern-Labore – Begriffsklärung und Ziele

Lehr-Lern-Labore im MINT-Bereich – eine konzeptionelle Einordnung und empirischkonstruktive Begriffskennzeichnung

2

Ann-Katrin Brüning, Friedhelm Käpnick, Birgit Weusmann, Hilde Köster und Volkhard Nordmeier

Inhaltsverzeichnis

Abstract

Lehr-Lern-Labore im MINT-Bereich verknüpfen die theoretische Ausbildung angehender Lehramtsstudierender mit reflektierter Praxis in Form vielfältiger Interaktionen zwischen Studierenden und Schülerinnen und Schülern. Sie bieten somit große Potenziale für die Förderung professioneller Kompetenzen von

A.-K. Brüning (✉) · F. Käpnick
Institut für Didaktik der Mathematik und der Informatik, Westfälische Wilhelms-Universität Münster
Münster, Deutschland
E-Mail: a.bruening@uni-muenster.de

F. Käpnick
E-Mail: kaepni@uni-muenster.de

B. Weusmann
Institut für Biologie und Umweltwissenschaften/AG Biologiedidaktik, Carl von Ossietzky Universität Oldenburg
Oldenburg, Deutschland
E-Mail: birgit.weusmann@uni-oldenburg.de

H. Köster
Didaktik des Sachunterrichts, Freie Universität Berlin
Berlin, Deutschland
E-Mail: hilde.koester@fu-berlin.de

V. Nordmeier
Didaktik der Physik, Freie Universität Berlin
Berlin, Deutschland
E-Mail: volkhard.nordmeier@fu-berlin.de

© Springer-Verlag GmbH Deutschland, ein Teil von Springer Nature 2020
B. Priemer und J. Roth (Hrsg.), *Lehr-Lern-Labore*,
https://doi.org/10.1007/978-3-662-58913-7_2

Lehrpersonen. Zugleich ermöglichen Lehr-Lern-Labore eine reichhaltige fachdidaktische wie auch interdisziplinäre Forschung. Im folgenden Beitrag werden aus historischer Perspektive wichtige Aspekte zur spezifischen Kennzeichnung dieser besonderen Organisationsform erörtert – mit dem Ziel, eine vertiefende wissenschaftliche Diskussion zu einer sinnvollen, auf einem breiten Konsens basierenden Definition anzuregen.

2.1 Einleitung

Die Verzahnung von Theorie und reflektierter Praxis wird in zahlreichen nationalen und internationalen Studien für die professionelle Kompetenzentwicklung angehender Lehrpersonen als besonders wichtig und effizient hervorgehoben (z. B. Ball und Cohen 1999; Bromme und Tillema 1995; Hascher und Zordo 2015; König und Rothland 2015; Levine 2006; Neuweg 2016; Schoen 1983). Durch die Verknüpfung der Förderung von Schülerinnen und Schülern mit der Ausbildung von Lehramtsstudierenden sind Lehr-Lern-Labore in den MINT-Studienfächern demgemäß als eine im Vergleich zu Vorlesungen, Seminaren oder Übungen sehr effektive Organisationsform im Hinblick auf den Erwerb von Professionskompetenzen von Lehramtsstudierenden einzuschätzen (z. B. Haupt und Hempelmann 2015; Käpnick et al. 2016; Dohrmann und Nordmeier 2018; Schmidt et al. 2011; Völker und Trefzger 2011). Was ein Lehr-Lern-Labor kennzeichnet, wird jedoch von Lehr-Lern-Labor-Leitenden verschiedener Fächer und Standorte sowie innerhalb des von der Deutsche Telekom Stiftung (DTS) geförderten Entwicklungsverbunds „Schülerlabore als Lehr-Lern-Labore" unterschiedlich definiert (Kiper 2011; vgl. andere Beiträge in diesem Band). Grundsätzlich wird im Namen des Verbunds eine strukturelle und inhaltliche Nähe zu Schülerlaboren hervorgehoben. Vertreterinnen und Vertreter von Schülerlaboren betonen ebenfalls die konzeptionelle Verwandtschaft zu Lehr-Lern-Laboren und liefern eine in der aktuellen Diskussion viel beachtete Definition des Lehr-Lern-Labors (Haupt und Hempelmann 2015, S. 20):

> Lehr-Lern-Labore arbeiten in der Regel wie klassische Schülerlabore. Der Unterschied ist aber, dass hier Studierende im Rahmen ihrer universitären Ausbildung lernen, gemeinsam mit Schülern zu experimentieren. Dabei können die Studierenden neue Experimente entwickeln und diese anschließend bei der Betreuung im Schülerlabor [sic] erproben. Hierbei reflektieren sie auch ihre eigenen Fähigkeiten und lernen somit häufig auf zweifache Weise. Sie lernen das Lehren (Schwerpunkt Fachdidaktik) oder vertiefen durch das Lehren zugleich selbst fachspezifische Inhalte (Schwerpunkt Fachwissenschaft). … Lehr-Lern-Labore sind Bestandteil des Pflicht- oder Wahlpflichtangebots entsprechender Lehramts-Studiengänge. Sie orientieren sich an den Lehrplänen der Schulen – eine Gemeinsamkeit mit klassischen Schülerlaboren. Lehr-Lern-Labore werden zunehmend auch in die empirische Unterrichts-/Fachdidaktik-Forschung einbezogen.

Je nach Perspektive werden Lehr-Lern-Labore aber auch mit einer veränderten universitären Lehramtsausbildung assoziiert, z. B. in Anlehnung an die Arbeit in Lernwerkstätten (z. B. Müller-Naendrup 1997) oder an das Konzept des Microteaching (Allen und Ryan 1974), mit einer speziellen Förderung von Schülerinnen und Schülern in den MINT-Fächern an Universitäten, einer besonderen, projektartigen Form des Unterrichts an Schulen, außerschulischen Lernorten wie botanischen Gärten, Museen oder Videotheken oder einer reichhaltigen Forschungslandschaft (vgl. auch Rehfeldt et al. 2018). Mit dieser Vielfalt lässt sich begründen, dass eine lediglich aus dem Konstrukt „Schülerlabor" abgeleitete Definition des Lehr-Lern-Labors zu kurz greift, da sie wesentliche Potenziale außer Acht lassen würde. Darüber hinaus werden keine Hinweise auf die – u. a. gemäß Kiper (2011) existierende – vielfältige Umsetzung von Lehr-Lern-Labor-Konzeptionen geliefert.

Daraus ergibt sich die Notwendigkeit einer Definition des Begriffs „Lehr-Lern-Labor", die sowohl die Gemeinsamkeiten und Unterschiede verwandter Organisationsformen differenziert herausstellt als auch den breiten Konsens unter Expertinnen und Experten widerspiegelt und somit den aktuellen Ist-Zustand hinsichtlich der Begriffsverständnisse und Umsetzungsformen von Lehr-Lern-Laboren abbildet. Zur Realisierung dieses Ziels erwies sich eine empirisch-konstruktive Untersuchung zu Begriffsverständnissen von Expertinnen und Experten auf diesem Gebiet (vgl. Abschn. 2.3) als sinnvoller methodologischer Ansatz.[1]

2.2 Klärung der Begriffsbausteine[2]

Aufgrund der kaum zu überschauenden inhaltlichen und organisatorischen Vielfalt der in den letzten Jahren zahlreich entstandenen Lehr-Lern-Laboren an deutschen Universitäten erscheint es u. E. sinnvoll, Grundannahmen dieses Begriffskonstrukts zu bestimmen. Dies kann die Orientierung für alle beteiligten Personengruppen (Wissenschaftlerinnen und Wissenschaftler bzw. Dozentinnen und Dozenten, Studierende, Schülerinnen und Schüler) erleichtern, sowohl im Hinblick auf Standardanforderungen als auch hinsichtlich der Verdeutlichung der Vielschichtigkeit des Begriffs.

Unser Ausgangspunkt der Begriffsbestimmung ist eine sprachlich-inhaltliche Klärung des Begriffskonstrukts „Lehr-Lern-Labor":

- Der erste Baustein **„Lehr"** bezieht sich als Abkürzung des Verbs „lehren" im allgemeinen Sprachgebrauch auf das Vermitteln von Kenntnissen bzw. spezifischer auf das Unterrichten eines bestimmten Fachs und das Unterweisen in einer bestimmten Tätigkeit (Dudenredaktion 2017). Unter Berücksichtigung des Settings „Universität" lässt sich dieser Baustein entweder auf die Lehrtätigkeiten des zuständigen Dozierenden oder auf das Erproben von Lehrkompetenzen der teilnehmenden angehenden Lehrpersonen im Rahmen dieser Lehrveranstaltung beziehen. Mit der Implementierung von Lehr-Lern-Laboren in die Lehramtsaus-

---

[1] Eine deutlich differenziertere Darstellung der theoretisch-analytischen sowie empirisch-konstruktiven Bestimmung des Begriffs „Lehr-Lern-Labore" kann in Brüning (2018) nachgelesen werden.

[2] Wesentliche Inhalte von Abschn. 2.2 und 2.3 entstammen der 2018 eingereichten Dissertation von Brüning (2018).

bildung erscheint die zweite Interpretation von besonderer Bedeutung (Völker und Trefzger 2011).

- Der zweite Baustein „**Lern**" beschreibt den Erwerb von Kompetenzen, und zwar in Bezug auf zwei Personengruppen: auf die an der Lehrveranstaltung teilnehmenden Studierenden und – unter Berücksichtigung der inhaltlichen Nähe zu Schülerlaboren – auf die teilnehmenden Schülerinnen und Schüler.
- Der dritte Begriffsbaustein „**Labor**", sprich: ein „Arbeitsraum für wissenschaftliche und technische Versuche, Messungen usw." (Brockhaus 2014), erzeugt Assoziationen zu naturwissenschaftlichen und technischen Fachwissenschaften. Zugleich beschreibt der Begriff eine künstliche – im Sinne einer durch Menschen geschaffenen – Umgebung, in der unter Einbezug bestimmter Utensilien möglichst authentische, wissenschaftliche Experimente durchführt werden, um zu neuen Erkenntnissen zu gelangen (Schmidgen 2011). Im historischen und ikonologischen Sinn bilden Labore außerdem Wissenschaftlerinnen und Wissenschaftler sowie Forscherinnen und Forscher aus (a. a. O.). Komorek (2011) fasst den Laborbegriff im Zusammenhang mit Lehr-Lern-Laboren weiter und geht von „dauerhaften oder temporär herbeigeführte[n] Situationen mit dem Zweck, Lernen zu ermöglichen und zu untersuchen" (S. 7) aus.

Aus der Klärung der Begriffsbausteine sowie deren zusammenhängender Betrachtung können folgende Grundannahmen zur Kennzeichnung von Lehr-Lern-Laboren abgeleitet werden, die zugleich als Ausgangspunkt für die empirisch-konstruktive Begriffsbestimmung dienen:

A1 An einem Lehr-Lern-Labor nehmen sowohl Schülerinnen und Schüler als auch Studierende teil.

A2 Die am Lehr-Lern-Labor teilnehmenden Studierenden können in Laborsituationen mit Schülerinnen und Schülern Lehrkompetenzen erwerben bzw. weiterentwickeln.

A3 Im Zusammenhang mit dem Aspekt des „Lehrens" steht das Forschende Lernen von Studierenden zu fachdidaktischen Inhalten im Fokus.

A4 Neben dem Lehren nimmt das Lernen eine zentrale Position ein. Da es sich um ein Lernen im Labor handelt (siehe A5), kann das Lernen als aktiv forschend charakterisiert werden.

A5 Im Sinne der Labordefinition handelt es sich bei einem Lehr-Lern-Labor um eine spezifisch gestaltete, aber dennoch authentische Lernumgebung sowohl für Schülerinnen und Schüler als auch für Studierende.

A6 Zudem bieten Lehr-Lern-Labore, ebenfalls bezogen auf den Laborbegriff, vielfältige Potenziale für verschiedene interdisziplinäre Forschungsaktivitäten der Dozentinnen und Dozenten.

2.3   Empirisch-konstruktive Bestimmung des Begriffs „Lehr-Lern-Labor"

Im Rahmen eines ersten Austausches der Lehr-Lern-Labor-Leitenden im Entwicklungsverbund „Schülerlabore als Lehr-Lern-Labore" der DTS wurde die Vielfalt der an den mitwirkenden Universitäten bestehenden Schülerlabore und der entwickelten Lehrveranstaltungen zur Theorie-Praxis-Verknüpfung im Lehramtsstudium deutlich. Angesichts der in Abschn. 2.1 gekennzeichneten Problemlage erwuchs hieraus das Ziel, eine konsensfähige Definition des Begriffs „Lehr-Lern-Labor" zu bestimmen, was in zwei Durchgängen systematischer Erhebungen von Gemeinsamkeiten und Unterschieden vorgenommen wurde. Diese berücksichtigten neben der Kennzeichnung der Kernmerkmale von Lehr-Lern-Laboren auch deren Vielfalt und Individualität (vgl. hierzu Weusmann, Käpnick und Brüning, Kap. 3).

2.3.1   Anlage und Kernergebnisse der ersten Erhebung

In der ersten Studie wurden im Frühjahr 2015 im Sinne einer Expertenbefragung die individuellen Definitionsauffassungen aller Verbundpartnerinnen und Verbundpartner in den verschiedenen MINT-Fachdidaktiken und Universitäten[3] abgefragt („Was verstehen Sie unter einem Lehr-Lern-Labor? Bitte nennen Sie wesentliche Merkmale"). Es wurden zehn individuelle Definitionen des „Lehr-Lern-Labors", die sowohl von Einzelpersonen als auch in Form von Gruppenergebnissen von Wissenschaftlerinnen und Wissenschaftlern formuliert wurden, mittels qualitativer Inhaltsanalyse ausgewertet. Im Ergebnis der Analysen der zehn zurückgemeldeten Definitionen konnten fünf „mehrheitsfähige" Merkmale von Lehr-Lern-Laboren festgehalten werden: 1) Lehr-Lern-Labore sind eine **besondere Organisationsform** der universitären/fachdidaktischen Lehramtsausbildung. 2) Im Rahmen von Lehr-Lern-Laboren **nehmen Schülerinnen und Schüler aktiv teil** (im Sinne einer Förderung der Schülerinnen und Schüler durch aktives Lernen). 3) Lehr-Lern-Labore knüpfen insbesondere durch **Forschendes Lernen der Schülerinnen und Schüler** an die Tradition der Labor- bzw. Werkstattarbeit an. 4) Lehr-Lern-Labore **verknüpfen die Förderung von Schülerinnen und Schülern** (wie in Schülerlaboren) **mit der Qualifikation von Studierenden** im Rahmen der Lehramtsausbildung. 5) Lehr-Lern-Labore bieten **komplexitätsreduzierte, aber authentische**

---

[3] Mit der Einbeziehung aller beteiligten Leiterinnen und Leiter von Lehr-Lern-Laboren des Entwicklungsverbunds sollte die reale Vielfalt der aktuell bestehenden Lehr-Lern-Labore und der hiermit im Zusammenhang stehenden verschiedenen Perspektiven auf das Konstrukt „Lehr-Lern-Labor" erfasst und berücksichtigt und ein hierauf basierender breiter Konsens einer sinnvollen Bestimmung wesentlicher Merkmale für Lehr-Lern-Labore erreicht werden. Ein unvermeidbares Problem dieses Vorgehens besteht aber darin, dass eine solche Begriffsbestimmung in vielerlei Hinsicht nur eine Kompromisslösung darstellen kann, die auch Gefahren terminologischer Ungenauigkeiten und unausgewogener Schwerpunktsetzungen in sich birgt. Trotz dieser methodologischen „Schwachpunkte" erscheint uns die Vorgehensweise für das Erreichen des Ziels, einen theoretisch und empirisch fundierten Diskussionsvorschlag für die Kennzeichnung des Begriffs „Lehr-Lern-Labor" im MINT-Bereich zu entwickeln, sinnvoll.

Lernsituationen mit Schülerinnen und Schülern als Basis für studentische Lehr-Lern-Aktivitäten.

Neben diesen Gemeinsamkeiten wurden jedoch auch Merkmale genannt, die nicht mehrheitlich als charakteristisch für Lehr-Lern-Labore identifiziert wurden, wie die Verankerung der Lehr-Lern-Labor-Aktivitäten in die Studienordnung, sowie Merkmale, die die Individualität der Profile hervorheben, wie beispielsweise der genaue Ort und die Ausstattung eines Lehr-Lern-Labors oder die Anzahl der am Lehr-Lern-Labor teilnehmenden Schülerinnen und Schüler. Darüber hinaus konnte in den Analysen festgestellt werden, dass die befragten Standorte Lehr-Lern-Labore aus zwei verschiedenen Traditionen heraus definieren: zum einen als Weiterentwicklung von Schülerlaboren oder (Lern-)Werkstätten für Schülerinnen und Schüler, deren inhaltliche und didaktische Leitideen in die Lehramtsausbildung integriert werden, und zum anderen als Weiterentwicklung traditioneller universitärer Lehrveranstaltungen wie Seminare, Vorlesungen oder Übungen durch die Einbindung von Schülerinnen und Schülern. An dieser Stelle wurden eindeutige Parallelen zu den in der Literaturanalyse als Verwandte von Lehr-Lern-Laboren gekennzeichneten Konzeptionen „Schülerlabor", „Lernwerkstatt" und „Microteaching" deutlich (Brüning 2018, S. 113–161).

2.3.2 Anlage und Ergebnisse der zweiten Studie

Auf der Basis der ersten explorativen Erhebung wurde ein Jahr später eine zweite Studie zur standardisierten Erhebung der Begriffsdefinition unter den Expertinnen und Experten im Entwicklungsverbund in Form von Fragebögen durchgeführt und ausgewertet. Der Hauptgrund für die zweite Erhebung waren das Anliegen, die in der ersten Studie bestimmte Definition zu untermauern und zugleich eventuelle Veränderungen der Auffassungen durch die inzwischen noch intensiveren und stärker reflektierten Tätigkeiten in den Lehr-Lern-Laboren zu erfassen.

Die Konstruktion der Fragen erfolgte in einem induktiv-deduktiven Verfahren zunächst durch eine Literaturanalyse wichtiger Kriterien des Begriffs „Lehr-Lern-Labor". Weiterhin wurden die Ergebnisse der ersten Erhebung zu Definitionsauffassungen im Rahmen des Entwicklungsverbundes in die Analyse charakteristischer Aspekte von Lehr-Lern-Laboren einbezogen. Insgesamt konnten 27 mehr oder weniger trennscharfe Items formuliert werden, in denen jeweils ein Merkmal von Lehr-Lern-Laboren dargestellt wird (Tab. 2.1). Sie beleuchten verschiedene inhaltliche, strukturelle und organisatorische Aspekte der Lehr-Lern-Labor-Arbeit, wie die Ziele hinsichtlich der Ausbildung der Studierenden, den Einbezug von Schülerinnen und Schülern in die Lehr-Lern-Labor-Arbeit und die Raumausstattung. Diese Items sollten anhand einer Nominalskala bewertet werden, mit den Antwortmöglichkeiten „wesentlich", „wichtig", „unwichtig" und „nicht einschätzbar".

Die sechswöchige Erhebungsphase (Dezember 2016 bis Februar 2017) wurde mit dem Versand des Fragebogens per E-Mail an 14 Verbundpartnerinnen und -partner gestartet. In diesem Zeitraum wurden die Teilnehmerinnen und Teilnehmer einmalig an die Teilnahme erinnert. Insgesamt antworteten elf der 14 angeschriebenen Lehr-Lern-Labor-Leiterinnen und -Leiter, sodass eine sehr gute Rücklaufquote von 79 % verzeichnet werden konnte. In der Stichprobe der Untersuchung sind alle Verbundhochschulen durch mindestens eine Person sowie die MINT-Fachdidaktiken, mit Ausnahme des Bereichs Technik, vertreten.

Die Analyse der Ergebnisse zeigt zunächst, dass *erstens* einige Merkmale durch die Befragten eindeutig als wesentlich für Lehr-Lern-Labore charakterisiert werden, *zweitens* viele Merkmale als wichtig für Lehr-Lern-Labore bezeichnet werden – die mit den zuvor genannten Merkmalen in Verbindung stehen –, *drittens* die Bewertung einiger weiterer Items sehr unterschiedlich ausfällt und *viertens* lediglich ein Merkmal überwiegend als unwichtig eingeschätzt wird. Hinsichtlich der Einordnung der Items in die Antwortkategorien wurden zwölf Merkmale als „wesentlich", neun Merkmale als „wichtig" und sechs Merkmale als „unwichtig" eingestuft.

Zunächst fallen drei Items auf, die von mindestens zehn der Befragten als wesentlich eingestuft wurden. Diese Expertinnen und Experten einigten sich darauf,

Tab. 2.1 Items des Fragebogens, sortiert nach den prozentualen Häufigkeiten der gewählten Antworten. Grau unterlegt: wesentliche Merkmale, kursiv: wichtige Merkmale, normal: unwichtige Merkmale, fett: von den Befragten genannte Merkmale. $N = 11$

Lehr-Lern-Labore sind charakterisiert durch ...	Wesentlich	Wichtig	Unwichtig	Nicht einschätzbar
eine spezielle Organisationsform der Lehramtsausbildung, in der (außer-)schulisches Lernen *und* studentische Lehramtsausbildung miteinander verknüpft werden	100			
eine aktive Teilnahme von Schülerinnen und Schülern	90,9			
den Erwerb von Handlungskompetenzen und Professionswissen der Studierenden	90,9			9,1
eine theoriebasierte Reflexion der Lehr-Lern-Aktivitäten	81,8	18,2		
den Erwerb von Diagnose-, Förder- und Reflexionskompetenzen der Studierenden	81,8	9,1	9,1	
das Verknüpfen der Förderung von Schülerinnen und Schülern (Schülerlabor) mit der Qualifikation von Studierenden (Lehramtsausbildung)	72,7	18,2		9,1
komplexitätsreduzierte Lernsituationen mit Schülerinnen und Schülern als Basis für die studentischen Lernaktivitäten	63,6	27,3		
zyklische bzw. iterative Lernprozesse bei den Studierenden	54,5	36,4		9,1
die Verankerung in den Lehramtsstudienordnungen	54,5	45,5		
eine direkte Interaktion zwischen Studierenden und Schülerinnen und Schülern	54,5	45,5		
Forschendes Lernen bei den Studierenden	63,6	27,3	9,1	
die Leitung durch in der Lehramtsausbildung tätige Dozent/innen	54,5	36,4	9,1	

eine „vorgeschaltete" theoretische Einweisung der Studierenden	**45,5**	**36,4**	**9,1**	**9,1**
eine wissenschaftliche Begleitforschung	45,5	45,5	9,1	
eine Grundausstattung an Medien und Materialien (z. B. Lernmittel zum Experimentieren, Dokumentenkamera, …)	36,4	63,6		
Forschendes Lernen bei den Schülerinnen und Schülern	45,5	36,4	18,2	
kontinuierliche (Lehr-)Evaluationen	36,4	54,5	9,1	
besonders ausgestattete Räume (z. B. Lernlabor, Lernwerkstatt, Sammlungsräume, Experimentierlabore, Schulgarten, …)	45,5	27,3	27,3	
Angebote im Sinne eines außerunterrichtlichen bzw. außerschulischen Lernortes	27,3	45,5	18,2	9,1
eine zielgerichtete Förderung der teilnehmenden Schülerinnen und Schüler	27,3	54,5	18,2	
eine technische Grundausstattung (z. B. Videokameras zum Dokumentieren von Lehr-Lern-Prozessen, …)	27,3	45,5	27,3	
eine mindestens einsemestrige Dauer	18,2	18,2	36,4	27,3
eine aktive Teilnahme von Lehrpersonen	9,1	45,5	45,5	
das Anknüpfen an die Tradition von Labor- bzw. Werkstattarbeit	18,2	9,1	45,5	27,3
lehrplanrelevante Themen hinsichtlich der Aktivitäten von Schülerinnen und Schülern	18,2	18,2	51,5	9,1
eine fächerübergreifende Verknüpfung von Lehrinhalten		36,4	54,5	9,1
eine Nutzbarkeit für Lehrer**fort**bildungen	18,2	36,4	36,4	9,1
direkte Interaktion zwischen Lernenden und Lehrenden	9,1			
eine strukturierte und dauerhafte Organisationsform	9,1			
die Vernetzung mit (allen) fachdidaktischen Lehrveranstaltungen im Studium	9,1			

dass Lehr-Lern-Labore „eine spezielle Organisationsform der Lehramtsausbildung [darstellen], in der (außer-)schulisches Lernen und studentische Lehramtsausbildung effektiv miteinander verknüpft werden", an der Schülerinnen und Schüler aktiv teilnehmen und die zum „Erwerb von Handlungskompetenzen und Professionswissen auf Seiten der Studierenden" beiträgt. Alle drei Items beschreiben den Grundgedanken von Lehr-Lern-Laboren, das Lernen von Schülerinnen und Schülern mit der studentischen Lehramtsausbildung zu verknüpfen. Hierin sind die Kernelemente von Lehr-Lern-Laboren zu sehen, wobei die direkte, aktive Interaktion zwischen Schülerinnen und Schülern und Studierenden sowie der Fokus auf die Förderung bzw. Qualifizierung beider Teilnehmergruppen als elementar angesehen werden. Als wesentlich werden zudem komplexitätsreduzierte Lernsituationen mit den Schülerinnen und Schülern als Basis für die studentischen Lernaktivitäten bewertet, während imitiertes schulisches Lernen von Studierenden, wie es z. B. in Lernwerkstätten oder gemäß dem Konzept des Peer Teaching umgesetzt wird, für die Lehr-Lern-Labor-Arbeit als unerheblich eingeschätzt wird.

Weiterhin lassen sich Items nennen, die überwiegend als wesentlich bzw. wichtig für Lehr-Lern-Labore eingestuft wurden und der inhaltlichen Schwerpunktsetzung der zuvor zitierten Merkmale entsprechen. Diese Items spezifizieren das studentische Lernen im Rahmen von Lehr-Lern-Laboren durch das Aufzählen spezifischer Kompetenzbereiche wie Diagnose-, Förder- und Reflexionskompetenzen und charakterisieren es als Forschendes Lernen, das sich in iterativen Lernprozessen vollzieht. Ein besonderer Fokus liegt auf der theoriebasierten Reflexion der Lehr-Lern-Aktivitäten, wobei die Vermittlung der theoretischen Basis nicht grundsätzlich der Schüler-Student-Interaktion vorgeschaltet sein muss. Dieses Ergebnis weist weiterhin auf die Struktur und Organisation der Lehr-Lern-Labor-Arbeit sowie speziell auf die Spezifizierung des Laborbegriffs hin.

Ebenfalls grundlegend für die Organisation von Lehr-Lern-Laboren sind „die Verankerung in den Lehramtsstudienordnungen" und „die Leitung durch in der Lehramtsausbildung tätige Dozent/innen", die ebenfalls von den Expertinnen und Experten überwiegend als wesentlich charakterisiert wurden. Die Merkmale verdeutlichen u. E. den Wunsch nach Verlässlichkeit von Lehr-Lern-Labor-Angeboten im Rahmen von Lehramtsstudiengängen.

Weiterhin sind jene Items in besonderer Weise zu berücksichtigen, die von den Befragten überwiegend als wichtig, jedoch nicht als wesentlich für Lehr-Lern-Labore eingestuft werden. Dazu zählen u. a. die Items zum Forschenden Lernen der Schülerinnen und Schüler und zu deren zielgerichteter Förderung sowie zur Evaluation und zur Dauer des Angebots. Das Item zur „Grundausstattung an Medien und Materialien (z. B. Lernmittel zum Experimentieren, Dokumentenkamera, ...)" bezieht sich zudem in besonderer Weise auf den Laborbegriff. Hiermit werden sowohl Lernumgebungen der Schülerinnen und Schüler als auch methodisch-didaktische Lernumgebungen für die Studierenden beschrieben, sodass in diesem Merkmal ein Lernen am gemeinsamen Gegenstand auf unterschiedlichen Ebenen deutlich wird. Speziellere Ausstattungsmerkmale (als Lernwerkstatt etc.) oder technische Spezialausstattungen hingegen werden durchschnittlich als weniger bedeutend angesehen (siehe unten).

Besonders überraschend ist die Einordnung des Items „wissenschaftliche Begleitforschung" in diese Kategorie, da aus theoretischer Perspektive Lehr-Lern-Labore ein Potenzial zur Realisierung interdisziplinärer Forschungsvorhaben bergen. Vor dem Hintergrund der Befragung von Expertinnen und Experten, die in einem universitären Umfeld agieren und damit über ein wissenschaftliches Profil verfügen, ist dieses Ergebnis umso überraschender. Eine mögliche Interpretation ist, dass den Befragten das Potenzial von Lehr-Lern-Laboren zur wissenschaftlichen Forschung zwar bewusst ist, diese jedoch bei der Mehrheit der Laborleiterinnen und -leiter noch keine dominierende Rolle eingenommen hat.

Insgesamt fällt die starke Streuung der Einschätzungen durch die Probandinnen und Probanden auf: Neben einigen grundlegenden Kerninhalten von Lehr-Lern-

Laboren, die eine große allgemeine Zustimmung erhalten, existieren also auch verschiedene Auffassungen zu individuellen inhaltlichen, strukturellen und organisatorischen Umsetzungsformen von Lehr-Lern-Laboren (vgl. Weusmann et al., Kap. 3).

Darüber hinaus wurden auch Aspekte überwiegend als „unwichtig" für die Charakterisierung von Lehr-Lern-Laboren eingeschätzt. Dazu zählen die aktive Teilnahme von Lehrpersonen, „das Anknüpfen an die Tradition von Labor- bzw. Werkstattarbeit", „lehrplanrelevante Themen hinsichtlich der Schüleraktivitäten", „eine fächerübergreifende Verknüpfung von Lehrinhalten" und die „Nutzbarkeit für Lehrerfortbildungen". Auffällig ist die „inhaltliche Nähe" der Items zueinander, die sich entweder auf die Teilnahme von Lehrpersonen am Lehr-Lern-Labor oder auf die Schüleraktivitäten beziehen. Trotz der Einigkeit hinsichtlich einer aktiven Teilnahme von Schülerinnen und Schülern am Lehr-Lern-Labor grenzen die Expertinnen und Experten die Organisationsform deutlich von schulischen Aktivitäten sowie von anderen außerschulischen Lernorten ab. Lehr-Lern-Labore sind also überwiegend in der Lehrerausbildung und weniger in der Lehrerfortbildung anzusiedeln. Dennoch indiziert auch die große Streuung der Bewertungen dieser Merkmale sehr verschiedene und individuelle Auffassungen.

Letztlich nutzten zwei der Befragten die Möglichkeit, weitere Merkmale von Lehr-Lern-Laboren zu ergänzen. Diese beziehen sich auf die Nachhaltigkeit von Lehr-Lern-Laboren, deren Vernetzung mit anderen Lehrveranstaltungen im Studium und die direkte Interaktion zwischen Lernenden und Lehrenden. Es zeigen sich hier Überschneidungen mit einem der vorgegebenen Items, das jedoch interessanterweise von der Mehrheit der Befragten als „unwichtig" eingestuft wurde. Dieses Ergebnis kann ebenfalls als Indiz für die vielfältigen Umsetzungsformen von Lehr-Lern-Laboren interpretiert werden.

Im Vergleich mit der ersten Erhebung zeigt sich, dass die wesentlichen Charakteristika von Lehr-Lern-Laboren, die in der ersten Befragungsrunde als Gemeinsamkeiten herausgearbeitet wurden, auch in der zweiten Erhebung als wesentlich bzw. wichtig eingeschätzt werden. Es kann dementsprechend davon ausgegangen werden, dass das Verständnis der inhaltlichen Bedeutung des Begriffs „Lehr-Lern-Labor" im MINT-Bereich unter den Befragten im Verlauf des Zeitraums von der ersten bis zur zweiten Befragung relativ stabil ist. Dennoch fällt auf, dass einige Charakterisierungsaspekte in der zweiten Erhebung einen deutlich höheren Stellenwert einnehmen. Dazu zählt beispielsweise die zunehmende Spezifikation bezüglich der Art der Qualifizierung von Studierenden durch die Nennung von Handlungskompetenz und Professionswissen bzw. einzelner Kompetenzbereiche. Gleiches gilt für die Merkmale „zyklische bzw. iterative Lernprozesse bei den Studierenden", „eine Verankerung in den Lehramtsstudienordnungen" und „eine wissenschaftliche Begleitforschung". Die Aufwertung der Items kann als Indiz dafür gesehen werden, dass die befragten Lehr-Lern-Labor-Leiterinnen und -Leiter im Prozess der Weiterentwicklung ihrer Lehr-Lern-Labore im Laufe des Jahres die Bedeutung und die Chancen einer sinnvollen Vernetzung der Förderung von Schülerinnen und Schülern und der berufsbezogenen Qualifizierung von Studierenden zum einen und zum anderen einer effektiven Verknüpfung von Theorie und Praxis in der universitären Lehramtsausbildung zunehmend wertschätzen.

Eine gegenteilige Entwicklung zeigt die inhaltliche Verknüpfung der Organisationsform „Lehr-Lern-Labor" mit verwandten Konzepten wie Lernwerkstätten, Schülerlaboren oder anderen außerschulischen Lernorten, die in der ersten Erhebung als ein mehrheitlich genanntes Merkmal identifiziert wurden. Die entsprechenden Items werden in der zweiten Erhebung lediglich als wichtig bzw. als unwichtig eingestuft. Diese Entwicklung könnte auf eine zunehmende Implementierung von Lehr-Lern-Laboren als ein eigenständiges Konzept mit spezifischem Profil in der Lehramtsausbildung und in diesem Sinne einer deutlicheren Loslösung bzw. Abgrenzung zu anderen Konzeptionen zurückgeführt werden. Demgemäß wird auch aus der Gesamtanalyse deutlich, dass zwar die Gruppe der Schülerinnen und Schüler einen festen Bestandteil in Lehr-Lern-Laboren darstellt, die Förderung von Studierenden jedoch klar im Zentrum der Lehr-Lern-Labor-Arbeit steht.

Die zum Teil starken Streuungen der Einschätzungen bestätigen dagegen die in der ersten Erhebung festgestellten Klassifizierungsmerkmale, die in Lehr-Lern-Laboren unterschiedlich umgesetzt werden, etwa Ort und Ausstattung oder wissenschaftliche Begleitforschung.

Die empirische Erhebung ermöglicht die Bestimmung wesentlicher, einander ergänzender Merkmale für eine möglichst vollständige und konsensfähige Definition dieser Organisationsform. Unter Berücksichtigung methodologischer „Gefahren" (vgl. Fußnote 3) lässt sich der Begriff „Lehr-Lern-Labor" im MINT-Bereich wie folgt definieren:

▶ Lehr-Lern-Labore (LLL) sind eine spezielle Organisationsform der Lehramtsausbildung, in der Lern- bzw. Förderaktivitäten von Schülerinnen und Schülern[4] und die berufsbezogene Qualifizierung von Lehramtsstudierenden sinnvoll miteinander verknüpft werden. Im Unterschied zu Vorlesungen, Seminaren oder Übungen in üblicher Form bieten direkte Interaktionen zwischen Studierenden und Schülerinnen und Schülern und ein vorwiegend „Forschendes Lernen" der zukünftigen Lehrpersonen in LLL die Möglichkeit, dass Studierende in komplexitätsreduzierten Lernumgebungen – je nach Schwerpunktsetzung – auf sehr effektive Weise Handlungskompetenzen und Professionswissen erwerben, die sie in zyklischen bzw. iterativen Prozessen vertiefen und in vielfältiger Weise anwenden können. Die Verankerung der Tätigkeitsfelder der Studierenden in den Lehramtsstudienordnungen, die Leitung durch in der Lehramtsausbildung tätige Dozentinnen und Dozenten und theoriebasierte Reflexionen der Lehr-Lern-Aktivitäten in den LLL schaffen notwendige rechtliche, inhaltliche und organisatorische Rahmenbedingungen für eine effektive LLL-Arbeit.

---

[4] In Abhängigkeit von den jeweiligen Zielen und inhaltlichen Schwerpunktsetzungen können in LLL auch Kinder im Vorschulalter oder Jugendliche, die in keine Schule gehen, die Rolle der „Schülergruppe" übernehmen bzw. in eine solche Lerngruppe integriert sein.

In Abhängigkeit von den jeweiligen Zielen und inhaltlichen Schwerpunkten können sich LLL außerdem unterscheiden hinsichtlich

- der konkreten Ziele bezüglich der Förderung der teilnehmenden Studierenden und Schülerinnen und Schüler,
- der inhaltlichen Schwerpunktsetzungen der LLL-Aktivitäten,
- der aktiven Teilnahme von Lehrpersonen aus Schulen,
- des Ortes und personeller, räumlicher und sachlicher – einschließlich technischer –Ausstattung,
- der zeitlichen Dauer und der Organisationsstruktur von einzelnen Lehr-Lern-Sequenzen sowie der Gesamtzeitdauer einer LLL-Tätigkeit,
- der Anzahl und der soziodemografischen Daten der teilnehmenden Schülerinnen und Schüler,
- der wissenschaftlichen Begleitforschung sowie der Einbindung in interdisziplinäre Forschungsvorhaben,
- der konkreten Verortung in einer Studienordnung,
- einer vorgeschalteten theoretischen Einweisung der Studierenden und einer kontinuierlichen (Lehr-)Evaluation,
- ihrer Verknüpfung mit anderen universitären Veranstaltungen sowie außeruniversitären Institutionen wie Wirtschaftsunternehmen, Schulen, Museen u. Ä.,
- des Anknüpfens an die Tradition von Labor- und Werkstattarbeit,
- der Nutzung für bzw. der Einbindung in die Lehrerfortbildung.

2.4 Abgrenzung und Fazit

Wie eingangs angedeutet, lassen sich in der Kennzeichnung von Lehr-Lern-Laboren Merkmale identifizieren, die Parallelen zu bereits längerfristig implementierten Konzeptionen wie Schülerlaboren, Lernwerkstätten oder Microteaching aufweisen. Die Einzigartigkeit der Organisationsform „Lehr-Lern-Labor" lässt sich mit zwei ausgewählten wesentlichen Merkmalen von Lehr-Lern-Laboren hervorheben:

(1) **Verknüpfung der Ausbildung angehender Lehrpersonen mit der Förderung von Schülerinnen und Schülern:** Hinter der Konzeption „Lernwerkstatt" steht im ursprünglichen Sinn die Idee, das eigene Lernen und, damit verknüpft, das Lernen von Schülerinnen und Schülern für Erzieherinnen und Erzieher, (angehende) Lehrpersonen und Pädagoginnen und Pädagogen erfahrbar zu machen (Hagstedt 1989; Müller-Naendrup 1997; Pallasch und Reimers 1990). Die Veranstaltungsform „Microteaching" zielt stattdessen vor allem auf die Förderung professioneller Kompetenzen (angehender) Lehrpersonen durch die Reflexion des eigenen Handelns auf der Basis videografierter Unterrichtssequenzen ab (Allen und Ryan 1974). Beide Ansätze werden in der Lehramtsausbildung umgesetzt, jedoch wird die enge Verknüpfung der Lehramtsausbildung mit der Förderung von Schülerinnen und Schülern nicht angestrebt. In Lehr-Lern-Laboren ist dagegen die verzahnte Qualifizierung bzw. Förderung beider Personen-

gruppen ein wesentliches Merkmal. Lehr-Lern-Labore bieten zu diesem Zweck einen Raum, in dem Schülerinnen und Schüler sowie Studierende direkt miteinander interagieren und demzufolge mit- sowie voneinander lernen. Das Konzept „Lehr-Lern-Labor" geht demzufolge auch über die Ziele von Schülerlaboren hinaus, die im Wesentlichen auf die Förderung von Schülerinnen und Schülern fokussieren (Haupt et al. 2013).

(2) **Der forschende Habitus der Studierenden:** Das Forschende Lernen wird in Lernwerkstätten mit dem zugrunde liegenden reformpädagogischen Verständnis des Lernens in einem gewissen Maß umgesetzt, wobei vor allem das Entdecken eigener Lernprozesse im Mittelpunkt steht (Müller-Naendrup 1997). Beim Microteaching stehen insbesondere Reflexionsprozesse im Vordergrund. Ausgehend vom Laborbegriff sind das Forschende Lernen der Studierenden sowie die theoriebasierte Reflexion von Lehr-Lern-Prozessen wesentliche Elemente von Lehr-Lern-Laboren. Demzufolge lassen sich Lehr-Lern-Labore mithilfe dieses Merkmals deutlich von den anderen Konzeptionen abgrenzen und vereinen zudem die Ansätze eines forschenden Habitus mit der theoriebasierten Reflexion von Lehr-Lern-Prozessen.

Lehr-Lern-Labore sind aufgrund der genannten Merkmale als eine eigenständige Konzeption zu verstehen, die die Potenziale der Konzeptionen Schülerlabor, Lernwerkstatt und Microteaching miteinander vereint und demzufolge eine besonders vielversprechende Organisationsform in der Lehramtsausbildung sowie zur Förderung von Schülerinnen und Schülern darstellt.

Somit können als ein Hauptergebnis der empirisch-konstruktiven Studie einerseits gemeinsame Kernmerkmale des Begriffs „Lehr-Lern-Labor" bestimmt und andererseits Spezifika dieser universitären Organisationsform herausgestellt werden, welche die reale Vielfalt gegenwärtig existierender Lehr-Lern-Labore im MINT-Bereich verdeutlichen. Dieser Beitrag kann demgemäß als ein Diskussionsangebot zur weiteren begrifflichen Klärung dienen. Das hier dargestellte Resultat ist ohnehin nur als ein aktuelles Zwischenergebnis bzw. als eine Momentaufnahme anzusehen, da anzunehmen ist, dass im Zuge der weiteren dynamischen Entwicklung von Lehr-Lern-Laboren Wesensmerkmale dieses Begriffskonstrukts neu gewichtet werden oder gar neue Aspekte hinzukommen und sich ggf. verschiedene Typen von Lehr-Lern-Laboren deutlicher als bisher unterscheiden lassen.

Literatur

Allen, D. W., & Ryan, K. A. (1974). *Microteaching*. Weinheim: Beltz.

Ball, D. L., & Cohen, D. K. (1999). Developing practice, developing practitioners: Toward a practice-based theory of professional education. In L. Darling-Hammond & G. Sykes (Hrsg.), *Teaching as the learning profession. Handbook of policy and practice* (S. 3–32). San Francisco: Jossey Bass.

Brockhaus (2014). „Labor" auf Brockhaus online. https://ulb-muenster.brockhaus.de/enzyklopaedie/labor. Zugegriffen: 27. Okt. 2017.

Bromme, R., & Tillema, H. (1995). Fusing experience and theory: the structure of professional knowledge. *Learning and Instruction, 5*, 261–267.

Brüning, A. (2018). *Das Lehr-Lern-Labor „Mathe für kleine Asse".* Untersuchungen zu Effekten der Teilnahme auf die professionellen Kompetenzen der Studierenden. Münster: WTM.

Dohrmann, R., & Nordmeier, V. (2018). Praxisbezug und Professionalisierung im Lehr-Lern-Labor-Seminar (LLLS) – ausgewählte vorläufige Ergebnisse zur professionsbezogenen Wirksamkeit. In C. Maurer (Hrsg.), *Qualitätsvoller Chemie- und Physikunterricht – normative und empirische Dimensionen. Jahrestagung der GDCP in Regensburg 2017* (S. 515–518). Regensburg: Universität Regensburg.

Dudenredaktion (2017). „lehren" auf Duden online. https://www.duden.de/rechtschreibung/lehren. Zugegriffen: 27. Okt. 2017.

Hagstedt, H. (1989). Lernwerkstätten: Freie Arbeit für Erwachsene. *Die Grundschulzeitschrift,* Sonderheft 1989 zum Bundesgrundschulkongreß, S 39.

Hascher, T., & de Zordo, L. (2015). Langformen von Praktika. Ein Blick auf Österreich und die Schweiz. *Journal für LehrerInnenbildung, 1,* 22–32.

Haupt, O. J., & Hempelmann, R. (2015). Eine Typensache! Schülerlabore in Art und Form. In LernortLabor – Bundesverband der Schülerlabore e. V. (Hrsg.), *Schülerlabor-Atlas 2015* (S. 14–21). Markkleeberg: Klett MINT.

Haupt, O. J., Domjahn, J., & Martin, U. (2013). Schülerlabor – Begriffsschärfung und Kategorisierung. *LeLamagazin, 13*(5), 2–4.

Käpnick, F., Komorek, M., Leuchter, M., Nordmeier, V., Parchmann, I., Priemer, B., Risch, B., Roth, J., Schulte, C., Schwanewedel, J., Upmeier zu Belzen, A., & Weusmann, B. (2016). Schülerlabore als Lehr-Lern-Labore. In C. Maurer (Hrsg.), *Authentizität und Lernen – das Fach in der Fachdidaktik* (S. 512–514). Regensburg: Universität Regensburg.

Kiper, H. (2011). Lehr-Lern-Labore und Unterricht – Überlegungen zu Unterrichtsentwicklung und didaktischer Entwicklungsforschung als Aufgabe von Lehrkräften und (Fach)Didaktiker/innen. In A. Fischer, V. Niesel & J. Sjuts (Hrsg.), *Lehr-Lern-Labore und ihre Bedeutung für Schule und Lehrerbildung* (S. 107–114). Oldenburg: Carl-von-Ossietzky-Univ., Didaktisches Zentrum (diz).

Komorek, M. (2011). Schülerlabore als außerschulische Lernorte. In A. Fischer, V. Niesel & J. Sjuts (Hrsg.), *Lehr-Lern-Labore und ihre Bedeutung für Schule und Lehrerbildung* (S. 13–18). Oldenburg: Carl-von-Ossietzky-Univ., Didaktisches Zentrum (diz).

König, J., & Rothland, M. (2015). Wirksamkeit der Lehrerbildung in Deutschland, Österreich und der Schweiz. *Journal für LehrerInnenbildung, 15,* 17–25.

Levine, A. (2006). *Educating school teachers.* Washington, DC: The Education Schools Project.

Müller-Naendrup, B. (1997). *Lernwerkstätten an Hochschulen. Ein Beitrag zur Reform der Primarstufenlehrerbildung.* Frankfurt am Main: Peter Lang.

Neuweg, G. H. (2016). Praxis in der Lehrerinnen- und Lehrerbildung: Wozu, wie und wann? In J. Kosinár, S. Leineweber & E. Schmid (Hrsg.), *Professionalisierungsprozesse angehender Lehrpersonen in den berufspraktischen Studien* (S. 31–46). Münster: Waxmann.

Pallasch, W., & Reimers, H. (1990). *Pädagogische Werkstattarbeit. Eine pädagogisch-didaktische Konzeption zur Belebung der traditionellen Lernkultur.* Weinheim, München: Juventa.

Rehfeldt, D., Seibert, D., Klempin, C., Lücke, M., Sambanis, M., & Nordmeier, V. (2018). Mythos Praxis um jeden Preis? Die Wurzeln und Modellierung des Lehr-Lern-Labors. *die hochschullehre, 4,* 90–114.

Schmidgen, H. (2011). Labor. http://ieg-ego.eu/de/threads/crossroads/wissensraeume/henning-schmidgen-labor. Zugegriffen: 27. Okt. 2017.

Schmidt, I., Di Fuccia, D. S., & Ralle, B. (2011). Außerschulische Lernstandorte. Erwartungen, Erfahrungen und Wirkungen aus der Sicht von Lehrkräften und Schulleitungen. *MNU, 64*(6), 362–369.

Schoen, D. (1983). *The reflective practitioner. How professionals think in action.* New York: Basic Books.

Völker, M., & Trefzger, T. (2011). Ergebnisse einer explorativen empirischen Untersuchung zum Lehr-Lern-Labor im Lehramtsstudium. In PhyDid B – Didaktik der Physik – *Beiträge zur DPG-Frühjahrstagung.* http://www.phydid.de/index.php/phydid-b/article/view/292/401. Zugegriffen: 21. Nov. 2018.

Lehr-Lern-Labore in der Praxis: Die Vielfalt realisierter Konzeptionen und ihre Chancen für die Lehramtsausbildung

3

Birgit Weusmann, Friedhelm Käpnick und Ann-Katrin Brüning

Inhaltsverzeichnis

Abstract

Lehr-Lern-Labore (LLL) sind in der Realität äußerst individuell geprägte Konstrukte. Sie weisen eine große Vielfalt hinsichtlich ihrer Zielsetzung und ihrer Konzeption auf. Dies hat eine Befragung unter den Verbundpartnern des Verbundprojekts „Schülerlabore als Lehr-Lern-Labore" bestätigt, bei der insgesamt 25 unterschiedliche LLL-Veranstaltungen untersucht wurden. Besondere Merkmale, die auf dieser Grundlage im vorliegenden Beitrag analysiert und in ihrer Variationsbreite dargestellt werden, sind neben den strukturellen Rahmenbedingungen die Tätigkeiten der Studierenden, die Einbindung von Schülerinnen und Schülern sowie die Art der Komplexitätsreduzierung gegenüber dem „normalen" Klassenunterricht. Anhand ausgewählter Beispiele werden diese Para-

B. Weusmann (✉)
Institut für Biologie und Umweltwissenschaften/AG Biologiedidaktik, Carl von Ossietzky Universität Oldenburg
Oldenburg, Deutschland
E-Mail: birgit.weusmann@uni-oldenburg.de

F. Käpnick · A.-K. Brüning
Institut für Didaktik der Mathematik und der Informatik, Westfälische Wilhelms-Universität Münster
Münster, Deutschland
E-Mail: kaepni@uni-muenster.de

A.-K. Brüning
E-Mail: a.bruening@uni-muenster.de

© Springer-Verlag GmbH Deutschland, ein Teil von Springer Nature 2020
B. Priemer und J. Roth (Hrsg.), *Lehr-Lern-Labore*,
https://doi.org/10.1007/978-3-662-58913-7_3

meter in ihrem Zusammenspiel der Gesamtkonzeptionen demonstriert, dabei werden exemplarisch die Chancen von LLL für das Lernen der Studierenden in den Blick genommen.

3.1 Hintergrund und Zielsetzung der Untersuchung

Im vorangegangenen Beitrag (Kap. 2) wurde eine Definition von Lehr-Lern-Laboren (LLL) als besondere universitäre Veranstaltungsform in der Lehramtsausbildung herausgestellt. Das Ziel war dabei, eine einheitliche Begriffskennzeichnung für eine Lehrveranstaltung mit der Einbindung von Schülerinnen und Schülern zu generieren, die einem weitgehenden Konsens der befragten Expertinnen und Experten entspricht und durch die Bestimmung von gemeinsamen Merkmalen eine nichtwillkürliche Abgrenzung von anderen Veranstaltungsformen ermöglicht. Zugleich sind dabei die Schwierigkeiten einer solchen Abgrenzung und klaren Zuordnung von bestimmten Veranstaltungsmerkmalen deutlich geworden. Sie liegen wesentlich in der bestehenden Vielfalt der Merkmalsausprägungen begründet. Der vorliegende Beitrag greift gerade diese Vielfalt auf und hat das Ziel, die diversen Umsetzungsmöglichkeiten einiger gemeinsamer Merkmale von LLL abzubilden und auf die Chancen für die Ausbildung der Studierenden zu untersuchen. Damit soll nicht zuletzt eine Hilfe für die Konzeption neuer LLL gegeben werden.

Ein Konzeptionsmodell, das die Tätigkeiten und zu erweiternden Kompetenzen der Studierenden in den Mittelpunkt rückt, ist kürzlich von Rehfeld et al. (2018) veröffentlicht worden. Es stützt sich wesentlich auf das Prozessmodell für Lehr-Lern-Labore nach Nordmeier et al. (2014), das auch in diesem Band (Kap. 1, Roth und Priemer) beschrieben ist. Die darin definierten Arbeitsprozesse sollen zyklisch sein und nach dem Prinzip des Forschenden Lernens ablaufen. Im Einzelnen sind dies

a) das Planen einer Lernumgebung und die Konstruktion von Lernmaterialien,
b) die Durchführung und Erprobung der Lernumgebung und das individuelle Fördern der Schülerinnen und Schüler,
c) die Diagnose der Denk- und Lernprozesse der Schülerinnen und Schüler,
d) die theoriegeleitete Evaluation und Reflexion der ablaufenden Lehr- und Lernprozesse sowie
e) die Adaptation von Planung und Materialkonstruktion an die Reflexionsergebnisse.

Dieses Prozessmodell wird von Rehfeld et al. (2018) um eine Spezifikation und Konkretisierung der Tätigkeiten der Studierenden aus dem Kompetenzmodell zum professionellen Wahrnehmen und Handeln im Unterricht nach Barth (2017) erweitert. Es besteht aus den Kompetenzfacetten Wissen, Erkennen, Beurteilen, Generieren, Entscheiden und Implementieren.

Wie es dem Wesen von Modellen entspricht, werden auch in diesem Konzeptionsmodell Idealisierungen und Vereinfachungen vorgenommen. In diesem Fall besteht ein wesentlicher Unterschied zwischen Modell und Realität darin, dass es in der Praxis nicht möglich ist, dieselben Unterrichtsinhalte nach einer Reflexion und Optimierung denselben Schülerinnen und Schülern ein zweites Mal zu präsentieren. Entweder ist für die Wiederholung des Unterrichts eine zweite, möglichst ähnliche Lerngruppe einzuladen – die sich allerdings auf jeden Fall von der ersten unterscheiden wird, sodass die Diagnose der Denk- und Lernprozesse der Schülerinnen und Schüler (im Modell c) nur eingeschränkt für die zweite Gruppe gilt. Oder aber es wird dieselbe Lerngruppe ein zweites Mal eingeladen, was allerdings andere Lernsequenzen mit neuen Inhalten erfordert. Aus diesem Grund kann also genau genommen von einem Zyklus nicht die Rede sein, eher von einer Spirale. Dennoch: Ein Blick in die Praxis der Fülle von LLL zeigt, dass sich etliche der Elemente des Konzeptionsmodells von Rehfeld et al. (2018) in den Veranstaltungen wiederfinden. Als wegweisende Konzeptionshilfe kann dieses Modell sicher sehr gute Dienste leisten und ist dazu geeignet, die zu erweiternden Kompetenzen der Studierenden in ihrer Aufschlüsselung zu definieren.

Für die (Fach-)Didaktikerinnen und Didaktiker, die vor der Aufgabe stehen, eine LLL-Veranstaltung zu konzipieren, entstehen jedoch weitere Fragen sehr praktischer Art, wie etwa diese:

- Wie ist es möglich, im vorgegebenen Zeitraum eines beispielsweise 14-wöchigen Semesters innerhalb der zur Verfügung stehenden Semesterwochenzahl einen wie oben beschriebenen Zyklus (bzw. eine Spirale) mit mindestens zwei Unterrichtsdurchgängen unterzubringen? Reicht es eventuell, Teile aus diesem Zyklus (dieser Spirale) zu realisieren, oder untergräbt man damit die Grundidee des Modells?
- Wie ist es möglich, der oft üblichen Studierendenzahl von mindestens 15 bis 20 Teilnehmerinnen und Teilnehmern in ihrem Kompetenzerwerb gerecht zu werden, ohne sie längere Phasen der Seminarzeit in Beobachter- oder Helferrollen abstellen zu müssen, während die eingeladenen Schülerinnen und Schüler vor lauter Überbetreuung und Beobachtung gar keine natürlichen Lern- und Arbeitsweisen mehr zeigen?
- Wie können auch Studienanfängerinnen und -anfänger von dem Angebot eines LLL profitieren und ersten Schülerkontakt proben, ohne von den erwarteten Anforderungen völlig überfordert zu werden?

In diesem Kapitel soll aufgezeigt werden, wie den unterschiedlichsten Realitäten und Anforderungen an den jeweiligen Fachbereichen in der Praxis Rechnung getragen werden kann. Wir nehmen dabei besonders die individuellen Strukturen von realisierten LLL in den Blick, die geeignet erscheinen, durch ihr Zusammenwirken bestimmte Kompetenzförderungen bei den Studierenden zu ermöglichen.

Eine wertvolle Vorarbeit zur Beschreibung von LLL hat Eilers (2016) vorgenommen, indem sie die an der Universität Oldenburg bestehenden LLL charakterisiert hat. Dafür hat sie verschiedene strukturelle und konzeptionelle Merkmale untersucht, die sie in ihrem Zusammenwirken als maßgeblich für das Funktionieren ansieht:

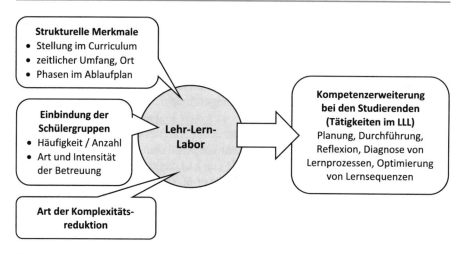

Abb. 3.1 Schematische Darstellung der untersuchten Merkmale von LLL

- den Umfang und Aufbau der Veranstaltung (Grobablauf), seine Verortung im Curriculum, die Lernorte, die Anzahl der Studierenden,
- die Häufigkeit, Art und Intensität der Schülereinbindung (Anzahl und Zusammensetzung der Schülergruppen, Modalitäten der Betreuung) und
- die Form der Komplexitätsreduzierung.

Für diese Charakterisierung von LLL geht Eilers (2016) einen Weg, der sowohl induktive (Auswerten von Informationen zu den LLL) als auch deduktive Elemente (Befragung der Dozierenden mittels geschlossener Fragen im Paper-Pencil-Test) enthält, um eine gewisse Vergleichbarkeit – wenn auch zulasten von Feinstrukturen in einigen Bereichen – zu gewährleisten. Eilers' Arbeit diente als Grundlage für die Erstellung eines Erhebungsinstruments, das nun zum Einsatz kam, um eine größere Anzahl von LLL an verschiedenen Universitäten des Verbundprojekts auf ihre Charakteristika zu untersuchen. In einem Schaubild zusammengefasst lassen sich die untersuchten Charakteristika der LLL wie folgt darstellen (Abb. 3.1).

Ähnlich wie bei Eilers (2016) zielt die Befragung also auf verschiedene strukturelle Rahmenbedingungen, die Einbindung der Schülergruppen sowie die Art der Komplexitätsreduktion ab, wobei schließlich ein Abgleich mit den Tätigkeiten der Studierenden im Seminar – den Elementen aus dem Prozessmodell nach Nordmeier et al. (2014) – erfolgt. Dieses Vorgehen ermöglicht schließlich die Suche nach Zusammenhängen zwischen Merkmalen und Zielen von LLL, was zudem für die weitere Forschung, z. B. Wirksamkeitsstudien, wertvoll ist.

3.2 Untersuchungsdesign

Die Untersuchung, der die hier dargestellten Ausführungen zugrunde liegen, besteht in einer Befragung mittels halbstandardisierter Fragebögen – im weiteren Verlauf als Steckbriefe bezeichnet –, die per E-Mail verschickt und ausgefüllt zurückgesandt wurden. Diese Befragung[1] fand im Frühjahr 2017 unter den Didaktikerinnen und Didaktikern statt, die am Entwicklungsverbund „Schülerlabore als Lehr-Lern-

Tab. 3.1 Struktur des Steckbriefformulars zur Abfrage der Merkmale und Charakteristika der untersuchten LLL. Abgekürzte Antwortformate: *MC* = Multiple Choice; *Skala* = Gewichtung entlang einer vierstufigen Bewertungsskala

Block	Einzelthemen	Antwortformat/Beispiel
Allgemeine Einordnung	Ansprechpartnerin/Ansprechpartner, Bezeichnung des eingebundenen Schülerlabors (falls zutreffend)	Freitext
	Titel der Lehrveranstaltung, Fach	Freitext
	Art der Lehrveranstaltung	Z. B. (Projekt-)Seminar, Pflicht/Wahlpflicht
	Leitung, weitere Personen, Umfang, Ort	Freitext/MC
	Verknüpfung mit anderen Lehrveranstaltungen, Kooperationen mit anderen Institutionen	Freitext
	Evaluation, wissenschaftliche Begleitforschung	Freitext
	Besonderes Potenzial, besondere Probleme	Freitext; z. B. erster Schülerkontakt
Zielgruppe Studierende	Anzahl der Studierenden (maximal, tatsächlich), Studienfach, Einordnung ins Curriculum	Freitext; MC
	Tätigkeiten der Studierenden	Skala/Freitext; z. B. Planung/Durchführung von Lernsequenzen usw.
	Phasen der Lehrveranstaltung	Zeittafel mit Codes; z. B. Einführung, Studierende planen Lernsequenzen
	Komplexitätsreduzierung	Freitext; z. B. Teamteaching
	Betreuung der Studierenden	Freitext
	Stellenwert von forschendem Lernen	Skala
Einbindung von Schülerinnen und Schülern	Verortung innerhalb des Terminplans, Anzahl der Gruppen/der Schülerinnen und Schüler pro Gruppe, Altersgruppe, Lernort	MC
	Betreuungsverhältnis (Studierende/Schülerinnen und Schüler), Enge der Betreuung	MC
	Stellenwert verschiedener Hauptziele	Skala; z. B. Förderung bestimmter Techniken, Lerngruppen, Interesse

[1] An der Ausarbeitung und Pilotierung des Fragebogens wirkten insbesondere A.-K. Brüning, F. Käpnick und B. Weusmann mit. Der Fragebogen ist einsehbar unter https://uol.de/fileadmin/user_upload/biologie/ag/didaktik/Forschung/Kapitel_3_Erhebungsinstrument.

Labore" (vgl. Roth und Priemer, Kap. 1 in diesem Band) beteiligt waren. Es war
also ein fristgerechter und hoher Rücklauf zu erwarten. Die Formulare wurden ggf.
gemeinsam mit weiteren in die Veranstaltung involvierten Dozierenden bearbeitet.
Es fand verabredungsgemäß keine Anonymisierung statt, was die Möglichkeit von
Rückfragen bot.

Das Steckbrieformular ist in Tabellenform angelegt und gliedert sich in drei große Themenblöcke, die in verschiedenen Antwortformaten (Multiple Choice, freie
Kurzantworten) zu bearbeiten waren. Wichtig war dabei, bestimmte Merkmale, die
in der Definition als Charakteristikum von LLL bestimmt wurden, in ihrer individuellen Ausprägung auswertbar abzufragen und gleichzeitig den Bearbeitungsauf-
wand vertretbar zu halten. Diverse Vorsondierungen schriftlicher und mündlicher
Art unter den Kolleginnen und Kollegen halfen dabei, die Variationsbreite abzuschätzen. Die Struktur des Steckbrieformulars ist in Tab. 3.1 dargestellt.

Der Rücklauf war erwartungsgemäß recht hoch: Von 13 angeschriebenen Dozierenden beteiligten sich neun, die gemeinsam insgesamt 35 LLL vorstellten. Die
Anzahl der beschriebenen LLL je Rückmeldung liegt dabei zwischen einem und
sieben. Ausgewertet wurden nur 25 Steckbriefe: Nicht berücksichtigt wurden Veranstaltungen, die den Kriterien eines LLL laut unserer Definition (vgl. Brüning
et al., Kap. 2 in diesem Band) nicht entsprechen – weil beispielsweise der direkte
Schülerkontakt fehlt –, sowie solche, die anderen am selben Standort durchgeführten Konzeptionen so ähnlich sind, dass von Parallelkursen, beispielsweise mit
einer etwas anderen Zielgruppe, gesprochen werden kann. Diese Auswahl sowie
der Umstand, dass die Verteilung der beschriebenen LLL auf die Dozierenden sehr
ungleichmäßig ist, bewirken Verzerrungen in der quantitativen Auswertung, der
Auszählung von Häufigkeiten. Dies wurde jedoch zugunsten der Datenreduktion
in Kauf genommen, da die qualitative Auswertung im Vordergrund stand: Sichtbar werden sollte vor allem die Variationsbreite der Ausprägungen verschiedener
Merkmale. Den Orientierungsrahmen für die Kategorien stellt dabei die im Beitrag
von Brüning et al. (Kap. 2) aufgestellte Definition für LLL dar, in der die von Eilers
(2016) als relevant angesehenen Merkmale genannt sind (siehe auch Abb. 3.1). Die
Ergebnisdarstellung gliedert sich in die beiden Abschnitte „Tätigkeiten der Studierenden im LLL" und „Strukturelle Merkmale der LLL", die in ihrer Vielfalt
abgebildet werden. Die Schülereinbindung geht in den letztgenannten Abschnitt
ein.

3.3 Tätigkeiten der Studierenden im LLL

Die Tätigkeiten der Studierenden im LLL wurden deduktiv durch geschlossene
Items abgefragt, deren Bedeutung in der Veranstaltung auf einer vierstufigen Skala (1 = Stellenwert untergeordnet; 4 = sehr hoch) eingeschätzt werden sollte. Als
Kategorien wurden die Elemente des Prozessmodells nach Nordmeier et al. (2014)
verwendet. Tab. 3.2 zeigt die quantitativen Auswertungsergebnisse.

Einen besonders hohen Stellenwert in den LLL erhält erwartungsgemäß die
Durchführung von Lernsequenzen, also das praktische Arbeiten mit Schülerinnen

Tab. 3.2 Stellenwerte der Tätigkeiten im LLL. Angegeben sind jeweils die Verteilungen sowie die Mittelwerte der Kategorien Planung und Durchführung von Lernsequenzen, Diagnose von Lernprozessen, Reflexion und Adaptation von Lernsequenzen. $N = 25$

Stellenwert	Planung	Durchführung	Diagnose	Reflexion	Adaptation
4 = sehr hoch	10	20	11	13	7
3 = erhöht	10	4	4	5	8
2 = mäßig	2	0	7	4	6
1 = untergeordnet	3	1	3	3	4
Mittelwerte	**3,1**	**3,7**	**2,9**	**3,1**	**2,7**

und Schülern, das bereits in der Definition von LLL als wesentliches Merkmal identifiziert wurde. Die Durchführung stellt bei 80 % der LLL den Schwerpunkt der Veranstaltungen dar. Die praktische Arbeit mit Schülerinnen und Schülern ist zudem grundlegend für andere Tätigkeiten, wie beispielsweise die Reflexion der Lehr-Lern-Situationen oder auch die wiederholte Planung (Adaptation). Lediglich in einem LLL sollten die Studierenden im Wesentlichen bei anderen Kommiliton-innen und Kommilitonen hospitieren und nur gelegentlich selbst eingreifen.

Die eigenständige Planung von Lernsequenzen sowie deren Reflexion werden keineswegs in allen LLL als essenzielle Bestandteile gesehen. Teilweise wird auf vorhandene Planungen und Materialien zurückgegriffen, was insbesondere für Studierende in den niedrigeren Semestern entlastend sein kann. Die Reflexion der Lernsequenzen erhält in sieben LLL einen höchstens mäßigen Stellenwert, die Diagnose der Lernprozesse bei den Schülern sogar in zehn LLL. Letzteres ist sicher eine Aufgabe, die sich aufgrund des hohen Anspruchs (Perspektivwechsel auf die Schülerinnen und Schüler) für Studierende erst in fortgeschrittenen Semestern anbietet. Liegt nach der Durchführung der Lernsequenz der Schwerpunkt auf der Diagnose, kann dies zulasten der (Unterrichts-)Reflexion geschehen. Dies steht aber nicht im Widerspruch zu der Forderung von Rehfeld et al. (2018) sowie weiteren Autorinnen und Autoren (Hascher 2005, 2011; Vogelsang und Reinhold 2013), die Praxis eng mit der Theorie zu verzahnen, denn ebendies wird auch durch die explizite Diagnose der Lernprozesse geleistet. Reflexion und Diagnose stellen von den im Prozessmodell für Lehr-Lern-Labore (Nordmeier et al. 2014) genannten Tätigkeiten die eigentlichen Brücken zwischen Theorie und Praxis dar, denn beides bedarf erstens der Praxis als Quelle und ist zweitens ohne engen Theoriebezug kaum möglich. Drittens stellen sie das Regulativ für weitere Praxis, nämlich Optimierungs- und Förderungsmaßnahmen, dar.

Den niedrigsten mittleren Stellenwert der Tätigkeiten der Studierenden im LLL nimmt die Adaptation der Unterrichtsplanung nach vorangegangener Durchführung und Reflexion bzw. Diagnose ein. Eine Anpassung der Planung auf der Grundlage von durchgeführtem und reflektiertem Unterricht stellt insbesondere an die Organisation der LLL hohe Anforderungen, da – wie bereits oben näher beschrieben – entsprechend mehrere Schülergruppen eingebunden und die Lernsequenz wiederholt dargeboten werden müsste. Diese Tätigkeit wird in vielen LLL eher theoretisch als Teil der Reflexion vorgenommen oder findet offenbar spontan statt, wenn die

Studierenden Lernstationen betreuen, die mehrmals von verschiedenen Schüler-gruppen derselben Klasse im Rahmen eines Stationenlernens absolviert werden.

Zusammenfassend lässt sich feststellen, dass bezüglich der Tätigkeiten der Studierenden, die im Konzeptionsmodell nach Rehfeld et al. (2018) genannt werden, in den LLL jeweils unterschiedliche Schwerpunkte gesetzt werden. Dies geschieht u. a., um den unterschiedlichen Niveaus der Studierendengruppen gerecht zu werden: Besonders anspruchsvolle Tätigkeiten können von Studierenden in den unteren Semestern noch nicht im selben Maß gefordert werden wie von fortgeschrittenen Studierenden, die auch aus den Schulpraktika bereits Lehrerfahrungen mitbringen.

Zusätzlich zu den angesprochenen Tätigkeiten wurde in der Befragung der Stellenwert erfasst, dem das Forschende Lernen der Studierenden im Seminar beigemessen wird. Grundsätzlich sind hier die Möglichkeiten im LLL im Vergleich mit eher theoretischen Seminaren als günstig anzusehen, da das Zusammentreffen mit Schülerinnen und Schülern für die Studierenden ein weites Feld selbstständigen Forschens eröffnet: sei es, dass das eigene Lehrerhandeln in den Blick genommen wird, sei es, dass bestimmte Repräsentationen der Schülerinnen und Schülern oder deren Tätigkeiten fokussiert werden. Zu bewerten war die Frage nach dem Stellenwert des Forschenden Lernens wieder auf einer vierstufigen Skala. Die Auswertung zeigt die Verteilung in Tab. 3.3.

Insgesamt wird in über einem Viertel der LLL dem Forschenden Lernen ein erhöhter oder sehr hoher Stellenwert zugeordnet. Es wird jedoch auch deutlich, dass diese Lernform in der Mehrheit der Seminare nur einen mäßigen oder untergeordneten Stellenwert erhält. Forschendes Lernen ist demnach kein essenzieller Bestandteil von LLL-Veranstaltungen. Selbsttätiges Forschen stellt einen hohen Anspruch an die Studierenden und muss trainiert werden. Daher ist hierfür oft auch ein größerer Zeitrahmen erforderlich, der – wie weiter unten sichtbar wird – in vielen LLL nicht zur Verfügung steht. Forschungsmethodisch ist jedoch anzumerken, dass der Begriff des Forschenden Lernens auch unter Didaktikerinnen und Didaktikern einigen Interpretationsspielraum lässt, und dass nicht abgefragt wurde, in welcher Weise das forschende Lernen jeweils realisiert wird.

Tab. 3.3 Verteilung des beigemessenen Stellenwerts des Forschenden Lernens für die Studierenden

Stellenwert	Forschendes Lernen der Studierenden
4 = sehr hoch	3
3 = erhöht	4
2 = mäßig	11
1 = untergeordnet	7
Mittelwert	**3,1**

3.4   Strukturelle Merkmale von LLL-Veranstaltungen

Dieser Abschnitt beleuchtet die Umsetzung der Merkmale Schülereinbindung, Komplexitätsreduzierung und sonstige strukturelle Parameter in den untersuchten Veranstaltungen. Diese Merkmale sind in hohem Maß strukturgebend bei der Konzeption von LLL und stehen mit deren Kompetenzzielen im engen Zusammenhang. In der Auswertung werden Gruppen ähnlicher Umsetzungen gebildet, wodurch eine Struktur bezüglich der Merkmale hergestellt wird.

3.4.1   Umfang, Dauer und Turnus der LLL, Verortung im Curriculum

Die LLL-Veranstaltungen beschränken sich in fast allen Fällen (24 von 25) auf ein einziges Semester. Über die Hälfte (17 von 25) finden zudem nur jedes zweite Semester statt, vier von ihnen sogar nur „nach Bedarf und unter bestimmten Voraussetzungen", was auf niedrige Studierendenzahlen bzw. eine unstetige Personalsituation hinweist. Nur acht LLL werden jedes Semester angeboten. Eine interessante Sonderform stellt sich wie folgt dar: Die Studierenden belegen das Modul über zwei aufeinanderfolgende Semester und führen in jedem Semester eine selbst konzipierte Einheit im Schülerlabor durch. Da es keinen festen Einstiegstermin (Sommer/Winter) gibt, arbeiten Novizen und Fortgeschrittene nebeneinander bzw. gemeinsam, was die Chance mit sich bringt, dass die Studierenden voneinander lernen können.

Der Umfang einer LLL-Veranstaltung beträgt in 16 der 25 Fälle zwei Semesterwochenstunden (SWS). Nur eine einzige Veranstaltung umfasst sechs SWS, acht weitere umfassen drei oder vier SWS. Durchschnittlich beträgt der Umfang damit 2,8 SWS.

Die Angebote sind in den meisten Fällen semesterbegleitend, nur zwei LLL finden im Block statt, dem unter Umständen vorbereitende Termine vorgeschaltet sind. Eine Anbindung an eine andere, theoretische Lehrveranstaltung findet sich in sieben Fällen, wobei aus den Rückmeldungen nicht klar wird, ob die Teilnahme daran verpflichtende Voraussetzung ist.

Die Betrachtung dieser Ergebnisse verdeutlicht, dass der Stellenwert von LLL innerhalb des Curriculums im Vergleich zu den etablierten fachlichen Praktika oft nicht sehr hoch ist, was die diesbezüglichen Möglichkeiten in vielen Fällen einschränkt. Besonders wenn zyklisches Lernen angestrebt wird und mehrere Schulklassenbesuche geplant sind, wäre eine Aufwertung von LLL durch einen größeren zeitlichen Umfang wünschenswert.

Die Verortung der 25 LLL in den Curricula stellt sich folgendermaßen dar:

- ausschließlich Bachelorstudierende (bis zum 6. Fachsemester): 7 LLL, davon 2 bereits ab dem 2. Semester,
- ausschließlich Masterstudierende (ab dem 7. Fachsemester): 10 LLL,
- sowohl Bachelor- als auch Masterstudierende: 7 LLL.

Vier dieser letztgenannten studiengangübergreifenden LLL sind im Fach Technik verortet, in dem die Studierenden häufig bereits eine technische Ausbildung absolviert haben und somit zumindest fachlich vorgebildet sind. Rein mengenmäßig sind die LLL also tendenziell vermehrt in höheren Semestern der Curricula verortet.

3.4.2 Lernorte

Die Befragung zeigt, dass viele der vorgestellten LLL ihr Labor im Sinne eines Schülerlabors (vgl. Haupt und Hempelmann 2015) für die Begegnung von Schülerinnen und Schülern und Studierenden nutzen, aber auch, dass es verschiedene andere Varianten dafür gibt, deren Merkmale im Folgenden kurz beschrieben werden.

- *Schülerlabore an der Universität*: Derartige Einrichtungen stellen für die Lehrerausbildung eine Luxussituation dar, da hier normalerweise alle notwendigen Materialien vor Ort verbleiben können und auch die Schülerschaft vorhanden ist – die Schulklassen melden sich aus eigenem Antrieb an. Allerdings bringt dabei die Koordination des Schülerlabors teilweise erheblichen Aufwand mit sich. Diese Labore werden von 13 der 25 vorgestellten Labore genutzt.
- *Nicht dauerhaft als Schülerlabor zur Verfügung stehende Räume an der Universität*: Diese LLL finden in ansonsten anders genutzten Räumlichkeiten (Seminarräumen, Laboren, Werkstätten) statt. Eine Anmeldung seitens der Schulklassen ist dabei nicht möglich, die Lehrenden oder Studierenden laden selbst Schulklassen ein. Diese Situation ist für LLL praktikabel, die einen überschaubaren Aufwand an speziellen Schülermaterialien haben, stellt aber in einigen Fällen eine Notlage aufgrund mangelhafter Raumausstattung dar. Zudem müssen die passenden Schulklassen aktiv gesucht werden. Sieben der 25 LLL arbeiten unter diesen Umständen.
- *Labor/Werkstatt an einer Schule*: In diesem Modell kommen die Studierenden in die Schule, wo eine passend eingerichtete Werkstatt oder ein Labor zur Verfügung steht. Die Schülergruppen sind bereits vor Ort. Diese Situation bedeutet für die Dozierenden relativ wenig Organisationsaufwand, für die Studierenden allerdings neben dem Fahraufwand eine eher unbekannte Lernumgebung, in der die Schülerinnen und Schüler, die ihr Lernangebot nutzen, sich möglicherweise eher in der Gastgeberrolle befinden. Drei LLL nutzen dieses Modell.
- *„Normale" Klassen- oder Fachräume in der Schule*: Hier besuchen die Studierenden an einem oder mehreren Terminen die Schülerinnen und Schüler in deren gewohnten Räumen in der Schule. Bei diesen LLL kann fast von einem Kurzpraktikum gesprochen werden. Die Studierenden lernen einen möglichen, authentischen späteren Arbeitsplatz kennen, in dem die Lehrmaterialien und Medien der Schule, ergänzt durch wenige eigene, genutzt werden. Für die Schülerinnen und Schüler entfällt hier die Aufregung des außerschulischen Lernens – wie auch in der vorher beschriebenen Variante –, und die Lehr-Lern-Situation ist sehr realitätsnah. In zwei der beschriebenen LLL wird diese Lösung genutzt.

3.4.3   Teilnehmerzahlen (Studierende) und Schülereinbindung

Wichtig im LLL ist, dass die Studierenden ausreichend Anlass erhalten, selbst in der Lehrerrolle aktiv zu werden, was im Rahmen einer Lehrveranstaltung eine große organisatorische Herausforderung darstellt: Dabei kommt es wesentlich auf die Anzahl der teilnehmenden Studierenden einerseits sowie die Anzahl und Größe der eingebundenen Schülergruppen andererseits an. Das Zusammentreffen dieser Personengruppen im LLL versucht man normalerweise mit den diversen Formen des Microteaching zu organisieren, ein Aspekt, der im Abschnitt „Komplexitätsreduktion" beleuchtet wird.

Die durchschnittliche Anzahl der teilnehmenden Studierenden beträgt in den erhobenen LLL 17,4. Dabei ist die Verteilung wie folgt:

- LLL mit bis zu 16 Studierenden: 16,
- LLL mit 17–25 Studierenden: 3,
- LLL mit über 25 Studierenden: 4.

Das Gros der LLL-Veranstaltungen hat also eine eher überschaubare Studierendenzahl; hier setzt das Setting der Praxiseinbindung durch Schülerbesuche klare Grenzen. Veranstaltungen mit 30 bzw. 35 Studierenden zeichnen sich dadurch aus, dass

a) stets ganze Schulklassen empfangen werden (teilweise zwei an einem Termin),
b) im Schülerkontakt ein sehr hoher Betreuungsschlüssel vorliegt (ein bis zwei Schülerinnen und Schüler pro Studierender bzw. Studierendem) und/oder
c) teilweise zusätzlich eine Aufteilung der Studierenden auf mehrere Besuchstermine erfolgt.

In einem LLL mit 25 Studierenden sind gemeinsame Seminartermine auf ein Minimum beschränkt. Die Studierenden organisieren sich weitgehend selbst in Gruppen und teilen sich schließlich zudem auf mehrere Schülergruppen auf, für die sie Lernsequenzen vorbereiten und durchführen.

Wie häufig jede bzw. jeder einzelne Studierende die Gelegenheit zum Schülerkontakt erhält und wie eng dieser ist, ist letztlich eine Frage der Gesamtorganisation der Schülereinbindung und variiert erheblich. Grundsätzlich können diesbezüglich drei Typen von Veranstaltungen unterschieden werden:

Typ 1: Die Studierenden treten jeweils nur an einem einzigen Termin in Kontakt mit den Schülerinnen und Schülern. Dies geschieht entweder als Paar oder kleinere Gruppe (dann sind mehrere Schulklassenbesuche für die „Versorgung" der Studierenden erforderlich) oder aber als gesamter Kurs (dann mit einem sehr günstigen Betreuungsschlüssel). Dies ist in neun LLL der Fall. Teilweise übernehmen weitere Studierende Beobachterrollen, teilweise werden für gemeinsame Reflexionen Videoaufzeichnungen angefertigt.

Typ 2: Die Studierenden treten jeweils mehrmals mit verschiedenen Schülergruppen in Kontakt. Sofern sie dasselbe Thema behandeln, haben die Studierenden die Möglichkeit, ihre Planung zu optimieren und an die nachfolgende Gruppe zu adaptieren. In diesem Fall kann am ehesten von einem zyklischen (spiraligen) Prozess gesprochen werden. Diese Variante kommt in zehn LLL vor.

Typ 3: Die Studierenden treten mehrmals mit denselben Schülerinnen und Schülern in Kontakt. Sie haben die Möglichkeit, diese näher kennenzulernen und sich gezielter auf sie einzustellen. Diagnosen von Lernvoraussetzungen und Lernprozessen sind hier gut möglich, sofern nur ein oder wenige Schülerinnen und Schüler betreut werden. Dies ist die seltenste Form der Schülereinbindung, in nur fünf Fällen wird sie realisiert.

Diese drei Typen werden auch von Eilers (2016) identifiziert, wobei sie jede dieser drei Gruppen nochmals danach unterteilt, ob weitere Studierende hospitieren oder nicht.

Die Einbindung von passenden Schülergruppen stellt in einigen LLL eine größere Herausforderung dar, weil sie einen relativ großen Koordinationsaufwand bedeutet: Es muss eine Anpassung von Seminar- und Schulzeiten hergestellt werden sowie eine thematische Anpassung, insbesondere wenn der Besuch eine Vor- und Nachbereitung in der Schule erfordert. Schulklassen werden üblicherweise vormittags eingeladen, wenn der Besuch im Rahmen des Schulunterrichts erfolgt. In einzelnen LLL wird auch die Möglichkeit genutzt, die Schülerbesuche in die vorlesungsfreie Zeit zu verlegen, was eine größere Flexibilität auf Studierendenseite bewirkt. Besonders günstig für die Lehr-Lern-Prozesse der Studierenden und Schülerinnen und Schüler ist auch, wenn eine regelmäßige AG in die Veranstaltung eingebunden wird. Im Fall der Förderung bzw. Forderung besonders leistungsschwacher oder -starker Schülerinnen und Schüler werden diese gezielt angesprochen; das Lernen findet dann – wie auch bei einer AG – nicht im Klassenverband statt. In beiden Fällen finden die Sitzungen nachmittags statt. In den Schulferien werden zudem gelegentlich mehrtägige Feriencamps und einmalige Ferienpassaktionen organisiert, wodurch erreicht wird, dass die Schülerinnen und Schüler tendenziell eher am Thema interessiert sind und auf einer freiwilligen Basis teilnehmen.

3.4.4 Komplexitätsreduktion

Unterricht stellt sich aufgrund der Vielzahl der Akteure, die eine große Simultanität des Geschehens hervorrufen, als äußerst komplexes Wirkungsgefüge dar. Novizinnen und Novizen sind häufig damit überfordert, bei der Umsetzung der Unterrichtsziele allen Schülerinnen und Schülern gerecht zu werden. Im Rahmen einer LLL-Veranstaltung kommen häufig noch weitere Aspekte hinzu, die die Komplexität zusätzlich erhöhen können, z. B.:

- Das Lernen findet an einem Ort statt, der den Studierenden nicht vertraut ist, sodass die Rahmenbedingungen überraschend sind und kein spontanes Hinzuziehen zusätzlicher Medien und Materialien möglich ist.
- Die Schülerinnen und Schüler sind unbekannt, wenn sie nur einmalig oder selten mit den Studierenden zusammentreffen und Hospitationen im Vorfeld nicht möglich sind.
- Es sind beobachtende Personen (Mitstudierende, Dozierende, Lehrperson) anwesend, eventuell wird das Geschehen zudem videografiert: Dies führt zu einer größeren Befangenheit bei den lehrenden Studierenden.
- Die Studierenden sollen innerhalb des vorgegebenen Zeitraums der Lernsequenz auf jeden Fall zu einem Abschluss kommen, wenn der Schülerbesuch einmalig ist und das Thema in sich geschlossen sein soll.
- Die Schülerinnen und Schüler oder auch Einzelne von ihnen sollen besonders beobachtet werden, um eine Diagnose der Lernprozesse zu ermöglichen.

Um derartigen Umständen zu begegnen, das Geschehen überschaubarer zu machen und die Anforderungen an die Studierenden auf bestimmte Aspekte zu reduzieren, ist daher eine Reduzierung der Komplexität notwendig. Als besonders wirkungsvoll ist dabei das sogenannte Microteaching – Unterrichtsminiaturen – anzusehen, das sich laut Peuser et al. (2017) z. B. positiv auf die Selbstwirksamkeitserwartung der Studierenden auswirkt. Die Möglichkeiten der Komplexitätsreduktion sind sehr vielfältig und finden auf verschiedenen Ebenen statt. Um sie zu erfassen, wurden die Freitextantworten der Dozierenden aus der Steckbriefabfrage kategorisiert. Sie sollen hier näher erläutert werden.

(1) *Kennenlernen der Schüler(-vorstellungen)*: In bestimmten Fällen – z. B. bei regelmäßigem Besuch derselben Schülergruppe – ist es möglich, dass die Studierenden die Schülerinnen und Schüler bereits vor der eigenen Lehrtätigkeit beobachten. Auch ein vorangegangener Besuch in der Schule oder das Erheben der Vorstellungen zu einem bestimmten Thema bewirkt, dass die Studierenden es nicht mit Unbekannten zu tun haben, sondern bestimmte Eigenschaften der Gruppe besser einschätzen können. In den meisten Fällen ist dies nicht möglich bzw. nicht vorgesehen. Dann kann es helfen, sich mit gängigen Alltagsvorstellungen von Schülerinnen und Schülern aus der Literatur zu befassen, um diesen gezielt bei der Lernsequenz begegnen zu können.

(2) *Schülerbesuch in bekanntem Umfeld*: Was für das Kennenlernen der Schülerinnen und Schüler zutrifft, gilt auch für die Räumlichkeiten und Geräte bzw. Arbeitsmaterialien. Findet der Schülerbesuch in den unieigenen Schülerlaboren und Werkstätten statt, wird die Chance gesehen, dass die Studierenden sich gut mit den Gegebenheiten auskennen, was ein freieres und flexibleres Agieren mit den Schülerinnen und Schülern ermöglicht.

(3) *Reduktion des Planungsaufwands*: Die an eine bestimmte Schülerschaft angepasste Planung einer Lernsequenz erfordert viel Kreativität, fachliches Wissen und Erfahrung. Daher ist es im Rahmen von LLL-Veranstaltungen sinnvoll, den Planungsprozess zu entlasten, wofür es verschiedene Möglichkeiten und

Abstufungen gibt. Normalerweise ist die Thematik der Lernsequenz bereits durch die Anforderungen der Schülergruppe stark eingeschränkt und kann durch weitere Vorgaben weiter eingegrenzt werden. Besonders in LLL der Fachbereiche Physik und Chemie wird auf einzelne Experimente oder Phänomene fokussiert. In manchen LLL können die Studierenden auf bereits vorhandene Planungen und/oder Materialien zurückgreifen, an denen sie eventuell eigene Veränderungen vornehmen können. Soll selbstständig geplant und Material entwickelt werden, so wird diese Planung in einigen Fällen vor der Durchführung im Plenum diskutiert und optimiert. Besonders konkret wird dies in „Trockenübungen" bzw. Generalproben, in denen die Kommilitoninnen und Kommilitonen die Schülerrolle übernehmen und entsprechend gezielte Rückmeldung u. a. zur Verständlichkeit der Aufgabenstellungen, zu den Materialien und zur Ansprache geben können.

(4) *Besonders günstiger Betreuungsschlüssel und Teamteaching*: Diese Form der Komplexitätsreduktion wird in allen an der Befragung beteiligten LLL realisiert. Ein günstiger Betreuungsschlüssel stellt nicht nur eine Erleichterung für die Studierenden dar, sondern entsteht normalerweise auch aus der Notwendigkeit, beim Schulklassenbesuch genügend Studierende zu aktivieren. In vielen LLL wird eine Schulklasse in Kleingruppen aufgeteilt, die von mehreren Studierenden betreut werden. Diese Sozialform ermöglicht eine arbeitsteilige Gruppenarbeit oder auch eine Stationsarbeit, wobei die Studierenden entweder an „ihrer" Station bleiben oder aber mit den Schülerinnen und Schülern mitwandern. Auch eine Einzelbetreuung von Schülern kann unter bestimmten Umständen sinnvoll sein, z. B. bei Förder- oder Fordermaßnahmen besonders leistungsschwacher oder -starker Schülergruppen. Teamteaching stellt eine weitere Möglichkeit dar, den Betreuungsschlüssel zu verbessern: Wird eine Schulklasse von drei oder vier Studierenden unterrichtet, wechseln sich die Studierenden oft phasenweise ab, sodass die Lernsequenz jedes einzelnen Studierenden zeitlich begrenzt ist. In Phasen der selbstständigen Erarbeitung können die Schülerinnen und Schüler intensiver betreut werden, als es im „normalen" Klassenunterricht möglich ist.

(5) *Selbstständiges Arbeiten der Schülerinnen und Schüler*: In einigen LLL ist die Interaktion zwischen Studierenden und Schülerinnen und Schülern so weit reduziert, dass die Studierenden einen sehr großen Freiraum für eigene Beobachtungstätigkeiten erhalten. Diese Situation wird durch eine komplexe Aufgabenstellung und – in den vorliegenden Fällen – eine forschende Tätigkeit der Schülerinnen und Schüler erzeugt. Positive Erfahrungen wurden insbesondere dann gemacht, wenn die Studierenden sich nicht im selben Raum aufhielten wie die Schülerinnen und Schüler, sondern diese nur per Videokamera beobachteten und bei Bedarf eingriffen (Roth in diesem Band, Kap. 5).

(6) *Diagnosetätigkeiten bei einzelnen Schülerinnen und Schülern*: In den LLL der höheren Semester haben die Studierenden neben der Durchführung der Lernsequenz oft auch weiterführende Aufgaben, die zumeist die Diagnose der Lernprozesse bei Schülerinnen und Schülern betreffen. Neben der unter (5) aufgeführten Möglichkeit, die Schülerinnen und Schüler weitgehend allein

arbeiten zu lassen, wird in mehreren LLL eine Arbeitsteilung unter den Studierenden realisiert, wobei Lehrer- und Beobachterrollen aufgeteilt werden. Diese Rollenverteilung ermöglicht jedoch keine spontanen Reaktionen auf die Diagnose, wie sie die Lösung der Eins-zu-eins-Betreuung bietet (siehe (4))

3.5 Ausgewählte LLL-Veranstaltungen und ihre Chancen für die Lehrpersonenbildung

In diesem Abschnitt werden drei LLL-Veranstaltungen hinsichtlich ihrer Konzeptionen sowie der Chancen und Bedingungen für den Kompetenzerwerb bei den Studierenden genauer betrachtet. Ausgewählt wurden dafür LLL, die relativ gängige Aufgaben für die Lehrerausbildung übernehmen und zudem weitgehend übertragbar auf verschiedene Fächer sind: ein LLL mit einmaliger Schülereinbindung (Typ 1), das sich an Studienanfängerinnen und -anfänger richtet, ein LLL, das sich an Masterstudierende richtet und wiederholt verschiedene Schulklassen einbindet (Typ 2), und ein LLL, in dem an mehreren Terminen mit derselben Schülergruppe gearbeitet wird (Typ 3). Die LLL werden in den Abb. 3.2, 3.3 und 3.4 mit den wichtigsten Eckdaten (Studierendenzahl, Ort und Umfang etc.) und einem Tätigkeitsprofil der Studierenden in Spinnennetzform vorgestellt. Eine Visualisierung der Konzeption wurde von Eilers (2016) entwickelt, um die Veranstaltung mit dem Ablauf der verschiedenen Tätigkeitsphasen und der Schülereinbindung aus der Sicht eines einzelnen Studierenden leicht erfassbar zu machen. Abkürzungen sind in den Legenden beschrieben.

3.5.1 LLL mit einmaligem Schülerkontakt (Typ 1)

„Freilandmobil", Universität Koblenz-Landau, verantwortlich: Björn Risch

Zielgruppe: 2-Fach-Bachelor Chemie/4.–6. Semester
Teilnehmende: 15 Studierende/25 Schülerinnen und Schüler
Umfang: 2 SWS, 1 Semester
Ort: ehemaliger Zirkuswagen („Freilandmobil") auf dem Unicampus

Dieses LLL stellt eine typische Veranstaltung für Studierende mit wenig Praxiserfahrung dar. Die Studierenden teilen sich in fünf Kleingruppen von jeweils zwei bis drei Personen auf. Nach einer längeren Phase des fachlichen Inputs und der Planung von Experimentierstationen und -materialien führt jede dieser Gruppen eine Generalprobe mit den Kommilitoninnen und Kommilitonen in der Schülerrolle und anschließend eine Optimierung durch, bevor dann am Nachmittag des darauffolgenden Termins eine Schulklasse kommt und mit einer Studierendengruppe experimentiert (Du[1–5]). Diese Durchführung wird von den Dozierenden leitfadengestützt beobachtet, was die Grundlage für ein anschließendes Feedbackgespräch bildet. Im

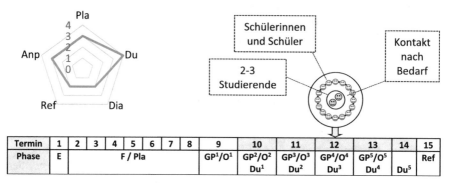

Termin	1	2	3	4	5	6	7	8	9	10	11	12	13	14	15
Phase	E				F / Pla				GP^1/O^1	GP^2/O^2	GP^3/O^3	GP^4/O^4	GP^5/O^5		Ref
										Du^1	Du^2	Du^3	Du^4	Du^5	

Legende: E = Einführung, F = fachlicher Input, Pla = Planung, GP = Generalprobe, Du = Durchführung,
Anp = Anpassung / O = Optimierung, Ref = Reflexion, Dia = Diagnose.
Hochgestellte Zahlen bezeichnen die Studierendengruppe.

Abb. 3.2 Tätigkeiten der Studierenden (Spinnennetz-Grafik) und Seminarstruktur mit Schülereinbindung des LLL „Freilandmobil" (Typ 1). Exemplarisch dargestellt ist die Einbindung einer Schulklasse für die Studierendengruppe 3

Tätigkeitsprofil der Studierenden ist ein klarer Schwerpunkt auf dem ersten Schülerkontakt erkennbar; Diagnose und auch Reflexion spielen eine untergeordnete Rolle. Die Anpassung der Lernumgebung ist im Sinn einer Optimierung nach der Generalprobe zu sehen. Insbesondere für Studienanfänger stellt eine Generalprobe ein wichtiges Korrektiv dar, das ihnen nach einem Feedback durch Mitstudierende und Dozierende viele Fehler in der anschließenden Durchführung mit Schülerinnen und Schülern erspart. Ein LLL mit ähnlicher Konzeption wird in diesem Band (Kap. 8) von Ernst, Priemer und Schulz vorgestellt.

3.5.2 LLL mit mehrmaligem Kontakt mit verschiedenen Schülergruppen (Typ 2)

„Lehren und Lernen im Wattenmeerlabor", Uni Oldenburg, verantwortlich: Corinna Hößle

Zielgruppe: Master Biologie/2. Semester
Teilnehmende: bis 16 Studierende/25–30 Schülerinnen und Schüler
Umfang: 2 SWS, 1 Semester
Ort: Schülerlabor „Wattenmeerlabor"

Dieses LLL, das sich an Masterstudierende richtet, stellt einen hohen fachlichen Anspruch an die Studierenden: Das Thema „Wattenmeer" ist sehr speziell und für viele Studierende neu. Auch der fachdidaktische Anspruch ist hoch, da hier neben dem Planen, Durchführen und Anpassen von Lernsequenzen das Diagnostizieren der Lernprozesse bei den Schülerinnen und Schülern trainiert wird. Daher gibt es

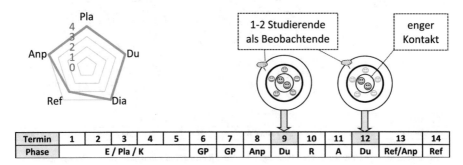

Termin	1	2	3	4	5	6	7	8	9	10	11	12	13	14
Phase		E / Pla / K				GP	GP	Anp	Du	R	A	Du	Ref/Anp	Ref

Legende: E = Einführung, Pla = Planung, K = Konstruktion von Materialien, GP = Generalprobe,
Du = Durchführung, Ref = Reflexion, Dia = Diagnose, Anp = Anpassung

Abb. 3.3 Tätigkeiten der Studierenden (Spinnennetz-Grafik) und Seminarstruktur mit Schülereinbindung des LLL „Lehren und Lernen im Wattenmeerlabor" (Typ 2). Dargestellt ist die Einbindung
zweier Schulklassen an zwei Terminen, die in Kleingruppen von jeweils zwei bis drei Studierenden
betreut und von ein bis zwei weiteren Studierenden beobachtet wird

eine relativ lange Theoriephase, in der fachliche wie fachdidaktische Inhalte dargeboten und von den Studierenden in deren Planung der Experimentierstationen
angewandt werden. Die Generalproben sind dafür mit fünf Gruppen an zwei Terminen relativ kurz gehalten. Durch die Einbindung von zwei ähnlichen Schulklassen
und die dazwischenliegende Reflexions- und Adaptationsphase der Lehrprozesse
wird in diesem Seminar der Zyklus des Prozessmodells zweifach durchlaufen. Forschendes Lernen der Studierenden sowie der Schülerinnen und Schüler erhält einen
besonders hohen Stellenwert.

Weitere Veranstaltungen dieses Typs werden in Kap. 17 ausführlicher dargestellt
(Smoor und Komorek); in Kap. 16 werden sie im Hinblick auf die Entwicklung
der Reflexions- und Diagnosekompetenz bei den Studierenden untersucht (Hößle,
Kuhlemann und Saathoff). Darüber hinaus beschreibt Treisch (2018) ein LLL dieses
Typs an der Universität Würzburg und stellt seine Ergebnisse zur Entwicklung der
professionellen Unterrichtswahrnehmung dar.

3.5.3 LLL mit mehrmaligem Kontakt mit derselben Schülergruppe (Typ 3)

„Forschendes Lernen begleiten", Universität Oldenburg, verantwortlich: Birgit
Weusmann

Zielgruppe: Master Biologie/2. Semester
Teilnehmende: bis 15 Studierende/15 Schülerinnen und Schüler
Umfang: 2 SWS, 1 Semester
Ort: Schülerlabor „Grüne Schule" im Botanischen Garten

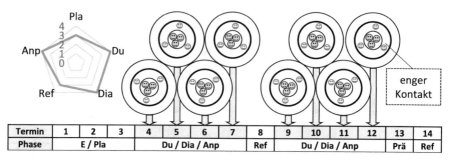

Termin	1	2	3	4	5	6	7	8	9	10	11	12	13	14
Phase	E / Pla			Du / Dia / Anp				Ref		Du / Dia / Anp			Prä	Ref

Legende: E = Einführung, Pla = Planung, Du = Durchführung, Dia = Diagnose, Anp = Anpassung,
Ref = Reflexion, Prä = Präsentation.

Abb. 3.4 Tätigkeiten der Studierenden (Spinnennetz-Grafik) und Seminarstruktur mit Schüler-einbindung des LLL „Forschendes Lernen begleiten" (Typ 3). Dargestellt ist die Einbindung einer Schülergruppe, die in Kleingruppen von jeweils zwei bis drei Studierenden betreut wird

Dieses LLL richtet sich an Masterstudierende, die bereits mindestens ein Schulpraktikum absolviert haben und über ausreichend fachliches und fachdidaktisches Wissen verfügen. Eingebunden ist hier an bis zu neun wöchentlichen Terminen eine AG einer nahe gelegenen Oberschule mit zwölf bis 15 Kindern. Sie arbeiten in kleinen Forscherteams zu je drei bis vier Schülerinnen und Schülern mit je zwei bis vier Studierenden. Letztere sollen in einem relativ kurzen Zeitraum Angebote für die Schülerinnen und Schüler zu einem gemeinsamen Oberthema erarbeiten und mit ihnen im relativ engen Kontakt durchführen. Eine zwischendurch eingefügte Reflexionssitzung erweist sich als wertvoll für den Austausch über eventuelle Schwierigkeiten und mögliche Lösungswege, was in den nachfolgenden Praxisterminen zu reflektierterem und mutigerem Handeln der Studierenden führt. Am letzten Praxistermin präsentieren die Kinder ausgewählte Experimente und ihre gewonnenen Erkenntnisse vor ihren Eltern, die zu diesem Zweck in das Schülerlabor eingeladen werden. Im Tätigkeitsprofil der Studierenden ist zu erkennen, dass ein großer Schwerpunkt auf der Diagnose der Lernprozesse bzw. Lernbedingungen eines ausgewählten Kindes liegt und das eigene Lehrerhandeln ständig anzupassen ist. Die Studierenden lernen die Schülerinnen und Schüler relativ gut kennen und sind aufgefordert, selbst erstellte Beobachtungsbögen zu bearbeiten und durch Variieren der eigenen Handlungsmuster optimal auf sie einzugehen. Die Veranstaltung ist damit hervorragend dazu geeignet, Forschendes Lernen bei den Studierenden zu fördern.

Durch die Betrachtung der drei LLL-Typen wird deutlich, dass es gelingt, innerhalb eines Semesters durch geeignete Konzeptionen bestimmte Anforderungen an die Studierenden zu fokussieren. Die Vorbereitung auf einen einmaligen Schülerbesuch ist insbesondere für Studienanfänger gewinnbringend, die dadurch lernen, eine Lernsequenz akkurat zu planen und die Inhaltselemente zu durchdringen. Das Lernen im zyklischen Prozess dagegen erfordert die mehrmalige Einbindung von Schülergruppen, wobei ein „Zuviel" zulasten einer gründlichen theoretischen Begleitung geht. Tendenziell ist die Einbindung verschiedener Schülergruppen eher für die Reflexion der Lernsequenzen und deren Wirkung auf die Adressaten geeignet, während die mehrmalige Beschäftigung mit denselben Schülerinnen und Schülern optimale Bedingungen für Diagnosen von Lernprozessen und -voraussetzungen schafft. Verschiedene LLL wurden zudem ausführlich mit ihren Merkmalen vorgestellt, empirischen Wirksamkeitsstudien einzelner LLL finden sich ab Kap. 5 in diesem Band. Jede einzelne Konzeption macht immer wieder deutlich: LLL sind sehr individuelle Konstrukte!

Literatur

Barth, V. L. (2017). *Professionelle Wahrnehmung von Störungen im Unterricht.* Wiesbaden: Springer.

Eilers, T. (2016). *Konzepte von Lehr-Lern-Laboren in der Didaktik der MINT-Fächer: Eine Charakterisierung durch prägende Merkmale.* Masterarbeit. Oldenburg: Carl von Ossietzky Universität. https://uol.de/fileadmin/user_upload/biologie/ag/didaktik/Forschung/Kapitel_3_Literatur_Eilers__Theresa

Hascher, T. (2005). Die Erfahrungsfalle. *Journal für LehrerInnenbildung, 5*(1), 39–45.

Hascher, T. (2011). Vom „Mythos Praktikum" ... und der Gefahr verpasster Lerngelegenheiten. *Journal für LehrerInnenbildung, 11*(3), 8–16.

Haupt, O. J., & Hempelmann, R. (2015). Schülerlabore in Art und Form: Eine Typsache! In LernortLabor – Bundesverband der Schülerlabore e. V. (Hrsg.), *Schülerlabor-Atlas 2015: Schülerlabore im deutschsprachigen Raum* 1. Aufl. Stuttgart: Klett.

Nordmeier, V., Käpnick, F., Leuchter, M., Priemer, B., et al. (2014). *Schülerlabore als Lehr-Lern-Labore: Forschungsorientierte Verknüpfung von Theorie und Praxis in der MINT-Lehrerbildung.* Unveröffentlichter Projektantrag

Peuser, M., Szogs, M., Krüger, M., & Korneck, F. (2017). Veränderungen der Selbstwirksamkeitserwartung durch Microteaching. In C. Maurer (Hrsg.), *Implementation fachdidaktischer Innovation im Spiegel von Forschung und Praxis.* Tagungsband zur Jahrestagung der Gesellschaft für Didaktik der Chemie und Physik (GDCP), Zürich, 2016.

Rehfeld, D., Seibert, D., Klempin, C., Lücke, M., Sambanis, M., & Nordmeier, V. (2018). Mythos Praxis um jeden Preis? Die Wurzeln und Modellierung des Lehr-Lern-Labors. *Hochschullehre, 4,* 90–114. www.hochschullehre.org.

Treisch, F. (2018). *Die Entwicklung der Professionellen Unterrichtswahrnehmung im Lehr-Lern-Labor Seminar.* Würzburg: Julius-Maximilians-Universität. Dissertation

Vogelsang, C., & Reinhold, P. (2013). Zur Handlungsvalidität von Tests zum professionellen Wissen von Lehrkräften. *Zeitschrift für Didaktik der Naturwissenschaften, 19,* 129–157.

Teil II
Konzepte und Veranstaltungsformate rund um Lehr-Lern-Labore

Vernetzung als Schlüssel eines erfolgreichen Transfers – Zentrum für Bildung und Forschung an Außerschulischen Lernorten

4

Marie Schehl, Björn Risch und Jürgen Roth (iD)

Inhaltsverzeichnis

Abstract

An der Universität Koblenz-Landau existieren zahlreiche Lehr-Lern-Labore, an denen vielfältige Ziele verfolgt werden. Mit *ZentrAL*, dem „Zentrum für Bildung und Forschung an Außerschulischen Lernorten", wurde eine wissenschaftliche Einrichtung an der Universität Koblenz-Landau gegründet, die die Potenziale der vorhandenen außerschulischen Lernorte optimiert und das Ziel verfolgt, die Aktivitäten und Ziele der außerschulischen Lernorte der Universität besser zu koordinieren und miteinander zu vernetzen, um so Synergieeffekte in Forschung und Lehre im Bereich der Lehrerbildung herzustellen. Neben der Förderung von Schülerinnen und Schülern – und damit der Wirkung in die Regionen der beiden Standorte Koblenz und Landau – geht es um drittmittelfähige bildungswissenschaftliche Forschung sowie um die Weiterentwicklung der theoriegeleiteten, praxisnahen Ausbildung von Lehramtsstudierenden. In diesem Beitrag werden

M. Schehl (✉)
Zentrum für Bildung und Forschung an Außerschulischen Lernorten, Universität Konlenz-Landau
Landau, Deutschland
E-Mail: schehl@uni-koblenz-landau.de

B. Risch
AG Chemiedidaktik, Universität Konlenz-Landau
Landau, Deutschland
E-Mail: risch@uni-landau.de

J. Roth
Institut für Mathematik, Didaktik der Mathematik (Sekundarstufen), Universität Koblenz-Landau
Landau, Deutschland
E-Mail: roth@uni-landau.de

© Springer-Verlag GmbH Deutschland, ein Teil von Springer Nature 2020
B. Priemer und J. Roth (Hrsg.), *Lehr-Lern-Labore*,
https://doi.org/10.1007/978-3-662-58913-7_4

die Einrichtung sowie ausgewählte Lehr-Lern-Labore der Universität Koblenz-Landau vorgestellt, das Leitbild der Vernetzungsarbeit dargestellt und abschließend ein Ausblick auf lernortübergreifende Forschungsfragen gegeben.

4.1 Ein *ZentrAL*es Dach über den universitären außerschulischen Lernorten

4.1.1 Vorstellung der Einrichtung

Zurzeit existieren an der Universität Koblenz-Landau acht MINT-Lehr-Lern-Labore: FoKuS – Forschendes Lernen in Kita und Schule, das Freilandmobil, das GIS-Labor Koblenz, das Mathematik-Labor „Mathe ist mehr", das Mathematische Umweltlabor, die Nawi-Werkstatt, die PriMa-Lernwerkstatt und das im Aufbau befindliche SciTec-Labor. Zusammen mit sieben weiteren außerschulischen Lernorten der Universität und zwei außerschulischen Kooperationspartnern sind die Lehr-Lern-Labore seit dem Jahr 2015 unter dem Dach von *ZentrAL*, dem „Zentrum für Bildung und Forschung an Außerschulischen Lernorten" vereint. Als campusübergreifende wissenschaftliche Einrichtung verfolgt ZentrAL das Ziel, die Potenziale der vorhandenen außerschulischen Lernorte zu optimieren. ZentrAL erleichtert nicht nur das Einwerben von Drittmitteln und die Initiierung von Forschungsinitiativen, sondern ermöglicht es auch, administrative Abläufe zu vereinfachen und Einzelinitiativen miteinander zu vernetzen. Der interdisziplinäre Dialog wird intensiviert, indem die inhaltlich und zielgruppenspezifisch unterschiedlich ausgerichteten außerschulischen Lernorte sukzessive als Gegenstand und Instrument der Grundlagenforschung erschlossen bzw. ausgebaut werden. Durch ZentrAL wird die zukünftige Lehramtsausbildung an der Universität Koblenz-Landau die Institutionen Universität, Schule und außerschulische Lernorte noch stärker miteinander verflechten. Die handlungsorientierten Lehr-Lern-Labore im MINT-Bereich haben dabei das Potenzial, die im Rahmen der Lehramtsausbildung geforderte Intensivierung der Theorie-Praxis-Verzahnung zu fördern (KMK 2014). So können durch die Lehr-Lern-Labore Lehramtsstudierende praxisnah, forschungsbasiert und zeitgemäß ausgebildet werden, Innovationen aus der unterrichtsbezogenen Forschung können in die Schulen transferiert werden, und den Schülerinnen und Schülern können alltagsnahe und motivierende Lernumgebungen angeboten werden. Darüber hinaus wird der Wissenstransfer über die stärkere Einbindung der Lernorte in die Regionen intensiviert, die Akquise externer Partner, Spender und Sponsoren erleichtert und so die Öffentlichkeitsarbeit rund um die Lernorte gestärkt. Durch die strukturelle Vernetzung der Aktivitäten rund um die außerschulischen Lernorte können Synergieeffekte in Forschung und Lehre im Bereich der Lehrerbildung geschaffen werden, die die Arbeit an den Lernorten selbst, aber auch im Rahmen lernortübergreifender Projekte maßgeblich vorantreiben.

1.   Ada-Lovelace-Projekt
2.   Biolog.-Ökologische Station
3.   Energielabor/Energieparcours
4.   FoKuS
5.   Freilandmobil
6.   FUNK
7.   GIS-Labor Koblenz
8.   Mathematik-Labor „Mathe ist mehr"
9.   Mathematisches Umweltlabor
10. Nature Lab – Anlage Eußerthal
11. Nawi-Werkstatt
12. PriMa Lernwerkstatt
13. SciTec-Labor
14. Technikcamps
15. Waldökostation Remstecken *
16. Waldwerkstatt Taubensuhl *
17. Zooschule Landau

* außerschulischer Kooperationspartner

Abb. 4.1 Übersicht über die außerschulischen Lernorte der Universität Koblenz-Landau (Stand: September 2018)

4.1.2   Außerschulische Lernorte an der Universität Koblenz-Landau

Die insgesamt 17 außerschulischen Lernorte der Universität decken die gesamte Bandbreite im MINT-Bereich ab (Abb. 4.1). Die sich daraus ergebende Vielfalt an Veranstaltungsformaten ermöglicht Bildungsangebote entlang der gesamten Bildungskette: Vom Elementarbereich bis zur Erwachsenenbildung bietet das vielfältige Programm umfassende Lerngelegenheiten. Darüber hinaus besteht an vielen Lernorten die Möglichkeit, Angebote wahrzunehmen, die zum Bereich der nonformalen Bildung zählen, also losgelöst vom schulischen Kontext (formaler Bildungsbereich) belegbar sind (vgl. BMBF 2004).

4.1.3   Kurzvorstellung ausgewählter Lehr-Lern-Labore

Nawi-Werkstatt
Experimentieren als Freizeitbeschäftigung – das klingt zunächst undenkbar, gelten doch insbesondere die experimentell ausgelegten Schulfächer Chemie und Physik als die unbeliebtesten (Merzyn 2008). Dass dies doch gelingen kann, zeigen Projekte wie „Kinder-Uni (Nawi)" oder „Landauer Experimentier(s)pass". Hier öffnet das Schülerlabor „Nawi-Werkstatt" seine Türen, um interessierte Kinder, Jugendliche und auch Erwachsene einzuladen, naturwissenschaftliche Phänomene zu erfahren und zu verstehen (Risch 2017). Aktuell werden zwei Projekte dieser Art angeboten: Bei der „Kinder-Uni (Nawi)" handelt es sich um ein semesterbegleitendes wöchent-

liches freiwilliges Angebot für Schülerinnen und Schüler der Orientierungsstufe
(Klasse 5/6), die sich jedoch vorab für die Veranstaltung anmelden müssen. Das
Angebot ist integriert in die Lehrveranstaltung „Bereichsfach Naturwissenschaften"
und wird von Studierenden konzipiert, durchgeführt und ausgewertet. Die Inhalte
orientieren sich am Rahmenlehrplan des Fachs Naturwissenschaften in Rheinland-
Pfalz (MBWJK 2010). Der „Landauer Experimentier(s)pass" findet semesterbegleitend an zwei Nachmittagen in der Woche statt, ist kostenfrei, wird ebenfalls von
Studierenden der Universität betreut und kann ohne vorherige Anmeldung mehrfach
besucht werden (Risch und Engl 2015). Die Teilnehmenden erhalten bei ihrem ersten Besuch einen Experimentierpass mit zwölf Stempelfeldern. Jedes Stempelfeld
steht stellvertretend für ein Experiment, das vom Grundschul- bis zum Senioren-
alter selbst durchgeführt werden kann. Einige der Experimente werden als offene
Aufgabenstellung („Forscherauftrag"), andere in einer bebilderten und textverein-
fachenden Variante angeboten (vgl. Nienaber et al. 2018). Die „Landauer Experi-
mentier(s)pässe" orientieren sich jedes Semester an einem (neuen) lebensweltlichen
Kontext. So wurden beispielsweise zum Thema „Zum Wohl. Die Pfalz" passende
experimentelle Aufgabenstellungen zu den Besonderheiten der Region entwickelt.

Mathematik-Labor „Mathe ist mehr"

Das Mathematik-Labor „Mathe ist mehr" umfasst drei Säulen, die eng miteinander verbunden sind (vgl. Kap. 5 von Roth in diesem Band): 1) Es ist zunächst ein
Schülerlabor, in dem sich ganze Schulklassen innerhalb von drei Doppelstunden
in Gruppenarbeit (jeweils vier Schülerinnen und Schüler) im Sinne des Forschenden Lernens (vgl. Roth und Weigand 2014) mit einem Lehrplanthema auseinandersetzen. Anhand von Arbeitsheften, die schriftliche Arbeitsanleitungen und von
den Schülerinnen und Schülern selbst erstellte Erarbeitungsprotokolle (vgl. Roth
et al. 2016) enthalten, arbeiten die Schülerinnen und Schüler dabei selbstständig
mit gegenständlichen Materialien und Simulationen in Lernumgebungen nach Vollrath und Roth (2012). 2) Daneben ist das Mathematik-Labor „Mathe ist mehr"
ein Forschungslabor, auf das sich (nahezu) alle Forschungsaktivitäten der Arbeitsgruppe Didaktik der Mathematik (Sekundarstufen) in Landau beziehen. Dies gilt in
der einen Dimension von der fachdidaktischen Entwicklungsforschung bis hin zur
empirischen Grundlagenforschung und in der anderen Dimension sowohl für die
Unterrichtsforschung als auch für die hochschuldidaktische Forschung. 3) Nicht
zuletzt ist das Mathematik-Labor „Mathe ist mehr" aber auch ein Lehr-Lern-Labor,
in dem Lehramtsstudierende im Sinne des zyklischen Forschenden Lernens (vgl.
Roth 2015) ihre theoretischen Kenntnisse und Fähigkeiten praxisnah anwenden,
trainieren und reflektieren. Im Lehr-Lern-Labor-Seminar im Masterstudiengang bearbeiten Studierende zunächst selbst eine für Schülerinnen und Schüler konzipierte
Station des Mathematik-Labors. Anschließend betreuen und reflektieren sie einen
entsprechenden Stationsdurchlauf einer Schulklasse, bevor sie theoriegeleitet eine
Laborstation des Mathematik-Labors mit allen Materialien konzipieren und umsetzen. Zuletzt betreuen sie eine Schulklasse bei der Bearbeitung ihrer selbsterstellten
Station und reflektieren darüber.

4.2 Leitbild der Vernetzungsarbeit

Im Fokus der Tätigkeiten von ZentrAL steht die Förderung der Bereiche Bildung, Aus- und Weiterbildung und Forschung an den und rund um die außerschulischen Lernorte(n) der Universität Koblenz-Landau. Durch die bewusste Verzahnung der drei Bereiche erfolgt eine strukturelle und wissenschaftlich fundierte Weiterentwicklung und Qualitätssicherung der außerschulischen Lernorte.

Bildung
Die außerschulischen Lernorte der Universität Koblenz-Landau realisieren nachfrageorientierte Angebote im Bereich Wissenstransfer entlang der gesamten Bildungskette. Neben Schülerinnen und Schülern werden stets auch weitere interessierte Bürgerinnen und Bürger adressiert. Übergeordnetes Ziel ist die institutionelle Verankerung der außerschulischen Lernorte als Bildungspartner im Bildungssystem und eine damit verbundene strukturelle Integration der Lernorte in den lokalen schulischen Unterricht.

Aus- und Weiterbildung
Mit dem Ziel einer verstärkten Theorie-Praxis-Verzahnung in der Lehramtsausbildung erfolgt die sukzessive Erweiterung der bestehenden Lernorte zu Lehr-Lern-Laboren. Dadurch ergeben sich Synergieeffekte, die neben authentischen Praxiserfahrungen für Studierende auch Lerngelegenheiten zur gezielten Interessenförderung bei Schülerinnen und Schülern bieten (Dohrmann und Nordmeier 2015). Mit dieser Weiterentwicklung ist eine institutionelle Verankerung der Lernorte in die verschiedenen Studiengänge, beispielsweise im Rahmen fachdidaktischer Pflichtseminare, die strukturelle Etablierung der Lehrerfort- und -weiterbildung an den Lernorten sowie die Kooperation mit den Studienseminaren verbunden.

Forschung
Durch die sukzessive Erschließung der außerschulischen Lernorte als Gegenstand und Instrument der (Grundlagen-)Forschung erfolgt die Förderung des interdisziplinären Dialogs mit dem Ziel, die Qualität der Lehrerbildung zu steigern. Die Initiierung interdisziplinärer bildungswissenschaftlicher Forschungsprojekte steht dabei im Fokus.

4.2.1 Vernetzung einzelner Lernorte

Ziel vieler der universitären außerschulischen Lernorte ist die Erforschung und Förderung mathematisch-naturwissenschaftlicher Denk- und Arbeitsweisen von Schülerinnen und Schülern. Dabei wird zumeist auf die Lernprozesse im Rahmen des Forschenden Lernens fokussiert. Die Lehr-Lern-Labore an der Universität Koblenz-Landau bieten mit ihrer räumlichen und medialen Ausstattung hierfür optimale Rahmenbedingungen. Dank dieser Voraussetzungen lassen sich die interdisziplinär ausgerichteten Fragestellungen vernetzt und gleichzeitig auf der Basis der jeweiligen Fachexpertise aufklären. Zum einen sind die Arbeitsweisen des Forschenden Lernens der Schülerinnen und Schüler an zahlreichen der außerschulischen Lernorte – soweit das fachspezifisch möglich ist – strukturgleich. Zum anderen wird die Arbeit der Schülerinnen und Schüler an den außerschulischen Lernorten häufig durch eine entsprechende inhaltliche Vorbereitung und das anschließende Weiterarbeiten an diesen Inhalten im schulischen Unterricht eng mit dem Lernen am Lernort Schule verzahnt. Dies gelingt, weil an den außerschulischen Lernorten Ausschnitte von Lehrplaninhalten der entsprechenden Jahrgangsstufe von den Schülerinnen und Schülern selbstständigkeitsorientiert und forschend erarbeitet und gelernt werden.

Eine Vernetzung zweier Lehr-Lern-Labore, der „Nawi-Werkstatt" und des Mathematik-Labors „Mathe ist mehr", fand beispielsweise im Rahmen des Forschungsprojekts ProLab statt. Ziel der gemeinsamen empirischen Studie war es, die Fähigkeit bei Schülerinnen und Schülern zu identifizieren, Arbeitsprozesse in geeigneter Weise zu reflektieren und deren Ergebnisse mithilfe passgenauer Repräsentationen („Protokolle") so festzuhalten, dass die entstehenden Dokumente sich gewinnbringend für weitere Problemlöse-, Erkenntnis- und Lernprozesse nutzen lassen. An der Studie nahmen 180 Schülerinnen und Schüler der 6. Klassenstufe teil. Insgesamt besuchten sechs Schulklassen die beiden Lehr-Lern-Labore, wobei drei Klassen zuerst die Angebote der „Nawi-Werkstatt" in Anspruch nahmen, während die anderen drei Klassen das Projekt im Mathematik-Labor „Mathe ist mehr" begannen. Nach drei Doppelstunden wechselten die Klassen das Lehr-Lern-Labor für drei weitere Doppelstunden. Es zeigte sich, dass die Probanden fachunabhängig Kenntnisse im Protokollieren erlangten, die dazu führten, dass sie nach dem Wechsel des Lehr-Lern-Labors im Schnitt ausführlicher und qualitativ hochwertiger protokollierten als die Schülerinnen und Schüler, die das entsprechende Lehr-Lern-Labor zu Beginn der Studie besuchten (vgl. Engl 2017). Darüber hinaus gelang es während der Studie, den Prototyp eines Messinstruments zu entwickeln, mit dem die Darstellungskompetenz und die in ihr enthaltende Repräsentationskompetenz domänenübergreifend, klassenstufenübergreifend und zeitübergreifend gemessen werden kann (vgl. Engl et al. 2014).

4.2.2 Vernetzung als Schlüssel eines erfolgreichen Transfers

MINT-Bildung ist der Schlüssel zur digitalen Welt. Umgekehrt bietet die Digitalisierung auch neue Chancen für die MINT-Bildung. Um diese zu nutzen, müssen digitale Werkzeuge zukünftig integraler Bestandteil der MINT-Fächer sein. Daraus ergeben sich neue Anforderungen an Schulen und Lehrpersonen. Die Lehr-Lern-Labore der Universität Koblenz-Landau fungieren als Motor für Innovationen und Ausgangspunkt für den Transfer digitaler Lernressourcen. In den Lehr-Lern-Laboren lernen die Schülerinnen und Schüler forschend anhand von gegenständlichen Materialien sowie online bereitgestellten digitalen Werkzeugen, Simulationen und Videos. Daneben lernen die Lehramtsstudierenden in Seminaren zur Konzeption und Umsetzung von Schülerlabor-Lernumgebungen, die gegenständlichen Mate-

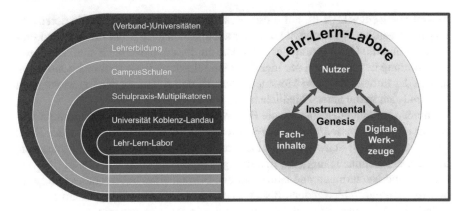

Abb. 4.2 Lehr-Lern-Labore als Innovationsmotor für die Vernetzung und den Transfer digitaler Lernressourcen

rialien und digitalen Medien vernetzend einzusetzen. Dazu müssen sie u. a. digitale Medien selbst erstellen. Um sie dabei zu unterstützen, werden ihnen im Sinne des Blended Learning Online-Selbstlernmaterialien, etwa zu technischen Aspekten und didaktischen Konzepten der Umsetzung von digitalen Medien, angeboten, die sie jeweils bedarfsgerecht und *just in time* abrufen können. Ausgehend von den Aktivitäten in den Lehr-Lern-Laboren werden durch strukturbildende digitale Maßnahmen relevante Akteurinnen und Akteure der weiteren Phasen der Lehrerbildung nachhaltig miteinander vernetzt (vgl. Abb. 4.2). Dies kann durch die Bereitstellung von Open Educational Resources (OER) gelingen. Die Nutzung offener Plattformen, einfacher Programmiersoftware oder des kollaborativen Ansatzes „Wikiversity" ermöglicht es allen Interessierten, sowohl als rezeptiver Nutzer als auch als Autor von Lernressourcen zu fungieren.

4.3 Ausblick auf lernortübergreifende Forschungsfragen

Durch die Bündelung der außerschulischen Lernorte der Universität Koblenz-Landau unter dem Dach von ZentrAL bestehen gute Voraussetzungen, Forschungsfragen im Kontext des Lernens an außerschulischen Lernorten lernortunabhängig zu beantworten und damit die Vernetzung der Lernorte auch im Bereich der Forschung zu fördern. Die Vielfalt der Lernorte deckt dabei alle MINT-Fächer ab und ermöglicht Erhebungen über alle Jahrgangsstufen und Schulformen hinweg. Eine weitere Besonderheit ist durch die Angebotsstruktur an den Lernorten bedingt: Neben Schülerinnen und Schülern sind auch Kinder und Jugendliche sowie Erwachsene in ihrer Freizeit Adressaten der Bildungsangebote. Dies bietet die Gelegenheit, einen Vergleich zwischen formalen und nonformalen Angeboten am außerschulischen Lernort zu ziehen. Wegen der unterschiedlichen Adressaten und Akteure an den Lernorten besteht darüber hinaus die Möglichkeit, Fragestellungen aus unterschiedlichen Perspektiven und damit umfassend zu bearbeiten.

Ziel von ZentrAL ist es, auf dieser Basis Fragestellungen zu identifizieren, die für die sukzessive Weiterentwicklung der außerschulischen Lernorte zu Lehr-Lern-Laboren und die Optimierung der Angebote an diesen maßgeblich sind. Eine Herausforderung besteht neben der Identifikation relevanter Fragestellungen insbesondere in der Entwicklung von Messmethoden, die den Ablauf an den Lernorten nicht stört und sich in die unterschiedlichen Strukturen eingliedern lässt.

In der Vergangenheit standen die Erwartungen an außerschulische Lernorte vereinzelt im Fokus wissenschaftlicher Studien (vgl. Klaes 2008; Schmidt et al. 2011; Garner et al. 2015; Schwarzer und Parchmann 2014; Bergner 2015). Umfassende Studien, die fachunabhängig die Erwartungen unterschiedlichster Akteurinnen und Akteure und Nutzerinnen und Nutzer an den Besuch eines außerschulischen Lernorts fokussieren, fehlen jedoch bisher. Das Konstrukt „Erwartungen" im Kontext außerschulischer Lernorte soll daher in den Fokus des Forschungsinteresses gestellt werden. Ziel ist es, eine umfassende Analyse des aktuellen Forschungsstandes als Basis für die Entwicklung allgemeingültiger Testinstrumente für die Erwartungen aller Beteiligten im Lehr-Lern-Labor im MINT-Bereich zu entwickeln. Perspektivisch können auf der Basis der Ergebnisse die Angebote adressatengerecht optimiert werden. Um eine umfassende Aussage treffen zu können, werden folgende Zielgruppen untersucht:

- Schülerinnen und Schüler, die die Angebote am außerschulischen Lernort im Rahmen des schulischen Unterrichts besuchen,
- Lehrpersonen, die den Besuch am außerschulischen Lernort planen, vor- und nachbereiten und die Schülerinnen und Schüler während des Besuchs begleiten,
- Kinder, Jugendliche und Erwachsene, die die Angebote am außerschulischen Lernort im Rahmen ihrer Freizeitaktivitäten besuchen,
- Studierende, die im Rahmen eines Lernsettings im Lehr-Lern-Labor in die Arbeit am außerschulischen Lernort eingebunden sind,
- Dozenten und Dozentinnen, die die Lernsettings im Lehr-Lern-Labor gestalten und begleiten.

Die Entwicklung der Testinstrumente erfolgt im Laufe des Wintersemesters 2018/19, mit dem Ziel, zum Sommersemester 2019 die Erhebungen als feste Bestandteile an den außerschulischen Lernorten der Universität Koblenz-Landau zu etablieren.

Literatur

Bergner, N. (2015). Konzeption eines Informatik-Schülerlabors und Erforschung dessen Effekte auf das Bild der Informatik bei Kindern und Jugendlichen. https://publications.rwth-aachen. de/record/561683. Zugegriffen: 11. Sept. 2018.
Bundesministerium für Bildung und Forschung (2004). *Konzeptionelle Grundlagen für einen Nationalen Bildungsbericht – Non-formale und informelle Bildung im Kindes- und Jugendalter*. Berlin: BMBF.

Dohrmann, R., & Nordmeier, V. (2015). *Schülerlabore als Lehr-Lern-Labore (LLL): Ein Projekt zur Forschungsorientierten Verknüpfung von Theorie und Praxis in der MINT-Lehrerbildung – Förderung von Professionswissen, professioneller Unterrichtswahrnehmung und Reflexionskompetenz im LLL Physik.* PhyDid B – Didaktik der Physik – Beiträge zur DPG-Frühjahrstagung. (S. 1–7).

Engl, L. (2017). Bedeutung des Protokollierens für den naturwissenschaftlichen Erkenntnisprozess. https://kola.opus.hbz-nrw.de/frontdoor/index/index/docId/1447. Zugegriffen: 5. März 2019.

Engl, L., Schumacher, S., Sitter, K., Größler, M., Niehaus, E., Rasch, R., Roth, J., & Risch, B. (2014). Entwicklung eines Messinstrumentes zur Erfassung der Protokollierfähigkeit – initiiert durch Video-Items. *Zeitschrift für Didaktik der Naturwissenschaften, 21*(1), 223–229.

Garner, N., Siol, A., & Eilks, I. (2015). Nachhaltigkeit und Chemie im Schülerlabor – Erwartungen und Erfahrungen. In S. Bernholt (Hrsg.), *Heterogenität und Diversität – Vielfalt der Voraussetzungen im naturwissenschaftlichen Unterricht. Gesellschaft für Didaktik der Chemie und Physik.* Jahrestagung, Bremen. (S. 549–551). Kiel: IPN.

Klaes, E. (2008). *Außerschulische Lernorte im naturwissenschaftlichen Unterricht. Die Perspektive der Lehrkraft.* Studien zum Physik- und Chemielernen, Bd. 86. Berlin: Logos.

KMK (2014). *Ländergemeinsame inhaltliche Anforderungen für die Fachwissenschaften und Fachdidaktiken in der Lehrerbildung.* Berlin: KMK.

MBWJK (2010). *Rahmenlehrplan Naturwissenschaften für die weiterführenden Schulen in Rheinland-Pfalz. Klassenstufen 5 und 6.* Mainz: MBWJK.

Merzyn, G. (2008). *Naturwissenschaften, Mathematik, Technik – immer unbeliebter? Die Konkurrenz von Schulfächern um das Interesse der Jugend im Spiegel vielfältiger Untersuchungen.* Hohengehren: Schneider.

Nienaber, A.-K., Melle, I., Endres, A., & Risch, B. (2018). Differenzierte Lernmaterialien und Lernzielkontrollen in Lehr-Lern-Laboren. *MNU Journal, 71*(6), 408–417.

Risch, B. (2017). Experimentieren als Freizeitbeschäftigung – Angebote im Schülerlabor. In C. Maurer (Hrsg.), *Implementation fachdidaktischer Innovation im Spiegel von Forschung und Praxis.* Gesellschaft für Didaktik der Chemie und Physik, Jahrestagung, Zürich, 2016. (S. 500–503). Regensburg: Universität Regensburg.

Risch, B., & Engl, L. (2015). Landauer Experimentier(s)pass – Ein Schülerlabor öffnet seine Türen. In D. Karpa, G. Lübbecke & B. Adam (Hrsg.), *Außerschulische Lernorte.* Theorie und Praxis der Schulpädagogik, (Bd. 31, S. 80–91). Immenhausen bei Kassel: Prolog.

Roth, J. (2015). Lehr-Lern-Labor Mathematik – Lernumgebungen (weiter-)entwickeln, Schülerverständnis diagnostizieren. In F. Caluori, H. Linneweber-Lammerskitten & C. Streit (Hrsg.), *Beiträge zum Mathematikunterricht 2015* (S. 748–751). Münster: WTM-Verlag.

Roth, J., & Weigand, H.-G. (2014). Forschendes Lernen – Eine Annäherung an wissenschaftliches Arbeiten. *Mathematik lehren, 184,* 2–9.

Roth, J., Schumacher, S., & Sitter, K. (2016). (Erarbeitungs-)Protokolle als Katalysatoren für Lernprozesse. In M. Grassmann & R. Möller (Hrsg.), *Kinder herausfordern – Eine Festschrift für Renate Rasch* (S. 194–210). Hildesheim: Franzbecker.

Schmidt, I., Di Fuccia, D., & Ralle, B. (2011). Außerschulische Lernstandorte – Erwartungen, Erfahrungen und Wirkungen aus der Sicht von Lehrkräften und Schulleitungen. *Mathematisch naturwissenschaftlicher Unterricht, 64*(6), 362–368.

Schwarzer, S., & Parchmann, I. (2014). Erwartungen von Schülern und Wissenschaftlern an Schülerlaborbesuche. In S. Bernholt (Hrsg.), *Heterogenität und Diversität – Vielfalt der Voraussetzungen im naturwissenschaftlichen Unterricht. Gesellschaft für Didaktik der Chemie und Physik.* Jahrestagung, Bremen. (S. 232–234). Kiel: IPN.

Vollrath, H.-J., & Roth, J. (2012). *Grundlagen des Mathematikunterrichts in der Sekundarstufe.* Heidelberg: Spektrum.

Theorie-Praxis-Verzahnung durch Lehr-Lern-Labore – das Landauer Konzept der mathematikdidaktischen Lehrpersonenbildung

5

Jürgen Roth ⓘD

Inhaltsverzeichnis

Abstract

Im Jahr 2009 wurde am Campus Landau der Universität Koblenz-Landau ein Konzept der mathematikdidaktischen Lehrpersonenbildung erstellt und seitdem systematisch weiterentwickelt. Dabei werden die Lehrveranstaltungen des Lehramtsstudiums durchgängig aufeinander bezogen und die Theorie- sowie Praxiselemente, u. a. mithilfe der digitalen Lernumgebung ViviAn (**Vi**deo**vi**gnetten zur **An**alyse von Unterrichtsprozessen), konsequent miteinander verzahnt. Seinen Höhepunkt erreicht das Konzept gegen Ende des Masterstudiums im Lehr-Lern-Labor-Seminar. Dort werden, aufbauend auf den theoretischen und praktischen Erfahrungen des gesamten Lehramtsstudiums, Lernumgebungen für das Mathematik-Labor „Mathe ist mehr" erprobt, weiterentwickelt, mit Schulklassen durchgeführt, reflektiert und überarbeitet. Die daraus gewonnenen empirischen Daten werden in einem weiteren Seminar ausgewertet und analysiert. Insgesamt kann so ein vernetztes Forschendes Lernen der Lehramtsstudierenden gelingen. In diesem Beitrag werden das Konzept und ein zugehöriges Forschungsprogramm dargestellt.

J. Roth (✉)
Institut für Mathematik, Didaktik der Mathematik (Sekundarstufen), Universität Koblenz-Landau
Landau, Deutschland
E-Mail: roth@uni-landau.de

© Springer-Verlag GmbH Deutschland, ein Teil von Springer Nature 2020
B. Priemer und J. Roth (Hrsg.), *Lehr-Lern-Labore*,
https://doi.org/10.1007/978-3-662-58913-7_5

5.1 Bestandteile mathematikdidaktischer Lehrpersonenbildung in Landau

Ausgehend von der Grundannahme, dass ein wirksamer Mathematikunterricht an den Kernideen der mathematischen Inhalte und den Lernenden ausgerichtet ist (vgl. Roth 2018), wird am Campus Landau der Universität Koblenz-Landau der mathematikdidaktische Anteil des Curriculums so gestaltet, dass Studierende die Voraussetzungen mitnehmen, um diese Aspekte im eigenen Unterricht berücksichtigen zu können. Dies kann nur gelingen, wenn die entsprechenden Anteile des Studiums sowie Theorie- und Praxiselemente eng miteinander verzahnt sind. Kernbestandteil des zugehörigen Konzepts des mathematikdidaktischen Lehramtsstudiums ist das *Mathematik-Labor „Mathe ist mehr"*, dessen drei Säulen in Abschn. 5.2 dargestellt werden. Dem zugehörigen Lehr-Lern-Labor-Seminar, das im Mathematik-Labor umgesetzt wird, widmet sich Abschn. 5.3.4. Um die praktische Arbeit im Lehr-Lern-Labor mit den theoretischen mathematikdidaktischen Anteilen des Lehramtsstudiums organisch verbinden und die prozessdiagnostischen Fähigkeiten von Studierenden des Lehramts Mathematik schulen zu können, wurde die digitale Lernumgebung *ViviAn* (**Vi**deo**vi**gnetten zur **An**alyse von Unterrichtsprozessen) entwickelt, die in Abschn. 5.3.3 beschrieben wird. Um diese beiden wesentlichen Bestandteile mit Vernetzungsfunktion, nämlich das Mathematik-Labor „Mathe ist mehr" und die digitale Lernumgebung ViviAn, gruppieren sich weitere fachdidaktische Lehrveranstaltungen, die mehrheitlich Kernideen mathematischer Inhalte unter einer stoffdidaktischen Perspektive adressieren. Einen Überblick über alle mathematikdidaktischen Anteile des Lehramtsstudiums Mathematik in Landau liefert Abschn. 5.3.1. Auf dieser Grundlage wird in Abschn. 5.3.2 herausgearbeitet, wie das Konzept des vernetzten Forschenden Lernens in Landau aussieht, das die Perspektive der Lernenden und der Unterrichtspraxis mit den theoretischen Grundlagen und aktuellen fachdidaktischen Forschungsergebnissen verbindet. In Abschn. 5.4 wird schließlich ein Forschungsprogramm skizziert, das in mehreren Studien untersucht, inwiefern das Lehr-Lern-Labor-Seminar und ViviAn zum Erreichen wesentlicher Ziele des mathematikdidaktischen Anteils des Lehramtsstudiums beitragen. In Abschn. 5.2 wird zunächst das Mathematik-Labor „Mathe ist mehr" als Basis des Gesamtkonzepts kurz vorgestellt.

5.2 Forschendes Lernen im Lehr-Lern-Labor

Forschendes Lernen ist ein Grundpfeiler der Arbeit in Lehr-Lern-Laboren. Das Mathematik-Labor „Mathe ist mehr" (vgl. www.mathe-labor.de und Roth 2013a, b) am Campus Landau der Universität Koblenz-Landau umfasst drei Säulen, die eng miteinander verbunden und nach unserer Auffassung notwendige Bestandteile jedes Lehr-Lern-Labors sind (vgl. Roth 2017):

(1) Es ist zunächst ein *Schülerlabor*, in dem sich ganze Schulklassen innerhalb von drei Doppelstunden in Gruppenarbeit (jeweils vier Schülerinnen und Schüler)

im Sinne des Forschenden Lernens (vgl. Roth und Weigand 2014) mit einem
Lehrplanthema auseinandersetzen. Anhand von Arbeitsheften, die schriftliche
Arbeitsanleitungen enthalten und in denen die Schülerinnen und Schüler ihre
Vorgehensweisen und Ergebnisse festhalten (vgl. Roth et al. 2016, S. 195), ar-
beiten die Lernenden dabei selbstständig mit gegenständlichen Materialien und
Simulationen in Lernumgebungen nach Vollrath und Roth (2012, S. 151). Die
Vor- und Nachbereitung der Laborarbeit findet im Mathematikunterricht an der
Schule und betreut von der Mathematiklehrperson statt.

(2) Daneben ist das Mathematik-Labor „Mathe ist mehr" ein *Forschungslabor*, auf
das sich (nahezu) alle Forschungsaktivitäten der Arbeitsgruppe Didaktik der
Mathematik (Sekundarstufen) in Landau beziehen. Dies gilt in der einen Dimension von der fachdidaktischen Entwicklungsforschung bis hin zur empirischen
Grundlagenforschung und in der anderen Dimension sowohl für die Unterrichtsforschung als auch für die hochschuldidaktische Forschung. Einen Abriss des
hochschuldidaktischen Forschungsprogramms ViviAn bietet Abschn. 5.4. Forschung und eigenes Forschendes Lernen gehen dabei für alle Mitarbeiterinnen und Mitarbeiter der Arbeitsgruppe im Mathematik-Labor „Mathe ist mehr"
Hand in Hand.

(3) Nicht zuletzt ist das Mathematik-Labor „Mathe ist mehr" aber auch ein *Lehr-
Lern-Labor*, in dem Lehramtsstudierende im Sinne des vernetzten Forschenden
Lernens (vgl. Abschn. 5.3.2) ihre theoretischen Kenntnisse und Fähigkeiten pra-
xisnah anwenden und reflektieren. Das Konzept der zugehörigen Veranstaltung
Lehr-Lern-Labor-Seminar wird in Abschn. 5.3.4 dargestellt.

Im Mathematik-Labor „Mathe ist mehr" findet gemeinsames *Forschendes Lernen* von Schülerinnen und Schülern beim Arbeiten im Schülerlabor, von Studierenden im Rahmen ihrer mathematikdidaktischen Lehrveranstaltungen, von Lehrpersonen im Rahmen von Fortbildungen und Besuchen mit ihren Klassen im Schülerlabor sowie von Forscherinnen und Forschern der Fachdidaktik Mathematik statt.
Dabei arbeitet und forscht jede Benutzergruppe unter ganz eigenen, aber aufeinander bezogenen Perspektiven. Der Schwerpunkt dieses Beitrags ist die Einbindung
des Mathematik-Labors „Mathe ist mehr" als Lehr-Lern-Labor in die fachdidaktischen Anteile des Lehramtsstudiums Mathematik. Das zugrunde liegende Konzept
wird in Abschn. 5.3 dargestellt.

5.3 Vernetztes Forschendes Lernen in der Lehrpersonenbildung

Leitlinien der mathematikdidaktischen Lehrpersonenbildung können u. a. folgende
Kriterien sein: Lehrpersonenbildung sollte ...

(1) den Anschluss an aktuelle fachdidaktische Forschungsergebnisse wahren, damit
neueste Erkenntnisse Eingang in den Mathematikunterricht finden,

(2) stoffdidaktische Tiefe bieten und wesentliche Bereiche der Schulmathematik stoffdidaktisch aufbereiten, da eine angemessene Reflexion über Inhalte des Mathematikunterrichts nur auf dieser Grundlage gelingen kann,

(3) einen angemessenen Praxisbezug herstellen, der verhindert, dass nur träges Wissen angehäuft wird, das im späteren Unterrichtsalltag der angehenden Mathematiklehrpersonen nicht oder nur schwer abgerufen und genutzt werden kann.

Wenn diese und weitere Kriterien erfüllt werden sollen, stellen sich viele Fragen, mit denen sich Lehrende in der Mathematikdidaktik auseinandersetzen müssen. Ein Schritt in die Richtung einer Beantwortung dieser Fragen ist ein *Konzept des vernetzten Forschenden Lernens*, das seit dem Wintersemester 2009/10 in der mathematikdidaktischen Lehramtsausbildung für die Lehrämter an Sekundarstufenschulen (in Rheinland-Pfalz sind das Förderschulen, Realschulen plus, Integrierte Gesamtschulen, Berufsbildende Schulen und Gymnasien) am Campus Landau der Universität Koblenz-Landau umgesetzt und weiterentwickelt wird. Im Folgenden wird dieses Konzept dargestellt. Dazu werden zunächst in Abschn. 5.3.1 die fachdidaktischen Anteile im Mathematiklehramtsstudium für die Sekundarstufen in Landau skizziert. Anschließend erfolgt in Abschn. 5.3.2 ein Abriss über das vernetzte Forschende Lernen, wie es im Studienplan in Landau konzipiert ist und umgesetzt wird, gefolgt von einer Vorstellung der Lernumgebung ViviAn (**Vide**ovignetten zur **An**alyse von Unterrichtsprozessen, www.vivian.uni-landau.de) in Abschn. 5.3.3, mit der u. a. versucht wird, das Forschende Lernen im Lehramtsstudium in Landau vernetzt zu gestalten. Die Darstellung schließt in Abschn. 5.3.4 mit dem Lehrkonzept des Lehr-Lern-Labor-Seminars, das im Mathematik-Labor „Mathe ist mehr" stattfindet, sozusagen als Höhepunkt des mathematikdidaktischen Studiums in Landau konzipiert ist und alle Bildungsinhalte aufgreift sowie vernetzt.

5.3.1 Fachdidaktische Anteile im Lehramtsstudium Mathematik in Landau

Die mathematikdidaktischen Ausbildungsanteile im Lehramtsstudium Mathematik für die Lehrämter an Schulformen der Sekundarstufen sind über das gesamte Studium verteilt.

Wie Tab. 5.1 zu entnehmen ist, gibt es in den drei Modulen 1, 5 und 6 des sechssemestrigen Bachelorstudiums im Lehramt Mathematik mathematikdidaktische Ausbildungsanteile (die fachdidaktischen Veranstaltungen sind dort jeweils fett gesetzt). Einen Überblick über die Veranstaltungsinhalte bieten die jeweiligen Folienskripte unter http://www.juergen-roth.de/lehre/skripte/. Bereits in Modul 1 gibt es neben einer Veranstaltung zur Vernetzung schulischer und universitärer Mathematik die Veranstaltung *Fachdidaktische Grundlagen*, in der querschnittliche Fragen zur Mathematikdidaktik wie z. B. Differenzierung, Problemlösung, Begriffsbildung und Unterrichtsplanung diskutiert sowie reflektiert werden. Das Modul 5 *Fachdidaktische Bereiche* umfasst drei stoffdidaktisch strukturierte Veranstaltungen, nämlich *Didaktik der Algebra*, *Didaktik der Zahlbereichserweiterungen*

Tab. 5.1 Studienverlaufsplan Bachelor Mathematik für das Lehramt an Realschulen plus und Gymnasien

1. Fachsemester (WS)	**Modul 1:** Fachwissenschaftliche und **fachdidaktische Voraussetzungen** (5 SWS, 7 LP) – Fachwissenschaftl. Grundlagen (V, 2 SWS, 3 LP) – Übungen zu fachw. Grundlagen (Ü, 1 SWS, 1 LP) – **Fachdidaktische Grundlagen** (V/Ü, 2 SWS, 3 LP)	Modul 2: Grundlagen der Mathematik A: Lineare Algebra (6 SWS, 8 LP) – Lineare Algebra (V, 4 SWS, 5 LP) – Übungen zur Linearen Algebra (Ü, 2 SWS, 3 LP)
2. Fachsemester (SS)		Modul 3: Grundlagen der Mathematik B: Analysis (8 SWS, 11 LP) – Analysis (V, 4 SWS, 5 LP) – Übungen zur Analysis (Ü, 2 SWS, 3 LP) – Analytische Grundlagen (V/Ü, 2 SWS, 3 LP)
3. Fachsemester (WS)	Modul 4: Grundlagen d. Mathematik C: Geometrie, Elementare Algebra & Zahlentheorie (9 SWS, 12 LP) – Geometrie (V, 2 SWS, 2 LP) – Übungen zur Geometrie (Ü, 1 SWS, 2 LP) – Algebra und Zahlentheorie (V, 4 SWS, 5 LP) – Übungen zu Algebra und Zahlentheorie (Ü, 2 SWS, 3 LP)	
4. Fachsemester (SS)		Modul 6: Mathematik als Lösungspotenzial A: Modellieren & Praktische Mathematik (8 SWS, 10 LP) – Praktische Mathematik (V/Ü, 4 SWS, 6 LP) – **PC-Praktikum** (P, 2 SWS, 2 LP) – Mathematik Modellieren (Ü, 2 SWS, 2 LP)
5. Fachsemester (WS)	**Modul 5: Fachdidaktische Bereiche** (6 SWS – 9 LP) – **Didaktik der Algebra** (Ü, 2 SWS, 3 LP) – **Didaktik der Geometrie (Sekundarstufe I)** (Ü, 2 SWS, 3 LP) – **Didaktik der Zahlbereichserweiterungen** (Ü, 2 SWS, 3 LP)	Modul 7: Mathematik als Lösungspotenzial B: Einführung in die Stochastik (5 SWS, 8 LP) – Stochastik (V, 3 SWS, 5 LP) – Übungen zur Stochastik (Ü, 2 SWS, 3 LP)
6. Fachsemester (SS)		**Bachelorarbeit mit Vorbereitungsseminar zum empirischen fachdidaktischen Arbeiten und dessen Verschriftlichung**

Anmerkungen: Fachdidaktische Module und Veranstaltungen sind jeweils **fett** gesetzt. *SWS* Semesterwochenstunden; *LP* Leistungspunkte; *V* Vorlesung; *Ü* Übung; *P* Praktikum; *S* Seminar und *Didaktik der Geometrie*. Darüber hinaus gibt es im Modul 6 das *PC-Praktikum*, in dem die fachdidaktische Planung und Umsetzung von Unterrichtsmaterialien auf der Basis des dynamischen Mathematiksystems GeoGebra erarbeitet wird. Schließlich wird in jedem Semester ein Vorbereitungsseminar zum Erstellen von empirischen Bachelor- und Masterarbeiten angeboten, das die Studierenden dann besuchen, wenn sie in der Mathematikdidaktik eine entsprechende Arbeit schreiben. In Landau können Studierende der Mathematik nur entweder eine Bachelor- oder eine Masterarbeit schreiben. Die andere Arbeit muss dann im jeweils zweiten Unterrichtsfach erfolgen.

Das Modul 12 *Fachdidaktische Bereiche* im Masterstudium (vgl. den Studienverlaufsplan in Tab. 5.2) umfasst zum einen die mathematikdidaktischen Veranstaltungen *Didaktik der Stochastik* und *Didaktik der Analysis* oder *Didaktik der Linearen Algebra und Analytischen Geometrie*, die analog aufgebaut sind. Die Inhaltsbereiche werden jeweils zunächst aus stoffdidaktischer Perspektive diskutiert, bevor die Studierenden im zweiten Teil der Veranstaltungen jeweils zu zweit eine eigene Unterrichtsstunde zu verschiedensten Themen aus dem jeweiligen Inhaltsbereich konzipieren und mit ihren Mitstudierenden, die als „Schülerinnen und Schüler" fungieren, durchführen. Es werden jeweils zwei Studierende zum Protokollieren der Sitzung und eine Studierende bzw. ein Studierender für das Filmen der Sitzung mit der Kamera eingeteilt. Nach den 45 min der Unterrichtsstunde wird diese mit allen Studierenden der Veranstaltung in weiteren 45 min schwerpunktmäßig hinsichtlich der fachdidaktischen Konzeption und des Lehrpersonenhandelns reflektiert. Das aufgezeichnete Video dient den Studierenden, die die Stunde gehalten haben, als zusätzliches Element der nachträglichen Selbstreflexion und zum Abgleich mit den Feedbacks der Kommilitoninnen und Kommilitonen sowie der Dozentin bzw. des Dozenten aus der Reflexionsrunde nach der gehaltenen Unterrichtsstunde. Neben den genannten Veranstaltungen können die Studierenden zwischen den beiden Wahlpflichtveranstaltungen *Lehr-Lern-Labor-Seminar*, dessen Konzept unten genauer dargestellt wird, und *Fachdidaktisches Forschungsseminar* wählen. Im fachdidaktischen Forschungsseminar werden die Studierenden zunächst in die Arbeitsweisen empirischer fachdidaktischer Forschung eingewiesen, bevor sie im zweiten Teil jeweils kleine Forschungsaufträge bearbeiten, die in der Regel auf Daten aus dem Mathematik-Labor „Mathe ist mehr" (Ergebnisse von Leistungstests und Fragebögen, Schülerbearbeitungen der Arbeitshefte, Videoaufzeichnungen der Schülerarbeitsphasen usw.) basieren und so der Evaluation der Labordurchläufe dienen.

Die Veranstaltungen im Modul 12, in denen die Studierenden neben theoretischen (stoffdidaktisch orientierten) Inputs in der Regel selbst Lernumgebungen bzw. Unterrichtsstunden konzipieren und umsetzen, werden bewusst erst im Masterstudium angeboten. Nur auf diese Weise können sich die Studierenden dabei einerseits auf ein breites fachliches und fachdidaktisches Wissen und Können stützen und andererseits ihre reflektierten Erfahrungen aus mindestens drei Praktika in diese Veranstaltungen einbringen (vgl. Tab. 5.3 für einen Überblick über studienbegleitende Praktika in Rheinland-Pfalz).

Tab. 5.2 Studienverlaufsplan Master Mathematik für das Lehramt an Gymnasien

1. Fachsemester (WS)	Modul 8: Mathematik im Wechselspiel zwischen Abstraktion und Konkretisierung (6 SWS, 8 LP) – Vorlesung (V, 4 SWS, 5 LP) – Übungen oder Seminar (Ü/S, 2 SWS, 3 LP)	**Modul 12: Fachdidaktische Bereiche** (7 SWS, 9 LP) – **Didaktik der Stochastik** (V/S, 2 SWS, 2 LP) – **Didaktik der Analysis** *oder* **Didaktik der Linearen Algebra und Analytischen Geometrie** (V/S, 2 SWS, 2 LP) – **Fachdidaktisches Forschungsseminar** *oder* **Lehr-Lern-Labor-Seminar** (S, 3 SWS, 5 LP)
2. Fachsemester (SS)	Modul 9: Mathematik als fachübergreifende Querschnittswissenschaft (6 SWS, 8 LP) – Vorlesung (V, 4 SWS, 5 LP) – Übungen oder Seminar (Ü/S, 2 SWS, 3 LP)	
3. Fachsemester (WS)	Modul 10: Vertiefungsmodul (6 SWS, 8 LP) – Vorlesung (V, 4 SWS, 5 LP) – Übungen oder Seminar (Ü/S, 2 SWS, 3 LP)	
4. Fachsemester (SS)	Modul 11: Entwicklung der Mathematik in Längs- und Querschnitten (6 SWS, 9 LP) – Vorlesung (V, 4 SWS, 6 LP) – Übungen oder Seminar (Ü/S, 2 SWS, 3 LP)	**Masterarbeit mit Vorbereitungsseminar zum empirischen fachdidaktischen Arbeiten und dessen Verschriftlichung**

Anmerkungen:

(1) Fachdidaktische Module und Veranstaltungen sind jeweils **fett** gesetzt

(2) Im Master Mathematik für das Lehramt an Realschulen plus müssen, im Gegensatz zum oben dargestellten Masterstudium für das Lehramt an Gymnasien, „nur" die Module 8 *oder* 9 und Modul 11 studiert werden. Das fachdidaktische Modul 12 umfasst für Realschule-plus-Studierende nur die Veranstaltungen *Didaktik der Stochastik* und *Lehr-Lern-Labor-Seminar*, allerdings jeweils als Pflichtveranstaltungen

(3) *SWS* Semesterwochenstunden; *LP* Leistungspunkte; *V* Vorlesung; *Ü* Übung; *P* Praktikum; *S* Seminar

Die studienbegleitenden Praktika finden in Rheinland-Pfalz nicht unter fachdidaktischer Regie der Universitäten statt, sondern sind vollständig in der Hand von Praktikumsämtern des Landes; die beiden vertiefenden Praktika werden inhaltlich von den Studienseminaren, also der 2. Phase der Lehramtsausbildung, verantwortet. Der Hintergrund ist, dass sie formal bereits Teil des Referendariats sind. Trotzdem bieten wir im Studienfach Mathematik am Standort Landau ein Begleitseminar zu den vertiefenden Praktika in Mathematik an. Hierfür haben wir zusammen mit Vertreterinnen und Vertretern der Studienseminare Mathematik in Rheinland-Pfalz die Inhalte aus der fachdidaktischen Ausbildung an der Universität identifiziert, die besonders wesentlich für die Vorbereitung auf die Praktika sind. Diese Inhalte der fachdidaktischen Veranstaltungen werden im Begleitseminar noch einmal zusammengefasst, außerdem werden die Möglichkeiten aufgezeigt (Vorlesungsskripte, Videos der Vorlesungen, vertiefende Literatur in einer Literaturdatenbank usw.), diese im Hinblick auf die Praktika zu vertiefen und aufzufrischen. Darüber hinaus werden Unterrichtsstunden, die Studierende im Praktikum an Schulen durchführen, per Video aufgezeichnet und gemeinsam mit einer Fachdidaktik-Lehrperson der Universität, Fachleiterinnen und Fachleitern der Studienseminare und allen Studierenden des Begleitseminars diskutiert sowie reflektiert, insbesondere mit Blick auf die fachdidaktische Konzeption und das Lehrpersonenhandeln.

5.3.2   Konzept des vernetzten Forschenden Lernens

Das Konzept der fachdidaktischen Ausbildung im Lehramtsstudium Mathematik für die Sekundarstufen in Landau beruht auf der Idee, ein vernetztes Forschendes Lernen für die Studierenden zu ermöglichen und zu organisieren. Dadurch sollen die Voraussetzungen geschaffen werden, die es den Studierenden ermöglichen, später einen wirksamen Mathematikunterricht durchführen zu können, der sich an den Kernideen der mathematischen Inhalte und den Lernenden ausrichtet (vgl. Roth 2018). Dies lässt sich verdeutlichen, wenn man das theoretische Modell des *zyklischen Forschenden Lernens im Lehr-Lern-Labor* analysiert, das im Ent-

Tab. 5.3 Praktika im Lehramtsstudium in Rheinland-Pfalz

Phase	Praktikumsart	Zeitpunkt im Studium	Dauer	LP
Bachelor (BA)	Orientierendes Praktikum 1 (OP 1)	Vorlesungsfreie Zeit nach 1. Semester	15 Tage	3
	Orientierendes Praktikum 2 (OP 2)	Vorlesungsfreie Zeit vor 5. Semester	15 Tage	3
	Vertiefendes Praktikum im BA (VP BA)	Vorlesungsfreie Zeit nach dem OP 2	15 Tage	4
Master (MA)	Vertiefendes Praktikum im MA (VP MA)	Vorlesungsfreie Zeit	15 Tage	4

Anmerkungen:
(1) Die orientierenden Praktika sollen nicht an Schulen gleicher Schulart absolviert werden. Eines der orientierenden Praktika findet in der Regel an einer Schwerpunktschule statt. Schwerpunktschulen sind allgemeinbildende Schulen, an denen Schülerinnen und Schüler mit und ohne Förderbedarf im inklusiven Unterricht von Förderschullehrpersonen, pädagogischen Fachkräften und Regelschullehrpersonen gemeinsam gefördert werden
(2) Die Praktika werden außerhalb der Verantwortung der Universitäten durchgeführt. Die vertiefenden Praktika zählen bereits zum Referendariat und werden von den Studienseminaren verantwortet

wicklungsverbund „Schülerlabore als Lehr-Lern-Labore" entwickelt wurde (vgl. Kap. 1 von Roth und Priemer in diesem Band und Abb. 5.1).

In diesem Modell geht es darum, die Arbeit in einem Lehr-Lern-Labor als zyklischen Prozess Forschenden Lernens zu organisieren. So soll eine intensive Verzahnung der theoretischen Ausbildung der Lehramtsstudierenden in der Mathematikdidaktik mit der Unterrichtspraxis und der Forschungspraxis ermöglicht werden. In diesen Prozess kann man prinzipiell an jeder beliebigen Stelle einsteigen. Um aber beginnen zu können, sind an jeder Stelle Voraussetzungen nötig, die vorher bereit- bzw. sichergestellt werden müssen. Steigt man etwa mit der Planung von Lernumgebungen des Schülerlabors und der zugehörigen Konstruktion von Lernmaterialien ein, dann ist dazu fachliches und fachdidaktisches Wissen unabdingbar. Weitere Voraussetzungen für die Entwicklung einer qualitativ hochwertigen Labor-Lernumgebung sind Reflexionsergebnisse aus der theoriegeleiteten Evaluation von vorausgegangenen Schülerlabordurchläufen und deren Interpretation hinsichtlich der Implikationen für die Gestaltung der Lernarrangements. Der zyklische Prozess setzt sich mit der Durchführung und Erprobung der entwickelten Laborstation mit Schülerinnen und Schülern und deren individueller Förderung fort. Auch hierzu ist wieder spezifisches fachdidaktisches Wissen erforderlich. Parallel ist die Diagnose der Denk- und Lernprozesse der Schülerinnen und Schüler während des Bearbeitens der Laborstationen notwendig, wozu Studierende über Wissen zu Diagnosetools und Methoden der Prozessanalyse verfügen müssen. An den Labordurchlauf schließen die theoriegeleitete Evaluation und Reflexion der Lehr-Lern-Prozesse, die dabei stattgefunden haben, an. Hierzu sind Diagnosedaten (etwa Videoaufzeichnungen) und Dokumente aus dem Lernprozess (Erarbeitungsprotokolle der Schülerinnen und Schüler) notwendig (vgl. Roth et al. 2016), die im Prozess aufgezeichnet wer-

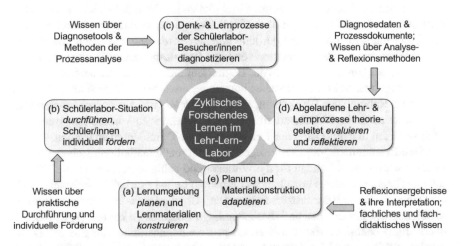

Abb. 5.1 Zyklisches Forschendes Lernen im Lehr-Lern-Labor: theoretisches Modell, das im Entwicklungsverbund „Schülerlabore als Lehr-Lern-Labore" entwickelt wurde. (Vgl. Roth und Priemer in diesem Band)

den müssen, und insbesondere Wissen und Fähigkeiten zur Analyse und Auswertung derartiger empirischer Daten. Auf der Grundlage dieser Evaluationsergebnisse und der Erfahrungen aus dem Labordurchlauf können dann die Planung und die Materialkonstruktion für die Station adaptiert und verbessert werden. Damit schließt sich der Kreis des Forschenden Lernens Studierender in und mit einem Schülerlabor als Lehr-Lern-Labor. Bereits aus diesem kurzen Abriss des Modells des zyklischen Forschenden Lernens im Lehr-Lern-Labor wird deutlich, dass dieser Prozess nicht innerhalb eines Lehr-Lern-Labor-Seminars, wie dem in Landau, komplett durchlaufen wird, sondern nur durch die Vernetzung mit allen fachdidaktischen, aber auch fachlichen und bildungswissenschaftlichen Teilen des Studiums umgesetzt werden kann. Dazu ist eine systematische Vernetzung der mathematikdidaktischen Anteile im Lehramtsstudium notwendig. Das Konzept zur Umsetzung dieses Programms im Lehramtsstudium Mathematik am Campus Landau der Universität Koblenz-Landau wird im Folgenden dargestellt.

Die angedeuteten Voraussetzungen für eine adäquate Planung, Durchführung, Diagnose, Evaluation, Reflexion und Adaption von Labor-Lernumgebungen müssen bereits während des Studiums erarbeitet und mit der Lehr-Lern-Labor-Arbeit vernetzt werden. Damit die Voraussetzungen für die Lehr-Lern-Labor-Arbeit bereits in die Wege geleitet sind, ist das Lehr-Lern-Labor-Seminar eine der letzten Veranstaltungen im Masterstudium des Mathematik-Lehramts in Landau. Auf diese Weise wurde das theoretische fachliche und fachdidaktische Wissen bereits aufgebaut, das zur Planung von Lernumgebungen und Konstruktion von Lernmaterialien notwendig ist. Diese Vorbereitung soll es den Studierenden ermöglichen, die mathematischen Inhalte des Lehrplans fachdidaktisch zu analysieren, die in der Labor-Lernumgebung zu erarbeiten sind, diese in geeigneter Weise auszuwählen und sich Anregungen aus der fachdidaktischen Literatur dazu zu holen. Darüber hinaus haben die Studierenden in ihren Praktika und in ihren fachdidaktischen Lehrveranstaltungen bereits Wissen über Möglichkeiten der praktischen Durchführung von Unterrichtssituationen und der individuellen Förderung von Schülerinnen und Schülern gesammelt. Zur Evaluation von Lehr-Lern-Labor-Durchläufen haben einige Studierende bereits im Rahmen des Begleitseminars zu ihrer Bachelorarbeit Wissen zu Vorgehensweisen empirischer Forschung erworben, während andere dieses Wissen im Rahmen des Wahlpflichtseminars *Fachdidaktisches Forschungsseminar* oder im Rahmen ihrer Masterarbeit sowie des zugehörigen Vorbereitungsseminars noch vertiefen und auf Daten aus Lehr-Lern-Labor-Durchläufen anwenden.

Diese Beschreibung der Lerngelegenheiten im mathematikdidaktischen Teil des Lehramtsstudiums in Landau für die Wissens- und Fähigkeitselemente, die Voraussetzung für ein vernetztes Forschendes Lernen im Lehr-Lern-Labor sind, weist noch ein Defizit im Bereich der Prozessdiagnose auf. Um die Denk- und Lernprozesse der Schülerlaborbesucherinnen und -besucher diagnostizieren zu können (vgl. Abb. 5.1 oben Mitte) benötigen die Studierenden prozessdiagnostische Fähigkeiten. Diese werden mithilfe von Videovignetten von Gruppenarbeitsprozessen der Schülerinnen und Schüler im Mathematik-Labor „Mathe ist mehr" parallel zu den fachdidaktischen Lehrveranstaltungen der Bachelorphase des Lehramtsstudiums Mathematik entwickelt. Das Mathematik-Labor an der Universität Koblenz-Landau in Landau ist ein Schülerlabor, in dem ganze Schulklassen aus Sekundarstufenschulen in drei aufeinanderfolgenden Wochen jeweils eine Doppelstunde anhand von schriftlichen Arbeitsaufträgen, gegenständlichen Materialien und Computersimulationen in Vierergruppen selbstständig an einem Thema des Mathematiklehrplans von Rheinland-Pfalz arbeiten (vgl. www.mathe-labor.de und Roth 2013a, 2013b).

Die Arbeit mit Videovignetten zu Gruppenarbeitsprozessen von Schülerinnen und Schülern aus dem Mathematik-Labor „Mathe ist mehr" parallel zu fachdidaktischen Lehrveranstaltungen hat gleich mehrere wesentliche Vorteile:

(1) Damit das theoretische fachdidaktische Wissen, das in den Lehrveranstaltungen des Bachelorstudiums vermittelt wird, nicht träge bleibt, soll den Studierenden die Möglichkeit gegeben werden, ihr gerade im Rahmen einer Lehrveranstaltung erworbenes fachdidaktisches Wissen – etwa über themenspezifische Grundvorstellungen, bekannte Schülerschwierigkeiten u. v. m. – begleitend zur Lehrveranstaltung einzusetzen, indem sie Diagnoseaufträge zu Videovignetten von Gruppenarbeitsphasen zum selben Thema bearbeiten.

(2) Dabei erfahren sie einerseits dessen Bedeutung für lernprozessbezogene Diagnosen; andererseits wird ihnen bewusst, wie ihnen diese Kenntnisse helfen, ihr eigenes Lehrpersonenhandeln zu organisieren. Damit leisten wir einen Beitrag zur Überwindung der Theorie-Praxis-Kluft.

(3) Gleichzeitig werden die verschiedenen fachdidaktischen Lehrveranstaltungen auf diese Weise miteinander vernetzt, und

(4) die Studierenden werden für die Unterschiedlichkeit der Schülerinnen und Schüler sensibilisiert.

Um ein vernetztes Forschendes Lernen rund um Lehr-Lern-Labore zu ermöglichen, müssen Studierende so früh wie möglich an Arbeitsprozesse von Schülerinnen und Schülern in einem derartigen Labor herangeführt werden und sich mit diesen auseinandersetzen. Da es im Bachelorstudium des Mathematik-Lehramts in Landau auch Großveranstaltungen mit bis zu 320 Studierenden gibt, kann in diesem Rahmen keine Arbeit mit Schülerinnen und Schülern im Lehr-Lern-Labor selbst realisiert werden.

(5) Vermittelt über Videovignetten ist ein Einblick in Gruppenarbeitsprozesse von Schülerinnen und Schülern im Mathematik-Labor „Mathe ist mehr" über das ganze Studium möglich.

Die Studierenden erhalten dazu direkt nach dem theoretischen Input im Rahmen einer Lehrveranstaltung eine Einführung in Vorgehensweisen bei der Prozessdiagnose und anschließend Diagnoseaufträge zu Videovignetten, in denen vier Schülerinnen und Schüler in Gruppenarbeit im Mathematik-Labor „Mathe ist mehr" an einem entsprechenden mathematischen Inhalt arbeiten. Diese werden von den Studierenden außerhalb der Lehrveranstaltung im Sinne des *Blended Learning* in der Lernumgebung ViviAn bearbeitet, die in Abschn. 5.3.3 vorgestellt wird.

5.3.3   ViviAn – Videovignetten zur Analyse von Unterrichtsprozessen

ViviAn ist ein Akronym, das für „**Vi**deo**vi**gnetten zur **An**alyse von Unterrichtspro-zessen" steht. Die Lernumgebung ViviAn (vgl. www.vivian.uni-landau.de und Bar-tel und Roth 2017a) wurde entwickelt, weil es bis dahin kein Diagnosewerkzeug gab, das *alle* folgenden Anforderungen erfüllte:

(1) Studierende, die Diagnoseaufträge zu Videovignetten von Gruppenarbeitspro-zessen von Schülerinnen und Schülern bearbeiten, sollten im Wesentlichen über dieselben Informationen zur dargestellten Situation verfügen wie die betreuende Lehrperson der Schülergruppe.
(2) Bearbeitungen zu Diagnoseaufträgen werden direkt bei den entsprechenden Aufgaben in ein Textfeld eingetragen und automatisch gespeichert.
(3) Studierende erhalten nach der Bearbeitung eines Diagnoseauftrags eine Bear-beitung von Expertinnen und Experten als Feedback, die sie mit ihrer eigenen Bearbeitung vergleichen können.
(4) Studierende können die Diagnoseaufträge zu einem von ihnen selbst gewählten Zeitpunkt innerhalb eines vorgegebenen Zeitfensters an einem frei gewählten Ort durchführen.
(5) Es gibt ein Menü zur thematischen Übersicht und Auswahl von Videovignetten (vgl. Abb. 5.3).
(6) Es gibt eine Benutzerverwaltung, die Dozierenden individuelle Freigaben von Videovignetten (auch über einstellbare Zeitintervalle) erlaubt und es ermöglicht, diese erst nach dem Eingang einer unterschriebenen Datenschutzerklärung zu nutzen.
(7) Dozierende können in einer Übersicht abrufen, welche Videovignetten von den einzelnen Studierenden im Kurs bereits bearbeitet wurden.
(8) Alle Videodaten der abgebildeten Personen sind geschützt und liegen auf einem Server der Universität Koblenz-Landau. Die Kontrolle über diese Daten und ad-ministrativen Zugang zu ihnen haben ausschließlich zwei Administratoren der Arbeitsgruppe Didaktik der Mathematik (Sekundarstufen).

Insbesondere die ersten vier Punkte der Aufzählung haben zur Entwicklung der Lernumgebung ViviAn und deren Oberfläche geführt. Diese werden im Folgenden in ihrem funktionalen Umfang erläutert.

Abb. 5.2 präsentiert die Oberfläche der Lernumgebung ViviAn. Im Zentrum ist eine Videovignette eingebettet, die einen Ausschnitt von ca. drei Minuten aus einer authentischen Gruppenarbeitsphase von Schülerinnen und Schülern im Mathema-tik-Labor „Mathe ist mehr" zeigt. Der verwendete Videoplayer ermöglicht jederzeit das Starten, Anhalten sowie Vor- und Zurückspulen innerhalb der Videovignette. Der Gruppenarbeitsprozess wurde von schräg oben gefilmt. Die gewählte Kamera-perspektive unterstützt sowohl die Betrachtung der gesamten Lerngruppe als auch die Fokussierung auf einzelne Lernende. Des Weiteren sind so alle Handlungen am gegenständlichen Material gut sichtbar. In Phasen, in denen die Schülerinnen und

Abb. 5.2 Oberfläche der Lernumgebung ViviAn. (Vgl. www.vivian.uni-landau.de)

Schüler im Wesentlichen mit einer Simulation arbeiten, wird die Bildschirmaufnahme (Video der Bildschirmaktionen der Schülerinnen und Schüler) im Zentrum der Lernumgebung ViviAn dargestellt. Damit die Interaktion der Lernenden am Tisch dabei nicht verloren geht, wird die Aufzeichnung der zuvor beschriebenen Kameraperspektive verkleinert links unten im Video dargestellt. Um die Verbalisierungen den Lernenden im Video eindeutig zuordnen zu können, wird die Person, die gerade spricht, mit einer Markierung versehen (vgl. „S3" in Abb. 5.2). Diese Markierung enthält das Kürzel der Schülerin bzw. des Schülers, die jeweils von links unten beginnend im Uhrzeigersinn mit den Bezeichnern S1, S2, S3 bzw. S4 versehen werden, um sie für Diagnoseaufträge und -antworten eindeutig identifizieren zu können.

Oberhalb der Videovignette kann über die Schaltfläche „Lernumgebung: Thema und Ziele" ein Fenster geöffnet werden, in dem das Thema und die Lernziele der Lernumgebung, an der die Schülerinnen und Schüler im Video arbeiten, kurz dargestellt werden. Diese Information sollte bei der Bearbeitung für einen ersten Überblick zuerst aufgerufen werden. Rechts neben der Videovignette können Studierende im Kasten *Metaebene* auf Informationen zugreifen, über die eine Lehrperson im Klassenraum verfügt. Mit der Schaltfläche „Schülerprofile" werden Informationen zu den Lernenden im Video abgerufen (u. a. Alter, Klassenstufe und besuchte Schulart). Darunter befindet sich der Sitzplan, auf dem die Lernenden (zur eindeutigen Kommunikation) von links nach rechts mit S1, S2, S3, S4 durchnummeriert sind. Dies soll den Überblick über das Geschehen und den Zugriff auf einzelne Schülerinnen bzw. Schüler erleichtern. Darunter befindet sich die Schaltfläche „Zeitliche Einordnung". Sie öffnet den inhaltlichen Verlaufsplan der insgesamt drei Doppelstunden, die die Lernenden im Schülerlabor Mathematik arbeiten. Dies ermöglicht es den Studierenden, zu sehen, welches Lernziel durch die

Aufgabe erreicht werden soll und an welchen Inhalten die Lernenden vor und nach der gezeigten Situation arbeiten.

Unten rechts in der ViviAn-Oberfläche befindet sich die Schaltfläche *Diagnoseauftrag*, mit der man nach einem ersten Überblick über die im Video gezeigte Situation die Diagnoseaufträge aufrufen kann, die anschließend einzeln unterhalb des Videos dargestellt werden (vgl. Abb. 5.3). In Abb. 5.3 ist auch das Menü dargestellt, das man über die drei schwarzen Balken oben links in der ViviAn-Oberfläche erreicht und über das man Videovignetten zu gewünschten Themenbereichen der Mathematik auswählen kann, sofern diese bereits durch die Dozentin bzw. den Dozenten für die Nutzung freigeschaltet wurden. Links neben dem Video können im Kasten *Schülerebene* Materialien der Lernumgebung abgerufen werden, mit denen die Lernenden während des Lernprozesses arbeiten bzw. die sie dabei produzieren. Die Schaltfläche *Arbeitsauftrag* öffnet die Aufgabe, die die Lerngruppe im dargestellten Arbeitsprozess selbstständig bearbeitet, in einem Pop-up-Fenster (vgl. Abb. 5.4). Mit der Schaltfläche *Materialien* können – ebenfalls in einem Pop-up-Fenster – Fotos der gegenständlichen Materialien und ggf. die Simulationen, mit de-

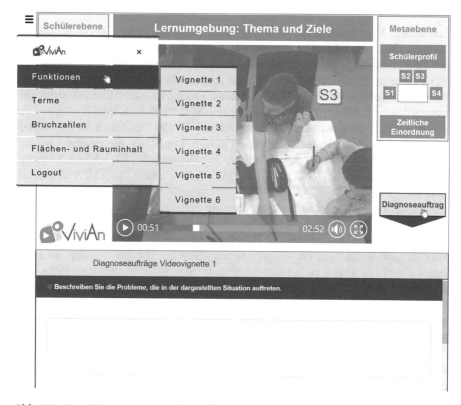

Abb. 5.3 Oberfläche der Lernumgebung ViviAn mit geöffnetem Diagnoseauftrag und aufgeklapptem Menü

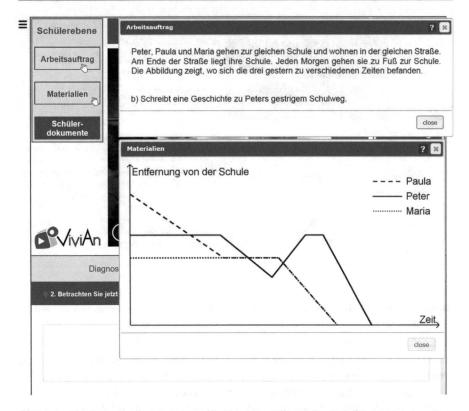

Abb. 5.4 Oberfläche der Lernumgebung ViviAn mit geöffneten Fenstern für den Arbeitsauftrag und das Material

nen die Lernenden in der dargestellten Situation arbeiten, aufgerufen werden (vgl. Abb. 5.4). Falls Simulationen in der videografierten Situation von den Schülerinnen und Schülern verwendet werden, haben diese im Pop-up-Fenster den vollen Funktionsumfang und können von den Studierenden genauso genutzt werden, wie dies die Lernenden in der Videovignette tun. Auf diese Weise lassen sich deren Handlungen bestmöglich nachvollziehen.

Unter der Schaltfläche *Schülerprodukte* befinden sich die schriftlichen Arbeitsergebnisse aller Lernenden aus dem Video. Diese sind über Reiter auswählbar und so angeordnet, dass beliebige Bearbeitungen jeweils paarweise miteinander verglichen werden können (vgl. Abb. 5.5). Dies ermöglicht einen weiteren Zugriff auf die jeweilige Reflexionstiefe der einzelnen Schülerinnen und Schüler. Alle Pop-up-Fenster lassen sich beliebig auf dem Bildschirm anordnen und verschieben sowie über die Schaltfläche mit dem Kreuz rechts oben bzw. die Schaltfläche *close* rechts unten schließen.

Die Diagnoseaufträge in der Lernumgebung ViviAn fokussieren jeweils auf einen spezifischen inhaltlichen Aspekt des Mathematiklernens der in der Videovignette dargestellten Situation, zu der vorher in der Lehrveranstaltung die

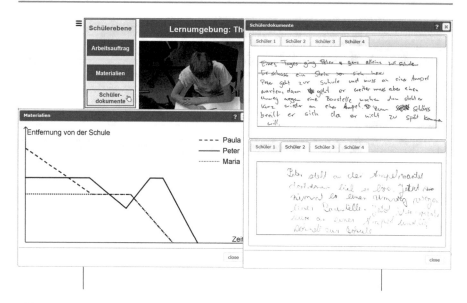

Abb. 5.5 Oberfläche der Lernumgebung ViviAn mit geöffneten Fenstern für das Material und die Schülerdokumente

notwendigen Theoriefacetten und fachdidaktischen Vertiefungen thematisiert wurden. Diese Lenkung des Hauptaugenmerks der Diagnose auf vorher in der Lehrveranstaltung thematisierte theoretische Aspekte soll dazu beitragen, dass die Studierenden daran gewöhnt werden, ihre Diagnosen theoriebasiert durchzuführen. Die Diagnoseaufträge sind entweder offene Items, die im Freitextformat beantwortet werden müssen, oder bestehen aus einer Kombination aus einem geschlossenen und einem offenen Item. Bei den geschlossenen Items handelt es sich um Single- und Multiple-Choice-Fragen. Um die Studierenden anzuregen, sich intensiv und eingehend mit der Situation auseinanderzusetzen, folgt auf jedes geschlossene Item eine Frage im Freitextformat, die eine Begründung der zuvor gewählten Antwort einfordert. Typische Arbeitsaufträge innerhalb von ViviAn, die dazu beitragen sollen, die Fähigkeit der Studierenden zur Prozessdiagnose von Gruppenarbeitssituationen von Schülerinnen und Schülern zu schulen (vgl. Kap. 19 von Bartel und Roth in diesem Band), fordern Studierende dazu auf,

- Arbeitsaufträge der Schülerinnen und Schüler zu bearbeiten,
- Beobachtungen zu beschreiben,
- Beobachtungen zu deuten und diese Deutungen zu begründen (Grundvorstellungen, Schülervorstellungen usw.),
- adaptives Unterrichtshandeln der Lehrperson vorzuschlagen und zu begründen.

Wenn Studierende einen Text in den Kasten für die Antworten zu Diagnoseaufträgen eingegeben (vgl. Abb. 5.6) sowie ggf. die Single- und Multiple-Choice-Fragen beantwortet und durch Klicken auf das Auswahlfeld *Weiter* unten auf der

Abb. 5.6 Oberfläche der Lernumgebung ViviAn mit eingegebener Antwort einer Studierenden zu einem Diagnoseauftrag

Seite abgeschickt haben, öffnet sich eine Feedback-Seite unterhalb des Videos (vgl. Abb. 5.7). Auf dieser Seite wird Folgendes ausgegeben:

(1) der Diagnoseauftrag, den der bzw. die Studierende gerade bearbeitet hat,
(2) der Text, den der bzw. die Studierende eben als Bearbeitung eingegeben hat, sowie ggf. die Single- bzw. Multiple-Choice-Fragen mit Markierungen für die angekreuzten Auswahlantworten,
(3) Diagnosen von Expertinnen und Experten als Rückmeldung sowohl auf die geschlossenen als auch auf die offenen Fragen. Es handelt sich um kurze Texte, die Analysen sowie entsprechende Begründungen zu den jeweiligen Diagnoseaufträgen enthalten.

Auf dieser Basis können die Studierenden ihre eigenen Bearbeitungen mit Antworten von Expertinnen und Experten vergleichen und so reflektieren. Auf diese Weise soll ein Lerneffekt hinsichtlich der Diagnoseleistung erreicht werden.

Um die Rückmeldungen in Form der Diagnosen von Expertinnen und Experten zu ermöglichen, wurden zunächst alle Videovignetten transkribiert. Die Transkripte

Abb. 5.7 Oberfläche der Lernumgebung ViviAn mit einem Feedback zu einer Studierendenbearbeitung

wurden anschließend auf der Basis fachdidaktischer Literatur zum interessierenden Aspekt, z. B. dem Begriffslernen, analysiert. Auf dieser Grundlage und auf der Basis bereits erfolgter Bearbeitungen der Videos, sowohl durch Studierende im Rahmen der Vorstudie als auch durch Mathematikdidaktikerinnen und Mathematikdidaktiker, wurde dann zu jeder Diagnosefrage eine Analyse mit entsprechenden Begründungen erstellt. Diese wurde vor der Verwendung in ViviAn von mindestens drei Mathematikdidaktikerinnen und Mathematikdidaktikern auf ihre Korrektheit hin geprüft und ggf. ausgeschärft.

5.3.4   Konzept des Lehr-Lern-Labor-Seminars

Die Lernumgebung ViviAn, die im vorigen Abschnitt vorgestellt wurde, dient einerseits dazu, die prozessdiagnostischen Fähigkeiten der Lehramtsstudierenden zu fördern, anderseits aber auch dazu, die Vernetzung der verschiedenen fachdidaktischen Veranstaltungen im Mathematiklehramtsstudium in Landau zu unterstützen und so insbesondere eine wesentliche Vorbereitung für die Veranstaltung *Lehr-Lern-Labor-Seminar* im Sinne des vernetzten Forschenden Lernens zu leisten. In diesem Abschnitt wird das Konzept dieser Lehrveranstaltung vorgestellt (vgl. Walz und Roth 2017), die am Ende der Masterphase des Lehramtsstudiums Mathematik angesiedelt ist und drei Semesterwochenstunden umfasst. Davon liegen zwei Semesterwochenstunden in dem Semester, in dem Studierende in Dreiergruppen jeweils eine Labor-Lernumgebung konzipieren und umsetzen. Eine weitere Semesterwochenstunde findet im Folgesemester statt. Einen Überblick über das Veranstaltungskonzept bietet Abb. 5.8. Die Grundlage der Arbeit im Lehr-Lern-Labor-Seminar sind das fachdidaktische Wissen, das die Studierenden im Rahmen der mathematikdidaktischen Lehrveranstaltungen der Bachelorphase des Lehramtsstudiums erworben haben, ihre über die Arbeit mit der Lernumgebung ViviAn aufgebauten prozessdiagnostischen Fähigkeiten und ihre ersten unterrichtspraktischen Erfahrungen aus den studienbegleitenden Praktika. Im Lehr-Lern-Labor-Seminar erhalten sie zunächst Inputs zum Konzept des Mathematik-Labors „Mathe ist mehr" als Schülerlabor (Roth 2013a, 2013b) und den Grundstrukturen und Gestaltungskriterien der gegenständlichen Materialien, Simulationen und Arbeitshefte der Labor-Lernumgebungen für Schülerinnen und Schüler. Anschließend wählt jede Studierendengruppe, die jeweils aus drei Studierenden besteht, ein Thema aus, zu dem sie eine Laborstation des Mathematik-Labors für Schülerinnen und Schüler der Sekundarstufe erstellen möchte. Die Gruppe entscheidet dann, ob diese Station für

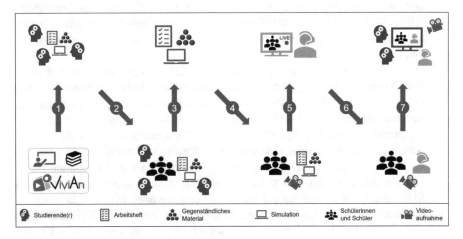

Abb. 5.8   Konzept des Lehr-Lern-Labor-Seminars

Schülerinnen und Schüler von Realschulen plus (eine Schulform in Rheinland-Pfalz, die durch die Zusammenlegung von Haupt- und Realschulen entstanden ist), Gymnasien oder Förderschulen mit Förderschwerpunkt Lernen konzipiert werden soll. Anschließend lesen die Studierenden einschlägige fachdidaktische Literatur zu dem von ihnen gewählten Inhalt.

Nach dieser Vorbereitung beginnt der „praktische" Teil der Arbeit im Lehr-Lern-Labor-Seminar:

(1) Zunächst bearbeitet jede Studierendengruppe eine zu der von ihr zu gestalten-tenden Laborstation inhaltlich passende, bereits existierende Laborstation des Mathematik-Labors „Mathe ist mehr", wie die Schülerinnen und Schüler dies auch machen sollen. Auf diese Weise erfahren die Studierenden hautnah, was es heißt, selbstständig und nur angeleitet von den Arbeitsaufträgen in den Arbeitsheften und ggf. Hilfestellungen in Form von zusätzlichen gestuften und fokussierenden Fragen im Hilfeheft im Mathematik-Labor zu arbeiten.

(2) Anschließend begleitet die Studierendengruppe eine Schulklasse bei deren Bearbeitung einer Laborstation des Mathematik-Labors „Mathe ist mehr". Die Studierenden erhalten so erste Einblicke in die Arbeit von Schülerinnen und Schülern an Laborstationen und erfahren, wo es Schwierigkeiten geben kann und welche Aspekte der Materialien der Labor-Lernumgebung ggf. problematisch für die selbstständige Gruppenarbeit der Schülerinnen und Schüler sind.

(3) Auf der Grundlage dieser Erfahrungen setzt sich die Studierendengruppe zusammen und konzipiert eine Labor-Lernumgebung mit allen dazu nötigen gegenständlichen Materialien, Arbeitsheften, Hilfeheften und Simulationen. In der ersten Konzeptionssitzung ist in der Regel eine Lehrperson einer benachbarten Schule anwesend, die bereits mit eigenen Klassen das Mathematik-Labor besucht hat, und diskutiert zusammen mit der Dozentin bzw. dem Dozenten der Veranstaltung erste Ideen der Studierenden zur Gestaltung der Labor-Lernumgebung. Im Rest des Semesters arbeiten die Studierendengruppen selbstständig und stellen ihre Teilergebnisse regelmäßig dem gesamten Seminar vor, wo diese zusammen mit der Dozentin bzw. dem Dozenten diskutiert und reflektiert werden.

(4) Die so entwickelte Labor-Lernumgebung wird im Folgesemester mit einer Schulklasse in drei Doppelstunden à 90 min erprobt. Dabei arbeiten die Schülerinnen und Schüler jeweils in Vierergruppen selbstständig anhand der von den Studierenden erstellten Materialien und werden von den Studierenden, die die Station erstellt haben, betreut, d. h., die Studierenden weisen die Schülerinnen und Schüler in das Arbeiten im Mathematik-Labor ein und stehen bei Bedarf für Fragen der Schüler zur Verfügung. Wie bei jedem Durchlauf arbeiten alle Schülergruppen in einem großen Raum an Gruppentischen an ihren Materialien – mit einer Ausnahme: Eine Schülergruppe wird immer in einem separaten Filmraum bei ihrer Laborarbeit gefilmt. Aus diesen Videoaufzeichnungen werden die Videovignetten ausgewählt, die in ViviAn zum Einsatz kommen. Dazu werden vorab systematisch Einverständniserklärungen von al-

len Schülerinnen und Schülern, die das Mathematik-Labor besuchen, sowie von deren Eltern eingeholt.

(5) In jeder Doppelstunde betreuen zwei Studierende der Studierendengruppe die Schülerinnen und Schüler im großen Raum. Die dritte Studentin bzw. der dritte Student (im Folgenden – der Einfachheit halber – eine Studentin) sitzt in einem angrenzenden Büro und beobachtet an einem Computerbildschirm live die Videoaufzeichnung der Gruppenarbeit im Filmraum. Sie hat den Auftrag, im Video live die Stellen zu markieren, an denen sich aus ihrer Sicht etwas Interessantes ereignet. Sollte sie den Eindruck haben, dass eine Lehrpersoneninterventionen in die Gruppenarbeit notwendig ist, soll sie die Intervention spontan im Filmraum durchführen.

(6) Während die Studentin interveniert, wird sie gefilmt. Die Videoaufzeichnungen der drei Studierenden, die jeweils während einer der drei Doppelstunden für den Videoraum zuständig waren und dort ggf. mehrfach interveniert haben, werden zu Videovignetten zusammengeschnitten. Diese zeigen die jeweilige Intervention und, damit diese beurteilt werden kann, eine kurze Zeit der Gruppenarbeit vor und nach der Intervention.

(7) Anhand dieser Videovignetten und ihrer Erfahrungen während der Betreuung der Schulklasse reflektiert die Studierendengruppe ihre konzipierte Labor-Lernumgebung sowie ihre Interventionen in die Gruppenarbeitsprozesse der Schülerinnen und Schüler und macht auf dieser Basis Vorschläge für eine Überarbeitung ihrer Labor-Lernumgebung. Dabei wird die Studierendengruppe wiederum gefilmt. Dieses Video dient als Grundlage der Bewertung ihrer Reflexionsfähigkeit.

Das Lehr-Lern-Labor-Seminar mündet in eine mündliche Portfolioprüfung, in der die Studierenden jeweils einzeln ihre Konzeption der Labor-Lernumgebung theoriegeleitet vorstellen, begründet reflektieren und Fragen dazu beantworten. Mit dieser mündlichen Portfolioprüfung und ggf. einer mathematikdidaktischen Masterarbeit schließt die mathematikdidaktische Ausbildung am Campus Landau der Universität Koblenz-Landau ab.

5.4   Das Forschungsprogramm zu ViviAn und zum Lehr-Lern-Labor-Seminar

Rund um das Videotool ViviAn rankt sich ein hochschuldidaktisches Forschungsprogramm zum Einsatz von ViviAn in der mathematikdidaktischen Lehramtsausbildung am Campus Landau der Universität Koblenz-Landau (vgl. Roth 2017). Abb. 5.9 gibt eine Übersicht über den zeitlichen Verlauf der empirischen Studien und der beteiligten Promotionen. Mit dem Beginn des Forschungsprogramms im Wintersemester 2014/15 wurde die Lernumgebung ViviAn im Rahmen eines Promotionsprojekts konzipiert und erstellt. In der Zeit vom Sommersemester 2015 bis zum Wintersemester 2017/18 wurden jeweils Vor- bzw. Hauptstudien in allen mathematikdidaktischen Lehrveranstaltungen der Bachelorphase des Lehramtsstu-

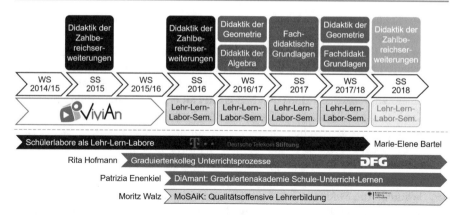

Abb. 5.9 Forschungsprogramm rund um ViviAn und das *Lehr-Lern-Labor-Seminar*

diums in Landau (vgl. Tab. 5.1) durchgeführt (vgl. Bartel und Roth 2017b; Enenkiel und Roth 2017; Roth und Lengnink 2018; Hofmann und Roth 2017). Dazu haben die Studierenden nach dem theoretischen Input in der entsprechenden Lehrveranstaltung inhaltlich passgenaue Videovignetten veranstaltungsbegleitend online in der Lernumgebung ViviAn bearbeitet. Die in Abb. 5.9 farblich blasser dargestellten Veranstaltungen gehen nicht mehr in die Studien ein, sondern sind bereits solche, in deren Rahmen ViviAn im „Regelbetrieb" auf der Basis der Entwicklungen aus den Studien eingesetzt wird.

Die Studien und Dissertationsprojekte gehen dabei u. a. folgenden Forschungsfragen nach:

(1) Inwiefern lassen sich prozessdiagnostische Fähigkeiten von Studierenden mithilfe der Lernumgebung ViviAn fördern (vgl. Bartel und Roth 2017a; 2017b; Enenkiel und Roth 2017; Roth und Lengnink 2018; Hofmann und Roth 2017)?

(2) Lassen sich prozessdiagnostische Fähigkeiten von Studierenden in ViviAn besser mit Video- oder mit Textvignetten fördern (vgl. Bartel und Roth 2017a; 2017b)?

(3) Finden Studierende das Arbeiten mit ViviAn interessant und nehmen sie es als relevant für ihre spätere Unterrichtspraxis wahr? Ist das Interesse an und die von Studierenden wahrgenommene Praxisrelevanz der Arbeit mit ViviAn abhängig davon, ob Text- oder Videovignetten in ViviAn eingebunden sind (vgl. Kap. 19 von Bartel & Roth in diesem Band)?

(4) Wie hängt die Entwicklung der prozessdiagnostischen Fähigkeiten der Studierenden durch das Arbeiten mit ViviAn vom Zeitpunkt des Feedbacks innerhalb von ViviAn ab (vgl. Enenkiel und Roth 2017, 2018)?

(5) Hängt die Entwicklung der prozessdiagnostischen Fähigkeiten der Studierenden vom thematischen Inhalt der in ViviAn bearbeiteten Vignetten ab?

(6) Bedingen sich Aufgabendiagnose und videogestützte Prozessdiagnose mit ViviAn gegenseitig bzw. lassen sie sich wechselseitig fördern (vgl. Hofmann und Roth 2017)?

Die Schulung der prozessdiagnostischen Fähigkeiten der Studierenden im Rahmen der mathematikdidaktischen Lehrveranstaltungen in der Bachelorphase des Lehramtsstudiums Mathematik sollte insbesondere auch das vernetzte Forschende Lernen rund um das *Lehr-Lern-Labor-Seminar* vorbereiten und mit der sonstigen fachdidaktischen Ausbildung verzahnen. Vor diesem Hintergrund setzt sich ein Dissertationsprojekt u. a. mit folgenden Forschungsfragen auseinander:

(7) Gibt es einen Zusammenhang zwischen den prozessdiagnostischen Fähigkeiten der Studierenden und deren Fähigkeit zu adäquaten Lehrerinterventionen in Gruppenarbeitsprozesse von Schülerinnen und Schülern (vgl. Walz und Roth 2018)?

(8) Gibt es einen Zusammenhang zwischen den prozessdiagnostischen Fähigkeiten der Studierenden und deren Fähigkeit zur Reflexion ihrer Lehrerinterventionen in Gruppenarbeitsprozesse von Schülerinnen und Schülern und der von ihnen selbst erstellten Lernumgebung (vgl. Walz und Roth 2017)?

In allen Dissertationen werden zurzeit die Daten ausgewertet; Ergebnisse sind im Laufe des Jahres 2019 zu erwarten. In allen Studien zeichnet sich ab, dass prozessdiagnostische Fähigkeiten von Studierenden mithilfe der Lernumgebung ViviAn gefördert werden können, und zwar unabhängig vom thematischen Inhalt der in ViviAn bearbeiteten Vignetten.

Ein Grund dafür kann nach Bartel und Roth (vgl. Kap. 19 in diesem Band) sein, dass Studierende im Mittel Interesse an der Arbeit mit ViviAn haben und dieses Interesse mit der Anzahl der bearbeiteten Vignetten nur marginal abnimmt, wobei Studierende, die Videovignetten bearbeitet haben, tendenziell ein etwas höheres Interesse an der Arbeit mit ViviAn haben – und beibehalten – als solche, die Textvignetten in Vivian bearbeitet haben. Auch die wahrgenommene Relevanz der Arbeit mit ViviAn für die spätere Unterrichtspraxis ist sehr hoch und nimmt auch mit der Anzahl der bearbeiteten Vignetten nicht ab, wobei die wahrgenommene Relevanz für die spätere Unterrichtspraxis signifikant größer ist, wenn mit Videovignetten gearbeitet wird. Daneben wird die Arbeit mit Videovignetten in ViviAn von den Studierenden deutlich realitätsnäher eingeschätzt als die Arbeit mit Transkriptvignetten. Zusammengenommen spricht dies dafür, dass Studierende hoch motiviert sind, mit Videovignetten in ViviAn zu arbeiten, weshalb im Regelbetrieb ausschließlich dieser Vignettentyp in ViviAn eingesetzt wird.

Enenkiel und Roth (im Druck) konnten zeigen, dass sich durch das Arbeiten mit ViviAn in allen erhobenen prozessdiagnostischen Teilfähigkeiten deutliche Steigerungen bei den Diagnoseleistungen der Studierenden erreichen lassen. Konkret gilt dies für das Beschreiben von förderrelevanten Beobachtungen, das Deuten dieser Beobachtungen und das Finden von Ursachen für das Auftreten förderrelevanter Situationen sowie das Generieren angemessener Interventionsoptionen.

Nach ersten qualitativen Analysen von Walz und Roth (im Druck) scheint es einen Zusammenhang zwischen den prozessdiagnostischen Fähigkeiten der Studierenden und deren Fähigkeit zu adäquaten Lehrerinterventionen in Gruppenarbeitsprozesse von Schülerinnen und Schülern im Mathematik-Labor „Mathe ist mehr" zu geben. So zeigt sich etwa, dass Studierende mit höheren prozessdiagnostischen Fähigkeiten seltener auf disziplinarische Hilfen zurückgreifen und mehr inhaltliche Hilfen geben als Studierende mit geringeren prozessdiagnostischen Fähigkeiten. Auch Zusammenhänge zwischen den prozessdiagnostischen Fähigkeiten und der Reflexionsfähigkeit der Studierenden zeichnen sich ab. So hat sich in der Studie von Walz und Roth (im Druck) gezeigt, dass Studierende, die höhere prozessdiagnostische Fähigkeiten aufweisen, etwas mehr wichtige Aspekte beim reflektierenden Zurückblicken auf ihre Handlungen und Erfahrungen im Mathematik-Labor benennen und mehr alternative Handlungsmöglichkeiten identifizieren können.

Die ersten Sichtungen der Daten deuten darauf hin, dass es erfolgversprechend ist, mit dem hier vorgestellten Konzept der Vernetzung mathematikdidaktischer Ausbildungsanteile mithilfe der Lernumgebung ViviAn zu arbeiten und die fachdidaktischen Studienanteile im Sinne des vernetzten Forschenden Lernens auf das Ziel eines Lehr-Lern-Labor-Seminars am Ende des Studiums hin auszurichten. Die noch ausstehenden Detailanalysen werden zeigen, an welchen Stellschrauben noch gearbeitet werden muss, um eine weitere Verbesserung bezüglich des Erreichens der Ausbildungsziele zu realisieren.

Literatur

Bartel, M.-E., & Roth, J. (2017a). Diagnostische Kompetenz von Lehramtsstudierenden fördern. Das Videotool ViviAn. In J. Leuders, T. Leuders, S. Prediger & S. Ruwisch (Hrsg.), *Mit Heterogenität im Mathematikunterricht umgehen lernen. Konzepte und Perspektiven für eine zentrale Anforderung an die Lehrerbildung* (S. 43–52). Wiesbaden: Springer.

Bartel, M.-E., & Roth, J. (2017b). Vignetten zur Diagnose und Unterstützung von Begriffsbildungsprozessen. In U. Kortenkamp & A. Kuzle (Hrsg.), *Beiträge zum Mathematikunterricht 2017* (S. 1347–1350). Münster: WTM.

Enenkiel, P., & Roth, J. Der Einfluss von Feedback auf die Entwicklung diagnostischer Fähigkeiten von Mathematiklehramtsstudierenden. In S. Krauss (Hrsg.), *Beiträge zum Mathematikunterricht 2019*. Münster: WTM. in Druck.

Enenkiel, P., & Roth, J. (2017). Diagnosekompetenz mit Videovignetten fördern – Der Einfluss von Feedback. In U. Kortenkamp & A. Kuzle (Hrsg.), *Beiträge zum Mathematikunterricht 2017* (S. 1351–1354). Münster: WTM.

Enenkiel, P., & Roth, J. (2018). Diagnostische Fähigkeiten von Lehramtsstudierenden mithilfe von Videovignetten fördern – Der Einfluss von Feedback. In Fachgruppe Didaktik der Mathematik der Universität Paderborn (Hrsg.), *Beiträge zum Mathematikunterricht 2018* (S. 513–516). Münster: WTM.

Hofmann, R., & Roth, J. (2017). Fähigkeiten und Schwierigkeiten im Umgang mit Funktionsgraphen erkennen – Diagnostische Fähigkeiten von Lehramtsstudierenden fördern. In U. Kortenkamp & A. Kuzle (Hrsg.), *Beiträge zum Mathematikunterricht 2017* (S. 445–448). Münster: WTM.

Roth, J. (2013a). Vernetzen als durchgängiges Prinzip – Das Mathematik-Labor „Mathe ist mehr". In A. S. Steinweg (Hrsg.), *Mathematik vernetzt*. Reihe „Mathematikdidaktik Grundschule", (Bd. 3, S. 65–80). Bamberg: University of Bamberg Press.

Roth, J. (2013b). Mathematik-Labor „Mathe ist mehr" – Forschendes Lernen im Schülerlabor mit dem Mathematikunterricht vernetzen. *Der Mathematikunterricht, 59*(5), 12–20.

Roth, J. (2017). Videovignetten zur Analyse von Unterrichtsprozessen – Ein Entwicklungs-, Forschungs- und Lehrprogramm. In U. Kortenkamp & A. Kuzle (Hrsg.), *Beiträge zum Mathematikunterricht 2017* (S. 1277–1280). Münster: WTM.

Roth, J. (2018). Wirksamer Mathematikunterricht – Ausrichtung an Kernideen der mathematischen Inhalte und den Lernenden. In M. Vogel (Hrsg.), *Wirksamer Mathematikunterricht* (S. 182–188). Hohengehren: Schneider.

Roth, J., & Lengnink, K. (2018). Videoeinsatz im Rahmen von Lehr-Lern-Laboren – AK Lehr-Lern-Labore Mathematik. In Fachgruppe Didaktik der Mathematik der Universität Paderborn (Hrsg.), *Beiträge zum Mathematikunterricht 2018* (S. 2127–2130). Münster: WTM-Verlag.

Roth, J., & Weigand, H.-G. (2014). Forschendes Lernen – Eine Annäherung an wissenschaftliches Arbeiten. *Mathematik lehren, 184*, 2–9.

Roth, J., Schumacher, S., & Sitter, K. (2016). (Erarbeitungs-)Protokolle als Katalysatoren für Lernprozesse. In M. Grassmann & R. Möller (Hrsg.), *Kinder herausfordern – Eine Festschrift für Renate Rasch* (S. 194–210). Hildesheim: Franzbecker.

Vollrath, H.-J., & Roth, J. (2012). *Grundlagen des Mathematikunterrichts in der Sekundarstufe*. Heidelberg: Spektrum.

Walz, M., & Roth, J. Interventionen in Schülergruppenarbeitsprozesse und Reflexion von Studierenden – Einfluss diagnostischer Fähigkeiten. In S. Krauss (Hrsg.), *Beiträge zum Mathematikunterricht 2019*. Münster: WTM. in Druck.

Walz, M., & Roth, J. (2017). Professionelle Kompetenzen angehender Lehrkräfte erfassen – Zusammenhänge zwischen Diagnose-, Handlungs- und Reflexionskompetenz. In U. Kortenkamp & A. Kuzle (Hrsg.), *Beiträge zum Mathematikunterricht 2017* (S. 1367–1370). Münster: WTM.

Walz, M., & Roth, J. (2018). Die Auswirkung der prozessdiagnostischen Kompetenz von Studierenden auf deren Interventionen in Gruppenarbeitsprozesse von Schülerinnen und Schülern. In Fachgruppe Didaktik der Mathematik der Universität Paderborn (Hrsg.), *Beiträge zum Mathematikunterricht 2018* (S. 1915–1918). Münster: WTM.

Die Kieler Forschungswerkstatt – ein Lehr-Lern-Labor mit Fokus auf aktuelle Forschungsthemen

6

Irene Neumann (iD), Stefan Sorge (iD), Knut Neumann (iD), Ilka Parchmann und Julia Schwanewedel (iD)

Inhaltsverzeichnis

Abstract

An der Christian-Albrechts-Universität Kiel (CAU) wurde im Rahmen des Entwicklungsverbunds „Schülerlabore als Lehr-Lern-Labore" der Deutsche Tele-

I. Neumann (✉)
Didaktik der Mathematik & Didaktik der Physik, IPN - Leibniz-Institut für die Pädagogik der Naturwissenschaften und Mathematik
Kiel, Deutschland
E-Mail: ineumann@ipn.uni-kiel.de

S. Sorge · K. Neumann
Didaktik der Physik, IPN - Leibniz-Institut für die Pädagogik der Naturwissenschaften und Mathematik
Kiel, Deutschland
E-Mail: sorge@ipn.uni-kiel.de

K. Neumann
E-Mail: neumann@ipn.uni-kiel.de

I. Parchmann
Didaktik der Chemie, IPN - Leibniz-Institut für die Pädagogik der Naturwissenschaften und Mathematik
Kiel, Deutschland
E-Mail: parchmann@ipn.uni-kiel.de

J. Schwanewedel
Sachunterrichtsdidaktik, Humboldt-Universität zu Berlin
Berlin, Deutschland
E-Mail: julia.schwanewedel@hu-berlin.de

© Springer-Verlag GmbH Deutschland, ein Teil von Springer Nature 2020
B. Priemer und J. Roth (Hrsg.), *Lehr-Lern-Labore*,
https://doi.org/10.1007/978-3-662-58913-7_6

kom Stiftung ein Seminar für Masterstudierende konzipiert und implementiert. Es ist fachübergreifend für Lehramtsstudierende der Biologie, Chemie und Physik angelegt und bezieht die „Kieler Forschungswerkstatt" als Schülerlabor ein, dessen Besonderheit die Orientierung an aktuellen Forschungs- und Entwicklungsprojekten der CAU Kiel ist. Der vorliegende Beitrag gibt Einblick in das Angebot der Kieler Forschungswerkstatt sowie die Konzeption des Masterseminars. Darüber hinaus werden Erfahrungen aus sieben Semestern und die sich daraus ergebenden Weiterentwicklungen des Seminarangebots beschrieben.

6.1 Einleitung

Um lernförderliche Lernumgebungen und qualitativ hochwertigen Unterricht zu gestalten, müssen Lehrpersonen auf entsprechende professionelle Kompetenzen zurückgreifen (Kunter et al. 2013). Im Studium erwerben angehende Lehrpersonen dazu vor allem (theoretisches) Professionswissen (Kleickmann et al. 2013) – d. h. Fachwissen, fachdidaktisches Wissen und pädagogisches Wissen –, während im Referendariat der Fokus auf der Anwendung des Professionswissens in der Unterrichtspraxis liegt. Diese Zweiteilung der Lehrpersonenbildung führt nicht selten zum sogenannten „Praxisschock" beim Eintritt in die Berufspraxis (Hoppe-Graff et al. 2008) und zu einem Rückgriff auf Lehrmethoden aus der eigenen Zeit als Schülerin oder Schüler (Grossman 1990; Lortie 1975). Lehrpersonen haben demnach Probleme, ihr im Studium erworbenes Wissen in der konkreten Unterrichtssituation zu aktivieren – das Wissen bleibt „träge" (Renkl 1996, 2015). Um das Professionswissen und das Lehrpersonenhandeln in konkreten Handlungssituationen gleichermaßen bereits während der universitären Phase der Lehrpersonenbildung zu fördern, sind neben der Vermittlung von Theorie verstärkt Demonstrations- und Praxiselemente notwendig (Hattie 2009). Im Rahmen des Verbunds „Schülerlabore als Lehr-Lern-Labore" wurde daher an der Christian-Albrechts-Universität Kiel (CAU) ein fachübergreifendes Seminarangebot im Masterstudienplan für Biologie-, Chemie- und Physiklehramtsstudierende verankert, das explizit theoretische und handlungsorientierte Aspekte der Lehramtsausbildung miteinander verknüpft. Darin wird den Studierenden die Möglichkeit gegeben, ihr fachliches, fachdidaktisches und pädagogisches Wissen an Stationen im Schülerlabor der CAU „Kieler Forschungswerkstatt" im konkreten Umgang mit Schülerinnen und Schülern anzuwenden, zu vertiefen und zu reflektieren.

6.2 Die Kieler Forschungswerkstatt

Das Schülerlabor „Kieler Forschungswerkstatt" (KiFo, http://www.forschungs-werkstatt.de/) wurde 2012 an der CAU eröffnet. Es wird kooperativ von der CAU und dem Leibniz-Institut für die Pädagogik der Naturwissenschaften und Mathematik (IPN) sowie der Stadt Kiel, regionalen Unternehmen und Institutionen und dem Ministerium für Bildung, Wissenschaft und Kultur getragen. Dies spiegelt

sich auch in den Angeboten der KiFo wider, die Forschungs- und Entwicklungs-
schwerpunkte der CAU und der Region Kiel aufgreifen. In enger Zusammenarbeit
zwischen Fachwissenschaftlerinnen und Fachwissenschaftlern einerseits und Fach-
didaktikerinnen und Fachdidaktikern andererseits werden diese Schwerpunkte für
die Zielgruppen der Schülerinnen und Schüler und der breiten Öffentlichkeit didaktisch rekonstruiert und entsprechende Materialien entwickelt. Die Angebote
sind in sogenannten Laboren organisiert. Beispielsweise werden im *ozean:labor*
Lernstationen angeboten, die Themen des Exzellenzclusters „Ozean der Zukunft"
aufgreifen. Das *klick!:labor* entstand im Rahmen der Öffentlichkeitsarbeit im Son-
derforschungsbereich 677 „Funktion durch Schalten" und das *energie:labor* aus
einer Kooperation der Stadtwerke Kiel mit der CAU und dem IPN (einen Überblick
bieten z. B. Itzek-Greulich et al. 2016).

6.2.1   Konzeption und Ziele

Die Lernstationen in den Laboren sind modular konzipiert und können der Zielgruppe entsprechend zusammengestellt werden. Die Schulklassen besuchen ihr ausgewähltes Labor in den Räumen der Kieler Forschungswerkstatt direkt auf dem
Campus der CAU in der Regel für einen Tag. Ergänzend zu dieser Breitenförderung
werden die Angebote auch zur Förderung besonders begabter und interessierter
Schülerinnen und Schüler genutzt, beispielweise im Rahmen von Nachmittags-
AGs. Die Lernstationen können aber auch als Outreach-Aktivitäten im Rahmen
von Ausstellungen der breiten Öffentlichkeit zugänglich gemacht werden. Diese
modulare Konzeption ermöglicht es, die folgenden übergeordneten Ziele der Kieler
Forschungswerkstatt zu verfolgen:

(1) Vermittlung von Einblicken in die Wissenschaft,
(2) Interessen- und Talentförderung,
(3) Darstellung von Forschung und Entwicklung in der Öffentlichkeit sowie
(4) Weiterentwicklung einer forschungsbasierten Lehrpersonenbildung.

Je nach Zielgruppe werden Lernstationen und Lern- bzw. Ausstellungsmateria-
lien ausgewählt. So kann ein Angebot für ein breites Spektrum von Zielgruppen
gemacht werden.

6.2.2   Lehrpersonenbildung in der Kieler Forschungswerkstatt

Mit Blick auf die Nutzung der Kieler Forschungswerkstatt als Lehr-Lern-Labor in
der Ausbildung zukünftiger Biologie-, Chemie- und Physiklehrpersonen ist insbesondere die Anbindung an die aktuelle Forschung und Entwicklung hervorzuheben.
Die Angebote sind – wie die Forschungs- und Entwicklungsvorhaben, an denen sie
sich orientieren, selbst auch – interdisziplinär angelegt. So werden beispielsweise
im *ozean:labor* biologische (z. B. Bestimmungsübungen von Plankton), chemische

(z. B. Versauerung) oder physikalische Aspekte (z. B. Wellen) angesprochen. Die Lehramtsstudierenden erhalten damit nicht nur Einblicke in innovative Kontexte für die Inhalte ihres zukünftigen Lehrfaches, ihnen wird auch die Möglichkeit gegeben, Erfahrungen in fachübergreifenden Lehr-Lern-Situationen zu sammeln. Darüber hinaus geht die Orientierung an aktuellen Forschungs- und Entwicklungsprojekten mit der Einbindung moderner Forschungsmethoden einher, sodass die Lehramtsstudierenden auch darauf vorbereitet werden, Fragen, Herangehensweisen und Methoden aktueller Forschung in ihrem zukünftigen Unterricht zu thematisieren.

6.3   Das Konzept der Lehrveranstaltung im Lehramtsstudium

Die Nutzung der Kieler Forschungswerkstatt als Lernort für zukünftige Lehrerinnen und Lehrer basiert auf der Idee des sogenannten Microteaching: „Microteaching typically involves student-teachers conducting (mini-)lessons to a small group of students (often in a laboratory setting) and then engaging in post-discussions about the lessons" (Hattie 2009, S. 112). Mit derartigen Unterrichtsminiaturen werden für angehende Lehrpersonen im Vergleich mit der tatsächlichen Unterrichtssituation komplexitätsreduzierte Lehr-Lern-Arrangements geschaffen, die eine Fokussierung auf bestimmte Aspekte des Lehrverhaltens ermöglichen. Auch wenn die Effekte von Microteaching-Lerngelegenheiten nicht eindeutig beforscht sind, können sie die Sicherheit im Umgang mit Schülerinnen und Schülern stärken und spezifisches Lehrverhalten gezielt fördern (Klinzing 2002). In diesem Sinne bilden wiederholte Interaktionen zwischen Lehramtsstudierenden und Kleingruppen von Schülerinnen und Schülern an den Lernstationen der Kieler Forschungswerkstatt das Kernstück des Kieler Masterseminars, das im Rahmen des Verbunds „Schülerlabore als Lehr-Lern-Labore" initiiert wurde.

6.3.1   Komplexitätsreduzierte Lerngelegenheiten: Drei Fokusse

Zur Schaffung eines komplexitätsreduzierten Microteaching-Settings wird neben der Reduktion der Gruppengröße der Schülerinnen und Schüler und einer zeitlichen Beschränkung (20 bis 40 min) eine gezielte Fokussierung der Lerngelegenheit vorgenommen (siehe Abb. 6.1). So fokussieren die Studierenden im Rahmen des Microteachings

(1) auf *eine* Station in *einem* Labor der Kieler Forschungswerkstatt sowie
(2) auf *einen* fachdidaktischen Schwerpunkt, unter dem sie die Lehr-Lern-Situation betrachten,
(3) und nehmen dabei im Laufe verschiedener Betreuungstermine unterschiedliche Blickwinkel ein.

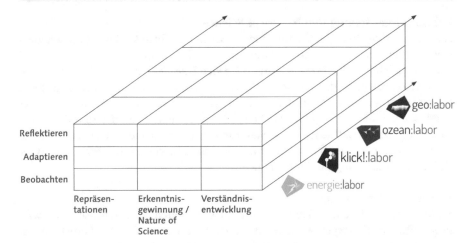

Abb. 6.1 Fokusse der Microteaching-Lerngelegenheiten: Labor der Kieler Forschungswerkstatt, fachdidaktischer Schwerpunkt, Phase des Laborbesuchs

Dadurch sind die Microteaching-Lerngelegenheiten im Vergleich zum regulären Unterrichten in ihrer Komplexität deutlich reduziert, was eine gezielte Verknüpfung der drei Fokusse ermöglicht.

6.3.2   Fachdidaktische Schwerpunkte

Der Fokus auf die fachdidaktischen Schwerpunkte gibt den Lehramtsstudierenden die Gelegenheit, ihr theoretisches Wissen, das sie im Laufe ihres Bachelor- und Masterstudiums bereits erworben haben, mit konkreten Anwendungssituationen zu verknüpfen. Die Schwerpunkte – Repräsentationen, Erkenntnisgewinnung/Nature of Science, Verständnisentwicklung – sind dabei so gewählt, dass sie in allen drei naturwissenschaftlichen Fächern von zentraler Bedeutung sind.

Repräsentationen
Der Umgang mit multiplen fachspezifischen Repräsentationen (z. B. Fachtexten, Tabellen, Diagrammen und Schemazeichnungen) kann als integraler Teil fachspezifischer Kommunikationskompetenz verstanden werden, denn ohne fachspezifische Repräsentationsformen sind naturwissenschaftliche Ideen und Gedanken nur eingeschränkt zu verarbeiten, zu formulieren und zu kommunizieren (Krey und Schwanewedel 2018; Kozma und Russell 2005; Lemke 2004; Yore und Hand 2010). An den Stationen der Kieler Forschungswerkstatt werden die Schülerinnen und Schüler in vielfältiger Weise darin gefördert, Informationen aus fachspezifischen Repräsentationen zu erschließen sowie unterschiedliche Repräsentationen zu interpretieren, zu konstruieren und zu transformieren (z. B. im Rahmen der Dokumentation von Daten aus eigenen Experimenten).

Erkenntnisgewinnung und Nature of Science

Auch wenn sich Biologie, Chemie und Physik in einzelnen konkreten Forschungsmethoden unterscheiden, sind die Grundzüge der Erkenntnisgewinnung in den drei Fächern gleich. In allen drei Fächern finden sich Beispiele, die die Wesenszüge der Naturwissenschaften, die Nature of Science, verdeutlichen (vgl. Lederman 2007; Lederman et al. 2014). Den Stationen der Kieler Forschungswerkstatt sind diese Wesenszüge inhärent. So geben sie beispielsweise Anlass, darüber zu reflektieren, dass naturwissenschaftliches Wissen auf Empirie basiert und dass Daten noch keine Evidenz sind, oder sie illustrieren, wie Wissenschaftlerinnen und Wissenschaftler als Team an einer Fragestellung arbeiten.

Verständnisentwicklung

Schülerinnen und Schüler beim Aufbau eines vertieften Verständnisses naturwissenschaftlicher Konzepte zu unterstützen, ist ein zentrales Ziel der Lernstationen. Die Verständnisentwicklung von Schülerinnen und Schülern sollte dabei von zwei zentralen Ausgangspunkten gedacht werden: einem Zielverständnis durch Vorgaben der Domäne und einem Anfangsverständnis der Schülerinnen und Schüler (Duncan und Hmelo-Silver 2009). Damit der Entwicklungsprozess vom Anfangsverständnis zum Zielverständnis unterstützt wird, spielen der gezielte Einsatz von Fragestellungen und die Förderung einer produktiven Diskussionskultur eine zentrale Rolle (z. B. Starauscheck 2006). So kann beispielsweise durch eine symmetrische Kommunikation das Vorwissen durch die Alltagssprache der Schülerinnen und Schüler erfahren werden und durch eine gemeinsame Aushandlung in Fachsprache überführt und damit dem Zielverständnis nähergebracht werden.

6.3.3 Semesterplan

Das Seminar wird für Biologie-, Chemie- und Physiklehramtsstudierende angeboten und ist in allen drei naturwissenschaftlichen Fächern fest in der Lehramtsausbildung verankert. Im Rahmen des Seminars werden in einer Einführungsveranstaltung zunächst die Ziele und Wirkungen außerschulischer Lernorte thematisiert, und die Studierenden werden in die Konzeption und das Angebot der Kieler Forschungswerkstatt als Schülerlabor eingeführt (siehe Abb. 6.2). In den folgenden Seminarsitzungen wird das Wissen der Studierenden zu den gewählten fachdidaktischen Schwerpunkten reaktiviert und auf konkrete Lehr-Lern-Situationen in der Kieler Forschungswerkstatt angewandt. So diskutieren die Studierenden beispielsweise anhand ausgewählter fachdidaktischer Literatur Merkmale produktiver Gesprächsführung als Mittel zur Unterstützung einer Verständnisentwicklung und vertiefen ihre Überlegungen anhand von Unterrichtsvideos. In einer weiteren Sitzung werden die konkreten Ablaufpläne der Stationen der Kieler Forschungswerkstatt dann systematisch analysiert und Ideen für eine produktive Gesprächsführung mit den Schülerinnen und Schülern an den jeweiligen Stationen entwickelt. In Bezug auf den Umgang mit fachspezifischen Repräsentationen konkretisieren die Studierenden z. B., welche Schritte Schülerinnen und Schüler bei der Konstruktion von Lini-

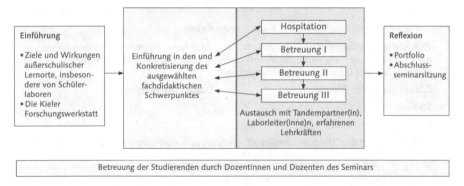

Abb. 6.2   Zeitlicher Ablauf des Masterseminars

endiagrammen aus eigenen Daten durchlaufen und wie dies gezielt durch Aufgaben unterstützt werden kann. Im weiteren Verlauf arbeiten die Studierenden vor Ort in der Kieler Forschungswerkstatt an einer von ihnen ausgewählten Station, bei der sie die Interaktion mit den Schülerinnen und Schülern unter Berücksichtigung des fachdidaktischen Fokus und der gewählten Laborbesuchsphase analysieren. Dabei erhalten die Studierenden zunächst an einem ersten Hospitationstermin die Möglichkeit, die Laborleiterinnen und -leiter bei der Betreuung von Kleingruppen von Schülerinnen und Schülern zu beobachten und erste Reflexionen anzustellen. An drei weiteren Terminen betreuen die Lehramtsstudierenden selbst die Kleingruppen an der Station in einem Lehr-Tandem gemeinsam mit einer Kommilitonin bzw. einem Kommilitonen. Die Erfahrungen aus den Betreuungssituationen werden dann mit Labormitarbeiterinnen und -mitarbeitern oder einer erfahrenen Lehrperson sowie dem Tandempartner oder der -partnerin besprochen. Dabei kommt ein sogenanntes Reflexionsprotokoll zum Einsatz, in dem die Studierenden ihre Erfahrungen aus den einzelnen Terminen festhalten und daraus Konsequenzen für die jeweiligen Folgetermine ableiten. Der Zyklus aus Betreuung, Reflexion und Schlussfolgerung wird daraufhin wiederholt. Den Abschluss des Seminars bildet eine Portfolioarbeit, in der die Studierenden ihre Erfahrungen zusammenfassen und insbesondere ihre Anpassungen, die sie auf der Grundlage ihrer Interaktionen mit den Kleingruppen vorgenommen haben, vor dem Hintergrund des gewählten fachdidaktischen Schwerpunkt diskutieren sollen.

6.3.4   Reflexionsprotokoll

Die im Seminar eingesetzten Reflexionsprotokolle basieren auf einem Reflexionsinstrument von Gess-Newsome et al. (2017), das für konkrete Unterrichtssituationen verschiedene Aspekte des fachdidaktischen Wissens von Lehrpersonen benennt. Dieses Instrument wurde ins Deutsche übersetzt und für die besonderen Gegebenheiten im Lehr-Lern-Labor adaptiert (Abb. 6.3). Die Studierenden notieren ihre Erfahrungen nach jedem Betreuungstermin elektronisch, beispielsweise in Bezug

Reflexionsprotokoll

Reflektieren Sie Ihre eigene Betreuung in der Kieler Forschungswerkstatt und leiten Sie mögliche Folgerungen für Ihr Vorgehen beim nächsten Betreuungstermin ab. Nutzen Sie dazu die unten stehenden Fragen!

Datum der Durchführung: Datum der Reflexion:

Station:

Betreute Klassenstufe:

1. Welche zentralen Themen wurden an der Station thematisiert? Begründen Sie, welche Bedeutungen diese Themen für die Schülerinnen und Schüler hatten (z.B. durch Lehrplan, Basiskonzepte, Vorerfahrungen)!
   Leiten Sie mögliche Folgen für den nächsten Betreuungstermin ab (z.B. Anknüpfen an Vorerfahrungen, Vorwissen aus Schule etc.)!

2. Welche Probleme und Fehlvorstellungen konnten Sie bei den Schülerinnen und Schülern feststellen? Wie wurde damit von Ihnen und/oder den Schülerinnen und Schülern umgegangen? Leiten Sie mögliche Folgen für den nächsten Betreuungstermin ab (z.B. alternative Erklärungsansätze, Änderungen im Ablauf etc.)!

3. Was haben die Schülerinnen und Schüler im Laufe der Station gelernt? Wie konnten Sie dies feststellen?
   Leiten Sie mögliche Folgen für den nächsten Betreuungstermin ab (z.B. weitere Lernziele oder Fragestellungen zur Sicherung etc.)!

4. Welche Vorteile hatte der gewählte Stationsablauf? Welche Probleme sind Ihnen bei der Interaktion mit den Schülerinnen und Schülern aufgefallen?
   Leiten Sie mögliche Folgen für den nächsten Betreuungstermin ab (z.B. weitere Unterstützungsmaßnahmen oder mehr Zurückhaltung etc.)!

Abb. 6.3 Reflexionsprotokoll zum Einsatz in Lehr-Lern-Laboren. (Sorge et al. 2018)

auf das Vorwissen der Schülerinnen und Schüler, beobachtete Lernschwierigkeiten oder Stärken und Schwächen des gewählten Vorgehens in der Kieler Forschungswerkstatt. So können sie jeweils auf ihre Erfahrungen aus den vorherigen Terminen Bezug nehmen und mithilfe unterschiedlicher Schriftfarben neue Reflexionen ergänzen, alte Gedanken anpassen oder sogar verwerfen (Abb. 6.4; siehe auch Sorge et al. 2018).

4. Welche Vorteile hatte der gewählte Stationsablauf?
   Welche Probleme sind Ihnen bei der Interaktion mit den Schüler/innen aufgefallen?
   Leiten Sie mögliche Folgen für den nächsten Betreuungstermin ab
   (z.B. weitere Unterstützungsmaßnahmen oder mehr Zurückhaltung etc.)!

Nach dem ersten Betreuungstermin:

„Die Abschlussbesprechung (Stuhlkreis) hat einen guten Eindruck über die Vorstellung der Schüler*innen gegeben, den man ohne nicht hätte erzielen können. Für die weiteren drei Termine werden eine Einstiegs- und die Abschlussphase ausgebaut und problematisiert (Stichwort: Bauer Lausen). Damit wird sich ein Roter Faden durch die Arbeitsphase ziehen und die Schüler*innen erkennen eine von uns vorgegebene Struktur wieder. Eine Struktur macht schon Sinn, da wir auch diese Kompetenz bei den Schüler*innen fördern wollen. Bezüglich der Rückmeldungen seitens der Betreuer werden wir gezielt zur Mitte der Arbeitsphase nach dem Stand der Dinge fragen und Ideen, die nächsten Arbeitsschritte und mögliche Ergebnisse erfragen und verstärkend kommentieren. Das wird den Effekt des Lobes und der Anerkennung haben, der für eine motivierte Grundstimmung sorgen soll. Organisatorische Aspekte wie den Aufbau der Stationen werden an der Problematisierung angepasst und erweitert."*

Nach dem zweiten Betreuungstermin:

„Die Abschlussbesprechung (Stuhlkreis) hat einen guten Eindruck über die Vorstellung der Schüler*innen gegeben. Für die weiteren zwei Termine werden eine Einstiegs- und die Abschlussphase ausgebaut und problematisiert (Stichwort: Bauer Lausen und Rüben-Ökogramm bspw.). Damit wird sich ein Roter Faden durch die Arbeitsphase ziehen und die Schüler*innen erkennen eine von uns vorgegebene Struktur wieder. Eine Struktur macht schon Sinn, da wir auch diese Kompetenz bei den Schüler*innen fördern wollen. Seitens der Betreuer scheint eine sprachliche Genauigkeit wichtig zu sein, sodass wir selber aber auch die Schüler*innen auffordern wollen, exakte Termini zu verwenden. Zwar wird dieser Ansatz für sprachliche Schwierigkeiten aufgrund von ungewohnten oder neuartigen Gebrauch der Fachtermini sorgen, das angenehme Lernklima wird aber hier, so denken wir, Abhilfe schaffen."*

Nach dem dritten Betreuungstermin:

„Die Abschlussbesprechung (Stuhlkreis) hat einen guten Eindruck über die Vorstellung der Schüler*innen gegeben, den man ohne nicht hätte erzielen können. Für den weiteren Termin werden eine Einstiegs- und die Abschlussphase ausgebaut und problematisiert (Stichwort: Bauer Lausen und Rüben-Ökogramm bspw.). Damit wird sich ein Roter Faden durch die Arbeitsphase ziehen und die Schüler*innen erkennen eine von uns vorgegebene Struktur wieder. Eine Struktur macht schon Sinn, da wir auch diese Kompetenz bei den Schüler*innen fördern wollen. Aufgrund einer Hospitation einer KiFo-Mitarbeiterin ist es uns möglich, eine noch detailliertere Reflexion anzugehen. Der Einstieg sollte eine sehr klare Problematisierung enthalten, wie „Herr Lausen möchte von uns erfahren, welche Bodenart wir ihm für einen ertragreichen Rübenanbau empfehlen würden." Es sollten mehr, auch eher eine Kritik an mir, Impulsfragen nach gewisser Bearbeitungszeit gestellt werden. Damit erhalte ich eine Schülerrückmeldung über die Ergebnisse als auch ggf. Fragen oder Unklarheiten bei der Bearbeitung. Meistens haben sich die Schüler*innen gegenseitig versucht, die Unklarheiten zu beantworten. Hier könnte ich einsteigen und fragen „Woran knobelt ihr gerade?" oder „Woran hängt ihr euch auf?" Weiter können in der Abschlussbesprechung die Antwortvorschläge der Schüler*innen erst gesammelt und dann zusammengeführt werden. Für ein noch besseres Verständnis für die Versuchsstationen macht es durchaus Sinn, den Grund für genau diese Versuche zu nennen. Die Schüler*innen haben genau das gefragt."*

Abb. 6.4 Nicht redigierte Beispielantworten einer bzw. eines Studierenden im Reflexionsbogen an drei aufeinanderfolgenden Betreuungsterminen an der Station „Bodenprobe" im geo:labor

6.4 Erfahrungen aus dem Masterseminar und Empfehlungen

Das oben skizzierte Masterseminar wird an der Christian-Albrechts-Universität Kiel seit dem Wintersemester 2014/2015 zweimal pro Jahr angeboten. Seitdem wurde das Seminar sukzessive weiterentwickelt. Im Folgenden werden die Erfahrungen aus diesen Durchgängen erläutert und die vorgenommenen Anpassungen skizziert.

6.4.1 Organisatorische Herausforderungen

Die Nutzung der Kieler Forschungswerkstatt als Ort für die Lehramtsausbildung war mit einigen organisatorischen Herausforderungen verbunden. Um Hospitations- und Betreuungstermine mit Schulklassen, die das Schülerlabor besuchten, wahrnehmen zu können, waren die Studierenden darauf angewiesen, dass einerseits das entsprechende Labor in genau dem Semester, in dem sie das Seminar besuchten, von einer ausreichenden Anzahl von Schulklassen gebucht wurde. Andererseits mussten gerade zu den angebotenen Terminen auch Freiräume im Stundenplan der Studierenden vorhanden sein. Dies führte dazu, dass die Studierenden in einigen Fällen in ihrer Wahl des Labors bzw. der Lernstation eingeschränkt waren. Es kam außerdem auch vor, dass Studierende dieselbe Lernstation mit Lernenden unterschiedlicher Altersgruppen durchführten (z. B. einmal mit Klasse 8, einmal mit Klasse 12). Dies erhöhte zwar die Komplexität der Betreuungsaufgabe, gab den Studierenden aber auch die Möglichkeit, denselben Inhalt auf unterschiedlichen Niveaus didaktischer Reduktion zu unterrichten. Darüber hinaus erforderte die Betreuung im Schülerlabor eine gewisse zeitliche Flexibilität der Studierenden, mussten sie doch für die Hospitation und Betreuung in der Kieler Forschungswerkstatt etwa sechs bis sieben Stunden an insgesamt vier Tagen im Semester einplanen, was teilweise zu Kollisionen mit anderen Lehrveranstaltungen führte. Mit Blick auf eine reibungslose Durchführung der Schülerlaborbesuche und auf eine adäquate Betreuung der Studierenden durch Mitarbeiterinnen und Mitarbeiter des Schülerlabors oder erfahrene Lehrpersonen musste schließlich darauf geachtet werden, dass nicht zu viele Studierende im selben Labor bzw. in denselben Schulklassen eingesetzt wurden. Insbesondere in Semestern mit hohen Studierendenzahlen ergaben sich aus diesen Rahmenbedingungen Einschränkungen. Diese konnten dadurch etwas aufgefangen werden, dass einige Studierende beispielsweise in der vorlesungsfreien Zeit die Termine im Schülerlabor wahrnahmen oder die an die Kieler Forschungswerkstatt angedockten Angebote für ihre Praxisphasen nutzten (z. B. Betreuung von Schülerinnen und Schülern an ihren Schulen, die den Bayer-Leibniz-Forschungsexpress gebucht hatten, Betreuung im Rahmen des Talentförderungsprogramms „Nachmittagsforscher" oder Betreuung von Lernstationen, die im Rahmen öffentlicher Ausstellungen eingesetzt wurden).

6.4.2 Komplexität

In den ersten Seminardurchgängen wurden den Studierenden sehr viele Freiheiten in der Ausgestaltung ihrer Seminaraktivitäten gelassen. So durften sie das Labor bzw. die Station, den fachdidaktischen Schwerpunkt und die fokussierte Laborbesuchsphase selbst auswählen. Auch die Arbeitsaufträge waren zunächst teilweise sehr breit angelegt; z. B. konnten die Studierenden ganze Laborstationen weiterentwickeln oder neu entwickeln oder (umfangreiche) Materialien für die Vor- oder Nachbereitung erstellen. Durch diese Freiheiten wurden die Problemstellungen, mit denen die Studierenden umgehen mussten, sehr komplex. Mit der interdisziplinären und an aktueller Forschung orientierten Konzeption der Lernstationen in der Kieler Forschungswerkstatt geht außerdem ein hoher fachwissenschaftlicher Anspruch einher, der die Studierenden teilweise vor weitere Herausforderungen stellte. Durch die Komplexität und die fachlichen Herausforderungen rückte das Augenmerk der Studierenden oft von der eigentlichen Idee des Seminars, der Theorie-Praxis-Verknüpfung in realen Lehr-Lern-Interaktionen, ab. Statt eines komplexitätsreduzierten Microteaching-Settings waren die Studierenden mit anderen Problemen der Komplexität konfrontiert.

In der Folge wurde daher die Komplexität der Problemsituationen für die Studierenden gezielt eingeschränkt. Für einen Seminardurchgang wurde der fachdidaktische Schwerpunkt von den Dozentinnen und Dozenten festgelegt und wechselte turnusmäßig in den Folgesemestern. In den ersten Seminarsitzungen wurden außerdem gezielt Übungen eingeführt, die die Betrachtung und Weiterentwicklung konkreter Laborstationen bzw. -materialien aus der Perspektive dieses gewählten Schwerpunktes verdeutlichten. Dabei wurde insbesondere auch illustriert, dass sich die Veränderungen eher auf begrenzte Aspekte der Lehr-Lern-Situation beziehen sollten als auf groß angelegte Weiterentwicklungen ganzer Stationen. So sollte beispielsweise eine Grafik, die in der Lernstation genutzt wird, ausgetauscht oder angepasst werden (z. B. durch Veränderung der Legende oder eine andere grafische Darstellung), oder die eingesetzten Impulse im Gespräch mit den Schülerinnen und Schülern sollten variiert werden. Diese Anpassungen verbesserten einerseits die Beobachtbarkeit von konkreten Veränderungen im Lernprozess und ermöglichten andererseits einen intensiveren Austausch unter den Studierenden über die fachdidaktischen Schwerpunkte und die beobachteten Veränderungen. Durch den Einsatz mehrerer Studierender im selben Labor bzw. an derselben Lernstation wurde außerdem der Austausch über Verständnisprobleme mit den adressierten Fachinhalten gefördert.

6.4.3 Reflexion

Einhergehend mit den vielen Aspekten, die bei der Betreuung von Lernstationen und der Betrachtung bzw. Anpassung unter der Perspektive der fachdidaktischen Schwerpunkte zu beachten waren, zeigten sich in den ersten Seminardurchgängen auch Probleme der Studierenden im Hinblick auf die geforderte Reflexion ihrer Erfahrungen in den Lehr-Lern-Prozessen. Die Einführung der Reflexionsprotokolle führte dazu, dass die Studierenden ihr eigenes Verhalten anhand einiger weniger, sehr konkreter Fragestellungen reflektieren konnten. Durch den konstanten Einsatz nach jedem Betreuungstermin und durch den Rückgriff auf die Erfahrungen vorangegangener Betreuungstermine konnte den Studierenden so ihr eigenes Lernen und die Weiterentwicklung ihrer professionellen Kompetenzen sichtbar gemacht werden (siehe auch Kap. 18).

Darüber hinaus wurden Tandems eingeführt, die ein Peer Coaching unter den Studierenden befördern sollten. Dazu wurden zwei, in Ausnahmefällen drei Studierende an derselben Lernstation eingesetzt. Im Wechsel führte eine Studentin bzw. ein Student die Betreuung selbst durch bzw. beobachtete die Kommilitonin bzw. den Kommilitonen in der Interaktion mit den Schülerinnen und Schülern und machte anhand des Reflexionsprotokolls Notizen zur Interaktion. Dies ermöglichte die Reflexion aus einer Außen- und einer Innenperspektive (siehe Kap. 18).

6.5   Fazit

Durch die Förderung der Deutsche Telekom Stiftung und die Unterstützung im Entwicklungsverbund „Schülerlabore als Lehr-Lern-Labore" war es möglich, an der CAU Kiel ein fächerübergreifendes Masterseminar in der Kieler Forschungswerkstatt zu implementieren. Dieses Seminar erlaubt es Studierenden der Biologie, Chemie und Physik, neben klassischen Schulpraktika bereits in der ersten Phase der Lehrpersonenbildung ihr erworbenes fachdidaktisches Wissen in komplexitätsreduzierten Lehr-Lern-Situationen anzuwenden und zu reflektieren. Im Laufe der wiederholten Durchführung des Seminars zeigte sich, dass neben einer strukturellen Komplexitätsreduzierung (geringe Gruppengröße, kurzer zeitlicher Rahmen, die Arbeit in Lehr-Tandems) durchaus Elemente hoher Komplexität auftraten, wenn beispielsweise fachlich anspruchsvolle Inhalte umfangreich fachdidaktisch überarbeitet werden sollten. Durch eine sukzessive Weiterentwicklung des Seminars und den Austausch im Entwicklungsverbund „Schülerlabore als Lehr-Lern-Labore" konnten diese Probleme weiter abgebaut werden. Die Lehrveranstaltung leistet damit einen wichtigen Beitrag für die Vorbereitung der angehenden Lehrpersonen auf ihre spätere berufliche Praxis und bildet eine Brücke, um theoretische Inhalte mit konkreten Lehr-Situationen zu verknüpfen.

Literatur

Duncan, R. G., & Hmelo-Silver, C. E. (2009). Learning progressions: aligning curriculum, instruction, and assessment. *Journal of Research in Science Teaching, 46*(6), 606–609.
Gess-Newsome, J., Taylor, J. A., Carlson, J., Gardner, A. L., Wilson, C. D., & Stuhlsatz, M. A. M. (2017). Teacher pedagogical content knowledge, practice, and student achievement. *International Journal of Science Education.* https://doi.org/10.1080/09500693.2016.1265158.
Grossman, P. L. (1990). *The making of a teacher. Teacher knowledge and teacher education.* New York: Teacher College Press.

Hattie, J. A. C. (2009). *Visible learning. A synthesis of over 800 Metaanalyses relating to achievement*. London: Routledge.

Hoppe-Graff, S., Schroeter, R., & Flagmeyer, D. (2008). Universitäre Lehrerausbildung auf dem Prüfstand: Wie beurteilen Referendare das Theorie-Praxis-Problem? *Empirische Pädagogik, 22*(3), 353–381.

Itzek-Greulich, H., Blankenburg, J. S., & Schwarzer, S. (2016). Möglichkeiten und Wirkungen von Schülerlaboren – Vor- und Nachbereitung als Verknüpfung von Schülerlaborbesuchen und Schulunterricht. *LeLa magazin, 14*, 5–7.

Kleickmann, T., Richter, D., Kunter, M., Elsner, J., Besser, M., Krauss, S., & Baumert, J. (2013). Teachers' content knowledge and pedagogical content knowledge: the role of structural differences in teacher education. *Journal of Teacher Education, 64*(1), 90–106.

Klinzing, H. G. (2002). Wie effektiv ist Microteaching? Ein Überblick über fünfunddreißig Jahre Forschung. *Zeitschrift für Pädagogik, 48*(2), 194–214.

Kozma, R., & Russell, J. (2005). Students becoming chemists: developing representational competence. In J. K. Gilbert (Hrsg.), *Visualizations in science education* (S. 121–146). Dordrecht: Springer.

Krey, O., & Schwanewedel, J. (2018). Lernen mit externen Repräsentationen. In D. Krüger, I. Parchmann & H. Schecker (Hrsg.), *Theorien in der naturwissenschaftsdidaktischen Forschung* (S. 159–175). Berlin: Springer.

Kunter, M., Klusmann, U., Baumert, J., Richter, D., Voss, T., & Hachfeld, A. (2013). Professional competences of teachers: effects on instructional quality and student development. *Journal of Educational Psychology, 105*(3), 805–820.

Lederman, N. G. (2007). Nature of science: past, present, and future. In S. K. Abell & N. G. Lederman (Hrsg.), *Handbook of research on science education* (S. 831–879). Mahwah: Erlbaum.

Lederman, J. S., Lederman, N. G., Bartos, S. A., Bartels, S. L., Meyer, A. A., & Schwartz, R. S. (2014). Meaningful assessment of learners' understandings about scientific inquiry – the views about scientific inquiry (VASI) questionnaire. *Journal of Research in Science Teaching, 51*(1), 65–83.

Lemke, J. L. (2004). The literacies of science. In E. W. Saul (Hrsg.), *Crossing borders in literacy and science instruction: perspectives on theory and practice* (S. 33–47). Arlington: International Reading Association.

Lortie, D. C. (1975). *Schoolteacher: a sociological study*. Chicago: University of Chicago Press.

Renkl, A. (1996). Träges Wissen: Wenn Erlerntes nicht genutzt wird. *Psychologische Rundschau, 47*(2), 78–92.

Renkl, A. (2015). Wissenserwerb. In E. Wild & J. Möller (Hrsg.), *Pädagogische Psychologie* (S. 3–24). Berlin: Springer.

Sorge, S., Neumann, I., Neumann, K., Parchmann, I., & Schwanewedel, J. (2018). Was ist denn da passiert? Ein Protokollbogen zur Reflexion von Praxisphasen im Lehr-Lern-Labor. *MNU Journal, 71*(6), 420–426.

Starauscheck, E. (2006). Zur Rolle der Sprache beim Lernen von Physik. In H. F. Mikelskis (Hrsg.), *Physik-Didaktik. Praxishandbuch für die Sekundarstufe I und II* (S. 183–196). Berlin: Cornelsen.

Yore, L. D., & Hand, B. (2010). Epilogue: plotting a research agenda for multiple representations, multiple modality, and multimodal representational competency. *Research in Science Education, 40*, 93–101. https://doi.org/10.1007/s11165-009-9160-y.

Forschendes Lernen im zyklischen Prozess – Entwicklung eines neuen Lehr-Lern-Formats im Studienfach Sachunterricht

7

Hilde Köster, Tobias Mehrtens, Martin Brämer und Jan Steger

Inhaltsverzeichnis

Abstract

Im Rahmen des durch die Deutsche Telekom Stiftung geförderten Projekts „Schülerlabore als Lehr-Lern-Labore" ist an der Freien Universität Berlin im Arbeitsbereich Sachunterricht ein Lehr-Lern-Format für Studierende des Bachelorstudiengangs Grundschulpädagogik entwickelt worden, das auf eine stärkere Theorie-Praxis-Vernetzung sowie auf die Entwicklung entsprechender Reflexionskompetenzen fokussiert und auf der Leitperspektive „Forschendes Lernen im zyklischen Prozess" (Nordmeier et al. 2014) basiert. Die theoretische Rahmung des Formats „Lehr-Lern-Labor" bildet einerseits das Modell des Professionswissens nach Shulman (1986) sowie andererseits der Ansatz des Inquiry Based Science Learning. Die Entwicklung des Lehr-Lern-Labor-Formats folgt dem Ansatz des Design-Based Research. Dieser Beitrag beschreibt die theoretischen und praktischen Rahmenbedingungen für die Umsetzung des in der Studien-

H. Köster (✉) · T. Mehrtens · M. Brämer · J. Steger
Didaktik des Sachunterrichts, Freie Universität Berlin
Berlin, Deutschland
E-Mail: hilde.koester@fu-berlin.de

T. Mehrtens
E-Mail: t.mehrtens@fu-berlin.de

M. Brämer
E-Mail: martin.braemer@fu-berlin.de

J. Steger
E-Mail: steger@zedat.fu-berlin.de

© Springer-Verlag GmbH Deutschland, ein Teil von Springer Nature 2020
B. Priemer und J. Roth (Hrsg.), *Lehr-Lern-Labore*,
https://doi.org/10.1007/978-3-662-58913-7_7

ordnung inzwischen als Pflichtveranstaltung verankerten Lehr-Lern-Formats für das Fach Sachunterricht mit naturwissenschaftlichem Schwerpunkt.

7.1 Theoretische Rahmung

Lehramtsstudierende konstatieren nach wie vor einen mangelnden Praxisbezug im Studium (Rehfeldt et al. 2018; Oelkers 1998, 2001, 2009) sowie eine fehlende Vernetzung von Theorie und Praxis: Böttcher und Blasberg (2015) stellen aufgrund einer Studie mit 767 Lehramtsstudierenden fest, dass sich 38 % der Studierenden eine bessere Verknüpfung von Theorie und Praxis im Studium wünschen und 21 % mehr Berufsbezug und schulrelevantere Inhalte. Gleichzeitig ist zu beobachten, dass im Studium erworbene Wissensbestände oft „träge" bleiben (Renkl 1996; Gruber und Renkl 2000) und sich damit in der Praxis nicht handlungsleitend auswirken. Berufsanfänger und -anfängerinnen greifen oft eher auf Erfahrungen mit Unterrichtsstilen aus der eigenen Schulzeit zurück als auf im Studium erworbene Kompetenzen (vgl. Hascher 2014; Blömeke et al. 2014). Daher fordert auch der Wissenschaftsrat (2001, S. 41): „Hochschulausbildung soll die Haltung Forschenden Lernens einüben, um die zukünftigen Lehrer zu befähigen, ihr Theoriewissen für die Analyse und Gestaltung des Berufsfeldes nutzbar zu machen und auf diese Weise ihre Lehrtätigkeit nicht wissenschaftsfern, sondern in einer forschenden Grundhaltung auszuüben."

Dem Format *Lehr-Lern-Labor* (LLL) liegt daher an der Freien Universität Berlin (wie auch an vielen anderen Standorten) das Prozessmodell des „Forschenden Lernens im zyklischen Prozess" (Nordmeier et al. 2014) zugrunde. Es umfasst neben dem Planen und Konstruieren einer Lernumgebung die praktische Erprobung, die theoriegeleitete Beobachtung von Schülerinnen und Schülern sowie die Reflexion und Evaluation der geschaffenen Lerngelegenheiten und des eigenen Lernens. Ein erweitertes Modell bildet darüber hinaus die in den einzelnen Phasen schwerpunktmäßig zu erwerbenden Kompetenzfacetten *Wissen, Erkennen, Beurteilen, Generieren, Entscheiden* und *Implementieren* ab (Abb. 7.1, vgl. Rehfeldt et al. 2018).

Das hier beschriebene LLL-Format weicht zwar etwas von diesem Modell ab, da es sich nicht um ein Schülerlaborangebot handelt, sondern Kinder in eine Seminarveranstaltung eingeladen werden und zudem in diesem LLL auch die fachlichen, naturwissenschaftlichen Grundlagen gelegt werden müssen; die wesentlichen Bestandteile des Modells treffen jedoch auch auf das hier beschriebene LLL zu.

Entsprechend dem theoretischen Rahmenmodell des Professionswissens nach Shulman (1986) werden im LLL die drei Facetten professionellen Wissens von Lehrpersonen, *Fachwissen* (CK), *fachdidaktisches Wissen* (PCK) und *pädagogisches Wissen* (PK) berücksichtigt. Angelehnt an diese Reihenfolge können im hier vorgestellten LLL drei Ebenen unterschieden werden, die jeweils schwerpunktmäßig auf den Erwerb von Fachwissen und Methodenkompetenz, fachdidaktischem Wissen und pädagogischem Wissen ausgerichtet sind:

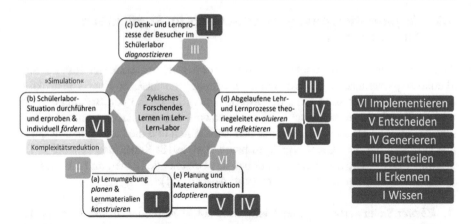

Abb. 7.1   Konzeptionsmodell: Lehr-Lern-Labore als Lernorte Forschenden Lernens im zyklischen Prozess. (Rehfeldt et al. 2018)

(1) **CK** (Fachwissen): als eigenes Forschendes Lernen an einem physikalischen/ naturwissenschaftlichen Phänomen und einer diesbezüglichen selbst gewählten Fragestellung – im Sinne des IBSL auf dem Level des Open Inquiry (vgl. Köster und Galow 2014; Banchi und Bell 2008),

(2) **PCK** (fachdidaktisches Wissen): als Entwicklungsforschung hinsichtlich der Planung, Gestaltung und Optimierung einer Lernumgebung für Grundschulkinder und

(3) **PK** (pädagogisches Wissen): als Unterrichtsforschung während der Beobachtung von Grundschulkindern im Prozess der (zweimaligen) Erprobung der Lernumgebungen in komplexitätsreduzierten Lehr-Lern-Labor-Settings.

Die eigenen Lernprozesse und das Handeln in den Erprobungsphasen sowie die Aktivitäten der Kinder werden jeweils durch Reflexionsphasen (nach Abels 2011) gerahmt. Die Entwicklung der Lernumgebung durch die Studierenden ist am *Design-Based-Research*-Ansatz (DBR; vgl. Reinmann 2014) orientiert. Der DBR-Ansatz bezieht sich hierbei vor allem auf die „Entwicklung und Forschung … in kontinuierlichen Zyklen von Gestaltung, Durchführung, Analyse und Re-Design" (ebd., S. 62). Das „Design" (ebd.) nimmt dabei angesichts der theoriegeleiteten und reflektierten Erstellung und Überarbeitung von Lernarrangements für Grundschulkinder innerhalb des LLL einen zentralen Stellenwert ein.

Die Konzeption und die praktische Umsetzung des Lehr-Lern-Labors folgen dem Leitbild des Forschenden Lernens (siehe oben), das darauf abzielt, dass die Studierenden alle Phasen eines Forschungsprozesses, wie beispielsweise die Formulierung einer Forschungsfrage, die Entwicklung eines methodischen Designs, die Umsetzung sowie die Diskussion der Ergebnisse, möglichst authentisch selbst vollziehen können (vgl. Reitinger 2013; Höttecke 2013). In Anlehnung an den Ansatz der Praxisforschung (Fichten und Meyer 2014) sollen die Studierenden dabei während der Erforschung ihrer eigenen Praxiserprobungen pädagogisches Wissen reflektiert vertiefen.

7.2 Organisation des Lehr-Lern-Labors im Studienfach Sachunterricht

Die LLL-Seminare sind im Bachelorstudium im 4. bis 6. Semester fest im Studienkonzept verankert. Die Studierenden arbeiten im LLL in einer konstruktiv-unterstützenden Lernumgebung (Lernwerkstatt; vgl. Kap. 2.3 von Brüning et al. in diesem Band), die forscherisches Handeln sowohl bezogen auf geeignete Medien und Materialien als auch bezogen auf den Zeitrahmen und die Unterstützung durch die Dozierenden ermöglicht (vgl. Weißhaupt et al. 2018; Kelkel und Peschel 2018; Reitinger 2016). Die Studierenden erleben das Forschende Lernen im LLL im Fach Sachunterricht dabei auf drei Ebenen (vgl. Abschn. 7.1):

1. *Ebene:* Sie erwerben eigenes Fachwissen sowie Methodenkompetenz hinsichtlich eines lehrplanrelevanten naturwissenschaftlichen Themas (z. B. Elektrizitätslehre, Magnetismus, Mechanik, Optik, Stoffe und ihre Eigenschaften u. a.). Ausgehend von einer selbst gewählten Fragestellung befassen sie sich in Gruppen zu drei bis vier Personen zunächst einige Wochen lang mit einem von ihnen gewählten Themengebiet, einer eigenen Fragestellung und/oder einem naturwissenschaftlichen Phänomen.
2. *Ebene:* Die Studierenden erwerben fachdidaktisches Wissen (insbesondere zum Forschenden Lernen) über das Literaturstudium, Vorträge der Dozierenden sowie Beispiele (z. B. in Form von Videovignetten). In einer nun folgenden Phase entwickeln die Studierenden aufgrund ihrer gewonnenen Kenntnisse und Kompetenzen eine dem eigenen gewählten Themengebiet entsprechende Lernumgebung für Grundschulkinder, die den Kindern Forschendes Lernen im Sinne des *Inquiry Based Science Learning* (IBSL, vgl. Köster und Galow 2014; Labudde und Börlin 2013) als „open inquiry" (vgl. Banchi und Bell 2008) ermöglichen soll.
3. *Ebene:* An zwei Terminen gegen Ende des Semesters werden, mit einer zwischengeschalteten Reflexionsphase, Praxiserprobungen mit Grundschulklassen durchgeführt, die in die Universität eingeladen werden. Die Beurteilung der selbst entwickelten und erprobten Lernumgebung findet vor dem Hintergrund der Theorie und mit Unterstützung der Dozierenden statt, und ggf. werden Alternativen generiert.

Da es sich für viele Studierende um die erste unterrichtliche Erfahrung handelt, kann davon ausgegangen werden, dass sie ein gleichzeitiges analytisches Beobachten der Lernprozesse der Kinder in Bezug auf das Forschende Lernen und ein Begleiten der Kinder bei ihren Forschungsvorhaben überfordern würde. Im Sinne einer Komplexitätsreduzierung (Rehfeldt et al. 2018) teilen sich die Studierenden in den Praxiserprobungsphasen deshalb innerhalb ihrer Arbeitsgruppen jeweils in „Lehrende" und „Beobachtende" auf. Die Beobachtenden konzentrieren sich insbesondere darauf, zu dokumentieren, inwiefern das Lernangebot die Kinder zum

Forschenden Lernen anregt. Die entstandenen Dokumentationen (kriteriengeleitete Beobachtungsnotizen, eigene Fotos) dienen als Grundlage für die darauffolgenden Analysen und Reflexionen. Nach der letzten Praxiserprobung findet nochmals eine Reflexionsphase statt, die neben der Auswertung der Beobachtungen und einer darauf bezogenen theoriegeleiteten Analyse der Lernarrangements auch die eigenen Lernprozesse der Studierenden, affektive, emotionale Aspekte, die Rolle der eigenen Einstellungen („beliefs") sowie das Seminarkonzept insgesamt betrifft. In einem begleitend geführten Portfolio zum Seminar werden das erworbene fach- und fachdidaktische Wissen sowie das pädagogische Wissen, die gesammelten Erfahrungen und die Reflexionen jeweils individuell vertieft.

Das Lehr-Lern-Labor Sachunterricht lässt sich aus Sicht der zu gestaltenden Lehre inhaltlich also in mehrere Teilaspekte untergliedern, die im Verlauf des Semesters acht Lehrveranstaltungen à vier Semesterwochenstunden (SWS) sowie dem zu erbringenden „workload" außerhalb der Präsenzzeit entsprechen. Es hat sich gezeigt, dass vierstündige Seminare sich im Hinblick auf alle Bestandteile wesentlich besser eignen als zweistündige. Da das Seminar einen Umfang von zwei SWS hat, ergeben sich daraus acht Seminarveranstaltungen pro Semester (Tab. 7.1).

Tab. 7.1 Prototypische Seminarplanung des LLL Sachunterricht (mit acht Seminarveranstaltungen à vier SWS)

Seminar-veranstaltung	Seminarinhalt
1 bis 3	Fachbezogenes Forschendes Lernen in einem physikalischen Themenbereich/an einem Phänomen; Lesen und Reflektieren von Texten zur Didaktik und zum Ansatz des Forschenden Lernens
4	Beschäftigung mit theoretischen und empirischen Grundlagen zum naturwissenschaftsbezogenen Lernen und zur Sachunterrichtsdidaktik, schwerpunktmäßig zum Ansatz des Forschenden Lernens
5	Planung und Gestaltung einer Lernumgebung für Grundschulkinder aufgrund des im Seminar erworbenen fachlichen und fachdidaktischen Wissens unter Einbezug im Studium erworbenen pädagogischen Wissens
6	Erster Praxistest zur Evaluation der Lernumgebung in Hinblick auf die Kriterien des Forschenden Lernens unter Beobachtung der Denk- und Lernprozesse der Kinder (90 min)
7	Kriteriengeleitete Reflexion der Lernprozesse der Kinder in Hinblick auf gelingendes Forschendes Lernen sowie Reflexion der eigenen Rolle als Lernbegleiter bzw. Lernbegleiterin; ggf. theoriegeleitete und auf den Analysen und Reflexionen basierende Überarbeitung/Optimierung der Lernumgebung
8	Zweiter Praxistest zur Evaluation der Lernumgebung im Hinblick auf die Kriterien des Forschenden Lernens unter Beobachtung der Denk- und Lernprozesse der Kinder (90 min) und abschließende theoriegeleitete Reflexion der Lehr-Lern-Prozesse der Kinder, insbesondere in Hinblick auf das Gelingen des Forschenden Lernens; Reflexion der eigenen Lernprozesse, der eigenen Einstellungen („beliefs") sowie des Seminarkonzepts

7.3 Evaluation der LLL: Fragestellungen, Forschungsdesign und Stichprobe

Im Rahmen der wissenschaftlichen Begleitstudien zum LLL wird den folgenden zentralen Fragestellungen nachgegangen:

F1: Inwieweit sind die Studierenden in der Lage eigenständig forschend an einem selbst gewählten naturwissenschaftsbezogenen Phänomen oder Themenfeld zu lernen und sich dabei relevantes Fachwissen anzueignen? **(CK)**

F2: Wie beeinflusst das LLL das physikalische (Fähigkeits-)Selbstkonzept der Studierenden? **(CK)**

F3: Gelingt es den Studierenden durch die Transformation des Gelernten auf eine zu gestaltende und ggf. zu optimierende Lernumgebung, fachdidaktische Kompetenzen, insbesondere im Hinblick auf das Forschende Lernen, zu erwerben und anzuwenden? **(PCK)**

F4: Erwerben die Studierenden durch die Beobachtung der Aktivitäten von Kindern in der Lernumgebung pädagogische sowie Reflexionskompetenzen, auch bezüglich des eigenen Lernens? **(PK)**

F5: Wie schätzen die Studierenden die Praxisrelevanz des LLL im Verhältnis zum bisherigen Studium ein? **(PCK/PK)**

Um das Fachwissen der Studierenden in den Lernprozessen an eigenen Forschungsprojekten zu naturwissenschaftlichen Phänomenen zu erfassen (F1), fertigen die Studierenden vor Beginn und zum Ende des eigenen Forschungsprozesses jeweils eine Concept Map des offenen Typs an (Pre-Post-Design; vgl. Graf 2014). Der Einsatz von Concept Maps als Diagnose- und Forschungsinstrument wird seit Langem als geeignete Methode zur Erfassung individueller Wissensstrukturen sowie ihrer Veränderung im Laufe des Wissenserwerbs angesehen (vgl. Stracke 2004). Für die Auswertung wird die qualitative Analyse nach Kinchin et al. (2000) angewandt, die auch eine Untersuchung der Qualität der Wissensstrukturen ermöglicht (ebd.; Stracke 2004). Demnach entsprechen zunehmend integrierte und hierarchische Strukturen in den Concept Maps einem tieferen Verständnis sowie einer komplexeren Betrachtungsweise des jeweiligen Konzepts (vgl. Kinchin et al. 2000).

Parallel zum Verlauf des LLL erstellen die Studierenden Portfolios (siehe oben), die die Darstellung des Forschungsprozesses der Studierenden (F1), die didaktische Begründung für sowie die Beschreibung der konzipierten Lernumgebung (F3), die didaktisch begründete Überarbeitung dieser Lernumgebung sowie ein Reflexionsessay (Ziegelbauer et al. 2013) umfassen (F4) (Köster et al. 2018, S. 524). Anhand der Portfolios werden die Entwicklung der fachlichen und fachdidaktischen Kompetenzen bezüglich des IBSL sowie die Ausprägung der Stufen der Reflexionsfähigkeit (nach Abels 2011) erfasst. Die Auswertung der Portfolios erfolgt mithilfe der qualitativen Inhaltsanalyse nach Kuckartz (2016).

Um das Vorgehen der Studierenden in ihren Projekten zu beobachten (F1, F3), wird ergänzend über die Dauer des gesamten LLL eine teilnehmende Beobachtung (vgl. Lüders 2003) durchgeführt.

Das physikalische Fähigkeitsselbstkonzept (F2) und die Einschätzung der Studierenden bezüglich der Praxisrelevanz des LLL im Vergleich zu ihrem bisherigen Studium (F5; vgl. Klempin et al. 2018b) werden in einem Pre-Post-Design erhoben. Der Begriff „Selbstkonzept" (Pajares 1996; Simon und Trötschel 2007) bezeichnet „eine mentale Repräsentation des Selbst, die die eigenen Erfahrungen mit Kohärenz und Sinn erfüllt, einschließlich der sozialen Beziehungen zu anderen Menschen" (Rabe et al. 2012). Im Vergleich zur Selbstwirksamkeitserwartung (SWE) fehlt hierbei die Komponente der zu überwindenden widerständigen Problematik (Schmitz und Schwarzer 2000). Zudem gilt das Selbstkonzept zwar als domänen-, nicht aber als aufgabenspezifisch. Folglich bildet es im Gegensatz zur SWE eine globalere Einschätzung des Könnens ab und wird globaler formuliert (Pajares 1996).

Zusätzlich wird in den LLL im Fach Sachunterricht und weiteren LLL an der Freien Universität Berlin im Rahmen des QLB-Projekts *K2teach* die Selbstwirksamkeitserwartung per Pre-Inter-Post-Verfahren (Klempin et al. 2018a; vgl. Ulrich und Massinger 1980) erhoben. Die Selbstwirksamkeitserwartung bezieht sich auf typische Handlungsfelder und Anforderungen des Lehrpersonenberufs, wie z. B. die allgemeine berufliche Leistung, berufsbezogene soziale Interaktionen, innovatives Handeln oder den Umgang mit Berufsstress (Schmitz und Schwarzer 1999). (Die Ergebnisse zur SWE werden in Klempin et al. 2018a dargestellt.)

Im Untersuchungszeitraum nahmen an sechs LLL insgesamt 180 Studierende im 3. bzw. 5. Fachsemester des Bachelorstudiengangs Grundschulpädagogik an der Freien Universität Berlin im Fach Sachunterricht teil. Drei LLL fanden im Wintersemester 2016/17 und drei im Sommersemester 2017 statt. Erste Untersuchungsergebnisse und Erfahrungen aus dem ersten Durchgang flossen bereits in den zweiten Durchgang zur Optimierung des Seminarkonzepts im Sinne einer formativen Evaluation ein (siehe Abschn. 7.4). An den Erprobungen der Lernumgebungen in den LLL nahmen insgesamt ca. 280 Schülerinnen und Schüler teil.

7.4　Forschungsergebnisse

7.4.1　Teilstudie: Forschendes Lernen an einem naturwissenschaftlichen Phänomen und Aneignung von Fachwissen (F1)

Die Auswertung von zwölf Concept Maps entsprechend der Strukturanalyse nach Kinchin et al. (2000) zeigte bereits eine deutliche Veränderung: von radial angeordneten Speichenstrukturen und vermeintlich hierarchisch organisierten Kettenstrukturen über Mischformen (bei anhaltend geringer Integration) in der ersten Concept Map vor Beginn des LLL hin zu stärker integrierten und hierarchisierten bzw. eher netzartigen Strukturen in der zweiten Concept Map zum Ende des LLL. Aufgrund der morphologischen Ähnlichkeit aller weiteren Concept Maps wurde auf eine vollumfängliche Analyse aller Concept Maps verzichtet, da die deutlichen strukturellen Veränderungen in allen Concept Maps bereits auf eine Zunahme und eine besse-

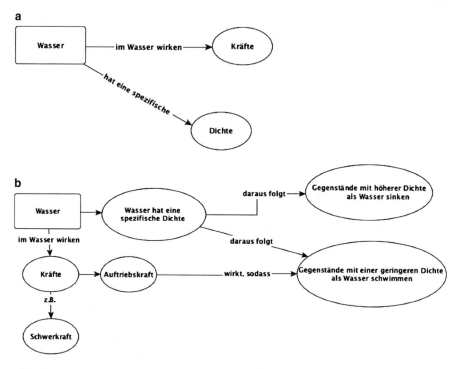

Abb. 7.2 Concept Maps mit Speichenstruktur (**a**) und mit Netzstruktur (**b**)

re Vernetztheit des Fachwissens bei den Studierenden schließen ließen (vgl. ebd.). Abb. 7.2 zeigt zwei Beispiele von Concept Maps einer Probandin aus einem LLL.

Die Auswertung der Portfolios mithilfe der qualitativen Inhaltsanalyse nach Kuckartz (2016) zeigt, dass vor Beginn des LLL überwiegend deklarative Fachwissensanteile (wie etwa die Reproduktion gelesener Informationen) enthalten sind und nach Beendigung des LLL eine deutliche Zunahme methodischer Anteile (Aufstellen von Hypothesen, Selektion von Variablen und Beschreibung des Vorgehens bei Problemlösung) zu verzeichnen ist (Köster et al. 2018). Im Hinblick auf den (exemplarischen) Erwerb von Fach- und Methodenwissen scheint das LLL-Format daher grundsätzlich wirksam zu sein. Aus den Portfolios geht jedoch hervor, dass einige Studierende im ersten Durchgang für die Formulierung einer eigenen Forschungsfrage recht viel Zeit benötigten (bis zu drei Semesterwochen). Auch der Zugang zu den im ersten Durchgang gewählten Forschungsfeldern dauerte mitunter recht lange, da die Studierenden teilweise zunächst nur geringe Eigenaktivität zeigten, obwohl sie in der Lernwerkstatt, in der die Seminare stattfinden, vielfältige Anregungen und Materialien vorfanden.

Da die Zeitspanne für eine effektive Aneignung des Fachwissens dadurch teilweise stark eingeschränkt war, wurde für den zweiten Durchgang eine Optimierung des LLL vorgenommen, indem die Auswahl möglicher Themenfelder reduziert wurde und zu diesen Themenfeldern bereits zu Beginn des LLL umfangreiches

Material und vielfältige Medien auf Tischen zur Verfügung gestellt wurden. So konnten die Studierenden nun direkt mit Explorationen und der Entwicklung von Forschungsfragen beginnen (ebd.). Die Erfahrungen im zweiten Durchgang zeigen, dass diese Optimierung den Einstieg stark beschleunigte und so deutlich mehr Zeit für das Forschende Lernen an den Fachinhalten zur Verfügung stand. Ein Überblick über die erstellten Portfolios zeigt bereits, dass im Vergleich zum ersten Durchgang differenziertere Concept Maps erstellt wurden.

7.4.2 Teilstudie 2: Physikalisches (Fähigkeits-)Selbstkonzept (F2)

Die Ergebnisse der teilnehmenden Beobachtung gaben Hinweise auf ein geringes Fähigkeitsselbstkonzept mancher Studierenden im Hinblick auf physikalische und chemische Inhalte. Ein negatives Selbstkonzept kann laut Köster (2006) u. a. dazu führen, dass die zukünftigen Lehrpersonen eine Vermeidungshaltung entwickeln und diese Inhalte somit nicht in den Unterricht gelangen. Um den eventuellen Einfluss der LLL auf diese Konzepte zu operationalisieren, wurde das Pre-Post-Testinstrument um das entsprechende Konstrukt ergänzt (vgl. Kleickmann 2008; Beispielitem: *Es fällt mir leicht, neue Inhalte aus dem Fach Physik zu verstehen*). Die daraufhin durchgeführte Erhebung des Selbstkonzepts von 65 Studierenden zeigt mittels t-Test einen kleinen, jedoch signifikanten Effekt der LLL-Intervention ($\Delta M = 0{,}21$, $SE = 0{,}16$, $t(64) = 2{,}61$, $p < 0{,}01$**, $d = 0{,}32$, $CI_d = [0{,}03;\ 0{,}67]$; Abb. 7.3).

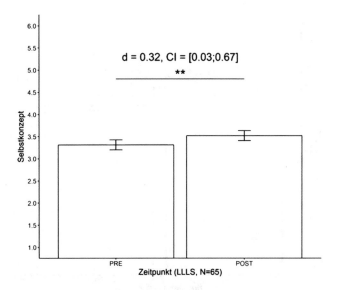

Abb. 7.3 Veränderung des physikbezogenen Selbstkonzepts der Studierenden im LLL

7.4.3 Teilstudien 3 und 4: Transformation des Gelernten, Erwerb fachdidaktischer und pädagogischer Kompetenzen (F3 und F4)

Ein für die weitere Entwicklung des LLL besonders bedeutsames Ergebnis der teilnehmenden Beobachtung in den ersten beiden Durchgängen war, dass es den Studierenden teilweise recht schwer fiel, die Kinder und deren „Forschungsprozesse" während der Erprobung der Lernumgebungen im LLL systematisch und theoriegeleitet zu beobachten. Dies führte zur Entwicklung eines Beobachtungsrasters, das im nächsten LLL-Durchgang im Wintersemester 2018/19 in vier parallelen LLL erstmals eingesetzt, erprobt und formativ evaluiert wurde. Die Auswertung der Portfolios zu diesen Fragestellungen (F3 und F4) ist derzeit noch nicht abgeschlossen.

7.4.4 Teilstudie 5: Praxisrelevanz des LLL im Verhältnis zum bisherigen Studium (F5)

Für den Vergleich der Praxisrelevanz der LLL mit bisherigen Seminaren im Studium wurde die *Wahrnehmung der Relevanz der Seminarinhalte für die Praxis* im LLL per Fragebogen über eine leicht adaptierte Ratingskala nach Prenzel und Drechsel (1996) erfasst (Klempin et al. 2018b). Diese aus insgesamt sieben Indikatoren bestehende Skala enthält z. B. Items zur Relevanz der Inhalte für die Berufspraxis als Lehrpersonen, das Unterrichten oder die Planung des Unterrichts

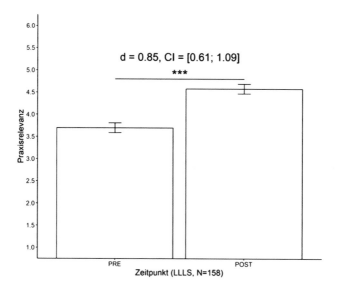

Abb. 7.4 Praxisrelevanz der Inhalte der LLL, kontrastiert mit dem bisherigen Studium

(Beispielitem: *Im Lehr-Lern-Labor-Seminar wurde an Beispielen bzw. Problemen gezeigt, wie wichtig die Seminarinhalte für gutes Unterrichten sind*).

Im Hinblick auf die wahrgenommene Praxisrelevanz der vermittelten Inhalte zeigt sich, dass die Studierenden die Inhalte des LLL im Vergleich zu ihrem bisherigen Studium als relevanter beurteilen (t-Test zeigt mittlere Effektstärke: $\Delta M = 0{,}84$, $SE = 0{,}08$, $t(147) = 10{,}31$, $p < 0{,}001^{***}$, $d = 0{,}85$, $CI_d = [0{,}61;\ 1{,}09]$; Abb. 7.4). Sämtliche quantitativen Analysen wurden hierbei in Rstudio (v. a. lm()-package) gerechnet.

Die gemessene Lehrpersonenselbstwirksamkeitserwartung bei den Studierenden in den bisher durchgeführten LLL blieb über die beiden Praxiserfahrungen hinweg stabil (Klempin et al. 2018a). Klempin et al. (ebd.) ziehen hieraus den Schluss, dass es in der komplexitätsreduzierten Umgebung des LLL nicht zu einem Praxisschock gekommen ist.

Literatur

Abels, S. (2011). *LehrerInnen als „Reflective Practitioner": Reflexionskompetenz für einen demokratieförderlichen Naturwissenschaftsunterricht*. Wiesbaden: Springer VS.

Banchi, H., & Bell, R. (2008). The many levels of inquiry. *Science and Children, 46*(2), 26–29.

Blömeke, S., König, J., Busse, A., Suhl, U., Benthin, J., Döhrmann, M., & Kaiser, G. (2014). Von der Lehrerausbildung in den Beruf – Fachbezogenes Wissen als Voraussetzung für Wahrnehmung, Interpretation und Handeln im Unterricht. *Zeitschrift für Erziehungswissenschaft.* https://doi.org/10.1007/s11618-014-0564-8.

Böttcher, W., & Blasberg, S. (2015). Wie professionell und reformfähig ist die Lehrerinnen- und Lehrerbildung an deutschen Hochschulen? *Beiträge zur Lehrerinnen- und Lehrerbildung, 33*(3), 356–365.

Fichten, W., & Meyer, H. (2014). Skizze einer Theorie forschenden Lernens in der Lehrerbildung. In E. Feyerer, K. Hirschenhauser & K. Soukup-Altrichter (Hrsg.), *Last oder Lust? Forschung und Lehrer_innenbildung*. Münster: Waxmann.

Graf, D. (2014). Concept Mapping als Diagnosewerkzeug. In D. Krüger, I. Parchmann & H. Schecker (Hrsg.), *Methoden in der naturwissenschaftsdidaktischen Forschung* (S. 325–337). Berlin: Springer Spektrum.

Gruber, H., & Renkl, A. (2000). Die Kluft zwischen Wissen und Handeln: Das Problem des trägen Wissens. In G. H. Neuweg (Hrsg.), *Wissen – Können – Profession. Ausgewählte Verhältnisbestimmungen* (S. 155–174). Innsbruck.

Hascher, T. (2014). Forschung zur Wirksamkeit der Lehrerbildung. In E. Terhart, H. Bennewitz & M. Rothland (Hrsg.), *Handbuch der Forschung zum Lehrberuf* 2. Aufl. Münster: Waxmann.

Höttecke, D. (2013). Forschend-entdeckenden Unterricht authentisch gestalten. Ein Problemaufriss. In S. Berholt (Hrsg.), *Gesellschaft für Didaktik der Chemie und Physik (GDCP)*. Tagungsband zur Jahrestagung in Hannover 2012– Inquiry-based Learning – Forschendes Lernen. (S. 32–42). Kiel: IPN.

Kelkel, M., & Peschel, M. (2018). Fachlichkeit in Lernwerkstätten. In M. Peschel & M. Kelkel (Hrsg.), *Fachlichkeit in Lernwerkstätten: Kind und Sache in Lernwerkstätten* (S. 15–34). Bad Heilbrunn: Klinkhardt.

Kinchin, I., Hay, D., & Adams, A. (2000). How a qualitative approach to concept map analysis can be used to aid learning by illustrating patterns of conceptual development. *Educational Research, 42*(1), 43–57.

Kleickmann, T. (2008). *Zusammenhänge fachspezifischer Vorstellungen von Grundschullehrkräften zum Lehren und Lernen mit Fortschritten von Schülerinnen und Schülern im konzeptuellen naturwissenschaftlichen Verständnis.* Münster: Westfälische Wilhelms-Universität. Inaugural-Dissertation

Klempin, C., Rehfeldt, D., Seibert, D., Brämer, M., Köster, H., Lücke, M., Nordmeier, V., & Sambanis, M. (2018a). „Ins kalte Wasser schmeißen", „Hemmschwellen abbauen" oder „Selbstbewusstsein" generieren: Universitäre Lehrpraxis ohne Schock: Das LLLS als selbstwirksamkeitsstiftende und theoriegestützte Praxiserfahrung für angehende Lehrende? *Unterrichtswissenschaft: Zeitschrift für Lernforschung.* eingereicht.

Klempin, C., Rehfeldt, D., Seibert, D., Mehrtens, T., Köster, H., Lücke, M., Nordmeier, V., & Sambanis, M. (2018b). Realizing theory-practice transfer in German teacher education: Tracing preliminary effects of a complexity reduced teacher training format on trainees from four subject domains on students' perception of "self-efficacy" and "relevance of theoretical contents for practice". *Ristal, 2.*

Köster, H. (2006). *Freies Explorieren und Experimentieren: Eine Untersuchung zur selbstbestimmten Gewinnung von Erfahrungen mit physikalischen Phänomenen im Sachunterricht.* Berlin: Logos.

Köster, H., & Galow, P. (2014). Forschendes Lernen initiieren. Hintergründe und Modelle offenen Experimentierens. *Unterricht Physik, 25*(144), 24–26.

Köster, H., Brämer, M., Mehrtens, T., & Steger, J. (2018). Forschendes Lernen im Lehr-Lern-Labor-Entwicklung, Umsetzung und Evaluation. In C. Maurer (Hrsg.), *Qualitätsvoller Chemie- und Physikunterricht – normative und empirische Dimensionen, Gesellschaft für Didaktik der Chemie und Physik (GDCP).* Jahrestagung in Regensburg 2017. (Bd. 38, S. 523–525). Kiel: Institut für die Pädagogik der Naturwissenschaften und Mathematik.

Kuckartz, U. (2016). *Qualitative Inhaltsanalyse: Methoden, Praxis, Computerunterstützung.* Bd. 3. Weinheim: Beltz Juventa.

Labudde, P., & Börlin, J. (2013). Inquiry-Based Learning: Versuch einer Einordnung zwischen Bildungsstandards, Forschungsfeldern und PROFILES. In S. Bernholt (Hrsg.), *Inquiry-based Learning – Forschendes Lernen, Gesellschaft für Didaktik der Chemie und Physik (GDCP).* Jahrestagung in Hannover 2012. (Bd. 33, S. 183–185). Kiel: Institut für die Pädagogik der Naturwissenschaften und Mathematik.

Lüders, C. (2003). Teilnehmende Beobachtung. In R. Bohnsack, W. Marotzki & M. Meuser (Hrsg.), *Hauptbegriffe qualitativer Sozialforschung* (S. 151–153). Wiesbaden: Opladen.

Nordmeier, V., Käpnick, F., Komorek, M., Leuchter, M., Neumann, K., Priemer, B., Risch, B., Roth, J., Schulte, C., Schwanewedel, J., Upmeier zu Belzen, A., & Weusmann, B. (2014). *Schülerlabore als Lehr-Lern-Labore: Forschungsorientierte Verknüpfung von Theorie und Praxis in der MINT-Lehrerbildung.* Unveröffentlichter Projektantrag

Oelkers, J. (1998). Lehrerbildung – ein ungelöstes Problem. *Zeitschrift für Pädagogik, 44*(4), 3–6.

Oelkers, J. (2001). Welche Zukunft hat die Lehrerbildung? *Zeitschrift für Pädagogik, 43,* 151–166.

Oelkers, J. (2009). „*I wanted to be a good teacher …* " *Zur Ausbildung von Lehrkräften in Deutschland.* Berlin: Friedrich-Ebert-Stiftung.

Pajares, F. (1996). Self-efficacy beliefs in academic settings. *Review of Educational Research, 66*(4), 543–578.

Prenzel, M., & Drechsel, B. (1996). Ein Jahr kaufmännische Erstausbildung: Veränderungen in Lernmotivation und Interesse. *Unterrichtswissenschaft, 24*(3), 217–234.

Rabe, T., Meinhardt, C., & Krey, O. (2012). Entwicklung eines Instruments zur Erhebung von Selbstwirksamkeitserwartungen in physikdidaktischen Handlungsfeldern. *Zeitschrift für Didaktik der Naturwissenschaften, 18,* 293–315.

Rehfeldt, D., Seibert, D., Klempin, C., Lücke, M., Sambanis, M., & Nordmeier, V. (2018). Mythos Praxis um jeden Preis? Die Wurzeln und Modellierung des Lehr-Lern-Labors. *Die Hochschullehre. Interdisziplinäre Zeitschrift für Studium und Lehre.* http://www.hochschullehre.org/?p=1068

Reinmann, G. (2014). Welchen Stellenwert hat die Entwicklung im Kontext von Design Based Research? Wie wird Entwicklung zum wissenschaftlichen Akt? In D. Euler & P. Sloane (Hrsg.),

Design Based Research. Zeitschrift für Berufs- und Wirtschaftspädagogik. (S. 63–78). Stuttgart: Steiner.

Reitinger, J. (2013). *Forschendes Lernen: Theorie, Evaluation und Praxis in naturwissenschaftlichen Lernarrangements*. Immenhausen: Prolog.

Reitinger, J. (2016). Die Lern- bzw. Studienwerkstatt als Raum für selbstbestimmtes Forschendes Lernen. In S. Schude, D. Bosse & J. Klusmeyer (Hrsg.), *Studienwerkstätten in der Lehrerbildung. Theoriebasierte Praxislernorte an der Hochschule* (S. 37–53). Wiesbaden: Springer VS.

Renkl, A. (1996). Träges Wissen: Wenn Erlerntes nicht genutzt wird. *Psychologische Rundschau, 47*(2), 78–92.

Schmitz, G. S., & Schwarzer, R. (2000). Selbstwirksamkeitserwartung von Lehrern: Längsschnittbefunde mit einem neuen Instrument. *Zeitschrift für Pädagogische Psychologie, 14*(1), 12–25.

Seufert, S. (2014). Potenziale von Design Based Research aus der Perspektive der Innovationsforschung. In D. Euler & P. Sloane (Hrsg.), *Design Based Research*. Zeitschrift für Berufs- und Wirtschaftspädagogik. (S. 79–112). Stuttgart: Steiner.

Shulman, L. S. (1986). Those who understand: knowledge growth in teaching. *Educational Researcher, 15*(2), 4–14.

Simon, B., & Trötschel, R. (2007). Das Selbst und die soziale Identität. In K. Jonas, W. Stroebe & M. Hewstone (Hrsg.), *Sozialpsychologie* (S. 147–185). Berlin: Springer.

Stracke, I. (2004). *Einsatz computerbasierter Concept Maps zur Wissensdiagnose in der Chemie. Empirische Untersuchungen am Beispiel des chemischen Gleichgewichts*. Münster: Waxmann.

Ulrich, G., & Massinger, P. (1980). Praxisschock, Einstellungswandel und Lehrertraining: Können innovative Orientierungen bei jungen Lehrern stabilisiert werden? *Bildung und Erziehung, 33*(6), 550–577.

Weißhaupt, M., Hildebrandt, E., Hummel, M., Müller-Naendrup, B., Panitz, K., & Schneider, R. (2018). Perspektiven auf das Forschen in Lernwerkstätten. In M. Peschel & M. Kelkel (Hrsg.), *Fachlichkeit in Lernwerkstätten. Kind und Sache in Lernwerkstätten* (S. 187–212). Bad Heilbrunn: Klinkhardt.

Wissenschaftsrat (2001). *Empfehlungen zur zukünftigen Struktur der Lehrerausbildung*. Berlin: Wissenschaftsrat.

Ziegelbauer, S., Ziegelbauer, C., Limprecht, S., & Gläser-Zirkuda, M. (2013). Bedingungen für gelingende Portfolioarbeit in der Lehrerinnen- und Lehrerbildung – empiriebasierte Entwicklung eines adaptiven Portfoliokonzeptes. In B. Koch-Priewe, T. Leonhard, A. Pineker & J. Störtländer (Hrsg.), *Portfolio in der Lehrerbildung: Konzepte und empirische Befunde* (S. 112–121). Bad Heilbrunn: Klinkhardt.

Frühe Praxiserfahrungen in einem Lehr-Lern-Labor

8

Gabriela Ernst, Burkhard Priemer ⓘ und Johannes Schulz

Inhaltsverzeichnis

Abstract

Dieser Beitrag stellt ein Seminarkonzept für das 2. Semester des Bachelorstudiums im Fach Physik vor, bei dem Lehramtsstudierende früh im Studium Unterrichtserfahrungen mit Schülerinnen und Schülern in kurzen Lernsequenzen sammeln. Mit vergleichsweise geringen didaktischen Vorkenntnissen entwickeln rund 30 bis 40 Studierende mit Unterstützung von Dozierenden in Gruppen kleine Lerneinheiten, die sie zunächst untereinander vorstellen und begründen. Unter Berücksichtigung von Rückmeldungen werden die überarbeiteten Lernsettings dann mit einer kleinen Gruppe von Schülerinnen und Schülern erprobt, wobei alle Studierenden einmal sowohl die Rolle der Lehrperson als auch die Rolle des Beobachters einnehmen. Mithilfe einer kriteriengeleiteten Reflexion überarbeiten die Studierenden anschließend die Planung und Durchführung ihrer kleinen Einheit für eine folgende zweite und ggf. auch dritte Erprobung. Die Erfahrungen in der Durchführung dieses Seminars zeigen, dass die Unterrichtserlebnisse und Reflexionen der Studierenden zu einer hohen Bereitschaft und Einsicht füh-

G. Ernst (✉) · B. Priemer · J. Schulz
Didaktik der Physik, Humboldt-Universität zu Berlin
Berlin, Deutschland
E-Mail: ernst@physik.hu-berlin.de

B. Priemer
E-Mail: priemer@physik.hu-berlin.de

J. Schulz
E-Mail: schulzj@physik.hu-berlin.de

© Springer-Verlag GmbH Deutschland, ein Teil von Springer Nature 2020
B. Priemer und J. Roth (Hrsg.), *Lehr-Lern-Labore*,
https://doi.org/10.1007/978-3-662-58913-7_8

ren, sich eingehender mit didaktischen Themen zu beschäftigen. Dieser Beitrag stellt das Seminarkonzept im Detail vor.

8.1 Einleitung

In einigen Studienordnungen für das Lehramt erhalten Studierende erst im Masterstudiengang die Möglichkeit, selbstständig Unterrichtserfahrungen zu sammeln. Dies erfolgt dann in der Regel in mehrwöchigen Praktika bzw. in einem Praxissemester in Schulen unter den dortigen Unterrichtsbedingungen. Das heißt aber, dass Einführungsveranstaltungen in die Fachdidaktiken im Bachelor meist ohne universitäre praktische Schulerfahrungen der Studierenden auskommen müssen. Dadurch besteht die Gefahr, dass Studierende die Relevanz und Anwendbarkeit der dort vermittelten Inhalte nicht erkennen (zur Verknüpfung von Theorie und Praxis siehe z. B. Hedtke 2000).

Um dem zu begegnen, wurde ein zweisemestriges Modul zur Einführung in die Didaktik der Physik geschaffen, das im zweiten Semester mit Lehrerfahrungen von Studierenden im Lehr-Lern-Labor beginnt (zu weiteren Seminarkonzepten siehe z. B. Kap. 18 von Sorge, Neumann, Neumann, Parchmann und Schwanewedel; Kap. 7 von Köster, Mehrtens, Brämer und Steger; Kap. 9 von Lensing, Priemer, Upmeier zu Belzen, Meister und Meister; Kap. 10 von Wogram, Nave und Upmeier zu Belzen). Die Zielsetzung ist dabei, dass die Studierenden eine erste Gelegenheit bekommen,

- die Komplexität und Gelingensbedingungen von Lernprozessen bei Schülerinnen und Schülern einzuschätzen und eigene darauf bezogene Wissens- und Kompetenzlücken zu erkennen,
- Leistungen und Verhalten von Schülerinnen und Schülern zu antizipieren, wahrzunehmen und darauf zu reagieren sowie
- das eigene Lehrverhalten und das von Kommilitoninnen und Kommilitonen angemessen zu reflektieren und konstruktiv auszuwerten.

Die Begegnung mit der Praxis im Lehr-Lern-Labor ist Ausgangspunkt für eine eher theoretische Auseinandersetzung mit der Fachdidaktik im Folgesemester. Der Konzeption liegt die Annahme zugrunde, dass Praxiserfahrungen dabei helfen, die Relevanz der eher theoretischen Behandlung in einer Vorlesung mit Übung zu erkennen.

Maßgeblich für die Konzeption des zweisemestrigen Moduls ist, dass zum Seminarbeginn eine Überforderung der Studierenden, resultierend aus deren recht geringen pädagogischen und didaktischen Vorerfahrungen und Eingangskenntnissen, vermieden wird. Dies wird erstens durch eine enge Beratung und Begleitung der Studierenden durch erfahrene Lehrpersonen und wissenschaftliche Mitarbeiterinnen und Mitarbeiter erreicht. Durch sie werden absehbare Schwierigkeiten wie zu hohe oder zu niedrige Erwartungen an das Lernniveau der Schülerinnen und Schüler, eine unangemessene Zeitplanung sowie unklare Aufgabenstellungen bereits im

Vorfeld korrigiert. Die Bildung von Studierendengruppen sorgt darüber hinaus dafür, dass niemand mit der Aufgabe alleingelassen wird.

Zweitens werden zur Entwicklung der Lernumgebungen klare und transparente Vorgaben gemacht sowie durch Impulsvorträge (z. B. zum Thema Strukturierung des Unterrichts) Hilfen zur Entwicklung von Lerneinheiten gegeben. Das Thema der Lerneinheit wird jeder Gruppe so vorgegeben, dass es anhand einer Fragestellung aus der Alltagswelt der Schülerinnen und Schüler eingeführt und durch Experimente schrittweise beantwortet wird. Drittens werden die kleinen, etwa 60-minütigen Lerneinheiten nicht mit einer ganzen Schulklasse, sondern mit einer Gruppe von fünf bis sechs Schülerinnen und Schülern durchgeführt. Die einzelnen Studierenden jeder Gruppe leiten dabei für etwa 15 bis 20 min allein die Instruktion, in der restlichen Zeit beobachten sie ihre Kommilitoninnen und Kommilitonen.

Dadurch erhalten die Studierenden einen Einblick in ihr eigenes Handeln und das der Kommilitoninnen und Kommilitonen im Unterricht. Sicherlich kann das mehrmalige Durchführen und Beobachten einer solchen Unterrichtssequenz durch Studierende nicht das Ziel haben, den Berufswunsch „Lehrperson" bereits im 2. Semester zu überprüfen (vgl. Hedtke 2000). Dennoch werden einige Anforderungen, die Lehrpersonen erfüllen müssen, auch in diesen Begegnungen mit den Schülerinnen und Schülern deutlich. Insofern bietet das Lehr-Lern-Labor-Seminar zu diesem frühen Zeitpunkt des Studiums einen Einblick in das Unterrichten von Schülerinnen und Schülern, der sonst häufig erst im Masterstudium erfolgt.

8.2   Die grundlegende Struktur des Lehr-Lern-Labor-Seminars

Im Folgenden wird der strukturelle und zeitliche Ablauf des einsemestrigen Seminars gegliedert und in logischen Schritten begründet dargestellt. Dabei wird versucht, die Konzeption so darzulegen, dass sie prinzipiell auch auf andere Standorte – mit notwendigen Anpassungen – übertragen werden kann.

Einführung in das Seminar (1. Seminarsitzung)
In der ersten Seminarsitzung wird das Schülerlabor, in dem das Lehr-Lern-Labor-Seminar stattfindet, vorgestellt. Darüber hinaus wird ein Überblick über den Ablauf des Seminars gegeben, die Studierenden werden in Gruppen eingeteilt, die Themen für die kleinen Lerneinheiten vergeben und die Termine für die Besuche der Klassen angekündigt. Diese Besuchstage werden bereits im Vorfeld des Seminars mit Partnerschulen festgelegt.

Die Studierenden im 2. Fachsemester haben erst wenige Kenntnisse im Fach Physik auf Hochschulniveau erworben; die meisten Vorkenntnisse bringen sie aus der eigenen Schulzeit mit. Um zu hohe fachliche Anforderungen zu vermeiden, erarbeiten die Studierenden in diesem Seminar Lerneinheiten für Schülerinnen und Schüler der 5. oder 6. Klassenstufe. Darüber hinaus sind Themen für diese Zielgruppe für unser Anliegen besonders interessant, da sie wegen der vergleichsweise geringen inhaltlichen Vorkenntnisse der Schülerinnen und Schüler Herausforderungen bei einer didaktischen Reduktion mit sich bringen. Als passend hinsichtlich des

Umfangs und der Anforderungen an die Schülerinnen und Schüler haben sich in der langjährigen Praxis der Durchführung des Seminars z. B. die folgenden Inhalte erwiesen:

- *Prinzip des Raketenantriebs.* Die Funktionsweise einer Wasserrakete kann gut mit Experimenten zum Rückstoß (z. B. durch das Abwerfen von Sandsäcken von einem Skateboard oder beim Experimentieren mit dem „Luftballonauto") erklärt werden. Die Ergebnisse der Experimente können auf die Rakete übertragen werden. Um zu bestimmen, unter welchen Bedingungen die Wasserrakete besonders hoch aufsteigt, können die Schülerinnen und Schüler die Rakete mit unterschiedlichen Wassermengen füllen und die Flugzeit bestimmen. Für die Schülerinnen und Schüler ist es z. B. erstaunlich, dass weder eine vollständig mit Wasser gefüllte noch eine mit sehr wenig Wasser gefüllte Rakete besonders hoch fliegt.
- *Prinzip des zweiseitigen Hebels.* Bei einem Experiment mit einer großen Wippe kann getestet werden, ob ein Kind einen Erwachsenen anheben kann. Daraus entwickelt sich die Fragestellung, unter welchen Bedingungen bei einer Wippe Gleichgewicht herrscht. In der 5. und 6. Jahrgangsstufe können einfache Verhältnisse gut experimentell überprüft werden. Die gefundenen Ergebnisse können z. B. dazu verwendet werden, das Gewicht bzw. die Masse eines Erwachsenen abzuschätzen.
- *Prinzip des Auftriebs* in Flüssigkeiten. Das Verhalten eines Flaschenteufels im Wasser regt Schülerinnen und Schüler zu Diskussionen an und führt zu Experimenten, bei denen das Schwimmverhalten von Körpern bei gleichem Volumen, aber unterschiedlicher Masse untersucht wird. Beim anschließenden genauen Beobachten des Flaschenteufels wird erkennbar, dass auch ein Flaschenteufel seine Masse ändern kann und sein Verhalten im Wasser daher erklärbar ist.
- *Prinzip des Schwerpunkts.* Der Schwebevogel ist ein Objekt in Vogelgestalt, dessen Schwerpunkt unterhalb seines Schnabels liegt. Daher lässt er sich leicht am Schnabel auf einem Finger balancieren, was als Einstieg für die Schülerinnen und Schüler beeindruckend ist und zu der Fragestellung führt, warum er so stabil gehalten werden kann. Einfache Balancierexperimente mit flachen Kisten, in deren Innerem Gewichte an unterschiedlichen Orten platziert sind, auf einem Lineal führen zum Begriff der Schwerlinien, deren Schnittpunkt der Schwerpunkt des Körpers ist. In diesem Schwerpunkt können die Schülerinnen und Schüler die Kisten dann vergleichsweise leicht balancieren. Weitere Versuche zeigen, dass ein Balancierpunkt, der sich über dem Schwerpunkt befindet, ein einfaches Balancieren ermöglicht, genauso wie beim Schwebevogel.
- *Prinzip der Farbmischung.* Experimente zur Farbmischung sind für Schülerinnen und Schülern der 5. und 6. Jahrgangsstufe sehr motivierend. Oft kennen sie durch das Schulfach Kunst nur die subtraktive Farbmischung, die additive Farbmischung ist vielfach unbekannt. Deshalb führen sie in Experimenten additive Farbmischungen durch. Besonders die Erzeugung der Mischfarbe Gelb aus den Farben Rot und Grün erstaunt sie immer wieder. Im Alltag der Schülerinnen und Schüler können viele Beispiele der beiden Mischungsarten gefunden und experimentell für die Lerneinheit aufgegriffen werden.

Innerhalb der vorgegebenen Themen können die Studierenden in Absprache mit den Dozierenden eigene Schwerpunkte wählen. In der Regel arbeiten drei bis vier Studierende in einer Gruppe zusammen, wobei mehrere Gruppen das gleiche Thema erhalten, sodass 30 bis 40 Studierende am Seminar teilnehmen können. Ziel ist es, dass diese Gruppen ihre ausgearbeitete Lerneinheit mindestens zweimal mit Schülerinnen und Schülern erproben können. Dazu werden zu zwei oder drei vorher abgesprochenen Terminen zwei Klassen eingeladen, die am jeweiligen Tag nacheinander zu Besuch ins Schülerlabor kommen. Die Klassen werden jeweils in fünf Gruppen aufgeteilt und die Studierendengruppen diesen zehn Gruppen zugeordnet.

Kennenlernen der Zielgruppe der Schülerinnen und Schüler
(2. Seminarsitzung)
Damit die Studierenden eine grundsätzliche Vorstellung vom Lernstand der Kinder einer 5. oder 6. Klassenstufe erhalten, besuchen sie eines der laufenden Projekte im Schülerlabor für diese Zielgruppe. Angeboten werden z. B. die Themen „Licht und Schatten", „Kaleidoskop", „Farben", „Strom und Wärme" und „Flaschenteufel". Durch die Hospitation dieser exemplarischen Projekte erkennen die Studierenden, welches fachliche Niveau Schülerinnen und Schüler dieser Altersstufe haben. Als Überblick erhalten die Studierenden am Anfang des durchgeführten Projekts ein Kurzskript, auf dem die Fragestellungen, Experimente, Ziele und erwartete Ergebnisse beschrieben sind. Beim weitgehend freien Hospitieren des Projektes lernen sie auch das didaktische Konzept des jeweiligen Angebots kennen und erhalten Impulse für ihre eigenen Lernsequenzen. So steht bei den meisten Angeboten z. B. der am Phänomen und an den Eigenerfahrungen der Schülerinnen und Schüler orientierte Zugang zur Physik im Vordergrund (vgl. z. B. Weber und Schön 2001; Westphal 2014). Während des Hospitierens sollen die Studierenden beobachten, wie Schülerinnen und Schüler durch Kontexte motiviert werden, wie sie Probleme erfassen, welche Gedankengänge sie verfolgen, wie lange sie sich konzentrieren können und welche Hilfen sie bei der selbstständigen Erarbeitung benötigen. Beim Abschluss des Projekts wird ein Produkt erstellt, bei dem die Schülerinnen und Schüler ihr neu gewonnenes Wissen anwenden können. Bei der Herstellung können die Studierenden unterstützend tätig werden und so die Altersgruppe weiter kennenlernen.

Ausarbeitung der kleinen Lerneinheiten (3. bis 5. Seminarsitzung)
Die Ausarbeitung der Lerneinheiten durch die Studierenden erfolgt unter den folgenden drei Rahmenbedingungen:

- Die Instruktion beginnt mit einer „spannenden" Fragestellung aus dem Alltag der Schülerinnen und Schüler: Zum Beispiel wird vorgeführt, wie ein Flaschenteufel sinkt, schwebt oder steigt. Von den Kindern kommt sofort die Frage, wie dies funktioniert.
- Die Schülerinnen und Schüler sollten möglichst in der Lage sein, sich eine Lösung weitgehend selbstständig zu erarbeiten. Für das oben angegebene Beispiel heißt das, dass sie z. B. experimentell beobachten könnten, dass ein Körper bei gleichem Volumen mit zunehmender Masse zunächst noch steigt, dann schwebt

und schließlich sinkt. Die Schülerinnen und Schüler übertragen dieses Ergebnis auf den Flaschenteufel und schließen daraus, dass die Masse des Flaschenteufels dessen Bewegung beeinflusst. Beim genauen Beobachten erkennen sie, dass sich eine Luftmenge im Flaschenteufel befindet, die sich durch Druck auf die Flasche vergrößern oder verkleinern lässt. Mit einem weiteren Experiment könnten die Schülerinnen und Schüler zeigen, dass Luft im Gegensatz zu Wasser komprimierbar ist. Daraus können sie schließlich folgern, dass die Luft im Flaschenteufel durch Druck von außen auf die Flasche zusammengedrückt wird, dadurch Wasser in den Flaschenteufel eindringen kann und dieser somit schwerer wird – der Flaschenteufel sinkt.

- Die Dauer der Lerneinheit soll etwa eine Zeitstunde umfassen.

Die Studierenden werden bei der Erarbeitung durch die Dozierenden unterstützt. Diese beraten z. B. bezüglich passender Experimente, didaktischer Rekonstruktionen, der Lernstände und der Arbeitstempi der Kinder einer 5. oder 6. Klasse sowie adäquater Anforderungen an diese Zielgruppe. In der Regel liegen alle notwendigen Experimentiermaterialien zur Nutzung durch die Studierenden im Schülerlabor vor. Vorgaben, Beratungen und Freiheiten sind so gestaltet, dass eine Überforderung der Studierenden (und auch der Schülerinnen und Schüler) vermieden wird, eine hohe Eigenständigkeit aber gewahrt bleibt. So wird gewährleistet, dass in der vorgegebenen Zeit potenziell gut durchdachte Lernsequenzen entwickelt werden können.

Vorstellen der ausgearbeiteten Lerneinheiten (6. Seminarsitzung)

Bevor die Studierenden ihre Lerneinheiten zum ersten Mal mit Schülerinnen und Schülern erproben, werden diese in einer Seminarsitzung vorgestellt. Die Gesamtgruppe des Seminars wird dazu so aufgeteilt, dass jede Studierendengruppe die geplante eigene Instruktion inklusive der didaktischen und methodischen Entscheidungen, der Experimente und der Materialien vorstellt sowie mehrere Einheiten von Kommilitonen begutachtet. Mit diesem Feedback und mit zusätzlichen Anmerkungen der Dozierenden überarbeiten die Gruppen ihre Sequenzen noch einmal, bevor sie diese vor den Klassen erproben.

Vorbereitungen für die Reflexion der Erprobungen (7. Seminarsitzung)

Bei der Erprobung leitet jede Studentin und jeder Student eine Instruktionsphase von 15 bis 20 min allein. Die Kommilitoninnen und Kommilitonen aus der Gruppe beobachten sich dabei gegenseitig und halten mithilfe eines Hospitationsbogens ihre Beobachtungen bezüglich der folgenden Leitfragen fest:

- Welche Abweichungen zwischen Ablauf und Planung können festgestellt werden, und wo könnten die Ursachen dafür liegen?
- Welches Verhältnis besteht zwischen den Aktivitäten der Schülerinnen und Schüler und denen der Lehrperson, und wie könnte dies ggf. verbessert werden?
- Wie gut gelingt eine Zielorientierung in den einzelnen Phasen?
- Was fällt über die genannten Fragen hinaus noch an Besonderem auf?

Diese Fragen wurden als Reflexionsschwerpunkte ausgewählt, da sie Probleme ansprechen, die häufig bei Unterrichtsbesuchen im Rahmen der Schulpraktika von Studierenden beobachtet wurden. Sie adressieren die Themenkomplexe Sequenzierung des Unterrichts, Schüleraktivierung und Zielklarheit und stellen damit wichtige Komponenten der Unterrichtsqualität dar (siehe z. B. McElvany et al. 2016).

Um den Studierenden Übungsmöglichkeiten in der Beobachtung des Unterrichts zur Beantwortung dieser Fragen zu geben, werden Videoausschnitte des Unterrichts gezeigt. Die Ausschnitte werden zunächst in Einzelarbeit, dann in Partnerarbeit und schließlich im Plenum ausgewertet.

Erste Erprobung der Lernsequenz (8. Seminarsitzung)
Zur Erprobung der Lerneinheiten werden Schulklassen für insgesamt rund zwei Stunden ins Schülerlabor eingeladen. Nach einer Begrüßungsphase wird die Klasse in Gruppen eingeteilt. Die Studierenden führen mit diesen Teilgruppen ca. 60 min lang die Lernsequenz durch; jeweils eine Studierende bzw. ein Studierender leitet diese für 15 bis 20 min, und die anderen aus der Studierendengruppe beobachten. Jede Studierendengruppe wird zumindest teilweise auch von einer Dozentin bzw. von einem Dozenten des Seminars beobachtet. Dozierende und Studierende halten ihre Beobachtungen auf Hospitationsbögen mit den oben genannten Leitfragen während der Durchführung schriftlich fest. Im Anschluss an die angeleitete Gruppenphase bereiten die Schülerinnen und Schüler – weitgehend ohne Mithilfe der Studierenden – eine Präsentation zu ihren Arbeitsergebnissen vor. Im Plenum – vor der ganzen Klasse sowie den Studierenden – hält dann zum Abschluss jede Teilgruppe der Klasse einen ca. fünfminütigen Vortrag. Darin stellt die jeweilige Gruppe die wichtigsten Erkenntnisse ihrer Arbeit vor, ggf. auch mit einem Experiment. Die Studierenden halten wichtige Aussagen des Vortrags schriftlich fest, da diese Aufschluss darüber geben, inwieweit die Schülerinnen und Schüler die Lerneinheit verstanden haben und wie interessant sie das Projekt fanden.

Reflexion der ersten Erprobung und zweite sowie ggf. dritte Erprobung (9. bis 11. Seminarsitzung)
In der anschließenden Seminarsitzung wird die erste Erprobung ausgewertet. Dazu werden die Beobachtungsbögen der Studierenden und die der Dozierenden sowie die Präsentationen der Schülerinnen und Schüler und die Mitschriften der Studierenden herangezogen. „Typische" Probleme, die in den letzten Jahren der Durchführung dieses Seminars wiederholt auftraten, sind die folgenden:

- Oft wird nicht ausreichend darauf geachtet, dass alle Kinder den Gedankengängen der Mitschülerinnen und Mitschülern bzw. der Lehrperson folgen können.
- Die Zusammenfassung der Ergebnisse wird zu schnell durchgeführt. Gespräche werden hierbei oft mit einzelnen Kindern und nicht mit der ganzen Gruppe geführt.
- Die Studierenden haben zu hohe oder zu niedrige Erwartungen an das Vorwissen bzw. das Fachverständnis der Schülerinnen und Schüler.

- Die Studierenden geben die erwünschten Ergebnisse weitgehend vor und lassen die Kinder nicht selbst zu den Ergebnissen kommen.
- Die Studierenden dominieren die Schülerexperimente so stark, dass die Selbstständigkeit der Schülerinnen und Schüler sehr eingeschränkt ist.
- Die Zeitplanung ist zu optimistisch.

Auf der Basis der identifizierten Stärken und Schwächen der Lernsequenz erfolgt eine Verbesserung der Lerneinheiten. Schließlich werden eine zweite und ggf. auch eine dritte Erprobung (abhängig von den Wünschen der Studierenden und von terminlichen Möglichkeiten des Semesters bzw. der Schulferien) mit gleichem Ablauf durchgeführt. Anhand der erneuten Beobachtungen können die Studierenden erfahren, inwieweit die aus den Beobachtungen und Erfahrungen abgeleiteten Veränderungen das Lernverhalten der Schülerinnen und Schüler und den Ablauf der Lerneinheiten beeinflusst haben sowie inwieweit die jeweiligen angestrebten Lernziele besser erreicht wurden.

Abschlusspräsentation (12. und 13. Seminarsitzung)
Jede Gruppe stellt nach den Erprobungen ihre Lerneinheiten mit den gesammelten Erfahrungen vor. Anhand der systematischen Beobachtungen erfolgt eine übergreifende Auswertung der erlebten Praxis. Grundlegende Themen, die in unserer langjährigen Praxis der Durchführung dieses Seminars wiederholt genannt werden, sind

- das Verhältnis von Aktivitäten der Schülerinnen und Schüler zu denen der Lehrperson (Wahl geeigneter Unterrichtsmethoden),
- Schwierigkeiten in der logischen Sequenzierung und der zeitlichen Planung des Unterrichts (Aufbau von Unterrichtsstunden, Modelle des Lehrens und Lernens),
- die Einschätzung des Leistungsniveaus der Schülerinnen und Schüler und ein darauf abgestimmter Unterricht (didaktische Rekonstruktionen, Elementarisierungen),
- das angemessene Konstruieren von Aufgaben sowie das Verhältnis von schriftlichen zu mündlichen Aufgaben (Komponenten einer „Aufgabenkultur"),
- das Aufrechthalten von Lernmotivation und Mitarbeit (Interesse an Physik und Physikunterricht),
- fachspezifische Lernschwierigkeiten sowie Alltagsvorstellungen (Schülervorstellungen),
- unterschiedliches Verhalten von Mädchen und Jungen (Gender),
- die Schwierigkeiten der Schülerinnen und Schüler, sich fachlich korrekt auszudrücken (Sprache und Sprachregister),
- die Bedeutung von Experimenten für den Physikunterricht (Methoden der Erkenntnisgewinnung),
- die Darstellung subjektiver Erlebnisse und Erfahrungen als Lehrperson („Wie habe ich mich bei der Leitung der Einheit gefühlt?"),
- die Nennung der bedeutendsten persönlichen Erkenntnisse.

Viele der in der Abschlusspräsentation von den Studierenden genannten Themen werden in der auf dieses Seminar folgenden Vorlesung mit Übung zur „Einführung in die Didaktik der Physik" aufgegriffen. Darauf werden die Studierenden an den entsprechenden Stellen explizit hingewiesen.

8.3 Erfahrungen aus zehn Jahren Durchführung des Lehr-Lern-Labor-Seminars

Das beschriebene Lehr-Lern-Labor-Seminar wird seit rund zehn Jahren im UniLab Adlershof der Humboldt-Universität zu Berlin durchgeführt. Folgende zentrale Erfahrungen aufseiten der Studierenden sind u. E. im Besonderen berichtenswert (vgl. auch die Beiträge zur Wahrnehmung von Lehr-Lern-Laboren durch Studierende: Kap. 18 von Sorge et al.; Kap. 19 von Bartel und Roth; Kap. 20 von Zucker und Leuchter):

- *Einstieg in die Fachdidaktik.* Das Lehr-Lern-Labor-Seminar ist ein geeigneter Ort für Studierende, erste Lehrerfahrungen in einem „geschützten" Raum zu sammeln. Diese Erfahrungen erleichtern eine Auseinandersetzung mit theoretischen Inhalten der Fachdidaktik in der darauffolgenden Vorlesung, denn die erlebte Praxis hat die Relevanz tiefergehender didaktischer Kenntnisse aufgezeigt.
- *Komplexität des Unterrichtens.* Studierende machen vielfach die Erfahrung, dass Unterrichten oft schwieriger ist als vermutet. Die Reflexion des eigenen Handelns und die Rückmeldungen der Kommilitoninnen und Kommilitonen zeigen oft Schwächen des Unterrichtens auf, die den Studierenden zuvor nicht bewusst waren. Die gemeinsame Auswertung und Reflexion am Ende des Seminars kann aber verhindern, dass die Studierenden trotz etwaiger Probleme grundsätzlich an ihren Fähigkeiten zweifeln. Im Seminar wird auch vermittelt, wie wichtig es im Lehrberuf ist, offen für Kritik und Verbesserungsvorschläge zu sein und im Beobachtetwerden eine Möglichkeit zu sehen, die Qualität des eigenen Unterrichts zu steigern.
- *Studienmotivation.* Die Studierenden zeigen in der Regel eine sehr hohe Motivation bei der Planung und der Durchführung der Lernsequenzen. Die frühe Praxiseinbindung wird sehr positiv bewertet, da dadurch ein früher Bezug zur Wahl des Lehrberufs hergestellt wird. Für viele Studierende bestätigt das Lehr-Lern-Labor-Seminar den Wunsch, Lehrperson zu werden, und ist eine Motivation, das Studium fortzuführen.

Vonseiten der teilnehmenden Schulen erhalten wir fast durchgängig sehr positive Rückmeldungen, da die Klassen die Möglichkeit erhalten, selbstständig in kleinen Gruppen zu arbeiten. Zwar nehmen die Schülerinnen und Schüler die Unsicherheit der Studierenden beim Unterrichten wahr, da aber die Lernumgebungen sehr gut vorbereitet sind und die Kinder in kleinen Gruppen rund eine Stunde lang selbstständig experimentieren können, zeigen die Klassen ein sehr großes Interesse an den angebotenen physikalischen Themen (Priemer et al. 2018).

Literatur

Hedtke, R. (2000). Das unstillbare Verlangen nach Praxisbezug – Zum Theorie-Praxis-Problem der Lehrerbildung am Exempel Schulpraktische Studien. http://www.uni-bielefeld.de/soz/ag/hedtke/pdf/praxisbezug_lang.pdf

McElvany, N., Bos, W., Holtappels, H. G., Gebauer, M. M., & Schwabe, F. (2016). *Bedingungen und Effekte guten Unterrichts*. Münster: Waxmann.

Priemer, B., Menzl, C., Hagos, F., Musold, W., & Schulz, J. (2018). Das situationale epistemische Interesse an physikalischen Themen von Mädchen und Jungen nach dem Besuch eines Schülerlabors. *Zeitschrift für Didaktik der Naturwissenschaften*. https://doi.org/10.1007/s40573-018-0073-z.

Weber, T., & Schön, L. (2001). Fachdidaktische Forschungen am Beispiel eines Curriculums zur Optik. In H. Bayrhuber, C. Finkenbeiner, K. Spinner & H. Zwergel (Hrsg.), *Lehr- und Lernforschung in den Fachdidaktiken*. Innsbruck: Studienverlag. http://didaktik.physik.hu-berlin.de/material/forschung/optik/download/veroeffentlichungen/fachdidaktik.pdf.

Westphal, N. (2014). *Evaluation von phänomenbasiertem Physikunterricht*. Berlin: Humboldt-Universität. http://edoc.hu-berlin.de/dissertationen/westphal-nico-2014-07-23/PDF/westphal.pdf

Interdisziplinarität erfahrbar machen – eine Seminarkonzeption zur Anregung des interdisziplinären Dialogs in der MINT-Lehrpersonenbildung

9

Felix Lensing, Burkhard Priemer (iD), Annette Upmeier zu Belzen (iD), Sabine Meister und Johannes Meister

Inhaltsverzeichnis

Abstract

Eine interdisziplinäre Zusammenarbeit von Lehrerinnen und Lehrern im schulischen Kontext wird besser gelingen, wenn diese bereits in der Lehramtsausbildung aktiv erfahren wird. Diese These markierte den Ausgangspunkt für die Ent-

Die Entwicklung und Erprobung der Seminare erfolgten durch die Mitglieder des Humboldt-ProMINT-Kollegs im Laufe der letzten Jahre. Die Autorinnen und Autoren des vorliegenden Kapitels haben die Seminarkonzepte für diesen Beitrag zusammengefasst.

F. Lensing (✉)
Mathematik, Freie Universität Berlin
Berlin, Deutschland
E-Mail: lensinfe@zedat.fu-berlin.de

B. Priemer
Didaktik der Physik, Humboldt-Universität zu Berlin
Berlin, Deutschland
E-Mail: priemer@physik.hu-berlin.de

A. Upmeier zu Belzen · S. Meister · J. Meister
Fachdidaktik und Lehr-/Lernforschung Biologie, Humboldt-Universität zu Berlin
Berlin, Deutschland
E-Mail: annette.upmeier@biologie.hu-berlin.de

S. Meister
E-Mail: sabine.meister@hu-berlin.de

J. Meister
E-Mail: j.meister@hu-berlin.de

© Springer-Verlag GmbH Deutschland, ein Teil von Springer Nature 2020
B. Priemer und J. Roth (Hrsg.), *Lehr-Lern-Labore*,
https://doi.org/10.1007/978-3-662-58913-7_9

wicklung einer Seminarkonzeption, in der Studierende der MINT-Studiengänge zusammentreffen, um gemeinsam an der Planung, Durchführung und Reflexion interdisziplinärer Lernumgebungen zu arbeiten. In den letzten zehn Jahren ist diese Seminarkonzeption im Humboldt-ProMINT-Kolleg anhand verschiedener didaktischer Rahmenthemen durchgeführt worden. In diesem Beitrag werden zwei dieser Seminare exemplarisch vorgestellt: 1) „Modelle auf dem Prüfstand – die Rolle von Daten im MINT-Unterricht" und 2) „Messen, Schätzen, Größenvorstellungen – ein interdisziplinärer Dialog zum unterrichtspraktischen Umgang mit Größen im MINT-Unterricht". Vor dem Hintergrund der beiden Seminardarstellungen werden Chancen und Schwierigkeiten diskutiert, die sich bei der wiederholten Durchführung der Lehrveranstaltung ergeben haben. Dabei hat der Beitrag das Ziel, die grundlegenden Gedanken bei der Entwicklung der Seminare vorzustellen; Erfahrungen aus den Durchführungen werden nur ergänzend angeführt.

9.1 Einleitung

Mehr Interdisziplinarität! So lautet eine vielfach erhobene Forderung, die der fachbezogenen Vereinzelung schulischer Lehr- und Lernangebote entgegengehalten wird. Zur praktischen Gestaltung und Umsetzung interdisziplinärer Projekte im schulischen Kontext bedarf es jedoch der Kooperation zwischen Lehrenden verschiedener Fachrichtungen. Vor diesem Hintergrund wurde an der Humboldt-Universität zu Berlin eine Seminarreihe entwickelt, bei der die MINT-Disziplinen fach- und schulstufenübergreifend gemeinsame Lehrangebote für ihre Lehramtsstudierenden anbieten. Damit werden die Möglichkeiten und Herausforderungen interdisziplinären Arbeitens bereits im Lehramtsstudium explizit erfahrbar. Lehramtsstudierende des Grundschullehramts sowie der Sekundarstufen der Fächer Mathematik, Informatik und Naturwissenschaften (Physik, Biologie, Chemie) treten bei der Planung, Durchführung und Reflexion interdisziplinärer schulischer Lernumgebungen in einen Dialog. Dabei entfalten sie ausgehend von einer inhaltlichen und methodischen Rahmung ihre jeweiligen fachlichen Perspektiven und beziehen diese aufeinander. Das Potenzial eines derartigen interdisziplinären Dialogs liegt in der Spezifität der jeweiligen fachlichen Perspektiven. Gerade weil sich die Zugänge der Studierenden zu einem bestimmten interdisziplinären Gegenstandsbereich vor dem Hintergrund ihrer innerfachlichen Sozialisation unterscheiden, ermöglicht es die gemeinsame Betrachtung des Gegenstandsbereichs unter den unterschiedlichen Perspektiven, diesen in einem jeweils neuen (theoretischen) Licht wahrzunehmen. Und gerade durch diese Verschiedenheit der Erkenntniswege können die Studierenden die Perspektive der eigenen Disziplin in ihrer Spezifizität erfahren. Interdisziplinäres Arbeiten löst damit die Grenzen der Fachdisziplinen nicht auf, sondern dient vielmehr sowohl zum Hinterfragen als auch zur Ausschärfung der fachlichen Identität.

Das Humboldt-ProMINT-Kolleg hat es sich u. a. zur Aufgabe gemacht, einen universitären Raum der interdisziplinären Zusammenarbeit zu schaffen. Dieses Anliegen wird anhand verschiedener inhaltlicher und methodischer Rahmungen konkretisiert. Im Folgenden werden die Konzeptionen zweier erprobter Rahmungen exemplarisch vorgestellt. Um eine möglichst breite Anschlussfähigkeit an die Fachdisziplinen zu erreichen, wurden Themenfelder gewählt, die sowohl für mathematische als auch für naturwissenschaftliche Prozesse der Erkenntnisgewinnung charakteristisch sind, sich jedoch in den Fachdisziplinen unterschiedlich ausformen. Im Rahmen der Seminarkonzeption „Modelle auf dem Prüfstand – die Rolle von Daten im MINT-Unterricht" ist ein fachübergreifender theoretischer Zugang durch den Modellbegriff und das Modellieren gegeben, während bei der Seminarkonzeption „Messen, Schätzen, Größenvorstellungen – ein interdisziplinärer Dialog zum unterrichtspraktischen Umgang mit Größen im MINT-Unterricht" der Umgang mit verschiedenen Größen für alle Fachdisziplinen von Bedeutung ist. Zur Beschreibung der konkreten Umsetzung werden das adressierte didaktische Thema, der inhaltliche Kontext, die Zielgruppe des Seminars und der Lehrveranstaltungstyp im Kurzüberblick angegeben. Im Detail werden für beide Seminare die theoretischen Grundüberlegungen zum didaktischen Thema weiter ausgeführt. Darauf aufbauend werden die didaktische Konzeption sowie der Ablauf der Seminarkonzeptionen dargestellt.

Das Ziel dieses Beitrags ist es, mögliche Wege interdisziplinärer fachdidaktischer Zusammenarbeit in der Lehre zu illustrieren. Dabei steht die Vorstellung der Seminarkonzeptionen im Vordergrund, damit diese erprobten Konzepte auch für andere Standorte der Lehrpersonenbildung bereitgestellt werden können. Erfahrungen aus der Durchführung werden genannt, aber nicht systematisch ausgeführt.

9.2 Das Seminar „Modelle auf dem Prüfstand – die Rolle von Daten im MINT-Unterricht"

Didaktisches Thema:	Modelle und Modellierung im MINT-Unterricht
Inhaltlicher Kontext:	Treibhauseffekt als Teilaspekt des Klimawandels
Zielgruppe:	MINT-Fächer im Master of Education
Art der Lehrveranstaltung:	Seminar mit Praxisphase im Schülerlabor (2 SWS)

9.2.1 Theoretische Grundüberlegungen

Mathematische und naturwissenschaftliche Modelle nehmen eine zentrale Rolle bei der Beschreibung, Explikation bzw. Erklärung und Vorhersage von Phänomenen der empirischen Wirklichkeit ein, indem sie zwischen den wissenschaftlichen Theorien und den Phänomenen der empirischen Wirklichkeit vermitteln (Rotbain et al. 2006). Eine modellbasierte Sichtweise auf naturwissenschaftliche Theorien und Forschung kann dabei helfen, die Praxis der naturwissenschaftlichen Erkenntnisgewinnung genauer zu beschreiben. Ausgehend von dieser wissenschaftstheoretischen Grundposition und der damit einhergehenden Bedeutung von Modellen im (natur-)wissenschaftlichen Erkenntnisprozess sind in allen MINT-Fachdidaktiken in den letzten Jahrzehnten zahlreiche Konzepte, Vorschläge und Theorien entwickelt worden, wie das Thema Modelle und Modellierung in den einzelnen MINT-Fächern in die Schulpraxis integriert werden kann (Oh und Oh 2011). Weiterhin haben zahlreiche qualitative und quantitative Studien über viele Fächer und Altersstufen hinweg aufgezeigt, dass sich die Explikation des modellbasierten Ansatzes positiv auf das Verständnis von mathematisch-naturwissenschaftlicher Erkenntnisgewinnung und das Lernen mathematisch-naturwissenschaftlicher Inhalte auswirkt (Gobert und Clement 1999; Khan 2007; Rotbain et al. 2006; Schwarz und White 2005). Eine zentrale Voraussetzung zur Entwicklung und schulpraktischen Umsetzung von modellbasierten Unterrichtsvorhaben im MINT-Unterricht ist ein umfassendes Verständnis des Modellbegriffs und der Rolle der Modellierung in der mathematisch-naturwissenschaftlichen Erkenntnisgewinnung aufseiten der Lehrpersonen. Diese fachwissenschaftliche Perspektive muss ferner durch fachdidaktisches Wissen zum unterrichtspraktischen Umgang mit Modellen und Modellierung ergänzt werden. Hier ergibt sich ein produktiver Ausgangspunkt für die Gestaltung eines interdisziplinären MINT-Seminars – aus zwei Gründen: Erstens spielen Modelle und Modellierung in allen MINT-Fächern im Prozess der Erkenntnisgewinnung eine bedeutsame Rolle und sind somit auf einer Metaebene genuin fächerverbindend. Zweitens muss sich die Ausbildung der Lehramtsstudierenden der Herausforderung stellen, fachliches sowie fachdidaktisches Wissen zum wissenschaftlichen, aber auch unterrichtspraktischen Umgang mit Modellen und Modellierung zu vermitteln. In Bezug auf die Konzeption dieses MINT-Seminars ergab sich in der Vorbereitung somit die zentrale Frage: Welches fachwissenschaftliche und welches fachdidaktische Wissen über mathematisch-naturwissenschaftliche Modelle und Modellierungsprozesse sollen Lehramtsstudierende zur Planung, Durchführung und Reflexion von MINT-Unterricht mit dem Schwerpunkt Modellierung mithilfe experimentell gewonnener Daten haben?

Obwohl in den einzelnen Fachwissenschaften und ihren jeweiligen Didaktiken hinsichtlich der zentralen Bedeutung von Modellen und Modellierung für den mathematisch-naturwissenschaftlichen Erkenntnisprozess ein Konsens herrscht, gibt es erhebliche Unterschiede in den angestrebten Zielen, der begrifflichen Beschreibung von Modellen, der schematischen Darstellung der einzelnen Schritte im Modellierungsprozess und den erkenntnistheoretischen Grundpositionen, die diesen Überlegungen zugrunde liegen (Kaiser 2014; Oh und Oh 2011). Die theoretische Grundlegung des Seminars versteht sich somit als eine Einführung in den didaktischen Diskurs zur mathematisch-naturwissenschaftlichen Modellierung, in dem eine exemplarische Auseinandersetzung mit verschiedenen Ansätzen angestrebt wird. Als Ausgangspunkt dient Stachowiaks Charakterisierung des allgemeinen Modellbegriffs (Stachowiak 2013): Auf der Basis der epistemologischen Position eines modellistischen Erkenntniskonzepts formuliert Stachowiak drei Hauptmerkmale eines allgemeinen Modellbegriffs: das Abbildungsmerkmal, das Verkürzungsmerkmal und das pragmatische Merkmal. In der fachdidaktischen Literatur der MINT-Fächer werden diese drei intuitiv-umgangssprachlich formulierten Hauptmerkmale häufig als allgemeiner begrifflicher Bezugsrahmen herangezogen (Barke et al.

2015; Fischer und Malle 2004; Kircher et al. 2015; Upmeier zu Belzen und Krüger 2010). Das Abbildungs- sowie das Verkürzungsmerkmal und die damit einhergehende Vorstellung, dass ein Modellierungsprozess in einer sukzessiven Annäherung an die empirische Wirklichkeit besteht, wurde insbesondere in der Mathematikdidaktik seit den 1990er-Jahren immer wieder kritisiert (Skovsmose 1990, 2005). Diese Kritik bezieht sich jedoch vor allem auf die strukturellen Dimensionen der Modellierung (Verhältnis von Modell, Theorie und Empirie) und ihre erkenntnistheoretischen Voraussetzungen, während die durch das pragmatische Merkmal beschriebenen funktionalen Dimensionen[1] (Zweck, Interesse, Entwicklung und Anwendung) weiterhin von hoher Aktualität sind und somit eine zentrale Position im Seminarverlauf einnehmen.

Der Schwerpunkt der fachdidaktischen Auseinandersetzung mit dem Modellbegriff im Rahmen des Seminars hat eine deskriptive und eine normative Komponente: Einerseits werden Studien (Crawford und Cullin 2005; Grosslight et al. 1991; Justi und Gilbert 2003) zur Beschreibung der Vorstellungen, die Lernende und Lehrende von Modellen und Modellierung tatsächlich haben, diskutiert und mit den Vorstellungen der Studierenden verglichen. Andererseits wird auf einer normativen Ebene die Kompetenzstruktur mit Dimensionen und Niveaustufen nach Upmeier zu Belzen und Krüger (2010) zur Charakterisierung der angestrebten Kompetenzerwartungen an die Schülerinnen und Schüler und als Ausgangspunkt zur Planung der interdisziplinären Lernumgebung durch die Studierenden zugrunde gelegt.

9.2.2 Der Kontext „Treibhauseffekt"

Metawissen über Modelle und Modellierung kann mit Schülerinnen und Schülern nur anhand exemplarischer und authentischer Kontexte erarbeitet werden (Leuders 2011). Als authentischer und sinnstiftender Kontext wurde für die Konzeption des Seminars der Treibhausaffekt als zentraler Bestandteil des globalen Klimawandels ausgewählt.

Der durch den Menschen verursachte Klimawandel stellt eine der größten Herausforderungen des 21. Jahrhunderts dar – mit weitreichenden ökologischen, sozialen, wirtschaftlichen und politischen Konsequenzen – und bestimmt den Alltag der Menschen (Niebert 2010). Die wissenschaftliche Beschreibung und das Verständnis der dem Klimawandel zugrunde liegenden Wirkungsmechanismen sind einerseits eine wichtige Grundlage für evidenzbasierte Prognosen und anderseits ein unabdingbarer Bestandteil der Entwicklung von Handlungsstrategien (IPCC 2013). Diese Handlungsstrategien werden zum einen auf politischer Ebene und zum anderen auf persönlicher Ebene wirksam. Mit der Auseinandersetzung mit dem Thema Treibhauseffekt kann der Grundstein für die Ausbildung eines Handlungsbedürfnisses gelegt werden. Im Zentrum der wissenschaftlichen Erkenntnisgewinnung

---

[1] Bezüglich einer umfassenden Darstellung der Zwecke mathematisch-naturwissenschaftlicher Modellierung sei an dieser Stelle auf Oh und Oh (2011) sowie Upmeier zu Belzen und Krüger (2010) verwiesen.

zur Beschreibung, Erklärung und Prognose einzelner Aspekte des Klimawandels (z. B. globale Erwärmung) steht die Entwicklung von naturwissenschaftlichen und mathematischen Modellen, die unter Berücksichtigung neuer Daten, Theorien und Voraussetzungen permanent verändert, verfeinert, weiter- und neu entwickelt werden (IPCC 2013).

Die dem Seminar zugrunde gelegte Modellvorstellung zum Treibhauseffekt nach Niebert (2010) verweist auf Wirkungszusammenhänge aus allen naturwissenschaftlichen Disziplinen: Der Einfluss von Treibhausgasen auf die Atmosphäre lässt sich sowohl aus physikalischer als auch aus chemischer Perspektive betrachten; für das Verstehen der Entstehung von Treibhausgasen und des damit verbundenen Kohlenstoffkreislaufs sind die Perspektiven der Chemie und der Biologie von Bedeutung. Die mathematische Perspektive transzendiert die anderen Bereiche in der Quantifizierung, Darstellung und wissenschaftlichen Auswertung der Daten. Die Kontextualisierung des Modellbegriffs am Beispiel des Treibhauseffekts bietet daher die Möglichkeit, die im Kompetenzmodell (Upmeier zu Belzen und Krüger 2010) zugrunde gelegten (Teil-)Kompetenzen im Umgang mit Modellen praktisch zu erproben, indem sie von den Studierenden in schülergerechte Unterrichtsvorschläge überführt werden. Diese strukturierte Beschäftigung mit dem Modellgedanken auf einer Metaebene ist Voraussetzung für den Lernerfolg der Studierenden im Bereich der Erkenntnisgewinnung.

Die besondere Eignung des Treibhauseffekts als Kontext für das MINT-Seminar zur Auseinandersetzung mit dem Modellbegriff ergibt sich somit durch drei Merkmale: erstens durch den genuin fächerverbindenden Charakter des Themenbereichs; zweitens durch den Modellcharakter des Treibhauseffekts, der den Modellbegriff konkretisiert und auf diese Weise zu einer kritischen Auseinandersetzung mit ihm anregt; drittens durch die Möglichkeit, diesen Themenbereich über alle Jahrgangsstufen hinweg didaktisch wertvoll aufzubereiten.

9.2.3 Didaktisch-methodische Erläuterungen der Seminarkonzeption

Das Seminar gliedert sich in fünf Phasen: I. Theoretische Grundlegung, II. Kontextualisierung, III. Planung einer Lernumgebung, IV. Durchführung und V. Reflexion. Darüber hinaus werden im Seminarverlauf die Ebenen *Kompetenz*, *Performanz* und *Reflexion* wechselseitig integriert (Vohns 2014).[2]

I. Theoretische Grundlegung Als Ausgangspunkt für die Phase der theoretischen Grundlegung zum Thema Modelle und Modellierungsprozesse werden die Studierenden mit einer Blackbox konfrontiert, die sie für die Herausforderungen bei Modellierungsprozessen zum Zweck der wissenschaftlichen Erkenntnisgewinnung

---

[2] Die Unterscheidung zwischen den drei Ebenen der Kompetenz, Performanz und Reflexion dient als übergeordnetes Ordnungsprinzip in der Planung sowie Durchführung der Seminarkonzeptionen (Vohns 2014).

mittels empirischer Daten sensibilisieren soll (Krell et al. 2017). Die Blackbox wurde in Anlehnung an Lederman und Abd-El-Khalick (2002) gebaut und besteht aus einem Überlauf-Trichter-System. Beim Input einer bestimmten Menge Wasser gibt die Blackbox einen zunächst willkürlich erscheinenden Anteil des Wassers wieder aus, wobei sich über einen längeren Zeitraum ein gleichbleibendes Muster zeigt. Die Studierenden experimentieren frei mit der Blackbox und entwickeln aus den beobachteten Daten Modelle (Annahmen) zu deren innerem Aufbau. Dabei haben sie die Möglichkeit, ihre Modelle durch weitere Daten zu bestätigen, anzupassen oder zu verwerfen (Krell et al. 2017).

Ausgehend von diesem Einstieg bearbeiten die Studierenden eine Aufgabe (*Performanzebene*), bei der sie ohne vorherigen theoretischen Input ihre Vorstellungen zur Bedeutung von Modellen und Modellierung im mathematisch-naturwissenschaftlichen Erkenntnisprozess formulieren und dabei die Lernendenperspektive einnehmen. Die Vorstellungen der Studierenden werden dann im weiteren Verlauf aufgegriffen und durch wissenschaftliche Vorstellungen (Stachowiak 2013) ergänzt.[3] Das auf diese Weise erzeugte Spannungsfeld zwischen den Vorstellungen der Studierenden zur Modellierung dient als produktiver Ausgangspunkt zur fachdidaktischen Reflexion (*Reflexionsebene*) der Ziele, Konzepte und Schwierigkeiten bei der unterrichtspraktischen Integration mathematisch-naturwissenschaftlicher Modellierungsprozesse. Die Phase der theoretischen Grundlegung zielt somit auf die Erweiterung des fachwissenschaftlichen und fachdidaktischen Wissens (*inhaltsbezogene Kompetenzebene*) im Inhaltsbereich der mathematisch-naturwissenschaftlichen Modellierung.

II. *Kontextualisierung* In der zweiten Phase wird die mathematisch-naturwissenschaftliche Modellierung am Kontext des Treibhauseffekts konkretisiert. Dazu erfolgt eine fachliche Klärung der grundsätzlichen Wirkungsmechanismen des Treibhauseffekts aus den Perspektiven der MINT-Fächer; damit wird ein gemeinsames interdisziplinäres Verständnis des Themas der Studierenden im Seminar erzielt. Zunächst nehmen die Studierenden jedoch – methodisch analog der ersten Phase – die aktive Lernendenperspektive bei der Bearbeitung einer Aufgabe ein (*Performanzebene*) und (re-)konstruieren eigene Modelle zur Erklärung der elementaren Wirkungsmechanismen des Treibhauseffekts, die dann anhand von Schülervorstellungen[4] zum Treibhauseffekt (Niebert 2010) klassifiziert werden. Weiterhin werden in dieser Phase exemplarisch Experimente durchgeführt, um den Studierenden zu verdeutlichen, wie einzelne Teilaspekte von Vorstellungen zum Modell des Treib-

---

[3] Zu einer Übersicht über das, was angehende Lehrerinnen und Lehrer über Modelle und Modellierungsprozesse wissen sollten, siehe auch Oh und Oh (2011) und Upmeier zu Belzen und Krüger (2010).

[4] Niebert (2010, S. 117) unterscheidet in diesem Zusammenhang verschiedene Denkfiguren zu den Mechanismen der globalen Erwärmung: Beispielsweise könnte eine potenzielle Vorstellung der Studierenden sein, dass sie die globale Erwärmung mit dem Ozonloch erklären, wobei CO_2 als Treibhausgas für die Zerstörung der Ozonschicht verantwortlich ist und somit die daraus resultierende erhöhte Sonneneinstrahlung als zentraler Mechanismus der Modellvorstellung zur globalen Erwärmung interpretiert wird.

hauseffekts im MINT-Unterricht behandelt werden können. In der vorliegenden Seminarkonzeption wurden Versuche mit einem Leslie-Würfel gewählt, der verdeutlicht, dass die Intensität der Strahlung, die ein Körper bei fester Temperatur abgibt, von der Oberflächenbeschaffenheit des Körpers (z. B. der Erde) abhängig ist. Beispielsweise kann durch einen einfachen Versuchsaufbau, bei dem ein Leslie-Würfel von einer Lichtquelle bestrahlt wird, mithilfe einer Wärmebildkamera qualitativ aufgezeigt werden, dass CO_2 für sichtbares Licht transparent ist, jedoch für Strahlung im infraroten Bereich nicht. Weiterhin weisen die einzelnen Flächen des Leslie-Würfels einen unterschiedlichen Emissionskoeffizienten auf, d. h., obwohl die jeweiligen Flächen die gleiche Temperatur haben, geben sie in einem unterschiedlichen Maß Wärmestrahlung ab.

Im Zentrum dieser zweiten Phase steht die Vermittlung von fachwissenschaftlichem und fachdidaktischem Grundlagenwissen (*inhaltsbezogene Kompetenzebene*), das durch die Reflexion (*Reflexionsebene*) der eigenen Modellvorstellungen zum Treibhauseffekt im Spannungsfeld mit fachwissenschaftlichen Vorstellungen ausgebildet wird.

III. Planung In dieser Phase befassen sich die Studierenden in Kleingruppen selbstständig mit der Planung einer interdisziplinären Lernumgebung, die als Station in einem Lehr-Lern-Labor durchgeführt wird. Um die Interdisziplinarität der entwickelten Stationen zu gewährleisten, werden die Kleingruppen möglichst fächerheterogen zusammengestellt. Als theoretischer Bezugsrahmen zur Planung der Stationen wird das Kompetenzmodell der Modellkompetenz nach Upmeier zu Belzen und Krüger (2010) zugrunde gelegt. Der Schwerpunkt der Stationen liegt auf jeweils einer der drei Teilkompetenzen *Zweck von Modellen*, *Ändern von Modellen* und *Testen von Modellen*, wobei die Studierenden einen Teilbereich des Themenkomplexes Treibhauseffekt als Mittel zur Kontextualisierung auswählen. Die Planung der Stationen erfolgt möglichst selbstständig durch die Studierenden, sodass Dozierende in dieser Phase vornehmlich eine Beraterrolle einnehmen. Dabei ist es von zentraler Bedeutung, dass die Kleingruppen untereinander kommunizieren, da das Ziel dieser Phase die Entwicklung eines gemeinsamen Projektes ist, in dem die Stationen zwar nicht chronologisch aufeinander aufbauen müssen, aber einander sinnvoll ergänzen sollen. Im Rahmen der Seminardurchführung ist in dieser Phase zur Teilkompetenz *Ändern von Modellen* beispielsweise eine Station entstanden, die auf das Ändern von Modellen zum Kontext der Temperaturabhängigkeit der CO_2-Speicherkapazität der Ozeane fokussiert. Ausgangspunkt der Stationenarbeit ist dabei eine Abbildung eines Modells zum Kohlenstoffkreislauf im Ozean,[5] das die klimabedingte Erwärmung der Ozeane jedoch nicht berücksichtigt und somit, je nach Zweck des Modelleinsatzes, zu verkürzt ist. Dieses Modell wird den Schülerinnen und Schülern in einer Einstiegsphase vorgelegt und gemeinsam diskutiert. Anschließend erhalten die Lernenden eine Anleitung zu einem experimentellen Vergleich der CO_2-Löslichkeit in Wasser unter variablen Temperaturbedingungen

---

[5] Siehe dazu Abb. 1 unter http://bildungsserver.hamburg.de/treibhausgase/2055556/ kohlenstoffkreislauf-ozean-artikel (Zugriff am 17.12.2018).

(Eisbad, Zimmertemperatur, Erwärmung). Es folgt eine Instruktion zur Diskussion der aus dem Experiment gewonnenen Erkenntnisse in Bezug auf das vorgelegte Modell zum Kohlenstoffkreislauf im Ozean; hierbei werden die Lernenden einerseits für die Zweckgebundenheit eines jeden Modells sensibilisiert, andererseits erarbeiten sie mögliche Änderungsvorschläge bezüglich der im Modell berücksichtigten Variablen. Durch die zahlreichen didaktischen Entscheidungen, die die Studierenden bei der Planung der interdisziplinären Lernumgebung selbstständig treffen, erweitern sie ihre individuelle Planungskompetenz (*prozessbezogene Kompetenzebene*).

IV. Durchführung In der vierten Phase findet die praktische Umsetzung (*Performanzebene*) des Projektes im Lehr-Lern-Labor statt. Das Projekt besteht aus drei Stationen, die von den Studierenden geplant werden und jeweils eine der drei Teilkompetenzen *Zweck von Modellen*, *Ändern von Modellen* und *Testen von Modellen* an einem ausgewählten Aspekt des Treibhauseffekts verdeutlichen. Die Stationen werden von den Schülerinnen und Schülern zirkulär in einer beliebigen Reihenfolge durchlaufen. Alle Studierenden nehmen abwechselnd in den drei Durchläufen der Station entweder die Rolle einer bzw. eines Lehrenden ein oder fungieren als passive Beobachterin bzw. passiver Beobachter und sammeln auf diese Weise Informationen zum Ablauf der geplanten Station, die dann als Ausgangspunkt der Reflexionsphase dienen.

V. Reflexion In der abschließenden Phase findet eine Reflexion der praktischen Umsetzung anhand der folgenden Leitfrage statt: Welche Schwierigkeiten ergaben sich in der kontextorientierten didaktischen Rekonstruktion einzelner Aspekte des Modellbegriffs bzw. der Modellierung in der Planung und Durchführung der Lernumgebung (*Reflexionsebene*)? Dabei können die Erfahrungen, die die Studierenden in der Rolle als Lehrperson gesammelt haben, mit den Beobachtungen verglichen werden, die die Gruppenmitglieder in der Rolle als Beobachterin bzw. Beobachter gemacht haben. Der systematische Rückbezug der eigenen Erfahrungen sowie der Beobachtungen auf die ersten drei Seminarphasen dient dabei einerseits dazu, die Weiterentwicklung der Lernumgebung anzuregen. Anderseits ergibt sich dadurch die Möglichkeit der vertieften Auseinandersetzung mit den vielschichtigen Entscheidungen bei der theoretischen Planung einer solchen Lernumgebung und ihrer unterrichtspraktischen Umsetzung.

Die Studierenden, die dieses MINT-Seminar besucht haben, zeigten ein hohes Interesse an der fachlichen Auseinandersetzung mit den interdisziplinär betrachteten Themen Modelle, Modellierungsprozesse und Treibhauseffekt. Sie gaben in den Evaluationsbögen für das Seminar an, dass ihnen „[d]er fachliche Input zu den Themen Modelle und Treibhauseffekt" sowie die Möglichkeit, „[die] [a]usgearbeitete[n] Materialien] konkret mit Schülern ausprobieren [zu] können", besonders gefallen hätten. Die Weiterentwicklung der Studierenden in fachwissenschaftlichen und fachdidaktischen Bereichen wurde im Verlauf des Seminars vor allem in der Reflexionsphase deutlich. Dadurch erscheint die Erweiterung des Seminarkonzepts um eine Phase zur Einarbeitung der Rückmeldungen in die geplanten Stationen und eine zweite Durchführung sinnvoll. Dieser Vorschlag wurde auch in der Evaluation des Seminars durch die Studierenden deutlich: „Es könnte interessant sein, nach der Durchführung [zwei] Wochen für Verbesserungen [und] Feedback zu geben und dann erneut eine Klasse einzuladen."

9.3 Das Seminar „Messen, Schätzen, Größenvorstellungen – ein interdisziplinärer Dialog zum unterrichtspraktischen Umgang mit Größen im MINT-Unterricht"

Didaktisches Thema:	Messen, Schätzen und Größenvorstellungen im MINT-Unterricht
Inhaltlicher Kontext:	Länge, Zeit und Gewicht als exemplarische Größen
Zielgruppe:	MINT-Fächer im Master of Education und Bildung an Grundschulen
Art der Lehrveranstaltung:	Seminar mit Erprobung im schulischen Kontext (7 Blocktermine à 180 min)

9.3.1 Theoretische Grundüberlegungen

Messen
Schülerinnen und Schüler werden in ihrer alltäglichen Lebenswelt von der frühen Kindheit an immer wieder mit physikalischen (z. B. Masse, Zeit, Temperatur) sowie normativen Größen (z. B. Geld) konfrontiert und erfahren dadurch früh, dass die Beobachtungen der uns umgebenden Gegenstände, Phänomene, Vorgänge und Zustände durch verschiedene Formen des Messens in die mathematische „Welt der Zahlen" überführt werden können (Vohns 2012). Im mathematisch-naturwissenschaftlichen Erkenntnisprozess wird dieser Quantifizierung von Beobachtungen der empirischen Wirklichkeit übergreifend ein hoher Stellenwert zugeschrieben (Duit et al. 2004). Die curriculare Verankerung des kompetenten Umgangs (Messen und Schätzen) mit elementaren Größen (z. B. KMK 2004, 2005a, b, c) wird somit sowohl aus einer wissenschaftspropädeutischen Perspektive als auch im Sinne einer unmittelbaren Lebensvorbereitung (Heymann 2013) legitimiert. Um den Schülerinnen und Schülern einen mündigen Umgang mit der Quantifizierung ihrer natürlichen und gesellschaftlichen Umwelt zu ermöglichen, muss neben dem rechnerischen Umgang mit Messgrößen auch nach formalen Grundprinzipien des Messens gefragt werden, die alle Messprozesse gemeinsam haben (Duit et al. 2004).

Dabei sollen drei Grundprinzipien von Messprozessen herausgearbeitet werden: „[d]as Treffen quantitativer Aussagen, das Nutzen einer Messgröße und [der] Vergleich mit einer Einheit" (Vohns 2012, S. 20). Allgemein kann unter einer Messung also zunächst eine Zuordnung von Zahlen zu Objekten, Phänomenen, Vorgängen oder Zuständen verstanden werden (Bortz und Döring 2015). Die Art und Weise, wie diese Quantifizierungsprozesse realisiert werden, beeinflusst maßgeblich, welche logisch-mathematischen Umformungen möglich sind und vor allem auch, wie die Zahlenwerte im Kontext interpretiert werden können (Vohns 2012).[6] Der Zweck von Messprozessen ist jedoch damit noch nicht erschöpfend beschrieben. Unabhängig davon, ob der Zweck einer Messung ein Herstellungsprozess (z. B. ein maßgeschneidertes Kleidungsstück) oder die Festlegung von Normen zur Regelung gesellschaftlicher Praktiken (z. B. Höchstgeschwindigkeiten, Bruttoinlandsprodukt, Schadstoffgrenzwerte) ist, haben unterschiedliche Funktionen von Messprozessen gemeinsam, dass sie Phänomene vergleichbar machen (ebd.).

Dabei muss zwischen den Repräsentanten einer Größe und der Messgröße selbst unterschieden werden, d. h., es können nicht die Objekte, Phänomene, Vorgänge oder Zustände selbst, sondern immer nur ausgewählte Eigenschaften (z. B. Länge, Temperatur, Gewicht) gemessen werden (Grassmann et al. 2014). Beim Übergang vom Messobjekt zur Messgröße gerät durch Fokussierung auf ausgewählte Eigenschaften eine Reihe von anderen Informationen aus dem Blick (Vohns 2012). Für das Messen von physikalischen Größen ist weiterhin charakteristisch, dass für jede Größe eine Einheit (z. B. Meter, Kilogramm, Sekunde) festgelegt wird.[7] Der Vergleich zwischen zwei Messobjekten bezüglich einer Messgröße ist dann immer ein *indirekter Vergleich*, bei dem beide Messgrößen der jeweiligen Messobjekte mit der zugehörigen Einheit verglichen werden (Duit et al. 2004).

Diese drei Grundprinzipien des Messens bilden den theoretischen Ausgangspunkt in der Seminardurchführung und werden durch die Bearbeitung fachlicher (Bortz und Döring 2015; Giancoli et al. 2006) und fachdidaktischer Quellen (Duit et al. 2004; Heinicke et al. 2010; Peter-Koop und Nührenbörger 2012; Vohns 2012) ergänzt.

Darüber hinaus muss thematisiert werden, dass bei jedem Messprozess ein Wert ermittelt wird, der von der Güte des Messinstruments, der Durchführung der Messung und weiterer Einflussfaktoren abhängt (Grassmann et al. 2014). Aus fachwissenschaftlicher Perspektive ist daher im Forschungsprozess die systematische Berücksichtigung bzw. die praktische und rechnerische Kontrolle von Messunsicherheiten untrennbar mit jedem Messvorgang verbunden (Giancoli et al. 2006). Dennoch werden Messunsicherheiten im MINT-Unterricht häufig als „unbeliebte Begleiter von experimentellen Messungen" (Heinicke et al. 2010, S. 26) behandelt und nicht explizit thematisiert. Ein Seminarschwerpunkt der theoretischen Vertiefung auf der Basis der drei Grundprinzipien ist somit durch die Beschäftigung mit Messunsicherheiten (z. B. Heinicke et al. 2010) gegeben.

---

[6] Bortz und Döring (2015) führen an, dass die logisch-mathematische Analyse der Zuordnung zwischen Objekt bzw. Phänomen und Maßzahl und die Klassifizierung der Zuordnungsregeln zentrale Aufgaben der Messtheorie sind, die sich mit den folgenden Problemen beschäftigen: 1) „die Repräsentation empirischer Objektrelationen durch Relationen der Zahlen, die den Objekten zugeordnet sind" (S. 65), 2) „die Eindeutigkeit der Zuordnungsregeln" (ebd.), 3) „die Bedeutsamkeit der mit Messvorgängen verbundenen numerischen Aussagen" (ebd.).

[7] Hierbei kann auch verdeutlicht werden, dass jede Einheit (z. B. die SI-Basiseinheiten) kontingent ist, da Einheiten stets in einem gesellschaftlichen Aushandlungsprozess festgelegt werden und sich somit im Laufe der Zeit durchaus ändern können (Giancoli et al. 2006).

Schätzen

Den zweiten inhaltlichen Schwerpunkt der Seminarkonzeption stellen Schätzprozesse dar, die relevant werden, wenn man lediglich an einer groben Abschätzung einer Größe interessiert ist. Im MINT-Unterricht treten zahlreiche Situationen auf, in denen Schätzprozesse sinnvoll erscheinen: Es liegen keine Daten vor, eine Messung ist zu kosten- und zeitintensiv oder aber logistisch unmöglich, oder Berechnungen sollen auf ihre Sinnhaftigkeit überprüft werden. Der Prozess des Schätzens ist dabei mit dem Prozess des Messens direkt verwoben, denn zum Schätzen einer Größenordnung müssen Erfahrungen mit Größen (Größenvorstellungen) vorhanden sein, die häufig auf bereits erfolgten Messprozessen beruhen. Schätzen bedeutet in diesem Zusammenhang, die Größe eines Objekts, Phänomens, Vorgangs oder Zustands durch einen qualitativen oder quantitativen Vergleich mit bekannten Repräsentanten eines Größenwerts näherungsweise zu bestimmen (Grassmann et al. 2014). Diese bekannten Größen werden auch Stützpunktvorstellungen genannt und beeinflussen maßgeblich den Schätzprozess. Dabei wird deutlich, dass die einzelnen Größenwerte ohne Stützpunktvorstellungen von Standardrepräsentanten für die Lernenden „leere Hüllen" bleiben und dass Schätzen somit dem Raten entsprechen würde. Gleichzeitig sind aber auch die vielfältigen vorunterrichtlichen und unterrichtlich erworbenen Anschauungen der Lernenden ohne eine Klassifikation in Äquivalenzklassen (Größenwerte) „blind".

Diese theoretischen Hintergründe haben das Ziel, den Studierenden Werkzeuge zur Verfügung zu stellen, die es ihnen ermöglichen, die Lernumgebungen aus einem theoretischen Fundament heraus zu entwickeln. Auf diese Weise nähern sich die Studierenden dem Spannungsfeld zwischen Anschauungen und Begriffen am Beispiel von Mess- und Schätzprozessen von Größen unterrichtspraktisch in einem interdisziplinären Dialog.

9.3.2 Der Kontext „Länge, Zeit und Gewicht"

Länge, Zeit und Gewicht sind basale und für Schülerinnen und Schüler aller Jahrgangsstufen direkt erfahrbare Größen. Als Basisgrößen haben sie darüber hinaus eine grundlegende Bedeutung für alle Naturwissenschaften. Insofern ist es wichtig, dass Schülerinnen und Schüler sowohl Messprozesse dieser Größen kennen und anwenden können (z. B. das Wiegen mit einer Waage), als auch eine Vorstellung von Größenwerten erhalten (z. B.: Wie lang ist die Strecke eines 100-Meter-Laufs?). Dies beschränkt sich nicht nur auf die Grundschule oder die Sekundarstufe I. Auch in der Sekundarstufe II haben diese drei Größen eine tragende Bedeutung, etwa in der Relativitätstheorie und in der Quantenmechanik.

9.3.3   Didaktisch-methodische Erläuterungen der Seminarkonzeption

Das Seminar beruht auf der Grundannahme, dass eine fachdidaktische Auseinandersetzung mit Mess- und Schätzprozessen dazu geeignet ist, einen interdisziplinären Dialog zwischen den MINT-Fächern anzuregen und darauf aufbauend Lernumgebungen zu entwickeln, die dieses interdisziplinäre Potenzial entfalten. Der Schwerpunkt liegt somit auf der Planung, Durchführung und Reflexion von jeweils drei Lernumgebungen für die Primarstufe und die Sekundarstufe I, die das übergeordnete didaktische Thema „Messen, Schätzen und Größenvorstellungen" exemplarisch anhand der physikalischen Größen Länge, Zeit und Gewicht interdisziplinär konkretisieren und dabei auch auf einer Metaebene nach dem Wesen von Messprozessen fragen.

Die Studierenden durchlaufen im Rahmen des Seminars ebenfalls die fünf beschriebenen Phasen I. Theoretische Grundlegung, II. Kontextualisierung, III. Planung der Lernumgebung, IV. Durchführung und V. Reflexion. Im Verlauf des Seminars werden die Ebenen *Kompetenz*, *Performanz* und *Reflexion* wechselseitig integriert (Vohns 2014).

I. Theoretische Grundlegung Als Einstieg werden die Studierenden an Stationen mit Schätzexperimenten[8] zu verschiedenen physikalischen Größen (z. B. Temperatur, Zeit, Gewicht) konfrontiert. Dabei nehmen sie zunächst die Lernendenperspektive ein, indem sie die Experimente selbst durchführen (*Performanzebene*). Im Rahmen einer Selbstreflexion werden die Studierenden dazu angeregt, von ihrem eigenen Vorgehen bei der Bearbeitung der Schätzexperimente zu abstrahieren, um allgemeine Mechanismen des Schätzens herauszuarbeiten (*Reflexionsebene*). Diese Einführung sensibilisiert die Studierenden erstens dafür, wie ein unterrichtspraktischer Einstieg in den Themenbereich Messen, Schätzen und Größenvorstellungen aus methodisch-didaktischer Perspektive gestaltet werden kann; zweitens wird der Wechsel zwischen Performanz- und Reflexionsebene als wichtiges Prinzip im didaktischen Konstruktionsprozess von Lernumgebungen verdeutlicht; drittens werden fachwissenschaftliche und fachdidaktische Schwierigkeiten und Unklarheiten der Studierenden im Umgang mit Schätz- und Messprozessen aufgezeigt.

Ein zweiter Schwerpunkt dieser Phase liegt auf der Erarbeitung von lerntheoretischen, fachwissenschaftlichen und fachdidaktischen Grundlagen zum Themenbereich „Messen, Schätzen und Größenvorstellungen". Der Einstieg wird durch ein Impulsreferat gegeben, in dem diese zentralen theoretischen Bezugspunkte erläutert werden. Im Anschluss erarbeiten die Studierenden dazu in Gruppen anhand ausgewählter Basistexte zu den drei Bereichen Plakate, die dann in Form eines Museumsrundgangs präsentiert und diskutiert werden (*Kompetenzebene*).

---

[8] Ein möglicher Einstieg in den Themenbereich „Messen, Schätzen und Größenvorstellungen" ist ein Schätzexperiment, bei dem eine feste Zeitspanne mit verbundenen Augen geschätzt wird. Diese erste Auseinandersetzung wird durch weitere Schätzexperimente zu den klassischen Größen Zeit, Länge, Gewicht etc. vertieft.

Weiterhin analysieren die Studierenden ein Video[9] (*Reflexionsebene*), in dem eine gezeigte Versuchsperson verschiedene Gegenstände[10] in Bezug auf ihr Gewicht von leicht nach schwer sortiert. Das Experiment hat vier Phasen, wobei sich die Versuchsperson in jeder der Phasen für eine Anordnung der Gegenstände entscheiden muss. In der ersten Phase stehen nur Fotos der jeweiligen Gegenstände zur Verfügung, in der zweiten Phase dürfen die real vorliegenden Gegenstände direkt angeschaut werden, in der dritten Phase können die Gegenstände auch angefasst werden, und in der letzten Phase dient zusätzlich eine zweischalige Waage als Messinstrument. Die Versuchsperson verbalisiert während des gesamten Experiments ihre Gedanken, Einschätzungen und Entscheidungen. In der Auseinandersetzung mit dem Videoexperiment werden die Studierenden einerseits für die zentrale Bedeutung des Vorwissens in Schätzprozessen sensibilisiert und erkennen anderseits die theoretischen Grundprinzipien des Messens (z. B. Zuordnung eines Objektes zu einer Maßzahl, direkter Vergleich zwischen Objekten) im praktischen Kontext wieder. Dass der für das Messen von physikalischen Größen charakteristische indirekte Vergleich der Messgröße mit einer Maßeinheit im Experiment nicht auftritt, kann als Ausgangspunkt eines didaktischen Konstruktionsprozesses dienen, in dem die Aufgabenstellung um- bzw. neu definiert wird. Zusammenfassend ausgedrückt, fokussiert die erste Phase die Erarbeitung von zentralen fachwissenschaftlichen, fachdidaktischen und lerntheoretischen Bezugspunkten, die im darauffolgenden didaktischen Konstruktionsprozess produktiv eingesetzt werden (*Kompetenzebene*).

II. Kontextualisierung In dieser Phase beschäftigen sich die Studierenden mit den fachlichen Inhalten zu den Kontexten Zeit, Länge und Gewicht. Je nach Bezugsfach und Schulstufe können dabei unterschiedliche Aspekte der drei Größen thematisiert werden. Die einzelnen Fachdisziplinen unterscheiden sich dabei vor allem darin, *wovon* die Dauer, die Länge oder das Gewicht bestimmt wird. Es sind sehr verschiedene fachliche Kontexte, in denen die Größen jeweils eine wichtige Rolle spielen. Von diesen fachlichen Differenzen ausgehend erarbeiten die Studierenden anschließend neben einer Sachanalyse auch eine didaktische Rekonstruktion ihres Kontextes. Durch die didaktische Frage nach der unterrichtspraktischen Umsetzung können die verschiedenen fachlichen Kontexte unter einem übergeordneten Gesichtspunkt miteinander verglichen werden.

III. Planung In dieser Phase werden Studierende der MINT-Fächer und der Grundschulpädagogik zusammengeführt. Dabei steht die Konzeption einer kompetenzorientierten Lernumgebung zu einer der Größen Länge, Zeit und Gewicht im Vordergrund. Dafür werden sechs Arbeitsgruppen (Länge – Sekundarstufe I und Primarstufe; Zeit – Sekundarstufe I und Primarstufe; Gewicht – Sekundarstufe I und Primarstufe) gebildet. Als Anregung zur individuellen Gestaltung der Lernumge-

---

[9] Das Video kann bei den Autoren und Autorinnen angefordert werden.
[10] Es handelt sich um elf Gegenstände, von denen einige aus alltäglichen Kontexten bekannt sind (z. B. Tischtennisball, Orange, Apfel) und einige eher selten in Alltagssituationen auftreten (z. B. eine Metallkugel).

bungen werden den Studierenden zahlreiche unterrichtspraktische Zeitschriften[11] zur Verfügung gestellt. Die Studierenden entwickeln beispielsweise eine Lernumgebung zum Messen und Schätzen von Abständen im Sonnensystem. In einer als Lernaufgabe gestalteten Lernumgebung stellen die Lernenden eine maßstabsgetreue Nachbildung des inneren Sonnensystems her. Durch diese operative Herangehensweise werden die astronomischen Maße nicht nur auf Maße aus der Lebenswelt der Schülerinnen und Schüler bezogen, sondern haptisch erlebbar gemacht. Die Kontrastierung von geschätzten Maßen des Modells und berechneten Maßen unterstützt die Ausbildung von realistischen Stützpunktvorstellungen der Schülerinnen und Schüler. Durch die zahlreichen didaktischen Entscheidungen, die die Studierenden während der Planung der Lernumgebung treffen müssen, erweitern sie ihre individuelle Planungskompetenz (*prozessbezogene Kompetenzebene*).

Zum Abschluss dieser Phase wird eine „Generalprobe" der Lernumgebungen unter den Studierenden durchgeführt. Diese hat sich als sehr hilfreich erwiesen, um fachliche Überfrachtungen und zeitlich unrealistische Planungen bereits im Vorfeld zu identifizieren und noch vor der ersten Erprobung mit den Schülerinnen und Schülern zu beheben.

IV. Durchführung Die unterrichtspraktische Erprobung ist das Kernstück der vierten Phase und besteht aus zwei Teilen, den Lernumgebungen für die Primarstufe und den Lernumgebungen für die Sekundarstufe I. Die Doppelbelegung mit zwei Gruppen pro Größe (Sek I und Primarstufe) ermöglicht es, dass die jeweils andere Gruppe während der Erprobung eine Beobachterperspektive einnimmt. Die Beobachtungen dienen als Ausgangspunkt für die abschließende Reflexion des Seminars.

V. Reflexion Die Reflexion der unterrichtspraktischen Erprobung (*Reflexionsebene*) ist in drei Perspektiven gegliedert: Erstens wird ein Raum für die Reflexion der affektiven Eindrücke und Ängste der Studierenden geschaffen. Dies ist wichtig, weil die Unterrichtserfahrung der meisten Studierenden bisher auf wenige Stunden in den Praktika beschränkt ist. Zweitens werden die Beobachtungsbögen ausgewertet und zur rückblickenden Einschätzung der didaktischen Rekonstruktion der jeweiligen Lernumgebungen eingesetzt. Ein Schwerpunkt wird an dieser Stelle auf die Diskussion weiterer interdisziplinärer Bezüge der Lernumgebungen gelegt. Drittens rückt zum Abschluss die Seminarkonzeption selbst in den Fokus des Reflexionsprozesses, die selbst durch einen didaktischen Konstruktionsprozess entstanden ist und damit zwangsläufig einen dynamischen Charakter hat. Die Reflexionsleistungen der Studierenden im Verbund mit den Eindrücken der Lehrpersonen bilden einen produktiven Ausgangspunkt zur stetigen Weiterentwicklung der Seminarkonzeption.

Ein Fazit für die Konzeption und Umsetzung dieses MINT-Seminars aus Sicht der Studierenden kann aufgrund von Evaluationsergebnissen gezogen werden. Diese spiegeln die größtenteils hohe Zufriedenheit der Studierenden wider; dabei werden als positive Merkmale die offene Arbeitsatmosphäre, das „selbstständige Arbei-

---

[11] Zum Beispiel Grundschule (2013); Mathematik differenziert (2014); Grundschule Mathematik (2007, 2008).

ten", „die Zusammenarbeit mit den Kommilitonen aus anderen Fächern" und „das eigenständige Entwerfen von Unterrichtsmaterialien, die tatsächlich in der Schule verwendet werden sollen" genannt.

9.4 Fazit und Ausblick

Die in diesem Beitrag an zwei Beispielen illustrierte Seminarkonzeption wird seit rund zehn Jahren mit wechselnden Schwerpunktthemen und Kontextualisierungen an der Humboldt-Universität zu Berlin angeboten (vgl. auch Kap. 8 von Ernst, Priemer und Schulz in diesem Band). Alle Seminare werden interdisziplinär anhand eines übergreifenden didaktischen Rahmenthemas – das relevant für viele Jahrgangsstufen ist – gestaltet, beinhalten die Erarbeitung von Lernumgebungen für Schülerinnen und Schüler mit einem Fokus auf projektartige Gruppenarbeit sowie die Erprobung mit realen Schulklassen (in der Schule oder im Lehr-Lern-Labor) und schließen mit einer Reflexion ab. Die Phasen Planung, Durchführung und Reflexion sind dabei das Kernstück des Seminarkonzeptes, da hier die Verzahnung der drei Ebenen Kompetenz, Performanz und Reflexion direkt stattfindet (vgl. Kap. 1 von Roth und Priemer in diesem Band). Dies zeigt sich darin, dass die Studierenden die Möglichkeit haben, einerseits den vollständigen Planungsprozess zu durchlaufen und andererseits ihre konkrete Planung im Realsetting durchzuführen und diese im Anschluss auf der Basis ihrer Erfahrungen und Eindrücke zu reflektieren und weiterzuentwickeln.

Dieser Beitrag hat die zentralen theoretischen Überlegungen der Konstruktion interdisziplinärer Seminare der MINT-Lehrpersonenbildung vorgestellt. Abschließend werden einige zusammenfassende Erfahrungen aus den jeweiligen Seminardurchführungen angeführt, die aus Lehrevaluationen, Beobachtungen der Dozierenden und Reflexionsgesprächen mit den Studierenden am Ende der Seminare stammen.

Bei der Durchführung der Seminare waren die unterschiedlichen fachlichen Voraussetzungen der Studierenden sowie die unterschiedlichen Fachkulturen und -sprachen eine besondere Herausforderung. Der hier für eine fruchtbare Kommunikation zwischen den Studierenden und den Dozentinnen und Dozenten notwendige zeitliche Aufwand sollte bei der Planung eines derartigen Seminars berücksichtigt werden. Auch konnte in der Praxis der Durchführung des Seminars nicht immer sichergestellt werden, dass Studierende und insbesondere auch Dozierende aller MINT-Fächer vertreten waren. In diesen Fällen wurde die fehlende Fachperspektive sowohl punktuell extern eingeholt, als auch von den Lehrenden selbst erarbeitet. Ein interdisziplinäres Seminar stellt damit auch für die beteiligten Lehrenden eine Möglichkeit dar, neue Blickwinkel kennenzulernen und auf diese Weise die Expertise über die eigenen Fächergrenzen hinaus zu erweitern.

Die teilnehmenden Studierenden bewerteten die MINT-Seminare im Rahmen der jeweiligen Lehrevaluation als besonders bereichernd. Dies wurde insbesondere mit den neuen pädagogischen, didaktischen und fachlichen Blickwinkeln über die eigenen Disziplinen und Schulstufen hinaus mit der bislang unbekannten interdisziplinären Aufbereitung eines schulischen Themas sowie mit der Erprobung mit realen Schulklassen im Lehr-Lern-Labor begründet. Damit kann das grundlegende Seminarkonzept mit der fachübergreifenden Struktur als eine gewinnbringende didaktische und pädagogische Anregung der Lehrpersonenausbildung dienen und den Studierenden aufzeigen, wie auch in der späteren Schulpraxis interdisziplinär gearbeitet werden kann. Die Forderung „mehr Interdisziplinarität" kann auf diese Weise sowohl hinsichtlich fachübergreifender Arbeit an einem interdisziplinären Themenfeld als auch im Hinblick auf ein Zusammenarbeiten von Lehramtsstudierenden unterschiedlicher Schulstufen „mit Leben gefüllt" werden.

Literatur

Barke, H.-D., Harsch, G., Marohn, A., & Krees, S. (2015). *Chemiedidaktik kompakt: Lernprozesse in Theorie und Praxis* (2. Aufl.). Berlin: Springer Spektrum.

Bortz, J., & Döring, N. (2015). *Forschungsmethoden und Evaluation für Human- und Sozialwissenschaftler* (4. Aufl.). Berlin: Springer.

Crawford, B., & Cullin, M. (2005). Dynamic assessments of preservice teachers' knowledge of models and modelling. In K. Boersma, M. Goedhart, O. de Jong & H. Eijkelhof (Hrsg.), *Research and the quality of science education* (S. 309–323). Dordrecht: Springer.

Duit, R., Gropengießer, H., & Stäudel, L. (2004). Beobachten und Messen. In *Naturwissenschaftliches Arbeiten* (S. 22–29).

Fischer, R., & Malle, G. (2004). *Mensch und Mathematik: Eine Einführung in didaktisches Denken und Handeln* (1. Aufl.). Klagenfurter Beiträge zur Didaktik der Mathematik, Bd. 5. München: Profil.

Giancoli, D. C., Krieger-Hauwede, M., & Eibl, O. (2006). *Physik*. München: Pearson Studium.

Gobert, J. D., & Clement, J. J. (1999). Effects of student-generated diagrams versus student-generated summaries on conceptual understanding of causal and dynamic knowledge in plate tectonics. *Journal of Research in Science Teaching, 36*(1), 39–53.

Grassmann, M., Kaiser, A., Eichler, K.-P., & Nitsch, B. (2014). *Mathematikunterricht: Kompetent im Unterricht in der Grundschule*. Baltmannsweiler: Schneider.

Grosslight, L., Unger, C., Jay, E., & Smith, C. L. (1991). Understanding models and their use in science: conceptions of middle and high school students and experts. *Journal of Research in Science Teaching, 28*(9), 799–822.

Grundschule (Hrsg.) (2013). *Größen und Messen, Erfahrungen aufgreifen: Heft 2*. Braunschweig: Westermann.

Grundschule Mathematik (Hrsg.) (2007). *Größen: Zeit: Heft 13*. Seelze: Friedrich.

Grundschule Mathematik (Hrsg.) (2008). *Größen & Sachrechnen: Gewichte: Heft 19*. Seelze: Friedrich.

Heinicke, S., Glomski, J., Priemer, B., & Rieß, F. (2010). Aus Fehlern wird man klug: Über die Relevanz eines adäquaten Verständnisses von „Messfehlern" im Physikunterricht. *Praxis der Naturwissenschaften – Physik in der Schule, 5*(59), 26–33.

Heymann, H. W. (2013). *Allgemeinbildung und Mathematik* (2. Aufl.). Weinheim: Beltz.

IPCC (2013). *Klimaänderung 2013: Wissenschaftliche Grundlagen*. Genf: Cambridge University Press.

Justi, R., & Gilbert, J. (2003). Teachers' views on the nature of models. *International Journal of Science Education, 25*(11), 1369–1386.

Kaiser, G. (2014). Mathematical Modelling and Applications. In E. S. Lerman (Hrsg.), *Encyclopedia of Mathematics Education* (S. 396–404). Dordrecht: Springer.

Khan, S. (2007). Model-based inquiries in chemistry. *Science Education, 91*(6), 877–905.

Kircher, E., Girwidz, R., & Häußler, P. (Hrsg.). (2015). *Springer-Lehrbuch. Physikdidaktik: Theorie und Praxis* (3. Aufl.). Berlin: Springer Spektrum.

KMK (2004). *Bildungsstandards im Fach Mathematik für den Mittleren Schulabschluss: Beschluss vom 04.12.2003*. München: Wolters Kluwer.

KMK (2005a). *Bildungsstandards im Fach Biologie für den Mittleren Schulabschluss: Beschluss vom 16.12.2004*. München: Wolters Kluwer.

KMK (2005b). *Bildungsstandards im Fach Chemie für den Mittleren Schulabschluss: Beschluss vom 16.12.2004*. München: Wolters Kluwer.

KMK (2005c). *Bildungsstandards im Fach Physik für den Mittleren Schulabschluss: Beschluss vom 16.12.2004*. München: Wolters Kluwer.

Krell, M., Walzer, C., Hergert, S., & Krüger, D. (2017). Development and application of a category system to describe pre-service science teachers' activities in the process of scientific modelling. *Research in Science Education*. https://doi.org/10.1007/s11165-017-9657-8.

Lederman, N., & Abd-El-Khalick, F. (2002). Avoiding de-natured science: activities that promote understandings of the nature of science. In W. McComas (Hrsg.), *The Nature of Science in science education* (S. 83–126). Dordrecht: Kluwer.

Leuders, T. (Hrsg.). (2011). *Mathematik-Didaktik: Praxishandbuch für die Sekundarstufe I und II* (6. Aufl.). Berlin: Cornelsen-Scriptor.

Mathematik differenziert (Hrsg.) (2014). *Ganz schön viel! Vom Schätzen und Überschlagen: Heft 1*. Braunschweig: Westermann.

Niebert, K. (2010). *Den Klimawandel verstehen: Eine didaktische Rekonstruktion der globalen Erwärmung – eine evidenzbasierte und theoriegeleitete Entwicklung von Lernangeboten zur Vermittlung der globalen Erwärmung*. Oldenburg: BIS.

Oh, P. S., & Oh, S. J. (2011). What teachers of science need to know about models: an overview. *International Journal of Science Education, 33*(8), 1109–1130.

Peter-Koop, A., & Nührenbörger, M. (2012). Größen und Messen. In G. Walther (Hrsg.), *Bildungsstandards für die Grundschule: Mathematik konkret* (S. 89–117). Berlin: Cornelsen.

Rotbain, Y., Marbach-Ad, G., & Stavy, R. (2006). Effect of bead and illustrations models on high school students' achievement in molecular genetics. *Journal of Research in Science Teaching, 43*(5), 500–529. https://doi.org/10.1002/tea.20144.

Schwarz, C., & White, B. (2005). Metamodeling knowledge: developing students' understanding of scientific modeling. *Cognition and Instruction, 23*, 165–205.

Skovsmose, O. (1990). Reflective knowledge: Its relation to the mathematical modelling process. *International Journal of Mathematical Education in Science and Technology, 21*(5), 765–779.

Skovsmose, O. (2005). *Travelling through education: uncertainty, mathematics, responsibility*. Rotterdam: Sense.

Stachowiak, H. (2013). *Allgemeine modelltheorie*. Wien: Springer.

Upmeier zu Belzen, A., & Krüger, D. (2010). Modellkompetenz im Biologieunterricht. *Zeitschrift für Didaktik der Naturwissenschaften, 16*, 41–57.

Vohns, A. (2012). Grundprinzipien des Messens. *mathematik lehren, 173*, 20–24.

Vohns, A. (2014). *Zur Dialektik von Kohärenzerfahrungen und Differenzerlebnissen: Bildungstheoretische und sachanalytische Studien zur Ermöglichung mathematischen Verstehens*. München: Profil.

Erkenntnisgewinnung durch Forschendes Lernen im Lehr-Lern-Labor Humboldt Bayer Mobil

10

Ronja Wogram, Katharina Nave und Annette Upmeier zu Belzen (iD)

Inhaltsverzeichnis

Abstract

Das Humboldt Bayer Mobil ist ein 14 m langer Lkw-Auflieger, der als mobiles Lehr-Lern-Labor ausgestattet ist und in Berlin eingesetzt wird. Schülerinnen und Schüler erleben darin naturwissenschaftliche Projekttage, und Studierende des Lehramts sammeln in der universitären Phase ihrer Ausbildung Erfahrungen im fachbezogenen Austausch mit Lernenden. In beiden Bereichen ist der methodische Ansatz des Forschenden Lernens leitend. Bei Schülerinnen und Schülern soll das Interesse an Naturwissenschaften geweckt werden. Dabei geht es sowohl um fachwissenschaftliche Inhalte als auch um Erfahrungen beim wissenschaftlichen Entdecken und somit um Kompetenzen der Erkenntnisgewinnung. Studierende wenden ihre fachlichen und wissenschaftsmethodischen Fähigkeiten beim Planen von Lernumgebungen und der Förderung Lernender an und entwickeln ihre Diagnose- und Förderkompetenzen weiter. Im vorliegenden Beitrag wird

R. Wogram (✉) · A. Upmeier zu Belzen
Fachdidaktik und Lehr-/Lernforschung Biologie, Humboldt-Universität zu Berlin
Berlin, Deutschland
E-Mail: ronja.wogram@biologie.hu-berlin.de

A. Upmeier zu Belzen
E-Mail: annette.upmeier@biologie.hu-berlin.de

K. Nave
Fachdidaktik und Lehr-/Lernforschung Chemie, Humboldt-Universität zu Berlin
Berlin, Deutschland
E-Mail: katharina.nave@hu-berlin.de

© Springer-Verlag GmbH Deutschland, ein Teil von Springer Nature 2020
B. Priemer und J. Roth (Hrsg.), *Lehr-Lern-Labore*,
https://doi.org/10.1007/978-3-662-58913-7_10

das Konzept des Mobils exemplarisch anhand der Expedition „Vermessung des Körpers" vorgestellt.

10.1 Einleitung

Seit dem Jahr 2010 werden mit dem Humboldt Bayer Mobil (HBM) Schulen in Berlin besucht, um dort mit Schülerinnen und Schülern der Jahrgangsstufen fünf bis acht naturwissenschaftliche Projekttage durchzuführen. Das HBM ist ein 14 m langer Lkw-Auflieger mit Laborarbeitsplätzen für etwa 15 Personen. Es bietet zudem Stauraum für Verbrauchsmaterialien und Geräte. Die Aufenthaltsdauer des Mobils beträgt eine Woche pro Schule. Darüber hinaus steht das Mobil phasenweise für jeweils mehrere Wochen auf dem Universitätsgelände, und Besuche von Schulklassen erfolgen im Rahmen einer Exkursion. Als Lehr-Lern-Labor bietet das HBM Handlungspotenzial für Lehrende und Lernende und verbindet Forschung, Studium, Lehre und Schulpraxis (Brüning 2016). Die Projekttage haben das Ziel, durch das Erkennen und Bearbeiten von naturwissenschaftlichen Fragestellungen Handlungssituationen zu schaffen, die auf das Wecken von aktuellem Interesse abzielen und so zum Aufbau und zur Förderung von Interesse an den Naturwissenschaften beitragen (Pawek 2012). Die konkrete Handlungssituation wird beispielsweise durch die Einbindung der Arbeitsweise des Experimentierens gestaltet (Guderian und Priemer 2008). Studierende des Lehramts profitieren dabei hinsichtlich ihrer praktischen Ausbildung, wenn sie im Rahmen von Seminaren theoriebasiert Lernumgebungen entwickeln, die sie anschließend im HBM in Kleingruppen erproben und reflektieren. An den Nachmittagen besteht die Möglichkeit, Fort- und Weiterbildungen für Lehrpersonen zu besuchen.

In einer achtjährigen Projektlaufzeit wurden vier interdisziplinäre Angebote, sogenannte Expeditionen, entwickelt, eingesetzt und optimiert. Der fachdidaktische Fokus der Expeditionen liegt auf der Förderung von Kompetenzen der Erkenntnisgewinnung, die im Sinne von Methodenwissen Bestandteil naturwissenschaftlicher Bildung sind und zum Aufbau von Wissenschaftsverständnis beitragen (Mayer 2007). Methodisch orientieren sich die Expeditionen am Forschenden Lernen (Mayer und Ziemek 2006). Das ist ein Ansatz, bei dem Schülerinnen und Schüler eigenständig wissenschaftliche Erkenntnisprozesse durchführen und sich dabei neben Fachwissen wissenschaftsmethodische Kompetenzen aneignen. Auch dieser Ansatz trägt zum Wecken von Interesse bei, weil Lernende in einer sozialen Situation die Erfahrung von Autonomie und Kompetenz machen können. Die Offenheit zeigt sich beispielsweise in den Stationen, die durch multiple Kontexte vielfältige Zugänge ermöglichen, dabei jedoch durchgehend den Bezug zu authentischen Situationen herstellen (Pawek 2012). Die Lerninhalte leiten sich aus den aktuellen Rahmenlehrplänen des Landes Berlin für die Naturwissenschaften der Grundschule ab (LISUM 2016a) und orientieren sich zudem an den Rahmenlehrplänen des Landes Berlin für die Fächer Biologie (LISUM 2016b), Physik (LISUM 2016c) und Chemie (LISUM 2016d) der Sekundarstufe I. Somit wird an das Vorwissen der Schülerinnen und Schüler angeknüpft und gleichzeitig eine angemessene und kognitiv anspruchsvolle Lerngelegenheit geschaffen.

Im Rahmen der „Polarexpedition" erforschen Schülerinnen und Schüler mithilfe von Modellexperimenten[1] das Leben von Tieren in der Kälte. In der nach dem Naturforscher benannten „Alexander-von-Humboldt-Expedition" gehen Schülerinnen und Schüler individuell relevanten Fragestellungen in ihrer alltäglichen Umgebung Schulhof nach, wobei das kriteriengeleitete Beobachten im Vordergrund steht. Die „Kriminalexpedition" ermöglicht es den Schülerinnen und Schülern, die Rolle einer Forensikerin oder eines Forensikers einzunehmen und mithilfe der naturwissenschaftlichen Arbeitsweisen Vergleichen, Ordnen und Experimentieren einen fiktiven Kriminalfall aufzuklären. Die zuletzt entwickelte Expedition „Vermessung des Körpers" verbindet lebenswissenschaftliche Forschung mit der Lebenswelt der Schülerinnen und Schüler. Das Format dieser Expedition bietet aufgrund der Interdisziplinarität und der technischen Ausstattung – die in den Schulen oft nicht vorhanden ist – einen breiten Blick auf den Körper als System. Als Erkenntnismethoden stehen dabei Experimente und Modellierungen im Fokus, mit denen Fragestellungen zu humanbiologischen Strukturen und Funktionen sowie Systemen, aber auch Leistungen und Grenzen des eigenen Körpers untersucht werden. So können Schülerinnen und Schüler beispielsweise mit einer Wärmebildkamera die Temperaturen verschiedener Körperzonen bei sportlicher Aktivität erfassen, anhand geeigneter naturwissenschaftlicher Modelle die Funktionsweise des Brustkorbs bei der Atmung untersuchen oder mithilfe eines Ultraschallgeräts in den eigenen Körper „hineinschauen".

Dieser Beitrag bietet Einblicke in die theoretische Konzeption eines HBM-Angebots am Beispiel der Expedition „Vermessung des Körpers". Vorgestellt werden Merkmale der Lernumgebung mit einem Fokus auf das Forschende Lernen sowie deren Umsetzung im HBM. Die Handlungspotenziale für die einbezogenen Akteure werden vorgestellt und mit Blick auf ihre Lernpotenziale reflektiert.

10.2 Theorie

Erkenntnisgewinnung

Kompetenzen der Erkenntnisgewinnung sind Teil der nationalen sowie internationalen Bildungsstandards für die Fächer Biologie, Physik und Chemie und umfassen sowohl Wissen als auch Fähigkeiten und Fertigkeiten, naturwissenschaftliches Wissen zu generieren und die Möglichkeiten und Grenzen der Methoden zu reflektieren (KMK 2005; NGSS 2013). Grundlegend kann der Erkenntnisprozess als ein „komplexer, kognitiver und wissensbasierter Problemlöseprozess" beschrieben werden, „der durch spezifische Prozeduren charakterisiert ist" (Mayer, 2007, S. 181). Diese Prozeduren lassen sich im Sinne naturwissenschaftlicher Denk- und Arbeitsweisen systematisieren (Wellnitz und Mayer 2013; Nowak et al. 2013). Im Sinne des hy-

---

[1] In einem Modellexperiment wird mit einem gegenständlichen Modell ein Experiment durchgeführt (Sommer et al. 2017).

pothetisch-deduktiven Vorgehens kann wissenschaftliches Denken diesbezüglich in das Formulieren von Fragestellungen, das deduktive Ableiten von Hypothesen aus Theorien und das Planen und Durchführen von Datenerhebungen und deren Auswertung sowie Reflexion eingeteilt werden. Während diese Denkweisen für alle Naturwissenschaften gleichermaßen gelten, zeichnen sich Untersuchungen durch fachspezifische Aspekte aus, etwa wenn es in der Biologie um funktionale und kausale Betrachtungen oder um proximate und ultimate Erklärungen geht. Der idealtypische Erkenntnisprozess geht oft von einem den Schülerinnen und Schülern zuvor unbekannten Phänomen aus, das zunächst offene Fragestellungen hervorruft (Schreiber et al. 2009). Die daran anknüpfende Ableitung von Hypothesen, unter Einbeziehung von Vorwissen und Theorien, führt je Hypothese von einem konkreten Untersuchungsdesign zu einer spezifischen Arbeitsweise. In der Biologie werden beispielsweise Hypothesen zu Struktur-Funktions-Zusammenhängen im Rahmen von wissenschaftlichen Beobachtungen überprüft, während Fragen bzw. Hypothesen zu Unterschieden zwischen Objekten durch Vergleichen und Ordnen bearbeitet werden (Wellnitz und Mayer 2013). Auf Hypothesen zu kausalen Erklärungen folgen in allen Naturwissenschaften kontrollierte Experimente. Werden Hypothesen über nicht zugängliche Strukturen formuliert, erfolgt eine Modellierung als Basis für die Ableitung von Hypothesen (Upmeier zu Belzen und Krüger 2010).

In Tab. 10.1 werden die wesentlichen Merkmale der Schritte naturwissenschaftlichen Denkens bezogen auf die einzelnen Arbeitsweisen beschrieben. Diese Strukturierung der Erkenntnisgewinnung ist die theoretische Grundlage für fachübergreifende empirische Arbeiten in Chemie und Biologie (Nowak et al. 2013; Nehring et al. 2015). Die erzielten Befunde stützen die theoretische Annahme, dass die Denkweisen eher fachübergreifend und die Arbeitsweisen eher fachbezogen gelten.

Die Expedition „Vermessung des Körpers" legt den Fokus auf die Arbeitsweisen Experimentieren und Modellieren. Konkrete Beispiele werden in Abschn. 10.3 (Konzeption) vorgestellt.

Forschendes Lernen

Der Ansatz des Forschenden Lernens ist eine konstruktivistisch orientierte Lernform, bei der Lernende ihnen unbekannte Phänomene mithilfe von naturwissenschaftlichen Denk- und Arbeitsweisen erforschen (Bönsch 1991). Grundlage sind Lerngelegenheiten, deren idealtypischer Ablauf in Prozessen der Erkenntnisgewinnung und den zugrunde liegenden Denkweisen gründet (Bruckermann et al. 2017). Ziel des Forschenden Lernens ist, dass die Lernenden in einem vorgegebenen Forschungsfeld selbst entwickelte Fragestellungen verfolgen und dabei den Prozess der naturwissenschaftlichen Erkenntnisgewinnung durchlaufen, sei es ausschließlich gedanklich oder auch praktisch nachvollziehend. Martius et al. (2016) sowie Arnold (2015) beschreiben wesentliche Kriterien für die Konzeption Forschenden Lernens, wie die Ausrichtung auf Fragen zur Natur als Ausgangspunkt sowie das Schaffen von Lernanlässen mit authentischen Problemen aus der Lebens- und Erfahrungswelt. Zu Beginn der Lerngelegenheit ergeben sich daraus Fragestellungen, zu denen Hypothesen abgeleitet werden. Die darauffolgenden Erkenntnisprozesse sind für die Lernenden ergebnisoffen und werden von diesen selbst gestaltet,

Tab. 10.1 Strukturierung naturwissenschaftlicher Denkweisen und Arbeitsweisen. (Verändert nach Upmeier zu Belzen und Krüger im Druck; Wellnitz und Mayer 2013; Krell et al. 2014)

Arbeitsweisen/ wissenschaftliches Denken	Beobachten	Vergleichen/ Ordnen	Experimentieren	Modellieren
Fragen formulieren zu …	Struktur-Funktions-Beziehungen	Kriterien zur Identifikation von Unterschieden und Kategorien	Ursache-Wirkungs-Beziehungen	Variablenzusammenhängen in einem nicht zugänglichen Phänomen mit einem Modell
Hypothesen ableiten über …	Korrelationen	Unterschiede	Ursache und Wirkung	Korrelationen, Unterschiede oder Ursachen und Wirkungen
Datenerhebung planen und durchführen als …	Systematisches Beobachten bezogen auf Merkmale und ihre Ausprägungen sowie Veränderungen	Kriteriengeleitetes Vergleichen/ Systematisieren und Ordnen/ Kategorisieren	Experimentieren mit Variablenkontrolle	Beobachten, Vergleichen und Ordnen oder Experimentieren mit Bezug zu den modellierten Variablen
Daten auswerten im Hinblick auf …	Korrelationen zwischen Variablen, Beschreibung von Merkmalen, Strukturen und Veränderungen von Systemen	Gruppen und hierarchische Ordnungssysteme	Ursache-Wirkungs-Gefüge	Variablen in einem nicht zugänglichen Phänomen und die Passung von Modell und Phänomen

wobei das wissenschaftliche Denken die Erkenntnisprozesse steuert. Dabei werden kooperative Lernformen integriert, bei denen Lernende selbstständig arbeiten, sich gegenseitig unterstützen und auf diese Weise naturwissenschaftliche Erkenntnisse gewinnen. Die Lehrperson nimmt hierbei eine begleitende Rolle ein und unterstützt die Lerngruppe bei Bedarf.

Die Methode bringt eine hohe Komplexität mit sich. Sind das Vorwissen oder die Fähigkeiten der Lernenden gering, kann dies schnell zu Überforderung führen (Schmidt-Weigand et al. 2008). Sollen alle Lernenden aktiv am Forschenden Lernen teilnehmen können, sind Anleitungen oder Lernunterstützungen wichtig (Arnold 2015). Eine Möglichkeit der Lernunterstützung bieten Scaffolds. Saye und Brush (2002) unterscheiden hierbei Soft Scaffolds als Unterstützungsmaßnahmen, die von Lehrpersonen dynamisch und situativ gegeben werden, und Hard Scaffolds als statische Unterstützungen, die vorbereitet werden und für alle Schülerinnen und Schüler gleich sind. Im Lehr-Lern-Labor HBM werden zur Unterstützung der Lernenden beide Formen eingesetzt. Das so differenzierte Lernangebot unterstützt ein verstärktes Autonomieerleben und ist förderlich für Interessenbildung und Motivation (Deci und Ryan 1993).

10.3   Konzeption der Expedition „Vermessung des Körpers" im Humboldt Bayer Mobil

Struktur der Expedition

Während der Expedition „Vermessung des Körpers" erheben Schülerinnen und Schüler durch einfache Messverfahren Daten zu ihrem Körper und erforschen Strukturen, Funktionen und Systeme des Körpers, indem sie im Sinne des Forschenden Lernens hypothesengeleitet Experimente durchführen und mit Modellen Erkenntnisse generieren. Die Expedition hat einen zeitlichen Umfang von fünf Stunden und ist in vier Phasen gegliedert, die sowohl im Klassenraum als auch im HBM, teils im Plenum und teils in Partnerarbeit, stattfinden (Abb. 10.1).

Jeweils vier Studierende der 12 bis 15 studentischen Mitarbeiterinnen und Mitarbeiter des HBM-Teams führen die Expedition mit einer Schulklasse durch. Während der Einführung und der Reflexion, die beide im Plenum stattfinden, nehmen die studentischen Mitarbeiterinnen und Mitarbeiter eine moderierende Rolle ein. Die Erarbeitungsphasen zur Datengewinnung finden im Sinne des Forschenden Lernens an sieben verschiedenen Stationen in Partnerarbeit statt. Das bedeutet, dass die Schülerinnen und Schüler die Abfolge und Bearbeitungsintensität der einzelnen Stationen selbst regulieren können. Die Partnerarbeit ist nach der kooperativen Lernform *Think-Pair-Share* (Brüning und Saum 2009) strukturiert. In der *Think*-Phase erarbeitet jede Schülerin und jeder Schüler mögliche Hypothesen, die in der *Pair*-Phase in Partnerarbeit besprochen werden. Die *Share*-Phase findet in Form einer Reflexion in größeren Gruppen bzw. im Plenum statt. Die studentischen Mitarbeiterinnen und Mitarbeiter begleiten die Forschungsprozesse, geben Hilfestellungen und leiten an, wenn Schülerinnen und Schüler beispielsweise Unterstützung beim Umgang mit einem technischen Gerät benötigen. In diesem Rahmen können auch erste Erfahrungen mit möglichen Messunsicherheiten gemacht und mit den Studierenden diskutiert werden (Heinicke et al. 2010). Als Studierendengruppe können sich die Mitarbeiterinnen und Mitarbeiter jeweils auf einzelne kleine Schülergruppen konzentrieren und erfahren dabei unmittelbar die Bedeutung von Schülervorstellungen beim Lernen. In diesem Setting sind Soft Scaffolds, also die dynamische und individuelle Unterstützung einzelner Schülerinnen und Schüler (Saye und Brush 2002), gut umsetzbar.

Fachwissenschaftliche Einbettung

Um jahrgangsstufenübergreifend arbeiten zu können, wurden Inhalte des Berliner Rahmenlehrplans der Grundschule („Körper und Gesundheit"; LISUM 2016a,

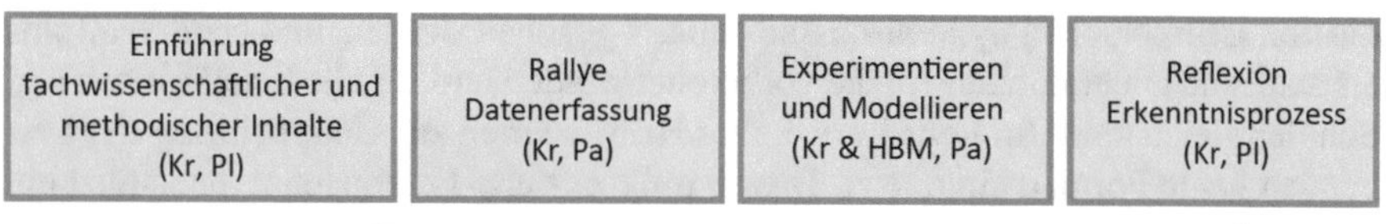

| Einführung fachwissenschaftlicher und methodischer Inhalte (Kr, Pl) | Rallye Datenerfassung (Kr, Pa) | Experimentieren und Modellieren (Kr & HBM, Pa) | Reflexion Erkenntnisprozess (Kr, Pl) |

Abb. 10.1 Ablauf der Expedition „Vermessung des Körpers" (*KR* Klassenraum, *Pl* Plenum, *Pa* Partnerarbeit, *HBM* Humboldt Bayer Mobil)

S. 30) und der Sekundarstufe I („Stoffwechsel des Menschen"; LISUM 2016b, S. 30) berücksichtigt. So wurden Themen aus den Bereichen Herz-Kreislauf-System, Atmung, Bewegung, Wahrnehmung und Ernährung ausgewählt. Im HBM werden zur Beantwortung von Fragestellungen Daten zu Puls, Blutdruck, Lungenvolumen, Beweglichkeit und Sinneswahrnehmung erhoben, dokumentiert und ausgewertet. In der Phase des Experimentierens und Modellierens untersuchen die Schülerinnen und Schüler Strukturen, Funktionen und Systeme auf der Grundlage ihrer Daten. So wenden sie beispielsweise systematische Beobachtungen an einem Modell des Brustkorbs bezüglich der Änderung dessen Umfangs nach der Ein- bzw. Ausatmung an. Abschließend werden die gewonnenen Erkenntnisse strukturiert und mit Blick auf das Gesamtsystem Körper inhaltlich verbunden, beispielsweise indem ein erhöhter Puls, die Anzahl der Atemzüge pro Minute und die Körpertemperatur mit der sportlichen Aktivität in Beziehung gesetzt werden. Der fachwissenschaftliche Schwerpunkt dieser Expedition liegt in der Biologie. Der Kontext Körper erfordert jedoch einen Einbezug aller Naturwissenschaften, beispielsweise bei der Untersuchung des Schalls in Verbindung mit dem Einsatz eines Ultraschallgerätes, bei der Beschreibung der stofflichen Zusammensetzung von Ein- und Ausatemluft sowie bei der Auseinandersetzung mit verschiedenen Nährstoffen beim Thema Ernährung.

Erkenntnisprozess

Fachdidaktisch liegt der Fokus auf dem Erwerb von Kompetenzen zum Experimentieren und Modellieren (Tab. 10.1). Ziel ist es dabei, dass die Schülerinnen und Schüler den hypothetisch-deduktiven Forschungsprozess kennenlernen und die Denkweisen in kreativer Weise zur Bearbeitung naturwissenschaftlicher Fragestellungen nutzen. Naturwissenschaftlich relevante Fragen lassen dabei unter Berücksichtigung der Theorie multiple Hypothesen über das Phänomen zu (Döring und Bortz 2016). Ein konkretes Experiment bezieht sich dabei auf je eine ausgewählte Hypothese, für die ein konkretes Untersuchungsdesign abgeleitet wird, das das Variablengefüge entsprechend abbildet.

Ausgangspunkt für den Forschungsprozess sind den Schülerinnen und Schülern oft unbekannte Phänomene, aus denen sich naturwissenschaftliche Fragestellungen ableiten lassen (Schreiber et al. 2009). In einem Film zur Einführung der Expedition werden wissenschaftliche Forschung und Erfahrungswelt der Schülerinnen und Schüler mit Phänomenen wie etwa einem gesteigerten Puls, Beweglichkeit und Messungen der U- und J-Untersuchung verknüpft. Ziel ist es, authentische Problemstellungen aus der Lebenswelt der Schülerinnen und Schüler für das Erkennen naturwissenschaftlich relevanter Zusammenhänge zu nutzen, die den Aufbau von Fach- und Methodenkompetenzen (insbesondere in den Arbeitsweisen Experimentieren und Modellieren) initiieren. Die sich anschließende Rallye ist ebenfalls phänomenbezogen und bildet den Ausgangspunkt für Fragestellungen (*„Wie verhält sich mein Puls, wenn ich Sport mache?"*) und das Ableiten von Hypothesen (*„Wenn ich Sport mache, bleibt mein Puls gleich"*; *„Wenn ich Sport mache, steigt mein Puls an"*). In Partnerarbeit nutzen die Schülerinnen und Schüler Instrumente wie Spirometer, Blutdruckmessgeräte oder den Zollstock und sammeln durch einfache Messverfahren selbstständig Daten zu ihrem eigenen Körper. Die Ergebnisse werden in einem *Protokollheft* dokumentiert, das alle Schülerinnen und Schüler bekommen.

Der Ablauf des Erkenntnisprozesses wird mit den Schülerinnen und Schülern in der Einführungsphase erarbeitet und in Form eines Plakates festgehalten (Abb. 10.2). Die eingeführten Symbole zu den einzelnen Denk- und Arbeitsweisen, Arbeitsanweisungen und Reflexionsaufgaben strukturieren die Arbeitsmaterialien und das Protokollheft. An dieser Stelle wird der Fokus auf das Maskottchen Alex[2] gelenkt, das die Schülerinnen und Schüler durch die Arbeitsmaterialien und -anweisungen sowie das Protokollheft führt (Abb. 10.2). Durch Alex werden Hard Scaffolds formuliert, die die Schülerinnen und Schüler in der Experimentier- und Modellierungsphase dabei unterstützen, die Schritte des hypothetisch-deduktiven Forschungsprozesses eigenständig zu durchlaufen.

Als Ausgangspunkt für die Fragestellungen greift Alex einzelne Phänomene und Messungen aus der Rallye auf. Er fordert die Schülerinnen und Schüler daraufhin auf, mögliche Hypothesen zu formulieren:

> Stelle Vermutungen darüber auf, wie sich Ein- und Ausatemluft voneinander unterscheiden.
> Stelle Vermutungen über den Bau des Brustkorbs auf.

Während der Expedition wird der Begriff „Vermutung" für eine Hypothese verwendet. Diese Formulierung wurde gewählt, da sie für jüngere Schülerinnen und Schüler näher an deren Alltagssprache und leichter verständlich ist. Es besteht die Möglichkeit – je nach Vorwissen –, das Formulieren von objektiven, eindeutigen, empirisch zugänglichen und logisch widerspruchsfreien Hypothesen zu üben, da dieser Prozess oftmals eine große Herausforderung für Schülerinnen und Schüler darstellt (Kirchner 2013; Meier et al. 2016; Zeineddin und Abd-El-Khalick 2010).

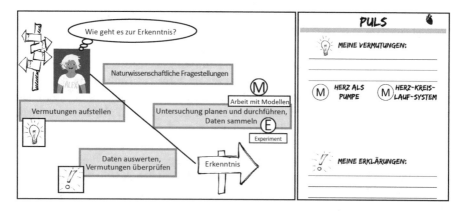

Abb. 10.2 *Links* Plakat zur Einführung der naturwissenschaftlichen Denk- und Arbeitsweisen; *rechts* Seite aus dem Protokollheft mit wiederkehrenden Symbolen als Strukturierungshilfe

---

[2] Der Name Alex wurde in Anlehnung an Alexander von Humboldt gewählt, dessen Tätigkeit als Naturforscher Ausgangspunkt der Entwicklung des Humboldt Bayer Mobils war.

Zur Unterstützung kommen hier Hard Scaffolds zum Einsatz. Dies sind Informationsfelder auf den Arbeitsblättern, mit denen begründete Hypothesen auch ohne umfassendes Vorwissen aus vorherigem Unterricht zum jeweiligen Themenfeld formuliert werden können.

> Die Wirbelsäule ist das Zentrum unseres Skeletts. Die Wirbelsäule erfüllt viele Aufgaben. Durch ihre besondere Form trägt sie einen großen Teil des Körpergewichtes. Die Wirbelsäule und die Muskeln führen zu einer Stabilität, die wir für viele Bewegungen im Alltag benötigen, z. B., wenn wir etwas hochheben oder von etwas herunterspringen.

Da die Auswahl an bereitgestellten Materialien für das Experimentieren und Modellieren begrenzt ist, ist auch die Durchführung auf diese Materialien beschränkt. Aus diesem Grund konnten die Instruktionen dazu nicht ganz offen formuliert werden.

Bezogen auf das Formulieren von Hypothesen im Erkenntnisprozess ist das Verstehen unterschiedlicher Arten von Zusammenhängen (beispielsweise korrelativ oder kausal) wesentlich. Je nach Art der Hypothese erfolgt eine spezifische Bearbeitung in einer der genannten Arbeitsweisen (vgl. Tab. 10.1). Die Wahl der Arbeitsweise wird sowohl in den Arbeitsmaterialien als auch im Protokollheft durch Symbole unterstützt. Die Arbeitsweise Experimentieren ist geeignet, wenn kausale Zusammenhänge dargestellt werden. Dies ergibt sich beispielsweise aus der Frage, welche Prozesse des Körpers durch Sport beeinflusst werden. Dazu werden multiple Hypothesen formuliert, beispielsweise zum Einfluss von körperlicher Aktivität auf Puls, Atemfrequenz oder die Temperatur der Beine. Im Weiteren werden dazu bei einem Experiment zur Klärung von Ursache und Wirkung (Kausalität) zunächst die unabhängige Variable (im Beispiel die sportliche Aktivität) und die abhängige Variable (im Beispiel der Puls) festgelegt. Im Untersuchungsdesign wird die unabhängige Variable systematisch variiert und ein Untersuchungsansatz (Puls bei sportlicher Aktivität) mit einem Kontrollversuch (Puls ohne sportliche Aktivität) verglichen (vgl. Tab. 10.1; Wellnitz und Mayer 2013).

Kann das Phänomen nicht direkt untersucht werden, weil es beispielsweise nicht zugänglich ist (z. B. bei der Betrachtung der Wirbelsäule; siehe dazu auch konkrete Unterrichtsvorschläge für die Sekundarstufe I in Fleige et al. 2016), ist das Modellieren eine geeignete Arbeitsweise. Beim Modellieren werden dann z. B. anhand selbst hergestellter Modelle, die mögliche Formen der Wirbelsäule darstellen, Hypothesen darüber abgeleitet, welche Form das Tragen hoher Lasten ermöglicht. Zur Datenerhebung wird dann, entsprechend der Hypothese über einen Zusammenhang von Ursache und Wirkung, ein Modellexperiment durchgeführt. Die Ergebnisse lassen Rückschlüsse auf das Original zu, beispielsweise auf die Form der Wirbelsäule, oder bilden die Grundlage zur Veränderung des Modells.

Innerhalb der durch das Material angesteuerten Arbeitsweise durchlaufen die Schülerinnen und Schüler die Erkenntnisprozesse im Sinne des Forschenden Lernens größtenteils eigenständig. Das Material strukturiert die einzelnen Schritte mit Blick auf die zeitlichen Abläufe sowie die Bereitstellung von Material beispielsweise in der folgenden Form (Hard Scaffolds):

Stelle gleichzeitig das Becherglas A aus dem Glasbecken (Ausatemluft) und das Becherglas B (Zimmerluft) über die beiden brennenden Teelichter.

Um den Fokus auf Kompetenzen zu Prozessen der Erkenntnisgewinnung zu sichern, beinhalten die Materialien Aufgaben zur Reflexion des Forschungsprozesses:

Erkläre, warum es wichtig ist, die beiden Bechergläser gleichzeitig über die Kerzen zu stellen.

Die Arbeitsmaterialien zu den Modellierungen sind nur durch die vorhandenen Materialien eingegrenzt; in diesem Rahmen können Schülerinnen und Schüler eigenständig und kreativ modellieren:

Baue in Partnerarbeit ein Modell des Brustkorbs. Zur Verfügung stehen dir dazu Bastelpappe, Schere, Locher, Musterbeutelklammern.

Die Reflexionsaufgaben fordern die Schülerinnen und Schüler dazu auf, über die Einsatzmöglichkeiten von Modellen und deren Eigenschaften (Upmeier zu Belzen und Krüger 2010) nachzudenken:

Stelle dein Modell anderen Gruppen vor. Kannst du Unterschiede erkennen? Erkläre, warum es verschiedene Modelle zur Brustkorbbewegung geben kann.

Die Ergebnisse werden im Protokollheft festgehalten, das auf das vorstrukturierte Angebot abgestimmt ist. Tabellen für Daten oder freier Platz für Skizzen von Modellen steuern die Arbeit. Die erhobenen Daten ermöglichen ein Überprüfen der jeweiligen Hypothese und erlauben für den Fall, dass die experimentell gewonnenen Daten die Hypothese stützen, den Schluss auf das Vorliegen eines kausalen Zusammenhangs, also einen Rückschluss auf die Ursache:

Der Puls steigt mit sportlicher Aktivität.

Das Testen eines Modells und/oder neue Informationen, beispielsweise durch Betrachtung eines Skeletts, können zum Ändern des Modells führen oder die Hypothese über die Form der Wirbelsäule stützen. Zu einem Original kann es verschiedene, alternative, Modelle geben, die miteinander und mit dem Original verglichen werden können.

Während der Expedition durchlaufen die Schülerinnen und Schüler den Erkenntnisprozess wiederholt an verschiedenen Stationen. Dabei können sie Erfahrungen über den Erkenntnisprozess von einem Kontext (z. B. Testen des eigenen Modells zur Wirbelsäule) auf andere Kontexte (z. B. Testen des eigenen Modells zum Kniegelenk) übertragen. Sowohl Reihenfolge als auch Auswahl und Anzahl der bearbeiteten Stationen können von den Schülerinnen und Schülern im Rahmen der vorgegebenen Zeit von einer Stunde selbst bestimmt werden.

10.4   Akteurinnen und Akteure im Humboldt Bayer Mobil

Studierenden im Master of Education mit dem Fach Biologie wird an der Humboldt-Universität zu Berlin in einem Seminar zur Förderung der individuellen Diagnosekompetenz die Möglichkeit gegeben, theoretische Hintergründe zu Diagnose und Förderung von Kompetenzen zu erarbeiten und diese anschließend im HBM praktisch umzusetzen. Die Arbeit mit kleinen Schülergruppen bedeutet dabei eine komplexitätsreduzierte Umgebung zur Erprobung und Reflexion von individuellen Diagnosen und darauf aufbauenden Impulsen und Instruktionen (vgl. Kap. 15 in diesem Band).

Ein Großteil der studentischen Mitarbeiterinnen und Mitarbeiter im HBM studiert ein oder zwei naturwissenschaftliche Fächer mit Lehramtsbezug oder verfügt über Vorerfahrungen in der Arbeit mit Schülerinnen und Schülern. Die Studierenden übernehmen die Organisation und Kommunikation mit den Lehrpersonen vor Ort, den Aufbau und die Bereitstellung der Materialien sowie die Durchführung der Expedition. Dabei sammeln sie Erfahrungen in verschiedenen schulischen Bereichen. Durch die Anwendung der Unterrichtsmethode Forschendes Lernen gewinnen sie selbst Erfahrungen bei der Diagnose und Förderung von Schülerkompetenzen im Bereich der Erkenntnisgewinnung. Durch regelmäßige Feedbackrunden und Erfahrungsaustausch beteiligen sich die Mitarbeiterinnen und Mitarbeiter aktiv an der Weiterentwicklung des im HBM genutzten Arbeitsmaterials. Gleichzeitig werden die Mitarbeiterinnen und Mitarbeiter bezüglich der theoretischen Grundlagen zu den Denk- und Arbeitsweisen (Tab. 10.1) im Rahmen von Workshops geschult.

Lehrpersonen haben die Möglichkeit, einen Projekttag für ihre Klassen im HBM zu buchen. Die inhaltliche Vorbereitung ist keine Voraussetzung für eine Teilnahme an einer Expedition und kann bei Bedarf – ebenso wie die Nachbereitung – von den Mitarbeiterinnen und Mitarbeitern des HBM unterstützt werden. In jedem Fall stehen den Lehrpersonen die Daten und Eintragungen in den Protokollheften ihrer Schülerinnen und Schüler zur Verfügung, was ihnen die Thematisierung im nachbereitenden Unterricht ermöglicht. Zudem können methodische und inhaltliche Anregungen für den eigenen Unterricht aus dem HBM mitgenommen werden.

Darüber hinaus werden zusätzlich zu den Expeditionen Weiterbildungen für Lehrpersonen zu „Prozessen der naturwissenschaftlichen Erkenntnisgewinnung" angeboten. In diesen werden die fachdidaktischen Hintergründe der Expeditionen aufgegriffen, die Arbeits- und Denkweisen im Rahmen naturwissenschaftlicher Erkenntnisgewinnung strukturiert und mögliche Umsetzungen für die Schule an Beispielen aus dem HBM konkretisiert.

10.5   Diskussion

Das HBM bietet als Lehr-Lern-Labor sowohl Lehrenden als auch Lernenden vielseitige Möglichkeiten zum Lehren und Lernen im Bereich der Erkenntnisgewinnung. Über den Fachunterricht hinaus beschäftigen sich die Schülerinnen und Schüler über mehrere Stunden eigenständig mit naturwissenschaftlichen Phänomenen und sind durch die Methode des Forschenden Lernens aktiv in den Erkenntnisprozess mit verschiedenen Denk- und Arbeitsweisen einbezogen.

> Die Stationsarbeit war sehr gut vorbereitet und inhaltlich ansprechend gestaltet. Alle Angebote hatten einen hohen Aufforderungscharakter, aktiv zu werden (Rückmeldung eines Lehrers).

Der Einsatz der persönlichen Protokollhefte ermöglicht den Schülerinnen und Schülern das Festhalten von Daten zum eigenen Körper und lädt durch freie Bereiche dazu ein, in der Schule oder zu Hause weitere Daten zu sammeln und sich weiterhin mit diesen auseinanderzusetzen. Zudem beinhaltet das Heft Protokollvorlagen zu allen Stationen des Tages. Diese können beispielsweise im Unterricht aufgegriffen werden.

> Auch die Kontextualisierung und die Dokumentation der Arbeitsergebnisse in einem Heft erzeugte bei meinen Schülerinnen und Schülern eine hohe Motivation, Lernbereitschaft und Transparenz (Rückmeldung eines Lehrers).

Die Erfahrungsberichte der Studierenden und die Rückmeldungen der Teilnehmenden – die nicht systematisch im Rahmen einer Evaluation erfasst wurden – zeigen zwei Hauptaspekte, die sich im Einzelfall positiv auf die Motivation und das Interesse der Schülerinnen und Schüler auswirkten (Guderian und Priemer 2008). Zum einen ermöglicht das Konzept des Projekttages mit einem zeitlichen Umfang von mehreren Stunden lange Arbeitsphasen, in denen die Schülerinnen und Schüler selbstständig arbeiten können (Guderian und Priemer 2008).

> Also, mich hat am meisten fasziniert . . . , dass man hier alles ausprobieren kann (Zitat einer Schülerin).

In dieser Zeit sammeln die Lernenden Erfahrungen zu naturwissenschaftlichen Erkenntnisprozessen und haben die Möglichkeit, ihre persönlichen Erkenntniswege durch mehrmaliges Wiederholen in verschiedenen Kontexten auszubauen und zu festigen. Die eigenständige Auswahl der Stationen und eine freie Zeiteinteilung ermöglichen den Schülerinnen und Schülern ein individuelles und selbstbestimmtes Arbeiten, das zum Aufbau von Interesse und Motivation beitragen soll (Deci und Ryan 1993) und zusätzlich den individuellen Zeitbedarf berücksichtigt (Krüger und Meyfarth 2009). Darüber hinaus wirkt sich der Einbezug des eigenen Körpers positiv auf die Motivation zum wissenschaftlichen Arbeiten aus (Holstermann und Bögeholz 2007). Insbesondere Zusammenhänge innerhalb des Körpers, die sich durch die Arbeit an verschiedenen Stationen und den Austausch mit anderen Gruppen ergeben, tragen dazu bei, dass viele Schülerinnen und Schüler ihr Verständnis für Naturwissenschaften (Höttecke 2001) vertiefen.

Das schülerzentrierte Arbeiten und die Vielfalt an Stationen zum System Körper bringt in der Umsetzung jedoch auch Herausforderungen mit sich. Es besteht durchgehend der Anspruch, dass alle Schülerinnen und Schüler an den Stationen

möglichst eigenständig und selbstgesteuert arbeiten. Dabei steht für alle Jahrgangsstufen (bei der aktuellen Expedition für die Jahrgangsstufen fünf bis acht) das gleiche Arbeitsmaterial zur Bearbeitung in der jeweils individuellen Verarbeitungstiefe
zur Verfügung. Diese Standardisierung ist zulässig und pragmatisch, weil das Material den Rahmen gibt, in dem – abhängig vom Vorwissen – das eigene Lernen auf
unterschiedlichen Niveaus stattfinden kann.

Für die Weiterentwicklung des Angebots wird darüber nachgedacht, das Basis-
material weiterhin vorzustrukturieren, dabei aber noch offener zu gestalten. Beispielsweise wäre der Einsatz von Experimentierboxen denkbar. Mithilfe der Materialien aus den Boxen könnten naturwissenschaftliche Problemstellungen frei bearbeitet werden und somit den Erkenntnisprozess öffnen (Koenen et al. 2014). Schülerinnen und Schüler bekommen auf diese Weise mehr Möglichkeiten bei der Mit-
gestaltung des Erkenntnisprozesses. Den Mitarbeiterinnen und Mitarbeitern wird
gleichzeitig das Erproben alternativer Kontextualisierungen und Methoden ermöglicht.

Eine stärkere Einbeziehung in die universitäre Lehre sowie die empirische Überprüfung der Wirkung und Wirksamkeit einzelner Lernangebote im Rahmen von
studentischen Forschungsarbeiten sind für die Zukunft geplant. Einzelne Stationen
können beispielsweise von Studierenden im Seminar theoriebezogen überarbeitet
und anschließend mit Schülerinnen und Schülern im HBM erprobt werden. Eine erneute Überarbeitung unter Berücksichtigung der praktischen Erfahrungen führt zu
neuen Aufgaben, die in das Angebot des HBM übernommen werden können. Deren
Einsatz kann im Rahmen von Abschlussarbeiten empirisch, beispielsweise in Bezug
auf die Entwicklung von Interesse, evaluiert werden. Eine systematische Evaluation
nach Kriterien in Hinsicht auf Interesse und Forschendes Lernen wird angestrebt.
Das Lehr-Lern-Labor HBM bietet damit zusätzliches Potenzial zur Durchführung
von Forschungsarbeiten und vereint somit Lernen, Lehren und Forschen in einer
einzigartigen Lernumgebung.

Literatur

Arnold, J. C. (2015). *Die Wirksamkeit von Lernunterstützungen beim Forschenden Lernen: Eine
    Interventionsstudie zur Förderung des Wissenschaftlichen Denkens in der gymnasialen Ober-
    stufe*. Kassel: Universität Kassel. Dissertation
Bönsch, M. (1991). Forschendes Lernen. In M. Bönsch (Hrsg.), *Variable Lernwege – Ein Lehrbuch
    der Unterrichtsmethoden* (S. 197–211). Paderborn: Schöningh.
Bruckermann, T., Arnold, J., Kremer, K., & Schlüter, K. (2017). Forschendes Lernen in der Biolo-
    gie. In T. Bruckermann & K. Schlüter (Hrsg.), *Forschendes Lernen im Experimentalpraktikum
    Biologie: Eine praktische Anleitung für die Lehramtsausbildung* (S. 11–24). Berlin: Springer.
Brüning, A. K. (2016). Untersuchungen zur Profilbildung und Evaluation von Lehr-Lern-Laboren
    im Entwicklungsverbund „Schülerlabore als Lehr-Lern-Labore" der DTS. In Institut für Ma-
    thematik & I. Heidelberg (Hrsg.), *Beiträge zum Mathematikunterricht*. Münster: WTM.
Brüning, L., & Saum, T. (2009). Individuelle Förderung durch kooperatives Lernen. In I. Kunze
    & C. Solzbacher (Hrsg.), *Individuelle Förderung in der Sekundarstufe I und II* (S. 83–90).
    Baltmannsweiler: Schneider Hohengehren.

Deci, L. E., & Ryan, R. M. (1993). Die Selbstbestimmungstheorie der Motivation und ihre Bedeutung für die Pädagogik. *Zeitschrift für Pädagogik, 39*(2), 223–238.

Döring, N., & Bortz, J. (2016). *Forschungsmethoden und Evaluation in den Sozial- und Humanwissenschaften.* Bd. 5 (S. 173–176). Berlin: Springer.

Fleige, J., Seegers, A., Upmeier zu Belzen, A., & Krüger, D. (2016). *Modellkompetenz im Biologieunterricht 7–10: Phänomene begreifbar machen – in 11 komplett ausgearbeiteten Unterrichtseinheiten.* Bd. 2. Donauwörth: Auer.

Guderian, P., & Priemer, B. (2008). Interessenförderung durch Schülerlaborbesuche – eine Zusammenfassung der Forschung in Deutschland. *Physik und Didaktik in Schule und Hochschule (PhyDida), 2*(7), 27–36.

Heinicke, S., Glomski, J., Priemer, B., & Rieß, F. (2010). Aus Fehlern wird man klug – Über die Relevanz eines adäquaten Verständnisses von „Messfehlern" im Physikunterricht. *Praxis der Naturwissenschaften – Physik in der Schule, 5*(95), 26–33.

Holstermann, N., & Bögeholz, S. (2007). Interesse von Jungen und Mädchen an naturwissenschaftlichen Themen am Ende der Sekundarstufe I. *Zeitschrift für Didaktik der Naturwissenschaften, 13*, 71–86.

Höttecke, D. (2001). Die Vorstellungen von Schülern und Schülerinnen von der „Natur der Naturwissenschaften". *Zeitschrift für Didaktik der Naturwissenschaften (ZfDN), 7*, 7–23.

Kirchner, S. (2013). *Der Umgang mit Variablen bei offenen Experimentieraufgaben im Physikunterricht: eine Beobachtungsstudie am Beispiel der Konstruktion von auftriebserzeugenden Profilen für ein Windradmodell.* Berlin: Humboldt-Universität. Dissertation

Koenen, J., Emden, M., & Sumfleth, E. (2014). *Chemieunterricht im Zeichen der Erkenntnisgewinnung: Ganz In – Materialien für die Praxis.* Münster: Waxmann.

Krell, M., Upmeier zu Belzen, A., & Krüger, D. (2014). Students' levels of understanding models and modelling in biology: global or aspect-dependent? *Research in Science Education, 44*(1), 109–132.

Krüger, D., & Meyfarth, S. (2009). Binnen – kurzer Zeit – differenzieren! In D. Krüger & S. Meyfarth (Hrsg.), *Binnendifferenzierung im Biologieunterricht: Unterricht Biologie, 347/348(33)* (S. 2–10).

Lead States, N. G. S. S. (2013). *Next generation science standards: for states, by states.* Washington, DC: The National Academy Press.

LISUM (Landesinstitut für Schule und Medien Berlin-Brandenburg) (2016a). Rahmenlehrplan Online, Berlin & Brandenburg: Teil C, Naturwissenschaften, Jahrgangsstufe 5/6. https://bildungsserver.berlin-brandenburg.de/fileadmin/bbb/unterricht/rahmenlehrplaene/ Rahmenlehrplanprojekt/amtliche_Fassung/Teil_C_Nawi_5-6_2015_11_16_web.pdf. Zugegriffen: 14. Sept. 2018.

LISUM Landesinstitut für Schule und Medien Berlin-Brandenburg (2016b). Rahmenlehrplan Online, Berlin & Brandenburg: Teil C, Biologie, Jahrgangsstufe 7–10. https://bildungsserver. berlin-brandenburg.de/fileadmin/bbb/unterricht/rahmenlehrplaene/Rahmenlehrplanprojekt/ amtliche_Fassung/Teil_C_Biologie_2015_11_10_WEB.pdf. Zugegriffen: 26. Sept. 2018.

LISUM Landesinstitut für Schule und Medien Berlin-Brandenburg (2016c). Rahmenlehrplan Online, Berlin & Brandenburg: Teil C, Physik, Jahrgangsstufe 7–10. https://bildungsserver. berlin-brandenburg.de/fileadmin/bbb/unterricht/rahmenlehrplaene/Rahmenlehrplanprojekt/ amtliche_Fassung/Teil_C_Physik_2015_11_16_web.pdf. Zugegriffen: 18. Dez. 2018.

LISUM Landesinstitut für Schule und Medien Berlin-Brandenburg (2016d). Rahmenlehrplan Online, Berlin & Brandenburg: Teil C, Chemie, Jahrgangsstufe 7–10. https://bildungsserver. berlin-brandenburg.de/fileadmin/bbb/unterricht/rahmenlehrplaene/Rahmenlehrplanprojekt/ amtliche_Fassung/Teil_C_Chemie_2015_11_10_WEB.pdf. Zugegriffen: 18. Dez. 2018.

Martius, T., Delvenne, L., & Schlüter, K. (2016). Forschendes Lernen im naturwissenschaftlichen Unterricht – Verschiedene Konzepte, ein gemeinsamer Kern? *Mathematisch und naturwissenschaftlicher Unterricht (MNU), 69*, 220–228.

Mayer, J. (2007). Erkenntnisgewinnung als wissenschaftliches Problemlösen. In D. Krüger & H. Vogt (Hrsg.), *Theorien in der biologiedidaktischen Forschung* (S. 177–186). Berlin: Springer.

Mayer, J., & Ziemek, H. P. (2006). Offenes Experimentieren. Forschendes Lernen im Biologieunterricht. *Unterricht Biologie*, *317*(30), 4–12.

Meier, M., Lorenzana, E., & Pfromm, J. (2016). Experimentieren verstehen: Mit Concept Cartoons diagnostizieren und reflektieren. *Unterricht Biologie*, *417*(40), 26–31.

Nehring, A., Nowak, K. H., Upmeier zu Belzen, A., & Tiemann, R. (2015). Predicting students' skills in the context of scientific inquiry with cognitive, motivational, and sociodemographic variables. *International Journal of Science Education*, *37*(9), 1–21.

Nowak, K. H., Nehring, A., Tiemann, R., & Upmeier zu Belzen, A. (2013). Assessing students' abilities in processes of scientific inquiry in biology using a paper-and-pencil test. *Journal of Biological Education*, *47*(3), 182–188.

Pawek, C. (2012). Schülerlabore als nachhaltige Interessen fördernde ausserschulische Lernumgebungen. In D. Brovelli, K. Fuchs, R. v. Niederhäusern & A. Rempfler (Hrsg.), *Kompetenzentwicklung an ausserschulischen Lernorten*. Tagungsband zur 2. Tagung ausserschulischer Lernorte der PHZ Luzern, 24.9.2011. (S. 69–94). Münster: LIT.

Saye, J., & Brush, T. (2002). Scaffolding critical reasoning about history and social issues in multimedia-supported learning environments. *Educational Technology Research and Development*, *50*(3), 77–96.

Schmidt-Weigand, F., Franke-Braun, G., & Hänze, M. (2008). Erhöhen gestufte Lernhilfen die Effektivität von Lösungsbeispielen? *Unterrichtswissenschaft*, *36*(4), 365–384.

Schreiber, N., Theyßen, H., & Schecker, H. (2009). Experimentelle Kompetenz messen?! *Physik und Didaktik in Schule und Hochschule*, *3*(8), 92–101.

Sekretariat der Ständigen Konferenz der Kultusminister der Länder in der Bundesrepublik Deutschland (2005). *Bildungsstandards im Fach Biologie für den Mittleren Schulabschluss. Beschluss vom 16.12.2004*. München: Luchterhand. https://www.kmk.org/fileadmin/veroeffentlichungen_beschluesse/2004/2004_12_16-Bildungsstandards-Biologie.pdf. Zugegriffen: 1. Sept. 2018.

Sommer, K., Toschka, C., Schröder, L., Schröder, T., Steff, H., & Fischer, R. (2017). Modellexperimente im Chemieunterricht: Ein Beitrag zur Definition des Begriffes Modellexperiment und zur Bestimmung des Modellierungsgrades. *Chemkon*, *24*(1), 13–19.

Upmeier zu Belzen, A., & Krüger, D. *Ein Fall für Erkenntnisgewinnung!* Biologische Beiträge zu einem Verständnis naturwissenschaftlichen Modellierens. in Druck

Upmeier zu Belzen, A., & Krüger, D. (2010). Modellkompetenz im Biologieunterricht. *Zeitschrift für Didaktik der Naturwissenschaften*, *16*, 41–57.

Wellnitz, N., & Mayer, J. (2013). Erkenntnismethoden in der Biologie: Entwicklung und Evaluation eines Kompetenzmodells: Scientific methods in biology – development and evaluation of a competence model. *Zeitschrift für Didaktik der Naturwissenschaften*, *19*, 315–345.

Zeineddin, A., & Abd-El-Khalick, F. (2010). Scientific reasoning and epistemological commitments: coordination of theory and evidence among college science students. *Journal of Research in Science Teaching*, *47*(9), 1064–1093.

Teil III

Studien zur Professionalisierung von Lehramtsstudierenden im Rahmen von Lehr-Lern-Laboren

Ein kurzer Überblick über den Stand der fachdidaktischen Forschung der MINT-Fächer an Lehr-Lern-Laboren

11

Burkhard Priemer (iD)

Inhaltsverzeichnis

Abstract

Lehr-Lern-Labore (LLL) werden an einigen Hochschulstandorten der Lehrpersonenbildung mit fachdidaktischer Forschung verknüpft. Dieser Beitrag gibt nach einer kurzen Erläuterung des Begriffs LLL einen Überblick über dort angefertigte Forschungsarbeiten aus den MINT-Fächern im deutschsprachigen Raum. Dazu werden die zentralen beforschten Konstrukte (z. B. professionelle Unterrichtswahrnehmung, Handlungskompetenz, Selbstwirksamkeitserwartungen) sowie die Ergebnisse der Studien kurz vorgestellt. Der Artikel schließt mit einer Einschätzung des Forschungsstands und Desideraten für die Zukunft.

11.1   Lehr-Lern-Labore als Orte der Lehrpersonenbildung

Lehrveranstaltungen der Lehrpersonenbildung mit Elementen einer *Lehr*praxis in Kooperation mit außerschulischen *Lern*orten wie Schüler*labor*en werden als Lehr-Lern-Labor bezeichnet. Eine solche Lehrveranstaltung im LLL (im Folgenden LLL-Seminar oder einfach nur LLL genannt) dauert an Hochschulen typischerweise ein Semester lang mit zwei Semesterwochenstunden und lässt sich durch folgende Ei-

B. Priemer (✉)
Didaktik der Physik, Humboldt-Universität zu Berlin
Berlin, Deutschland
E-Mail: priemer@physik.hu-berlin.de

© Springer-Verlag GmbH Deutschland, ein Teil von Springer Nature 2020
B. Priemer und J. Roth (Hrsg.), *Lehr-Lern-Labore*,
https://doi.org/10.1007/978-3-662-58913-7_11

genschaften charakterisieren (Kap. 2 von Brüning, Käpnick, Weusmann, Köster und Nordmeier; Kap. 3 von Weusmann, Käpnick und Brüning; Brüning et al. 2017):

- Es werden Lernaktivitäten von Schülerinnen und Schülern und die Qualifizierung von Lehramtsstudierenden zusammen durchgeführt.
- Es werden direkte Interaktionen zwischen Studierenden und Schülerinnen und Schülern initiiert.
- Es wird oft eine Form des Forschenden Lernens bzw. eines eigenständigen Erkenntnisgewinns der Studierenden angestrebt.
- Es wird im Vergleich zum Unterricht in der Schule eine komplexitätsreduzierte Lernumgebung zur Verfügung gestellt, z. B. hinsichtlich der Dauer der Instruktion, der Anzahl der teilnehmenden Schülerinnen und Schüler, der Vorbereitung der Lernumgebung mit Materialien und der Unterstützung durch Dozierende und Studierende.
- Es werden mehrfache Wiederholungen einer geplanten Instruktion mit unterschiedlichen Lerngruppen durchlaufen.
- Es erfolgt eine theoriebasierte Reflexion des Handelns der Studierenden.

Damit lässt sich ein LLL als „third" oder „hybrid space" zwischen Theorie und Praxis charakterisieren: „Hybrid spaces [...] bring together school and university-based teacher and practitioner and academic knowledge in new ways to enhance the learning of prospective teachers." (Zeichner 2009, S. 92) LLL haben deshalb das Potenzial, beispielsweise als Brücke zwischen dem Erwerb und der Anwendung fachdidaktischen Wissens zu dienen, und können dem Wunsch Rechnung tragen, dem vielfach als „Praxisschock" dargestellten Übergang zwischen erster und zweiter Phase der Lehrpersonenbildung zu begegnen. Da LLL zusätzlich vielfach von Hochschulen selbst betrieben werden und infolgedessen dort strukturell und örtlich angesiedelt sind, stellen viele LLL „campus-based laboratory schools on college and university campuses" (Zeichner 2009, S. 91) dar. Dies wiederum ermöglicht eine vergleichsweise einfache Integration von LLL in den Studienablauf bzw. die Studienorganisation.

Die konkrete Gestaltung der LLL-Seminare – oft als Format bezeichnet – kann sehr unterschiedlich sein (Kap. 2 von Brüning et al.; Kap. 3 von Weusmann et al.; Brüning et al. 2017). Dies betrifft beispielsweise die äußere Struktur (Bezug zum Unterrichtsfach, zeitlicher Umfang der Lehrveranstaltung, Anzahl der Studierenden im Seminar), die curriculare Verortung der Veranstaltung (Position im Studienplan, Zulassungsvoraussetzungen), die Einbindung der Schülerinnen und Schüler (Zahl der Teilnehmerinnen und Teilnehmer, Zeitpunkt und Intensität des Kontakts mit Schülerinnen und Schülern, Anzahl der Schülerinnen und Schüler pro Studierender bzw. Studierendem) und die Tätigkeiten der Studierenden bzw. Lehrziele des LLL-Seminars (Fokus auf Planung, Durchführung, Reflexion, Diagnose von Lernprozessen, Optimierung von Lernsequenzen usw.). In Anbetracht dieser Vielfalt kann nicht von *dem* LLL gesprochen werden. Für diesen Beitrag ist das insofern wichtig, als die Ergebnisse der Forschung – die überwiegend an einzelnen LLL gewonnen werden – einer eingeschränkten Verallgemeinerbarkeit unterliegen.

11.2   Fokus des Überblicks über die Forschung an LLL

Dieser Beitrag behandelt ausschließlich Forschungsarbeiten, die sich der ersten Phase der Bildung von Lehrpersonen aus den MINT-Fächern widmen. Gesichtet wurden rund 70 Publikationen, die 2018 oder früher erschienen sind. In die Zusammenfassung einbezogen werden hier die Veröffentlichungen, die explizit Forschungsfragen, Methoden und erzielte Ergebnisse beschreiben und damit über die Darstellung von Vorhaben hinausgehen. Aus diesen Rahmenbedingungen ergeben sich folgende Zielkonstrukte der didaktischen Forschung, die identifiziert wurden und in diesem Beitrag betrachtet werden:

(1) professionelle Unterrichtswahrnehmung,
(2) Handlungskompetenz,
(3) Diagnosekompetenz,
(4) Reflexionskompetenz,
(5) fachdidaktisches Wissen,
(6) Selbstwirksamkeitserwartung,
(7) Wahrnehmung der LLL durch Studierende.

Der folgende Überblick über vorliegende Forschungsarbeiten ist keine Metaanalyse. Denn zum einen ist der Stand der Forschung noch nicht so weit fortgeschritten, dass eine auf verlässlichen Evidenzen beruhende Analyse sinnvoll wäre. Vielmehr wird ein Überblick gegeben, der verdeutlicht, wo und von wem welche Aspekte der Forschung an LLL mit welchen Ergebnissen bearbeitet werden. Dazu wird auf Angaben zur Methodik der einzelnen Studien weitgehend verzichtet. Zum anderen erfolgt kein Vergleich der Studien untereinander; einen solchen lassen die Anzahl an vorliegenden Studien zu den benannten Zielkonstrukten, die Vielfalt der LLL, in denen diese Ergebnisse gewonnen wurden, und die unterschiedliche Qualität der Erhebungsmethoden zurzeit noch nicht zu.

11.3   Überblick über die Ergebnisse der Forschung an LLL

Zur Darstellung eines Überblicks zur Forschung an LLL werden im Folgenden die sieben oben genannten Zielkonstrukte kurz vorgestellt. Diese sehr knappe Darstellung dient einer schnellen Orientierung, ist jedoch nicht als Einführung gedacht. Dazu wird auf weitergehende Quellen verwiesen. Im Anschluss erfolgt dann jeweils eine zusammenfassende Übersicht über zentrale Ergebnisse der Forschungsarbeiten, ohne dass im Detail auf die einzelnen Untersuchungen eingegangen wird. Tiefergehende Informationen dazu lassen sich den angegebenen Quellen entnehmen.

11.3.1 Professionelle Unterrichtswahrnehmung

Professionelle Unterrichtswahrnehmung kann als „ability to notice and interpret significant features of classroom interactions" (Sherin und van Es 2009) definiert werden. Hierzu zählen das *Erkennen* (engl.: noticing) lernprozessrelevanter Elemente, etwa in Bezug auf Zielklarheit, Unterstützungsmaßnahmen der Lehrpersonen und Lernklima (Seidel und Stürmer 2014) bzw. Rückmeldungen und Diagnosen von Lehrpersonen (Zucker und Leuchter 2018) sowie das *Interpretieren* (engl.: reasoning) lernprozessrelevanter Elemente wie des Beschreibens von Lernsituationen, des Erklärens von dessen Zustandekommen und des Vorhersagens von Konsequenzen daraus (Seidel und Stürmer 2014).

In einer Studie mit Text- und Videovignetten im LLL hat sich gezeigt, dass Studierenden des Grundschullehramts das *Erkennen* von Rückmeldungen von Lehrpersonen besser gelingt als das *Erkennen* von deren diagnostischen Maßnahmen (Kap. 20 von Zucker und Leuchter; Zucker und Leuchter 2018). Weiterhin war das Erkennen von Rückmeldungen in neuen Lehrsituationen schwächer ausgeprägt als in Unterrichtssequenzen, die den Studierenden beispielsweise aus Videos bereits zuvor bekannt waren (ebd.). Im Bereich des *Interpretierens* zeigten LLL-Seminare mit Studierenden des Lehramts Physik zunächst nur Verbesserungen im Teilbereich *Beschreiben* bezogen auf Zielklarheit, Unterrichtsklima und Lernbegleitung (Treisch 2018; Treisch und Trefzger 2018). Wurden jedoch zusätzliche Videoanalysen im LLL angeboten – die auf aufgezeichnetem Unterricht der Studierenden beruhten –, so führte dies zu einer Verbesserung der allgemeinen professionellen Unterrichtswahrnehmung sowie darüber hinaus in allen drei Teilbereichen (Beschreiben, Erklären und Vorhersagen) des *Interpretierens* (ebd.).

11.3.2 Handlungskompetenz

Handeln ist determiniert durch praktisches Wissen und Können („knowledge in action") (Baumert und Kunter 2006). Handlungskompetenz besteht demnach aus Professionswissen und der Bereitschaft und Fähigkeit (Baumert und Kunter 2006), auf dessen Basis zu agieren: „Unter Lehrerhandeln werden [...] konkret beobachtbare Lehreraktivitäten und Unterrichtspraktiken verstanden" (Lipowsky 2006, S. 55).

In LLL wurde die Handlungskompetenz zukünftiger MINT-Lehrpersonen insbesondere mit Bezug auf die Aktivierung von Schülerinnen und Schülern untersucht. Bei Erhebungen zum Stand der Handlungskompetenz zeigt sich in Fallstudien sowie in Interviews und Befragungen, dass Studierende eher geringe Fähigkeiten im professionellen Handeln allgemein (Leonhard 2008) und bezüglich einer Aktivierung von Schülerinnen und Schülern in Instruktionen zeigen (Leonhard 2008; Kap. 17 von Smoor und Komorek; Smoor und Komorek 2018). Dies liegt teilweise auch daran, dass Studierende von ihren Schülerinnen und Schülern kaum kognitive Prozesse erwarten – beispielsweise während der Experimentierphasen – und deshalb wenig aktive Unterstützung anbieten oder eine eher transmissive Vorstellung vom Lernen haben (Kap. 17 von Smoor und Komorek; Kap. 12 von Brüning und Käpnick; Smoor und Komorek 2018). In den LLL-Seminaren lassen sich aber in einigen Studien mit Interviews, Einzelfallbeobachtungen bzw. Fragebögen auch Verbesserungen der Fähigkeiten bezüglich einer Aktivierung von Schülerinnen und Schülern (Steffensky und Parchmann 2007; Leonhard 2008; Anthofer 2016) hinsichtlich einer Selbststeuerungskompetenz (Leonhard 2008) – selbstgesteuerte Lernprozesse bei Schülerinnen und Schülern realisieren –, bezüglich der Klassenführung und der Durchführung von Schülerexperimenten (Anthofer 2016) sowie im sicheren Umgang mit Schülerinnen und Schülern (Völker und Trefzger 2011) verzeichnen. Dabei dürfte das wiederholte Durchlaufen einer geplanten Instruktion – der oft als zyklischer Prozess bezeichnete Vorgang – eine tragende Rolle spielen (siehe z. B. Kap. 11 von Brüning und Käpnick; Kap. 17 von Smoor und Komorek; Kap. 20 von Zucker und Leuchter). Dadurch gewinnen die Studierenden zunächst fachlich-praktische Sicherheit, die dann wichtige Kapazitäten für das eigene Handeln freisetzt (Leonhard 2008) bzw. einen intensiveren Blick auf Pädagogik und Didaktik ermöglicht (Steffensky und Parchmann 2007).

11.3.3 Diagnosekompetenz

„Die diagnostische Kompetenz von Lehrkräften bezeichnet dabei zunächst die Fähigkeit, Merkmale von Personen korrekt einzuschätzen, also die Urteilsgenauigkeit [. . .]. In einem erweiterten Verständnis wird neben der personenbezogenen Urteilsfähigkeit auch die Einschätzung von Aufgaben als Teil der diagnostischen Kompetenz von Lehrkräften berücksichtigt." (McElvany et al. 2009) Dabei hat die Erfassung und Einschätzung von Merkmalen von Personen und Lernumgebungen letztlich das Ziel, geeignete Instruktionen und Reaktionen in begründeter Weise zu entwickeln. Diagnosekompetenz kann in dieser Sichtweise definiert werden als „ein Bündel von Fähigkeiten, um den Kenntnisstand, die Lernfortschritte und die Leistungsprobleme der einzelnen Schüler sowie die Schwierigkeiten verschiedener Lernaufgaben im Unterricht fortlaufend beurteilen zu können, sodass das didaktische Handeln auf diagnostischen Einsichten aufgebaut werden kann" (Weinert 2000).

Untersuchungen in LLL mit Videoanalysen, Interviews und Transkriptanalysen haben gezeigt, dass Lehramtsstudierende der Fächer Mathematik und Physik in der Lage sind, Lehrsituationen zu deuten, aber gleichzeitig Schwierigkeiten haben, Ursachen von Schwierigkeiten zu finden und einen Bezug zur Theorie herzustellen (Beretz et al. 2017; Aufschnaiter et al. 2018). Demnach gelingt zukünftigen Lehrpersonen das Erkennen eines Handlungsbedarfs in einer Lehrsituation, allerdings ohne die Erkenntnis, wie es zu diesem Handlungsbedarf gekommen ist. Beobachtet wurde ferner, dass Studierende des Lehramts mit den Fächern Mathematik und Biologie zunächst mit zu vielen Förderzielen an ihre Instruktion herangehen und diese erst mit zunehmender Instruktionserfahrung reduzieren (Hößle et al. 2017). Dennoch berichten mehrere Studien, dass Studierende der MINT-Fächer in LLL-Seminaren sicherer im Diagnostizieren werden (Lengnink et al. 2017; Beretz et al.

2017; Brüning 2017). Offen ist allerdings, wie hoch die Diagnosekompetenzen nach dem Durchlaufen eines LLL tatsächlich sind (vgl. Kap. 17 von Smoor und Komorek). So hat sich in einer Untersuchung im Fach Physik mit Referendaren und Studierenden des Lehramts gezeigt, dass zumindest eine Sensibilisierung bezüglich der Konzepte und Prozesse der Diagnose erfolgt ist, eine stabile Diagnosekompetenz aber aller Wahrscheinlichkeit nicht aufgebaut werden konnte (Fischer und Sjuts 2014, S. 21).

11.3.4 Reflexionskompetenz

„Reflexion wird [...] als ein ‚bewusstes Überlegen bzw. Nachdenken‘ beschrieben, das vor, während oder nach einer Situation oder Handlung stattfinden kann" (Wyss 2008; Hervorhebung im Original). In der Lehrpersonenbildung bezieht sich diese Reflexion durch die Lehrpersonen selbst und durch Beobachter oft auf die nachträgliche Betrachtung einer Unterrichtssituation und kann anhand von zahlreichen verschiedenen Kriterien (fachliche, fachdidaktische, pädagogische) und Rahmenmodellen „guten" Unterrichts erfolgen.

Eine Untersuchung mit Fallstudien in LLL zeigt, dass Studierende der MINT-Fächer eher geringe Reflexionskompetenzen aufweisen (Leonhard 2008). Zu einem ähnlichen Ergebnis kommt eine Studie, die anhand von ausgewerteten Reflexionsprotokollen von MINT-Lehramtsstudenten gezeigt hat, dass oft „nur" die erlebte Praxiserfahrung beschrieben, das eigene Verhalten jedoch nur zum Teil kritisch diskutiert wird (Kap. 18 von Sorge, Neumann, Neumann, Parchmann und Schwanewedel; Sorge et al. 2018). Offensichtlich bleibt die Reflexion dann oftmals auf der Sicht- oder Oberflächenstruktur von Unterricht und erreicht die Tiefenstruktur bzgl. der Lernprozesse der Schülerinnen und Schüler nicht (vgl. Kap. 17 von Smoor und Komorek; Kap. 18 von Sorge et al.). Darüber hinaus sehen einige Studierende des Lehramts Physik auftretende Probleme nicht primär im eigenen Lernangebot, sondern eher bei den Schülerinnen und Schülern und deren Lernvoraussetzungen, wie beispielsweise Alter oder Leistungsfähigkeit (Kap. 17 von Smoor und Komorek; Smoor und Komorek 2018). Diese angehenden Lehrpersonen sehen zu diesem Zeitpunkt ihrer Ausbildung noch wenig Nutzen in einer selbstkritischen Reflexion des eigenen Handelns (ebd.). Verallgemeinert bedeutet das, dass erlebte Schwierigkeiten in Unterrichtssequenzen eher external attribuiert werden (Kap. 16 von Hößle, Kuhlemann und Saathoff; Saathoff und Hößle 2017). Dass Studierende aber durchaus auch ihr eigenes Handeln in die Reflexion einbeziehen können, zeigen Dohrmann und Nordmeier (2018a) auf. Inwiefern das erfolgt, hängt offensichtlich von dem Format der LLL und möglicherweise auch von den Einstellungen bzw. „beliefs" der Studierenden ab.

11.3.5 Fachdidaktisches Wissen

Fachdidaktisches Wissen (engl. „Pedagogical Content Knowledge", PCK) kann als spezifisches Wissen hinsichtlich der Vermittlung eines Inhalts zusammengefasst werden. „Within the category of pedagogical content knowledge I include, for the most regularly taught topics in one's subject area, the most useful forms of representation of those ideas, the most powerful analogies, illustrations, examples, explanations, and demonstrations – in a word, the ways of representing and formulating the subject that make it comprehensible to others" (Shulman 1986, S. 9).

Da LLL an Hochschulen vielfach von den Arbeitsgruppen der Fachdidaktiken betrieben werden, ist es wenig verwunderlich, dass fachdidaktisches Wissen – ein Kerngebiet der fachdidaktischen Ausbildung zukünftiger Lehrpersonen – ein Zielkonstrukt in LLL darstellt. Die Ergebnisse der Untersuchungen mit teilweise sehr unterschiedlich großen Probandengruppen sind hier durchweg sehr positiv. LLL-Seminare führen zu einer Verbesserung des fachdidaktischen Wissens bezüglich des adressierten fachlichen Inhalts – etwa zum Auftrieb (Kap. 13 von Dohrmann und Nordmeier; Dohrmann und Nordmeier 2018b) –, einer Verknüpfung mit der fachdidaktischen Forschung (Smoor und Komorek 2018), Assessment, Curriculum und Schülerkognition (Fried und Trefzger 2017), Schülerexperimenten (Anthofer 2016), Schülervorstellungen (Rohrbach und Marohn 2017; Leenen und Marohn 2017) sowie inhaltsspezifischer Lernschwierigkeiten und instruktionaler Möglichkeiten (Scharfenberg und Bogner 2016).

11.3.6 Selbstwirksamkeitserwartungen

Selbstwirksamkeitserwartungen (SWE) können definiert werden als „teacher's belief in his or her capability to organize and execute courses of action required to successfully accomplish a specific teaching task in a particular context." (Tschannen-Moran et al. 1998) SWE stellen damit „die subjektive Gewissheit, neue oder schwierige Anforderungssituationen auf Grund eigener Kompetenz bewältigen zu können" (Schwarzer und Jerusalem 2002, S. 35), dar.

In verschiedenen Studien auf der Basis von Fragebogenerhebungen in LLL wurde der Frage nachgegangen, inwiefern die LLL-Seminare die SWE von Studierenden eines MINT-Lehramts beeinflussen. Dieses Konstrukt ist vergleichsweise unabhängig von dem speziellen Format des LLL, sodass eine Förderung der SWE als Ziel vieler LLL gilt. Zum Stand der SWE von Studierenden bezüglich der Lehre hat sich zum einen bei einer kleinen Stichprobe von Physik-Lehramtsstudierenden gezeigt, dass die SWE in physikdidaktischen Handlungsfeldern eher gering ist, besonders in Bezug auf das Experimentieren (Krofta und Nordmeier 2014). Zum anderen ist die SWE bezüglich der Lehre allgemein in dieser Untersuchung jedoch eher hoch ausgefallen (ebd.; vgl. auch Sanchez und Dunning 2017). Vergleichsweise hohe Werte der SWE bezüglich Planung, Durchführung und Reflexion von Instruktion ergaben sich auch in einer großen Stichprobe von MINT-Lehramtsstudierenden an mehreren Universitätsstandorten (Weß et al. 2017). Hinsichtlich dieser drei Komponenten ändert sich die SWE im Verlauf vom Bachelor- zum Masterstudium nicht signifikant (Weß et al. 2017). Diese Quasilängsschnittstudie zeigte auch, dass sich keine bedeutsamen Änderungen der SWE bezüglich Planung, Durchführung und Reflexion durch Praxiselemente (also auch nicht durch LLL-Seminare) im Verlauf des Studiums ergeben (Weß et al. 2017; bezüglich der SWE hinsichtlich der Lehre allgemein ähnlich auch bei Krofta und Nordmeier 2014, sowie bei Köster et al. Kap. 7). Das steht im Kontrast zu einer Studie mit einem echten Längsschnitt (Erhebung der SWE direkt vor und nach einem einsemestrigen LLL-Seminar) der gleichen Autoren mit einer kleineren Teilstichprobe, die eine Erhöhung der SWE hinsichtlich Planung, Durchführung und Reflexion ergab (ähnlich auch bei Dohrmann und Nordmeier, Kap. 13, und Dohrmann und Nordmeier 2018b). Das Ergebnis lässt sich erklären, wenn angenommen wird, dass ein wiederholtes unmittelbares Feedback durch Dozierende und Studierende nach der Instruktion verbunden mit dem Aufzeigen von alternativen Lernprozessgestaltungen ein zu starkes Einknicken der SWE in der Phase realistischerer Selbsteinschätzungen nach Kruger und Dunning (1999) verhindert. Die Autoren nennen als eine weitere Möglichkeit zur Erklärung dieser divergierenden Befunde zwischen Quasilängsschnitt und echtem und Längsschnitt, dass sich beim echten Längsschnitt im Gegensatz zum Quasilängsschnitt die Befragung zur SWE direkt auf eine unmittelbar erlebte Instruktion in den LLL bezog. Damit erhält die SWE eine stärker situationsspezifische Komponente, als dies im Quasilängsschnitt der Fall war. Dies stimmt überein mit einer Untersuchung von Brüning (2017, 2018; Kap. 12 von Brüning und Käpnick), in der ebenfalls situationsspezifische SWE abgefragt wurden. Hinsichtlich der Veränderung der SWE in LLL bezüglich der Diagnose von Lernvoraussetzungen und des Umgangs mit Heterogenität zeigten sich positive Befunde bei Studierenden des Lehramts Mathematik (ebd.). Elsholz (2019) berichtet darüber hinaus, dass ein Zuwachs des akademischen Selbstkonzepts bezüglich physikdidaktischer Inhalte nur dann in einem LLL zu verzeichnen ist, wenn die Studierenden vorher bereits Praxiserfahrungen gesammelt hatten.

11.3.7 Wahrnehmung der LLL durch Studierende

Viele LLL berichten von sehr positiven Rückmeldungen von Studierenden, insbesondere bezüglich der Relevanz der Lehre für das spätere Berufsleben (Kap. 19 von Bartel und Roth; Kap. 7 von Köster et al.; Kap. 18 von Sorge et al.; Kap. 20 von Zucker und Leuchter; Bartel und Roth 2017; Bartel et al. 2018). So wird beispielsweise von Studierenden in Interviews angegeben, dass eine höhere Sicherheit in Unterrichtsprozessen durch Faktoren wie beispielsweise die Gruppengröße, die Wiederholung von Instruktionen und das Fehlen ständiger Beobachtung durch Experten erlebt wird (Steffensky und Parchmann 2007). In einer Fragebogenerhebung unter MINT-Lehramtsstudierenden an mehreren Universitätsstandorten wurde darüber hinaus untersucht, wie Studierende LLL-Seminare in Bezug auf praktische Erfahrungen und das Verständnis von Theorie wahrnehmen (Sorge et al. 2018). In beiden Konstrukten nimmt das LLL eine Position zwischen den Formaten Seminar bzw. Vorlesung und Schulpraktikum ein. Bezüglich praktischer Erfahrungen gab es hier sogar eine Reihung mit signifikanten Unterschieden zwischen Seminar bzw. Vorlesung (geringste Ausprägung), LLL-Seminaren (mittlere Ausprägung) und Schulpraktika (höchste Ausprägung). Allerdings sehen Studierende auch Unterschiede in den Rahmenbedingungen zwischen der Lehre in LLL und in Schulen, deren Konsequenzen sie nur schwer einschätzen können (Kap. 17 von Smoor und Komorek).

11.4 Eine kurze Einschätzung der Ergebnisse des Überblicks über die Forschung

Der Überblick über die Forschung verdeutlicht, dass es sich um einen sehr jungen Zweig der fachdidaktischen Forschung handelt. Dies zeigt sich zum Teil daran, dass viele Publikationen zurzeit noch in Tagungsbänden und eher wenige in referierten Zeitschriften erschienen sind. Erfreulich ist jedoch, dass inzwischen einige Dissertationen (z. B. Bartel an der Universität Koblenz-Landau, Brüning an der Universität Münster, Dohrmann an der Freien Universität Berlin, Elsholz und Treisch an der Universität Würzburg, Smoor an der Universität Oldenburg, Sorge an der Universität Kiel, Zucker an der Universität Koblenz-Landau) abgeschlossen sind oder kurz vor dem Abschluss stehen und den Wissenskorpus über die Wirksamkeit von LLL deutlich erweitern. Dennoch erschweren die sehr unterschiedlichen Formate der LLL-Seminare eine allgemeine Aussage über Gelingensbedingungen. Hinzu kommt schließlich, dass einige Arbeiten noch eher explorativen Charakter haben und zunächst über vorläufige Ergebnisse berichten. Dies liegt teilweise daran, dass die verwendeten Methoden (es werden häufig sehr kleine Stichproben verwendet, die genutzten Erhebungsverfahren haben eine unklare Güte) verbessert werden müssen und ein präziserer gemeinsamer Theorierahmen geschaffen werden muss. Dann ließen sich Studien durchführen, die stärker miteinander verknüpft sind bzw. aufeinander aufbauen und die beispielsweise die Wirkung einzelner Faktoren identifizieren (etwa bezüglich der Bedeutung des wiederholten Durchlaufens von Instruktionen oder der curricularen Verortung der LLL im Studienverlauf). Denn im Feld der LLL sind noch viele Fragen offen! Wie oft sollten beispielsweise die Lehrerfahrungen im LLL wiederholt werden? An welchen Stellen im Verlauf des Studiums und wie häufig sollten welche Formate von LLL-Seminaren verankert werden, und mit welchen Zielen? Sind Wirkungen der Teilnahme von Studierenden an LLL-Seminaren auch auf der Ebene der Qualität ihres Unterrichts oder sogar auf der Ebene der Schülerinnen und Schüler nachweisbar?

Trotz der vielen offenen Fragen und der genannten Einschränkungen scheint es, als ob Deutschland als Forschungsstandort durch die vergleichsweise hohe Anzahl an LLL und das hohe Forschungsinteresse im internationalen Vergleich bedeutsame Beiträge liefern kann. Dies gilt insbesondere mit Blick auf die über die LLL hinausgehende intensive Lehrpersonenbildungsforschung, die an einigen Stellen so eng mit der Forschung an LLL verbunden ist, dass eine klare Abgrenzung nur schwer möglich ist.

11.5 Zusammenfassung

Auf der Basis dieses Überblicks lässt sich vorsichtig folgern, dass LLL-Seminare prinzipiell dazu geeignet erscheinen, Studierenden beispielsweise Kompetenzen in der Unterrichtswahrnehmung, Diagnose-, Reflexions- und Handlungskompetenz sowie fachdidaktisches Wissen zu vermitteln. Dabei sollte beachtet werden, dass in LLL-Seminaren nicht zu viele Kompetenzen gleichzeitig adressiert werden, denn eine Fokussierung erscheint in Anbetracht der vergleichsweise kurzen Instruktionszeit von oft nur einem Semester angebracht. Bedeutsam scheint ebenfalls eine theoretische Vorbereitung der Studierenden vor dem Kontakt mit den Schülerinnen und Schülern (z. B. mit Videovignetten) zu sein sowie die Möglichkeit, eine geplante Instruktion wiederholt durchzuführen. Beides zusammen schafft erst die Rahmenbedingung für eine didaktische und pädagogische Fokussierung auf den eigenen Unterricht bzw. auf das eigene Handeln als Lehrperson. So könnte erreicht werden, dass Studierende beim Besuch der LLL motiviert sind, ihre SWE steigern und den Wert der LLL in ihrem Studium zur Vermittlung von Praxiserfahrungen hoch einschätzen. Damit stellen LLL neben Vorlesungen und Seminaren auf der einen Seite und Praktika an Schulen auf der anderen Seite eine neue und wertvolle Säule der Lehrpersonenbildung dar.

Literatur

Anthofer, S. (2016). *Förderung des fachspezifischen Professionswissens von Chemielehramtsstudierenden*. Regensburg: Universität Regensburg. Dissertation

Aufschnaiter, C., Münster, C., & Beretz, A.-K. (2018). Zielgerichtet und differenziert diagnostizieren. *MNU Journal, 71*(6), 382–386.

Bartel, M.-E., & Roth, J. (2017). Diagnostische Kompetenz von Lehramtsstudierenden fördern – Das Videotool ViviAn. In J. Leuders, T. Leuders, S. Prediger & S. Ruwisch (Hrsg.), *Mit Heterogenität im Mathematikunterricht umgehen lernen – Konzepte und Perspektiven für eine zentrale Anforderung an die Lehrerbildung* (S. 43–52). Wiesbaden: Springer Spektrum.

Bartel, M.-E., Beretz, A.-K., Lengnink, K., & Roth, J. (2018). Prozessbegleitende Diagnose beim Mathematiklernen – Kompetenzentwicklung von Lehramtsstudierenden im Rahmen von Lehr-Lern-Laboren. *MNU Journal, 71*(6), 375–381.

Baumert, J., & Kunter, M. (2006). Stichwort: Professionelle Kompetenz von Lehrkräften. *Zeitschrift für Erziehungswissenschaft, 9*(4), 469–520.

Beretz, A.-K., Lengnink, K., & Aufschnaiter, C. (2017). Diagnostische Kompetenz gezielt fördern – Videoeinsatz im Lehramtsstudium Mathematik und Physik. In C. Selter, S. Hußmann, C. Hößle, C. Knipping, K. Lengnink & J. Michaelis (Hrsg.), *Diagnose und Förderung heterogener Lerngruppen – Theorie, Konzepte und Beispiele aus der MINT-Lehrerbildung* (S. 149–168). Münster: Waxmann.

Brüning, A.-K. (2017). Lehr-Lern-Labore in der Lehramtsausbildung – Definition, Profilbildung und Effekte für Studierende. In U. Kortenkamp & A. Kuzle (Hrsg.), *Beiträge zum Mathematikunterricht* (S. 1377–1378). Münster: WTM.

Brüning, A.-K. (2018). *Das Lehr-Lern-Labor „Mathe für kleine Asse" – Untersuchungen zu Effekten der Teilnahme auf die professionellen Kompetenzen der Studierenden*. Münster: WTM.

Brüning, A.-K., Käpnick, F., Köster, H., Nordmeier, V., & Weusmann, B. (2017). *Konzeptionen von MINT-Lehr-Lern-Laboren*. Abstract im Programm der GFD-KOFADIS-Tagung „Fachdidaktische Forschung zur Lehrerbildung", Freiburg. Bd. 2017 (S. 29).

Dohrmann, R., & Nordmeier, V. (2018a). *Professionalität im Lehr-Lern-Labor anbahnen – Ergebnisse zu verschiedenen Facetten von Reflexion und Selbstwirksamkeitserwartungen.* PhyDid B – Didaktik der Physik – Beiträge zur DPG-Frühjahrstagung, Würzburg. http://www.phydid. de/index.php/phydid-b/article/view/907

Dohrmann, R., & Nordmeier, V. (2018b). Praxisbezug und Professionalisierung im Lehr-Lern-Labor-Seminar (LLLS) – ausgewählte vorläufige Ergebnisse zur professionsbezogenen Wirksamkeit. In C. Maurer (Hrsg.), *Qualitätsvoller Chemie- und Physikunterricht – normative und empirische Dimensionen.* Gesellschaft für Didaktik der Chemie und Physik. Jahrestagung in Regensburg, 2017. (S. 524). Universität Regensburg.

Elsholz, M. (2019). *Das akademische Selbstkonzept angehender Physiklehrkräfte als Teil ihrer professionellen Identität – Dimensionalität und Veränderung während einer zentralen Praxisphase.* Dissertation. Würzburg: Universität Würzburg. in Druck

Fischer, A., & Sjuts, J. (2014). Lehrerausbildung im Verbundprojekt OLAW: „Modellvorhaben Nordwest: Entwicklung von Diagnose- und Förderkompetenz im Unterricht und in Lehr-Lern-Laboren" – Abschlussbericht. https://uol.de/fileadmin/user_upload/diz/download/ OLAW/Antrag_OLAW_Webseite.pdf. Zugegriffen: 27. Mai 2019.

Fried, S., & Trefzger, T. (2017). *Die Anwendung physikdidaktischen Wissens durch Lehramtsstudierende im Lehr-Lern-Labor-Seminar.* Abstract im Programm der GFD-KOFADIS-Tagung „Fachdidaktische Forschung zur Lehrerbildung", Freiburg. (S. 39).

Hößle, C., Hußmann, S., Michaelis, J., Niesel, V., & Nührenbörger, M. (2017). Fachdidaktische Perspektiven auf die Entwicklung von Schlüsselkenntnissen einer förderorientierten Diagnostik. In C. Selter, S. Hußmann, C. Hößle, C. Knipping, K. Lengnink & J. Michaelis (Hrsg.), *Diagnose und Förderung heterogener Lerngruppen – Theorie, Konzepte und Beispiele aus der MINT-Lehrerbildung* (S. 19–38). Münster: Waxmann.

Krofta, H., & Nordmeier, V. (2014). Bewirken Praxisseminare im Lehr-Lern-Labor Änderungen der Lehrerselbstwirksamkeitserwartung bei Studierenden? *PhyDid B – Didaktik der Physik – Beiträge zur DPG-Frühjahrstagung.* http://www.phydid.de/index.php/phydid-b/article/view/ 584. Zugegriffen: 27. Mai 2019

Kruger, J., & Dunning, D. (1999). Unskilled and unaware of fit: How difficulties in recognizing one's own incompetence lead to inflated self-assessments. *Journal of personality and Social Psychology, 77,* 1121–1134. https://doi.org/10.1037/0022-3514.77.6.1121.

Leenen, Y., & Marohn, A. (2017). *Professionalisierung von Chemielehramtsstudierenden für den Umgang mit heterogenen Schülervorstellungen durch eigene und fremde Videovignetten im Lehr-Lern-Labor.* Abstract im Programm der GFD-KOFADIS-Tagung „Fachdidaktische Forschung zur Lehrerbildung", Freiburg. (S. 262).

Lengnink, K., Bikner-Ahsbahs, A., & Knipping, C. (2017). Aktivität und Reflexion in der Entwicklung von Diagnose- und Förderkompetenz im MINT-Lehramtsstudium. In C. Selter, S. Hußmann, C. Hößle, C. Knipping, K. Lengnink & J. Michaelis (Hrsg.), *Diagnose und Förderung heterogener Lerngruppen – Theorie, Konzepte und Beispiele aus der MINT-Lehrerbildung* (S. 61–84). Münster: Waxmann.

Leonhard, T. (2008). *Professionalisierung in der Lehrerbildung. Eine explorative Studie zur Entwicklung professioneller Kompetenzen in der Lehrererstausbildung.* Heidelberg: Universität Heidelberg. Diss

Lipowsky, F. (2006). *Auf den Lehrer kommt es an. Empirische Evidenzen für Zusammenhänge zwischen Lehrerkompetenzen, Lehrerhandeln und dem Lernen der Schüler.* 51. Beiheft der Zeitschrift für Pädagogik: Kompetenzen und Kompetenzentwicklung von Lehrerinnen und Lehrern: Ausbildung und Beruf. (S. 47–70).

McElvany, N., Schroeder, S., Richter, T., Hachfeld, A., Baumert, J., Schnotz, W., Horz, H., & Ullrich, M. (2009). Diagnostische Fähigkeiten von Lehrkräften bei der Einschätzung von Schülerleistungen und Aufgabenschwierigkeiten bei Lernmedien mit instruktionalen Bildern. *Zeitschrift für Pädagogische Psychologie, 23,* 223–235.

Rohrbach, F., & Marohn, A. (2017). *Design-Based-Research zur Weiterentwicklung der didaktischen Chemielehrerausbildung im Kontext Schülervorstellungen.* Abstract im Programm der GFD-KOFADIS-Tagung „Fachdidaktische Forschung zur Lehrerbildung", Freiburg. (S. 190).

Saathoff, A., & Hößle, C. (2017). *Wie reflektieren angehende Biologielehrkräfte Unterrichtserfahrungen im Lehr-Lern-Labor?* Abstract im Programm der GFD-KOFADIS-Tagung „Fachdidaktische Forschung zur Lehrerbildung", Freiburg. (S. 40).

Sanchez, C., & Dunning, D. (2017). Overconfidence among beginners: is a little learning a dangerous thing? *Journal of personality and Social Psychology, 114*(1), 10–28. https://doi.org/10. 1037/pspa0000102.

Scharfenberg, F.-J., & Bogner, F. (2016). A new role change approach in pre-service teacher education for developing pedagogical content knowledge in the context of a student outreach lab. *Res Sci Educ, 46*, 743–766.

Schwarzer, R., & Jerusalem, M. (2002). Das Konzept der Selbstwirksamkeit. In M. Jerusalem & D. Hopf (Hrsg.), *Selbstwirksamkeit und Motivationsprozesse in Bildungsinstitutionen.* 44. Beiheft der Zeitschrift für Pädagogik. (S. 28–53).

Seidel, T., & Stürmer, K. (2014). Modeling and measuring the structure of professional vision in preservice teachers. *American Educational Research Journal, 4*(51), 739–771.

Sherin, M., & van Es, E. (2009). Effects of video club participation on teachers' professional vision. *Journal of Teacher Education, 60*(1), 20–37.

Shulman, L. S. (1986). Those who understand: knowledge growth in teaching. *Educational Researcher, 15*, 4–14.

Smoor, S., & Komorek, M. (2018). Zyklisches Forschendes Lernen im Lehr-Lern-Labor empirisch untersuchen. In C. Maurer (Hrsg.), *Qualitätsvoller Chemie- und Physikunterricht – normative und empirische Dimensionen.* Gesellschaft für Didaktik der Chemie und Physik, Regensburg, 2017. (S. 536). Regensburg: Universität Regensburg.

Sorge, S., Neumann, I., Neumann, K., Parchmann, I., & Schwanewedel, J. (2018). Was ist denn da passiert? Ein Protokollbogen zur Reflexion von Praxisphasen im Lehr-Lern-Labor. *MNU Journal, 71*(6), 420–425.

Sorge, S., Priemer, B., Neumann, I., & Parchmann, I. (2018). Lernunterstützung im Lehr-Lern-Labor: Die Perspektive der Studierenden. In C. Maurer (Hrsg.), *Qualitätsvoller Chemie- und Physikunterricht – normative und empirische Dimensionen.* Gesellschaft für Didaktik der Chemie und Physik, Jahrestagung, Regensburg, 2017. (S. 528). Regensburg: Universität.

Steffensky, M., & Parchmann, I. (2007). The project CHEMOL: Science education for children – Teacher education for students! *Chemistry Education Research and Practice, 8*(2), 120–129.

Treisch, F. (2018). *Die Entwicklung der Professionellen Unterrichtswahrnehmung im Lehr-Lern-Labor Seminar.* Berlin: Logos.

Treisch, F., & Trefzger, T. (2018). Professionelle Unterrichtswahrnehmung der Studierenden im Lehr-Lern-Labor Seminar im Fach Physik. In C. Maurer (Hrsg.), *Qualitätsvoller Chemie- und Physikunterricht – normative und empirische Dimensionen.* Gesellschaft für Didaktik der Chemie und Physik, Jahrestagung in Regensburg, 2017. (S. 412–415). In: Universität Regensburg.

Tschannen-Moran, M., Hoy, A. W., & Hoy, W. K. (1998). Teacher efficacy: its meaning and measure. *Review of Educational Research, 68*(2), 202–248.

Völker, M., & Trefzger, T. (2011). Ergebnisse einer explorativen empirischen Untersuchung zum Lehr-Lern-Labor im Lehramtsstudium. *PhyDid B – Didaktik der Physik – Beiträge zur DPG-Frühjahrstagung.* http://www.phydid.de/index.php/phydid-b/article/view/292. Zugegriffen: 27. Mai 2019

Weinert, F. (2000). Lehren und Lernen für die Zukunft – Ansprüche an das Lernen in der Schule. *Pädagogische Nachrichten Rheinland-Pfalz, 2*, 1–16.

Weß, R., Priemer, B., Sorge, S., Weusmann, B., & Neumann, I. (2017). *Die Veränderung der Lehr-bezogenen Selbstwirksamkeitserwartung Studierender durch Praxisanteile im MINT-Lehramtsstudium.* Abstract im Programm der GFD-KOFADIS-Tagung „Fachdidaktische Forschung zur Lehrerbildung", Freiburg, 2017. (S. 51).

Wyss, C. (2008). Zur Reflexionsfähigkeit und -praxis der Lehrperson. In T. Häcker, W. Hilensauer & G. Reinmann (Hrsg.), *Bildungsforschung 5(2) Schwerpunkt „Reflexives Lernen".* Verfügbar unter www.bildungsforschung.org [05.12.18].

Zeichner, K. (2009). Rethinking the connections between campus courses and field experiences in college- and university-based teacher education. *Journal of Teacher Education, 61*(1–2), 89–99.

Zucker, V., & Leuchter, M. (2018). *Die Fähigkeit von Grundschullehramtsstudierenden, Formative Assessment im naturwissenschaftlichen Sachunterricht zu erkennen.* Abstract im Programm der GDSU-Tagung „Handeln im Sachunterricht – konzeptionelle Begründungen und empirische Befunde", Weingarten, 2017. (S. 46).

Professionalisierung angehender Lehrkräfte durch die Verzahnung von Theorie und Praxis in Lehr-Lern-Laboren

12

Evaluation des mathematikdidaktischen Lehr-Lern-Labors „Mathe für kleine Asse" an der Westfälischen Wilhelms-Universität Münster

Ann-Katrin Brüning und Friedhelm Käpnick

Inhaltsverzeichnis

Abstract

Aufgrund der engen Theorie-Praxis-Verzahnung wird Lehr-Lern-Laboren (LLL) ein besonderes Potenzial bezüglich der Professionalisierung angehender Lehrpersonen zugesprochen. Studien zu vergleichbaren Organisationsformen wie Lernwerkstätten oder Microteaching stärken diese Annahme, jedoch fehlen bislang dezidierte empirische Belege zur Wirksamkeit von LLL. An dieses Forschungsdefizit anknüpfend werden in diesem Beitrag die wesentlichen Ergebnisse einer umfangreichen Evaluationsstudie zu dem an der Westfälischen Wilhelms-Universität Münster implementierten Lehr-Lern-Labor „Mathe für kleine Asse" vorgestellt. In einem Mixed-Methods-Längsschnittdesign wurden mögliche Effekte der Teilnahme auf die Entwicklung professioneller Kompetenzen der Studierenden erfasst, wobei sowohl affektiv-motivationale als auch kognitive Komponenten berücksichtigt wurden. Die Befragung ehemaliger Studierender erlaubt Einblicke in langfristige Effekte auf die berufliche

Wesentliche Inhalte des Beitrages entstammen der Dissertation von Brüning (2018).

A.-K. Brüning (✉) · F. Käpnick
Institut für Didaktik der Mathematik und der Informatik, Westfälische Wilhelms-Universität Münster
Münster, Deutschland
E-Mail: a.bruening@uni-muenster.de

F. Käpnick
E-Mail: kaepni@uni-muenster.de

© Springer-Verlag GmbH Deutschland, ein Teil von Springer Nature 2020
B. Priemer und J. Roth (Hrsg.), *Lehr-Lern-Labore*,
https://doi.org/10.1007/978-3-662-58913-7_12

und persönliche Entwicklung und ergänzt die Erhebungen durch retrospektive Einschätzungen.

12.1 Problemlage und theoretische Grundannahmen

Dem Ruf vieler Studierender nach mehr Praxis in der Lehrerbildung (Terhart 2014, S. 44) wird auf vielfache Weise Folge geleistet. „Einfache" Hospitationspraktika, in denen die angehenden Lehrpersonen meist ohne übergeordneten Arbeitsauftrag die Praxis rezipieren, werden jedoch zunehmend abgeschafft. Wie schon Herbart (1887/1964, S. 284) vor rund 130 Jahren postulierte, ist die „bloße Praxis eigentlich nur Schlendrian, und eine höchst beschränkte nichts entscheidende Erfahrung". Dies bestätigen auch aktuelle nationale und internationale Studien zur Wirksamkeit von Praxisphasen: Nicht die Quantität von Praxis führt zur Verbesserung professioneller Kompetenzen, sondern die Verzahnung praktischer Erfahrungen mit theoretischen Grundlagen ist entscheidend (Grossman 2005; Hascher und Zordo 2015; Kerfien und Pantaleeva 2008; König und Rothland 2015; Nölle 2002; Schoen 1983). Mit dem Praxissemester, das durch das LABG von 2009 in der universitären Lehramtsausbildung in NRW eingeführt wurde, wird den Studierenden beispielsweise die Chance geboten, die erlebte Schulpraxis mit einem forschenden Habitus zu erkunden (Eikmeyer 2018; Gröschner et al. 2012).

Lehr-Lern-Labore bergen ein besonderes Potenzial, wenn es darum geht, die erlebte Praxis direkt mit der Vermittlung von Theorie zu verbinden (vgl. Kap. 2 und 3). Demzufolge kann unter Berücksichtigung der Studien zur Wirksamkeit von Praxisphasen in der universitären Lehramtsausbildung angenommen werden, dass die Förderung professioneller Kompetenzen in Lehr-Lern-Laboren besonders effektiv erfolgen kann (Deutsche Telekom Stiftung [DTS] 2013; Haupt und Hempelmann 2015, S. 20; Käpnick et al. 2016; Schmidt et al. 2011, S. 368; Völker und Trefzger 2011). Forschungsergebnisse zur Wirksamkeit dieser vergleichsweise neuen Organisationsform liegen bislang nur vereinzelt vor. Zudem erschwert die Vielfalt an Lehr-Lern-Laborkonzeptionen (vgl. Weusmann, Käpnick und Brüning, Kap. 3) die Vergleichbarkeit der Ergebnisse (Brüning 2017).

In Rahmen des durch die Deutsche Telekom Stiftung geförderten Entwicklungsverbunds wurde dieses Forschungsdesiderat aufgegriffen und exemplarisch das Lehr-Lern-Labor „Mathe für kleine Asse", das seit dem Jahr 2004 in der mathematikdidaktischen Lehramtsausbildung der Westfälischen Wilhelms-Universität etabliert ist, hinsichtlich der kurz- und langfristigen Effekte der Teilnahme auf die Professionalisierung der Studierenden evaluiert. Den Studien liegen folgende theoretische Grundannahmen zugrunde:

- Der Lehrerberuf ist als Profession zu kennzeichnen (vgl. z. B. Baumert und Kunter 2006). Infolgedessen kann angenommen werden, dass spätestens mit dem Beginn der universitären Lehramtsausbildung der Prozess der Professionalisierung beginnt, in dem die für ein professionelles Lehrerhandeln notwendigen Fähigkeiten und Haltungen entwickelt werden.

- Gemäß dem kompetenztheoretischen Professionsansatz (Bromme 1997; Shulman 1986; Weinert 1999) wird Lehrerprofessionalität verstanden als mehrdimensionales Gefüge aus unterschiedlichen kognitiven Kompetenzbereichen (im Sinne von Wissen und Können in spezifischen Bereichen, vornehmlich im fachlichen, fachdidaktischen und pädagogisch-psychologischen Kontext) und aus affektiv-motivationalen Komponenten, insbesondere Überzeugungen und Selbstwirksamkeitserwartungen (SWE). Demgemäß ist das Konstrukt der „professionellen Kompetenzen" als komplex zu bezeichnen. Weiterhin kann angenommen werden, dass die Professionalität angehender Lehrpersonen durch professionelle Kompetenzen operationalisierbar ist und deren Entwicklung während der universitären Lehramtsausbildung empirisch überprüfbar ist.
- Die inhaltliche Kennzeichnung der Kompetenzbereiche bezieht sich auf das zugrunde liegende Bezugsfeld. Als für die Studien relevante Disziplinen bzw. Themengebiete ergeben sich aus der inhaltlichen Kennzeichnung des Lehr-Lern-Labors „Mathe für kleine Asse" (vgl. Abschn. 12.2) sowohl die Fachmathematik und die Mathematikdidaktik als auch das interdisziplinäre Themenfeld „Mathematische Begabungen", das u. a. aus der Psychologie, Erziehungswissenschaft und Mathematikdidaktik zu kennzeichnen ist. Den Untersuchungen wurden demgemäß die Kompetenzmodellierungen von Mathematiklehrpersonen (TEDS-M, vgl. Blömeke et al. 2010; COACTIV, vgl. Kunter et al. 2011) sowie das Modell der „adaptiven Lehrkompetenzen im Umgang mit Diversität" (Fischer et al. 2014) zugrunde gelegt, wobei inhaltliche Ergänzungen bezüglich der Kennzeichnung mathematischer Begabungen vorgenommen wurden (Fuchs und Käpnick 2008).

12.2 Das mathematikdidaktische Lehr-Lern-Labor „Mathe für kleine Asse"

In dem Lehr-Lern-Labor „Mathe für kleine Asse" treffen seit seiner Gründung im Wintersemester 2004/2005 Wissenschaftlerinnen und Wissenschaftler, Lehramtsstudierende und mathematisch begabte bzw. besonders interessierte Kinder und Jugendliche aufeinander und lernen mit- und voneinander (Käpnick 2008). Dementsprechend zielt das Projekt durch das Angebot, substanzielle mathematische Problemfelder zu lösen, im Sinne eines Enrichment-Angebots auf die langfristig angelegte außerschulische Förderung kleiner und großer „Mathe-Asse" aus Münster und Umgebung von der Vorschule bis zur 9. Klasse ab. In diesem Rahmen werden Materialien entwickelt und erprobt sowie anschließend in Publikationen veröffentlicht, um z. B. Studierende und Forschende für die Bedürfnisse mathematisch begabter Kinder zu sensibilisieren und innerunterrichtliche Fördermöglichkeiten vorzuschlagen (Fuchs und Käpnick 2008, 2009). Demnach – und auch durch die Möglichkeit für praktizierende Lehrpersonen, in Knobelstunden der „Mathe-Asse"-Gruppen zu hospitieren – wirkt das Lehr-Lern-Labor über die Universität hinaus.

Das Angebot für die Schülerinnen und Schüler und Lehrpersonen ist direkt verknüpft mit der universitären mathematikdidaktischen Lehramtsausbildung an der

Abb. 12.1 Wirkungsfelder des Lehr-Lern-Labors „Mathe für kleine Asse". (Brüning 2018, S. 179; gekürzte Darstellung)

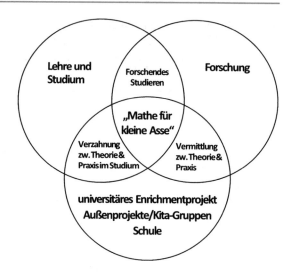

Westfälischen Wilhelms-Universität Münster. In zahlreichen Wahlpflichtseminaren können angehende Lehrpersonen in direkten Interaktionen mit den „Mathe-Assen" mathematisch tätig sein und dabei die individuellen Besonderheiten mathematisch begabter Kinder forschend entdecken. Als Grundlage dienen zum einen ein begleitendes Theorieseminar und zum anderen eine dem Seminar vorgeschaltete theoretische Vorbesprechung, in denen die Grundlagen zu mathematischen Begabungen, deren Kennzeichen und individuellen Ausprägungen sowie Diagnose- und Fördermöglichkeiten thematisiert werden. Dadurch wird eine Verknüpfung der theoretischen Grundlagen mit den praktischen Erfahrungen in den Knobelstunden angestrebt, um die Studierenden für diese Heterogenitätsfacette zu sensibilisieren sowie die Entwicklung ihrer professionellen Kompetenzen im Bereich „Diagnose und Förderung mathematischer Begabungen" in besonderer Art und Weise zu fördern (Käpnick 2016).

Das Zusammentreffen der verschiedenen Protagonistinnen und Protagonisten im Lehr-Lern-Labor „Mathe für kleine Asse" birgt ein vielfältiges Potenzial zur Umsetzung von mathematikdidaktischer, hochschuldidaktischer und interdisziplinärer Forschung (Benölken 2011; Berlinger 2015; Brüning 2017; Ehrlich 2013; Fuchs 2006; Körkel 2018; Meyer 2015; Sjuts 2017). Die Studierenden werden im Projektalltag in wesentliche Forschungsmethoden wie das systematische Beobachten eingeführt und durch das Anfertigen von komplexen Abschlussarbeiten in besonderem Maße in die Forschung einbezogen. Das Forschende Lernen steht im Zentrum der aktiven Mitarbeit im Lehr-Lern-Labor.

Im Sinne der theoretisch-analytisch und empirisch-konstruktiv bestimmten Definition von Lehr-Lern-Laboren (vgl. Kap. 2 von Brüning et al. in diesem Band) verknüpft das Projekt „Mathe für kleine Asse" seit seiner Gründung die Felder „Lehre und Studium", „Forschung" und „außerschulische Förderung" (vgl. Abb. 12.1).

12.3   Anlage der Evaluationsstudie[1]

Aus der in Abschn. 12.1 gekennzeichneten Problemlage ergab sich neben dem Ziel der Bestimmung einer konsensfähigen Definition des Begriffs „Lehr-Lern-Labor" als zweites Hauptziel der Arbeit die Evaluation des Lehr-Lern-Labors „Mathe für kleine Asse" hinsichtlich dessen Wirksamkeit bezüglich der Professionalisierung der teilnehmenden Studierenden. Gemäß einem möglichst ganzheitlichen Ansatz wurden in drei aufeinanderfolgenden Semestern (Wintersemester 2015/16 bis Sommersemester 2017) u. a. sowohl die kognitiven als auch die affektiv-motivationalen Komponenten der professionellen Kompetenzen der an dem Lehr-Lern-Labor „Mathe für kleine Asse" teilnehmenden Studierenden erhoben. Darüber hinaus wurden die ehemals am Lehr-Lern-Labor teilnehmenden Studierenden zu ihrer Teilnahme und möglichen Effekten auf ihre persönliche und berufliche Entwicklung befragt. Ein Überblick über die drei Studien und ihre Anlage liefert Abb. 12.2.

Die Erhebung der affektiv-motivationalen Komponenten erfolgte anhand verschiedener Skalen zu SWE und Überzeugungen (Kopp 2009; Laschke und Felbrich 2013; Organisation for Economic Co-operation and Development [OECD] unveröffentlicht; Schulte 2008; Schwarzer und Jerusalem 1999) im Rahmen eines schriftlichen Fragebogens im Pre-Post-Design. Die Beantwortung der Fragen erfolgte auf einer sechsstufigen Likert-Skala: von 1 („stimme ganz und gar nicht zu") bis 6 („stimme voll und ganz zu"). Aufgrund des Längsschnittdesigns der Studie über drei aufeinanderfolgende Semester konnten zudem Effekte einer mehrsemestrigen Teilnahme erhoben werden.[2] In der Literatur sowie in den Studien zeigten die

Empirische Überprüfung möglicher Effekte der Teilnahme am Lehr-Lern-Labor „Mathe für kleine Asse" auf die professionellen Kompetenzen der Studierenden		
Quantitative Untersuchung Schriftliche Fragebögen im Prä-Post-Design zur Erfassung von kurzfristigen Effekten der Teilnahme an einem ausgewählten Lehr-Lern-Labor während der Lehrerausbildung auf die Selbstwirksamkeitserwartungen und Überzeugungen sowie auf die professionellen Kompetenzen der Lehramtsstudierenden. ($n = 169$)	**Qualitative Untersuchung I** Fallvignette im Prä-Post-Design zur Erfassung von kurzfristigen Effekten der Teilnahme an einem ausgewählten Lehr-Lern-Labor auf die professionellen Kompetenzen der Lehramtsstudierenden. ($n = 169$)	**Qualitative Untersuchung II** Schriftliche Befragung der ehemaligen Studierenden zur Erfassung von mittel- und langfristigen Effekten der Teilnahme an einem ausgewählten Lehr-Lern-Labor während der Lehrerausbildung auf die weitere berufliche und persönliche Entwicklung. ($n = 46$)

Abb. 12.2   Übersicht und Kennzeichnung der durchgeführten Studien

[1] Detaillierte Ausführungen zur Anlage der drei durchgeführten Studien sowie zur Konstruktion der Fragebögen bzw. der Textvignette und zur Auswertung der Ergebnisse können in Brüning (2018) nachgelesen werden.

[2] Demgemäß kann zwischen folgenden Stichproben unterschieden werden: Pre-Erhebung ($n = 156$), 1. Post-Erhebung ($n = 157$), 2. Post-Erhebung ($n = 27$) und 3. Post-Erhebung ($n = 9$). Aufgrund des geringen Stichprobenumfangs, insbesondere in der Gruppe der dritten Post-Erhebung, sind diese Ergebnisse als explorativ zu betrachten. In den folgenden Ergebnisdarstellungen werden die Ergebnisse für das dritte Teilnahmesemester ausgeklammert. Sie können in Brüning (2018) nachgelesen werden.

eingesetzten Skalen überwiegend zufriedenstellende Werte hinsichtlich der internen Konsistenz (Brüning 2018, S. 191–193).

In Kombination mit dem Fragebogen wurde eine Textvignette (vgl. Beck et al. 2008; Rott 2017; vgl. Abb. 12.3) zur Erfassung wesentlicher kognitiver Komponenten der professionellen Kompetenzen, ebenfalls im Pre-Post-Format, eingesetzt und mittels qualitativer Inhaltsanalyse nach Kuckartz (2016) ausgewertet (Brüning 2018, S. 256–259). Die Antworten der Studierenden wurden mit deduktiv-induktiv gewonnenen Kategorien codiert, die die wesentlichen Kompetenzbereiche der adaptiven Lehrkompetenzen nach Fischer et al. (2014) widerspiegeln, und aufgrund der Masse an Daten quantifizierend ausgewertet. Berücksichtigt wurden die Veränderungen der Häufigkeiten der Codierungen, deren Verteilung in den Vignettenantworten sowie Überschneidungen mit zuvor definierten Niveaustufen zur Bewertung der Qualität der Antworten zwischen den jeweiligen Erhebungszeitpunkten (Brüning 2018, S. 259). Auch in diesem Zusammenhang sind Aussagen über Effekte einer mehrsemestrigen Teilnahme möglich. Auf der Basis der Analyse der Vignettenantworten sowie der Häufigkeitsveränderungen wurden Rückschlüsse auf den Erwerb kognitiver Kompetenzen gezogen. Die inhaltliche Ausrichtung der Textvignette bezog sich insbesondere auf das Themenfeld „mathematische Begabungen" und mit der Modellierung von Fischer et al. (2014) auf die Erfassung der fachlichen[3], diagnostischen, didaktischen und kommunikativen Kompetenzen.

Bitte lesen Sie sich das folgende Szenario aufmerksam durch und bearbeiten Sie den nachfolgenden Arbeitsauftrag.

Anna Schäfer ist junge Lehrerin und neu an einer Grundschule. Seit den Sommerferien hat sie den Mathematikunterricht in einer dritten Klasse übernommen, in dem Tim ihr besondere Schwierigkeiten bereitet. Er scheint im Mathematikunterricht oft abwesend und unkonzentriert oder stört seine Mitschülerinnen und Mitschüler. Außerdem weigert er sich häufig, die gestellten Mathematikaufgaben zu bearbeiten und seine Lösungswege aufzuschreiben. Die „Knobelaufgabe der Woche" bearbeitet Tim dagegen immer mit großem Enthusiasmus und hat schon nach kürzester Zeit meist richtige Ergebnisse. Anna vermutet, dass Tim ein großes mathematisches Begabungspotenzial aufweist, dieses im Unterricht jedoch nicht in seinen Leistungen erkennbar ist.

Geben Sie Anna Tipps:

1. *Wie kommt Anna zu der Vermutung, dass Tim ein mathematisches Begabungspotenzial aufweisen könnte?*
2. *Welche Möglichkeiten hat Anna, das mathematische Begabungspotenzial von Tim einzuschätzen?*
3. *Wie kann Anna Tim im Mathematikunterricht und darüber hinaus fördern?*
4. *Welche anderen Ursachen könnte Tims auffälliges Verhalten auch haben?*

Bitte begründen Sie Ihre Vermutungen und Empfehlungen.

Abb. 12.3 Beispiel einer in der Untersuchung eingesetzten Fallvignette. (Brüning 2018, S. 231)

---

[3] Fachliche Kompetenzen beziehen sich in diesem Zusammenhang auf das Themengebiet der (mathematischen) Begabungen und nicht auf fachmathematische Kompetenzen. Vor dem Hintergrund

Langfristige Effekte der Teilnahme an dem Lehr-Lern-Labor wurden mittels einer Onlinebefragung ehemals am Lehr-Lern-Labor teilnehmender Studierender erhoben. Die offenen Fragen zur Erfassung möglicher Effekte auf die berufliche und persönliche Entwicklung der Studierenden wurden mittels der qualitativen Inhaltsanalyse (Kuckartz 2016) kategorienbasiert ausgewertet.

12.4 Zentrale Ergebnisse der Evaluationsstudie

12.4.1 Effekte auf die SWE und Überzeugungen

In der Erhebung möglicher Effekte der Teilnahme am Lehr-Lern-Labor „Mathe für kleine Asse" auf die SWE und die Überzeugungen der teilnehmenden Studierenden zeigten sich sehr positive Entwicklungen. Bei nahezu allen eingesetzten Skalen traten signifikante bis hochsignifikante Mittelwertveränderungen mit schwachen bis starken Effekten zutage. Besonders hervorzuheben sind die Skalen, die die wesentlichen Inhalte des Lehr-Lern-Labors „Mathe für kleine Asse" in besonderem Maße repräsentieren. Dazu zählen im Zusammenhang mit den SWE die Skalen zum Umgang mit Heterogenität (Kopp 2009) und zur Diagnose von Lernvoraussetzungen (Hochbegabung bzw. Lernstörung) (Schulte 2008) sowie bezüglich Überzeugungen, die Skalen zum Lehren und Lernen von Mathematik (Laschke und Felbrich 2013; OECD unveröffentlicht), zum Wesen von Mathematik (Laschke und Felbrich 2013) und zum Umgang mit Heterogenität (Kopp 2009).

Abb. 12.4 Mittelwertveränderungen der Skalen SUH, SDH und SDL

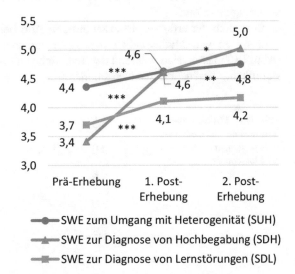

---

der Vignette werden fachliche Kompetenzen unterschieden in „Kennzeichen mathematischer Begabungen" und „alternative Ursachen".

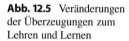

Abb. 12.5 Veränderungen der Überzeugungen zum Lehren und Lernen

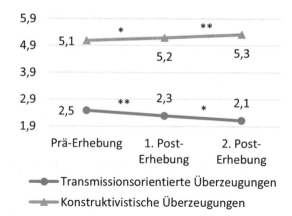

Die Veränderungen der **SWE** während der Teilnahme am Lehr-Lern-Labor „Mathe für kleine Asse" lassen sich anhand von Abb. 12.4 nachvollziehen. Für alle drei Skalen können hochsignifikante Mittelwertveränderungen während der einsemestrigen Teilnahme festgestellt werden ($t_{SUH} = 5{,}261$, $p < 0{,}001$, $d = 0{,}44$; $t_{SDH} = 12{,}603$, $p < 0{,}001$, $d = 1{,}05$ und $t_{SDL} = 5{,}054$, $p < 0{,}001$, $d = 42$). Besonders auffällig ist die positive Mittelwertveränderung der Skala SDH. Bei der Betrachtung möglicher Effekte einer mehrsemestrigen Teilnahme zeigen sich ebenfalls signifikante Mittelwertveränderungen während des zweiten Teilnahmesemesters für die Skalen SUH ($t = 2{,}9$, $p = 0{,}008$, $d = 0{,}57$) und SDH ($z = 2{,}168$, $p = 0{,}03$, $d = 0{,}45$). Auffällig ist die Steigerung der Effektstärke bezüglich der Mittelwertveränderung der Skala SUH.

Bezüglich der erfassten **Überzeugungen** zum Lehren und Lernen (Abb. 12.5), zum Wesen von Mathematik (Abb. 12.6) und zum Umgang mit Heterogenität (Abb. 12.7) lassen sich während der Teilnahme an dem Lehr-Lern-Labor ebenfalls signifikante Veränderungen feststellen.

Abb. 12.6 Mittelwertveränderungen der Subskalen zu Überzeugungen zum Wesen der Mathematik

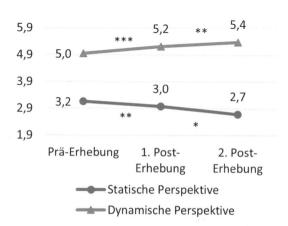

Abb. 12.7 Mittelwertveränderungen der Überzeugungen zum Umgang mit Heterogenität

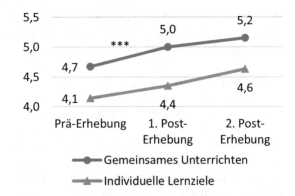

Während der einsemestrigen Teilnahme verstärken sich konstruktivistisch geprägte Überzeugungen hinsichtlich des Lehrens und Lernens ($t = 2{,}554$, $p = 0{,}012$, $d = 0{,}21$) signifikant und mit einem schwachen Effekt, während sich die transmissionsorientierten Überzeugungen sehr signifikant und schwach effektvoll verringern ($t = 4{,}889$, $p < 0{,}001$, $d = 0{,}41$). Beide Entwicklungstrends setzen sich in der zweisemestrigen Teilnahme fort, wobei die Stärkung der konstruktivistischen Überzeugungen an Signifikanz zunimmt ($z = 2{,}778$, $p = 0{,}005$, $d = 0{,}29$). Die weitere Verringerung der transmissionsorientierten Überzeugungen ist ebenfalls signifikant ($z = 2{,}329$, $p = 0{,}020$, $d = 0{,}36$).

Die Veränderungen der Überzeugungen zum Wesen der Mathematik sind bezüglich der beiden Subskalen „statische Perspektive" und „dynamische Perspektive" ähnlich zu bezeichnen. Im ersten Teilnahmesemester verstärken sich dynamisch geprägte Überzeugungen zum Wesen der Mathematik ($t = 4{,}593$, $p < 0{,}001$, $d = 0{,}39$) hochsignifikant und mit schwachem Effekt, während die statisch geprägten Überzeugungen sehr signifikant und schwach effektvoll abnehmen ($t = 2{,}612$, $p = 0{,}01$, $d = 0{,}22$). Dieser Trend lässt sich auch im zweiten Teilnahmesemester feststellen (DP: $z = 2{,}968$, $p = 0{,}003$, $d = 0{,}26$; SP: $t = 2{,}506$, $p = 0{,}019$, $d = 0{,}51$).

Die Verstärkung der Überzeugungen zum Umgang mit Heterogenität sind im Verlauf der einsemestrigen Teilnahme für die Subskala „gemeinsames Unterrichten" als hochsignifikant und mit schwachem Effekt zu kennzeichnen ($t = 4{,}150$, $p < 0{,}001$, $d = 0{,}34$). Für die zweite Subskala sowie für die anderen Erhebungszeiträume sind keine signifikanten Effekte feststellbar. Auf einer deskriptiven Ebene lassen sich jedoch ebenfalls positive Veränderungen feststellen.

Die Ergebnisse bestätigen signifikante Veränderungen der affektiv-motivationalen Komponenten der professionellen Kompetenzen der am Lehr-Lern-Labor „Mathe für kleine Asse" teilnehmenden Studierenden während des ersten Teilnahmesemesters. Insbesondere die SWE zur Diagnose von Hochbegabungen verstärken sich im Laufe der Teilnahme, was im Hinblick auf die inhaltliche Ausrichtung des Lehr-Lern-Labors erwartungskonform und bezüglich des Lehrauftrags als sehr positiv zu bewerten ist. Im Sinne einer ganzheitlichen Betrachtung des Konstrukts „mathematische Begabungen" (Fuchs und Käpnick 2009) ist auch die signifikante Verstärkung der SWE zur Diagnose von Lernstörungen einzuordnen, die zwar den

Bereich „mathematische Begabungen" überschreitet, im Sinne einer ganzheitlichen Diagnostik und Förderung, wie sie im Projekt durchgeführt wird, jedoch durchaus übertragbar ist. Die stark konstruktivistisch geprägte Organisation der Knobelstunden scheint insofern Effekte auf die Überzeugungen der Studierenden zum Lehren und Lernen von Mathematik zu haben, als die konstruktivistische Perspektive auf das Lehren und Lernen im Laufe der Teilnahme zunehmend betont wird und die transmissionsorientierten Überzeugungen tendenziell abnehmen. Darüber hinaus bestätigen Veränderungen der Überzeugungen zum Wesen der Mathematik, dass die Auseinandersetzung mit mathematischen Inhalten, die im Rahmen des Lehr-Lern-Labors für die Studierenden als eher zweitrangig einzuordnen ist, Einflüsse auf die fachmathematischen Überzeugungen hat. Die Ergebnisse zu Veränderungen der Überzeugungen zum Umgang mit Heterogenität bestätigen im ersten Teilnahmesemester positive Tendenzen bezüglich des gemeinsamen Unterrichtens, allerdings bleiben weitere statistisch signifikante Effekte aus. Zu berücksichtigen ist jedoch, dass die Zustimmung zu diesen inklusiven Überzeugungen (Kopp 2009) bereits in der Pre-Erhebung auf einem hohen Niveau einzuordnen ist. Zugleich muss berücksichtigt werden, dass Überzeugungen nur schwer nachhaltig zu beeinflussen sind (Kane et al. 2002).

12.4.2 Effekte auf die kognitiven Komponenten der professionellen Kompetenzen

Die Überprüfung der Veränderungen von kognitiven Komponenten der professionellen Kompetenzen während der Teilnahme an dem Lehr-Lern-Labor „Mathe für kleine Asse" bestätigt einen leicht bis stark ausgeprägten Erwerb bzw. eine Weiterentwicklung der erhobenen Kompetenzbereiche.

In Abb. 12.8 sind die durchschnittlichen Anzahlen von Codierungen zu den jeweiligen Kompetenzbereichen pro Dokument im Vergleich der jeweiligen Erhebungen dargestellt.

Zunächst deuten die durchschnittlichen Anzahlen von Codierungen in der Pre-Erhebung auf bereits vorhandene Kompetenzen der Studierenden in allen erhobe-

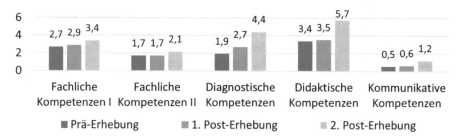

Abb. 12.8 Durchschnittliche Anzahlen von Codierungen zu den jeweiligen Kompetenzbereichen pro Dokument und in den verschiedenen Erhebungsgruppen

nen Bereichen hin. Auffällig sind die vergleichsweise hohen Werte der Kategorie *„fachliche Kompetenzen I"* in der Pre-Erhebung, was bereits vorhandene Kenntnisse zu Kennzeichen mathematischer Begabungen indiziert. In der differenzierten Analyse sowie in der forschungsmethodischen Reflexion (Brüning 2018, S. 274–279) konnten bezüglich der Erfassung fachlicher Kompetenzen Schwächen des Erhebungsinstruments identifiziert werden. Demgemäß sind bereits wesentliche Informationen in der Vignette abzulesen und müssen mit der ersten Aufgabe lediglich wiedergegeben werden. In diesem Sinne sind Aussagen über fachliche Kompetenzen in der Pre-Erhebung nur eingeschränkt möglich. Dennoch indizieren die steigenden durchschnittlichen Codierungen in diesem Bereich während des ersten und zweiten Teilnahmesemesters einen Erwerb fachlicher Kompetenzen zur Kennzeichnung mathematischer Begabungen. Darauf deuten auch differenzierte Analysen der Antworten, die in der Pre-Erhebung eher intuitiv, jedoch mit zunehmendem Teilnahmesemester deutlich differenzierter ausfallen (Tab. 12.1).

Die ganzheitliche Betrachtung der Situationsbeschreibung und Berücksichtigung alternativer Ursachen wurde mit der Kategorie *„fachliche Kompetenzen II"* erfasst. Die Werte bestätigen eine ähnliche Entwicklung, wobei die durchschnittlichen Anzahlen von Codierungen geringer sind, was ebenfalls mit der Konstruktion der Vignette zusammenhängen könnte. Jedoch berücksichtigen die Studierenden in höheren Teilnahmesemestern öfter vor allem intrapersonale Aspekte als mögliche Ursachen für das Verhalten des Protagonisten. Dies indiziert den Erwerb einer ganzheitlichen Sicht auf das Verhalten und demgemäß einen wesentlichen Grundsatz der im Lehr-Lern-Labor umgesetzten Diagnostik.

Tab. 12.1 Beispielantworten zum Merkmal „Underachiever" (fachliche Kompetenzen I) aus den jeweiligen Erhebungsgruppen

Pre-Erhebung	1. Post-Erhebung	2. Post-Erhebung
„Auf den ersten Blick sollte man meinen, dass er also die Grundrechenarten beherrscht, sich jedoch weigert, schriftliche Aufgaben zu lösen" (3008PC pre)	„Aufgrund der großen Diskrepanz bezüglich der Leistungen im Unterricht und bei der ‚Knobelaufgabe der Woche'" (2101CK post)	„Das Nichtinteresse könnte daran liegen, dass er mehr Leistung erbringen könnte und sich langweilt" (2001MF pp)
„Langeweile tritt oft bei Unterforderung auf, weshalb die Vermutung naheliegt, dass Tim zu deutlich höheren Leistungen in der Lage wäre" (2406CG pre)	„Da Tim gerne und gut knobelt, lässt sich vermuten, dass er ein mathematisches Potenzial besitzt, welches sich nicht an seinen Schulnoten zeigt" (1908JJ post)	„Oftmals (jedoch nicht immer) langweilt der normale Unterricht einen potenziell begabten Schüler. Er fühlt sich unterfordert und strengt sich aus diesem Grund nicht an, weil es für ihn zu einfach ist" (0403VL pp)
„Möglich ist zudem, dass es Tim unangenehm ist, die Lösung immer zu kennen, und er deshalb keine Ergebnisse vortragen möchte" (2612DM pre)	„Tim könnte ein Underachiever sein. Sein Potenzial und seine tatsächliche Leistung sind gegenläufig" (0412RR post)	„Sie denkt eventuell an Underachiever, die im Unterricht nicht durch gute Leistungen auffallen" (1512CK pp)

Für die anderen Kompetenzbereiche lassen sich ebenfalls Zunahmen der durchschnittlichen Codierungen pro Dokument während der einsemestrigen und zweisemestrigen Teilnahme erkennen. Besonders stark fallen diese während des zweiten Teilnahmesemesters aus, wobei sich ein besonders ausgeprägter Erwerb bzw. eine Weiterentwicklung für die diagnostischen und didaktischen Kompetenzen identifizieren lässt. Bezüglich der *diagnostischen Kompetenzen* bestätigen die tiefergehenden Analysen der Antworten einen zunehmend ganzheitlichen Diagnoseansatz, in dem möglichst mehrere Methoden, etwa Test-, Beobachtungs- und Befragungsverfahren, miteinander kombiniert werden, sowie eine kritische Grundhaltung hinsichtlich der Aussagekraft bestimmter Maßnahmen auf der Basis der fachlichen Kompetenzen zur Kennzeichnung mathematischer Begabungen. Der Erwerb *didaktischer Kompetenzen* scheint im Verlauf des zweiten Teilnahmesemesters besonders effektvoll zu sein. Die Studierenden sind zunehmend in der Lage, vielfältige und differenzierte Vorschläge zur innerunterrichtlichen Förderung mathematisch begabter Kinder zu unterbreiten sowie die Maßnahmen im Hinblick auf deren Eignung zur individuellen Förderung aller Kinder kritisch zu reflektieren. Darüber hinaus erkennen die Studierenden die Bedeutung außerunterrichtlicher Fördermaßnahmen für die Entwicklung mathematischer Kompetenzen und der Persönlichkeit von Tim. *Kommunikative Kompetenzen* wurden in der Vignette indirekt erfasst und nehmen daher eine untergeordnete Rolle ein. Dennoch zeigt sich, dass die Studierenden mit steigendem Teilnahmesemester die wesentliche Bedeutung von Kommunikation zur Diagnose und Förderung zunehmend begreifen. Möglich ist ein Zusammenhang mit dem Anfertigen von Abschlussarbeiten im zweiten oder dritten Teilnahmesemester, was ein besonderes Bewusstsein für eine ganzheitliche Diagnostik durch die Befragung wichtiger Bezugspersonen und Lehrpersonen schafft.

Insgesamt zeigen die Ergebnisse, dass die Studierenden während der Teilnahme an dem Lehr-Lern-Labor „Mathe für kleine Asse" wesentliche Kompetenzen zur Diagnostik und Förderung mathematisch begabter Kinder im Mathematikunterricht und darüber hinaus erwerben bzw. weiterentwickeln. Es zeigt sich zudem, dass vor allem das zweite Teilnahmesemester eine wesentliche Bedeutung für den Kompetenzerwerb zu haben scheint. Darüber hinaus stehen die Befunde im Einklang mit den Ergebnissen der Fragebogenerhebung zu Einflüssen auf die SWE und Überzeugungen der Studierenden. So bestätigen die Befunde zu den didaktischen Kompetenzen der Studierenden die Entwicklungstendenzen hin zu eher konstruktivistisch geprägten Überzeugungen zum Lehren und Lernen von Mathematik sowie die positive Grundhaltung (samt zunehmend gestärkten SWE) gegenüber dem produktiven Umgang mit Heterogenität im Unterricht. In diesem Zusammenhang werden auch Parallelen zwischen den SWE zur Diagnose von Lernvoraussetzungen und dem Erwerb diagnostischer Kompetenzen deutlich.

12.4.3 Nachhaltige Effekte auf die persönliche und berufliche Entwicklung

Die ehemals am Lehr-Lern-Labor „Mathe für kleine Asse" teilnehmenden Studierenden bewerten die Teilnahme überwiegend positiv und nennen zudem vielfältige Bereiche, die ihrer Einschätzung nach durch die Teilnahme an dem Lehr-Lern-Labor beeinflusst wurden bzw. werden.

Besonders häufig wird der Einfluss auf affektiv-motivationale Komponenten der professionellen Kompetenzen genannt ($n = 94$), wie beispielsweise die Sensibilisierung für (mathematisch) begabte Kinder ($n = 29$) oder die Überzeugungen, dass Diagnose und Förderung mathematisch begabter Schülerinnen und Schüler ($n = 23$) notwendig sind. Weiterhin stellen die ehemaligen Studierenden den Einfluss auf die Umsetzung der Förderung mathematisch begabter Kinder im Schulalltag ($n = 54$) und auf die kognitiven Komponenten der professionellen Kompetenzen ($n = 33$) heraus.

Einflüsse auf die persönliche Entwicklung werden vergleichsweise selten genannt. Dennoch geben einige ehemalige Studierende an, dass die Teilnahme an dem Lehr-Lern-Labor „Mathe für kleine Asse" bei ihnen zu einem stärkeren Interesse an Mathematik(aufgaben) führte ($n = 5$).

Grundsätzlich stützen die retrospektiven Einschätzungen der ehemaligen Studierenden die zuvor skizzierten Befunde zum Einfluss der Teilnahme an dem Lehr-Lern-Labor „Mathe für kleine Asse" auf die affektiv-motivationalen und kognitiven Komponenten der professionellen Kompetenzen der Studierenden. Darüber hinaus belegen die Ergebnisse, dass die in Abschn. 12.4.1 und 12.4.2 dargestellten Effekte nicht nur kurzfristig, sondern auch nachhaltig wirken und insbesondere die berufliche Entwicklung der Studierenden beeinflussen.

12.5 Fazit und Ausblick

Die Längsschnitterhebung zu möglichen Effekten einer ein- bis mehrsemestrigen Teilnahme an dem Lehr-Lern-Labor „Mathe für kleine Asse" bestätigte sowohl auf deskriptiver als auch auf statistischer Ebene deutlich positive Veränderungen bezüglich der kognitiven und affektiv-motivationalen Komponenten professioneller Kompetenzen der Studierenden. Die Befunde belegen, dass eine einsemestrige Teilnahme zu höheren Selbstwirksamkeitserwartungen und gefestigten Überzeugungen in nahezu allen erhobenen Inhaltsbereichen führt. Zur Weiterentwicklung der kognitiven Komponenten der professionellen Kompetenzen erweist sich laut der Befundlage insbesondere die zweisemestrige Teilnahme an dem Lehr-Lern-Labor. Für beide Kompetenzbereiche konnten positive Veränderungen, insbesondere der diagnostischen und didaktischen Kompetenzen, gezeigt werden, wobei sich die Ergebnisse zu Effekten auf die Konstrukte „SWE", „Überzeugungen" und „kognitiven Kompetenzbereiche" gegenseitig stützen, was dem Befund eine verstärkte Aussagekraft verleiht. Die Ergebnisse der Befragung der ehemaligen Studierenden untermauern die positiven Effekte der Teilnahme an dem Lehr-Lern-Labor und belegen zudem die Langfristigkeit der Wirkungen. Demgemäß zeichnen die Erhebungen ein einheitliches Bild und bestätigen die Wirksamkeit der Teilnahme an dem Lehr-Lern-Labor „Mathe für kleine Asse" hinsichtlich der Qualifizierung der angehenden Lehrpersonen in der Diagnostik und Förderung mathematisch begabter Kinder im Mathematikunterricht.

Aus einer allgemeinen Perspektive bestätigen die Befunde weiterhin das gemeinhin angenommene, jedoch weitestgehend empirisch nicht belegte Potenzial von Lehr-Lern-Laboren, Theorie und Praxis in der Lehramtsausbildung sinnvoll miteinander zu verzahnen und damit die Professionalisierung der angehenden Lehrpersonen zu fördern. Daraus lassen sich einige Schlussfolgerungen ableiten, die sich gemäß den Befunden als besonders geeignet zur Gestaltung von Lehr-Lern-Laboren erwiesen haben:

- die ständige *Verzahnung von theoretischen Grundlagen mit der praktischen Auseinandersetzung* mit Kindern und der methodisch-didaktischen Planung, Durchführung und Reflexion in jeder Seminarsitzung bzw. durch die Belegung eines begleitenden Theorieseminars,
- die feste *Implementierung in die Studienordnung*, z. B. als ein Wahlpflichtseminar, als eine wesentliche Voraussetzung sowohl für die Umsetzung als auch im Hinblick auf die Nachhaltigkeit des Angebots im dreifachen Sinne: die Förderung der Schülerinnen und Schüler und der Studierenden sowie bezüglich langfristiger Forschungsarbeiten,
- die *mehrsemestrige Teilnahme* an dem Lehr-Lern-Labor,
- der aktive *Einbezug der Meinungen von Studierenden* zu methodisch-didaktischen Entscheidungen und diagnostischen Gesprächen sowie die *Übergabe von Verantwortung an die Studierenden* unter Einhaltung der Komplexitätsreduzierung,
- der *Raum* für theoretische, methodisch-didaktische sowie diagnostische Gespräche, für gemeinsames Forschen von Kindern bzw. Jugendlichen, Studierenden sowie Wissenschaftlern und für die Materialaufbewahrung und
- die Förderung des „Wir-Gefühls" und der *emotionalen Bindung mit Studierenden*.

Die Ergebnisse führen zu dem Schluss, dass eine Implementierung von Lehr-Lern-Laboren in die universitäre Lehramtsausbildung unter Berücksichtigung dieser Aspekte besonders empfehlenswert ist.

Für die Westfälische Wilhelms-Universität Münster und insbesondere für die mathematikdidaktische Ausbildung der Studierenden wäre zudem das lange Fortbestehen dieses Lehr-Lern-Labors sehr wünschenswert.

Literatur

Baumert, J., & Kunter, M. (2006). Stichwort: Professionelle Kompetenz von Lehrkräften. *Zeitschrift für Erziehungswissenschaft*, 9(4), 469–520.

Beck, E., Baer, M., Guldimann, T., Bischoff, S., Brühwiler, C., Müller, P., Niedermann, R., Rogalla, M., & Vogt, F. (2008). *Adaptive Lehrkompetenz: Analyse und Struktur, Veränderbarkeit und Wirkung handlungssteuernden Lehrerwissens*. Pädagogische Psychologie und Entwicklungspsychologie, Bd. 63. Band). Münster: Waxmann.

Benölken, R. (2011). *Mathematisch begabte Mädchen: Untersuchungen zu geschlechts- und begabungsspezifischen Besonderheiten im Grundschulalter*. Münster: WTM.

Berlinger, N. (2015). *Die Bedeutung des räumlichen Vorstellungsvermögens für mathematische Begabungen bei Grundschulkindern: Theoretische Grundlegungen und empirische Untersuchungen*. Münster: WTM.

Blömeke, S., Kaiser, G., & Lehmann, R. (Hrsg.). (2010). *TEDS-M 2008: Professionelle Kompetenz und Lerngelegenheiten angehender Primarstufenlehrkräfte im internationalen Vergleich*. Münster: Waxmann.

Bromme, R. (1997). Kompetenzen, Funktionen und unterrichtliches Handeln des Lehrers. In F. E. Weinert (Hrsg.), *Psychologie des Unterrichts und der Schule* (S. 177–212). Göttingen: Hogrefe.

Brüning, A.-K. (2017). Beiträge zum Mathematikunterricht 2017. In U. Kortenkamp & A. Kuzle (Hrsg.), *Lehr-Lern-Labore in der Lehramtsausbildung – Definition, Profilbildung und Effekte für Studierende* (S. 1377–1378). Münster: WTM.

Brüning, A.-K. (2018). *Das Lehr-Lern-Labor „Mathe für kleine Asse": Untersuchungen zu Effekten der Teilnahme auf die professionellen Kompetenzen der Studierenden*. Münster: WTM.

Deutsche Telekom (2013). Schlüssel zum Erfolg. *M.B. Das Magazin Für MINT-Bildung* (2). https://www.telekom-stiftung.de/sites/default/files/media/publications/mb_2013-02. pdf. Zugegriffen: 23. Aug. 2018.

Ehrlich, N. (2013). *Strukturierungskompetenzen mathematisch begabter Sechst- und Siebtklässler: Theoretische Grundlegungen und empirische Untersuchungen zu Niveaus und Herangehensweisen*. Münster: WTM.

Eikmeyer, D. (2018). Der Einfluss des Praxissemesters auf die Überzeugungen von Studierenden im Fach Mathematik der Grundschule. In Gesellschaft für Didaktik der Mathematik (Hrsg.), *Beiträge zum Mathematikunterricht 2018*. Münster: WTM.

Fischer, C., Rott, D., & Veber, M. (2014). Diversität von Schüler/-innen als mögliche Ressource für individuelles und wechselseitiges Lernen im Unterricht. *Lehren & Lernen. Zeitschrift für Schule und Innovation aus Baden-Wüttemberg, 40*(8/9), 22–28.

Fuchs, M. (2006). *Vorgehensweisen mathematisch potentiell begabter Dritt- und Viertklässler: Empirische Untersuchungen zur Typisierung spezifischer Problembearbeitungsstile*. Berlin: LIT.

Fuchs, M., & Käpnick, F. (Hrsg.). (2008). *Mathematisch begabte Kinder: Eine Herausforderung für Schule und Wissenschaft*. Begabungsforschung, Bd. 8. Berlin: LIT.

Fuchs, M., & Käpnick, F. (2009). *Mathe für kleine Asse: Empfehlungen zur Förderung mathematisch interessierter und begabter Kinder im 3. und 4. Schuljahr*. Bd. 2. Berlin: Cornelsen.

Gröschner, A., Schmitt, A., & Seidel, T. (2012). Veränderung subjektiver Kompetenzeinschätzungen von Lehramtsstudierenden im Praxissemester. *Zeitschrift für Pädagogische Psychologie, 27*(1–2), 77–86.

Grossman, P. (2005). Research on pedagogical approaches in teacher education. In M. Cochran-Smith & K. M. Zeichner (Hrsg.), *Studying teacher education: the report of the AERA panel on research and teacher education* (S. 425–476). Mahwah: Erlbaum.

Hascher, T., & de Zordo, L. (2015). Langformen von Praktika: Ein Blick auf Österreich und die Schweiz. *Journal für LehrerInnenbildung, 1*, 22–32.

Haupt, O. J., & Hempelmann, R. (2015). Eine Typensache! Schülerlabore in Art und Form. In LernortLabor – Bundesverband der Schülerlabore e.V. (Hrsg.), *Schülerlabor-Atlas 2015* (S. 14–21). Markkleeberg: Klett MINT.

Herbart, J. F. (1964). Zwei Vorlesungen über Pädagogik (1802). In K. Kehrbach & O. Flügel (Hrsg.), *Sämtliche Werke in chronologischer Reihenfolge* (Bd. 1, S. 279–290). Aalen: Scientia.

Kane, R. G., Sandretto, S., & Heath, C. (2002). Telling half the story: a critical review of the research into tertiary teachers beliefs. *Review of Educational Research, 72*(2), 177–228.

Käpnick, F. (2008). „Mathe für kleine Asse": Das Münsteraner Konzept zur Förderung mathematisch begabter Kinder. In M. Fuchs & F. Käpnick (Hrsg.), *Mathematisch begabte Kinder: Eine Herausforderung für Schule und Wissenschaft.* Begabungsforschung, (Bd. 8, S. 135–148). Berlin: LIT.

Käpnick, F. (2016). Zehn Jahre „Mathe für kleine Asse": Eine Zwischenbilanz. In R. Benölken & F. Käpnick (Hrsg.), *Individuelles Fördern im Kontext von Inklusion* (S. 11–29). Münster: WTM.

Käpnick, F., Komorek, M., Leuchter, M., Nordmeier, V., Parchmann, I., Priemer, B., & Weusmann, B. (2016). Schülerlabore als Lehr-Lern-Labore. In C. Maurer (Hrsg.), *Authentizität und Lernen – das Fach in der Fachdidaktik* (S. 512–514). Regensburg: Universität Regensburg.

Kerfien, S., & Pantaleeva, A. (2008). Praxisbezug im Lehramtsstudium. In M. Rotermund, G. Dörr & R. Bodensohn (Hrsg.), *Bologna verändert die Lehrerbildung: Auswirkungen der Hochschulreform* (S. 91–110). Leipzig: Leipziger Universitätsverlag.

König, J., & Rothland, M. (2015). Wirksamkeit der Lehrerbildung in Deutschland, Österreich und der Schweiz. *Journal für LehrerInnenbildung, 15,* 17–25.

Kopp, B. (2009). Inklusive Überzeugung und Selbstwirksamkeit im Umgang mit Heterogenität: Wie denken Studierende des Lehramts für Grundschulen? *Empirische Sonderpädagogik, 1*(1), 5–25.

Körkel, V. (2018). Informelles Mathematiklernen mathematisch begabter Jugendlicher. In Gesellschaft für Didaktik der Mathematik (Hrsg.), *Beiträge zum Mathematikunterricht 2018.* Münster: WTM.

Kuckartz, U. (2016). *Qualitative Inhaltsanalyse: Methoden, Praxis, Computerunterstützung.* Weinheim: Beltz Juventa.

Kunter, M., Baumert, J., Blum, W., Klusmann, U., Krauss, S., & Neubrand, M. (Hrsg.). (2011). *Professionelle Kompetenz von Lehrkräften: Ergebnisse des Forschungsprogramms COACTIV.* Münster: Waxmann.

Laschke, C., & Felbrich, A. (2013). Erfassung der Überzeugungen. In C. Laschke & S. Blömeke (Hrsg.), *Teacher Education and Development Study: Learning to Teach Mathematics (TEDS-M): Dokumentation der Erhebungsinstrumente* (S. 109–129). Münster: Waxmann.

Meyer, K. (2015). *Mathematisch begabte Kinder im Vorschulalter: Theoretische Grundlegung und empirische Untersuchung zur Entwicklung mathematischer Begabungen bei vier- bis sechsjährigen Kindern.* Münster: WTM.

Nölle, K. (2002). Probleme der Form und des Erwerbs unterrichtsrelevanten pädagogischen Wissens. *Zeitschrift für Pädagogik, 48*(1), 48–67.

Organisation for Economic Co-operation and Development (unveröffentlicht). OECD Teaching and Learning International Survey (TALIS): Fragebogen für Lehrerinnen und Lehrer.

Rott, D. (2017). *Die Entwicklung der Handlungskompetenz von Lehramtsstudierenden in der individuellen Begabungsförderung.* Bd. 2. Münster: Waxmann.

Schmidt, I., Di Fuccia, D. S., & Ralle, B. (2011). Außerschulische Lernstandorte: Erwartungen, Erfahrungen und Wirkungen aus der Sicht von Lehrkräften und Schulleitungen. *MNU, 64*(6), 362–369.

Schoen, D. (1983). *The reflective practitioner: how professionals think in action.* New York: Basic Books.

Schulte, K. (2008). *Selbstwirksamkeitserwartungen in der Lehrerbildung – Zur Struktur und dem Zusammenhang von Lehrer-Selbstwirksamkeitserwartungen, pädagogischem Professionswissen und Persönlichkeitseigenschaften bei Lehramtsstudierenden und Lehrkräften: Self-efficacy beliefs in teacher education.* Dissertation Universität Göttingen.

Schwarzer, R., & Jerusalem, M. (Hrsg.). (1999). *Skalen zur Erfassung von Lehrer- und Schülermerkmalen.* Berlin: Freie Universität Berlin.

Shulman, L. S. (1986). Those who understand: knowledge growth in teaching. *Educational Researcher, 15*(2), 4–14.

Sjuts, B. (2017). *Mathematisch begabte Fünft- und Sechstklässler: Theoretische Grundlegung und empirische Untersuchungen.* Münster: WTM.

Terhart, E. (2014). Dauerbaustelle Lehrerbildung. *Pädagogik, 66*(6), 43–47.

Völker, M., & Trefzger, T. (2011). Ergebnisse einer explorativen empirischen Untersuchung zum Lehr-Lern-Labor im Lehramtsstudium. *PhyDid B – Didaktik der Physik – Beiträge zur DPG-Frühjahrstagung.* http://www.phydid.de/index.php/phydid-b/article/view/292/401. Zugegriffen: 23. Aug. 2017.

Weinert, F. E. (1999). *Konzepte der Kompetenz: Gutachten zum OECD-Projekt „Definition and Selection of Competencies: Theoretical and Conceptional Foundations (DeSeCo)".* Paris: OECD.

Die Verknüpfung von Theorie und Praxis im Lehr-Lern-Labor-Blockseminar als Unterstützung der Professionalisierung angehender Lehrpersonen

13

Réne Dohrmann und Volkhard Nordmeier

Inhaltsverzeichnis

Abstract

Lehr-Lern-Labor-Seminaren wird die Wirkung zugesprochen, erste Professionalisierungsschritte in praxisnahen Handlungsfeldern bei angehenden Lehrpersonen anzubahnen und gleichzeitig einen möglichen „Praxisschock" bei den Studierenden zu verhindern oder zumindest abzudämpfen. In diesem Beitrag werden die standortbezogenen Ergebnisse aus dem Verbundprojekt „Schülerlabore zu Lehr-Lern-Laboren" (gefördert durch die Deutsche Telekom Stiftung) vorgestellt. In verschiedenen Teilstudien wurden eine Fragebogenstudie im Pre-Post-Design sowie leitfadengestützte Interviews durchgeführt. Der vorliegende Beitrag fokussiert auf die Ergebnisse bezüglich der Entwicklung der Selbstwirksamkeitserwartungen, des fachdidaktischen (Planungs-)Wissens, der Kompetenzselbsteinschätzungen sowie der Einstellungen zur Reflexion. Darüber hinaus wird das Seminarkonzept theoretisch fundiert und beispielhaft am Lehr-Lern-Labor „Schwimmen, Schweben, Sinken" (Physik/Sachunterricht) der Freien Universität Berlin dargestellt.

R. Dohrmann (✉) · V. Nordmeier
Didaktik der Physik, Freie Universität Berlin
Berlin, Deutschland
E-Mail: rdohrmann@zedat.fu-berlin.de

V. Nordmeier
E-Mail: volkhard.nordmeier@fu-berlin.de

© Springer-Verlag GmbH Deutschland, ein Teil von Springer Nature 2020
B. Priemer und J. Roth (Hrsg.), *Lehr-Lern-Labore*,
https://doi.org/10.1007/978-3-662-58913-7_13

13.1 Anforderungen an das Lehramtsstudium aus professionstheoretischer Sicht

Wenn zukünftige Lehrpersonen in der Lage sein sollen, im Unterricht professionell zu handeln, also professionelle Handlungskompetenz besitzen sollen, so muss dafür bereits im Lehramtsstudium der Grundstein gelegt werden. In verschiedenen professionstheoretischen Ansätzen lassen sich Gemeinsamkeiten in Bezug auf die Lehrpersonenbildung herausarbeiten. Eine Profession gilt dabei als „gesellschaftlicher Auftrag, einen bestimmten Gegenstand fallbezogen zu bearbeiten" und „als Ausdruck für die gesellschaftliche Erlaubnis, [...] Dienstleistungen unter Nutzung wissenschaftlichen Wissens zu verrichten" – vor dem Hintergrund individueller Erfahrungen (Nittel und Seltrecht 2008). Die Praxis ist mit Widrigkeiten und Gegensätzen verbunden und wird mit Begriffen wie Antinomie, Ungewissheit, Paradoxie, Riskanz oder Fehleranfälligkeit beschrieben, die sich im Spannungsfeld zwischen akademisch-wissenschaftlicher Vorbereitung und antizipierten Ablaufmöglichkeiten einerseits sowie nicht vorhersehbaren Störungen dieses Arbeitsverhältnisses andererseits befindet (Helsper et al. 2000). Es stellt sich also die Frage, mit welchen Mitteln eine bessere Professionalisierung zu verwirklichen ist, denn es gilt, eine Qualitätssteigerung im Studium bzw. eine Kompetenzsteigerung bei den angehenden Lehrpersonen zu erreichen (Reh 2004).

Professionalität kann bereits während der ersten Phase der Lehrpersonenbildung angebahnt werden, denn es herrscht ein Konsens über die wirksamsten Umsetzungsmaßnahmen zur Professionalisierung, die unter der Formel „Professionalität durch Reflexivität" zusammengefasst werden können (ebd.). Dies wird häufig durch eine „Orientierung an unterrichtlicher Praxis" ergänzt (ebd.). (Angehende) Lehrpersonen können demnach dann professionalisiert werden, wenn sie ihr implizites, handlungssteuerndes Wissen in Praxissituationen anwenden und anschließend das eigene Handeln explizit reflektieren (Schneider 2004) – oder anders ausgedrückt: „Professionalität entsteht, wenn differenziert ausgebildetes Lehrerwissen in Lehrerkönnen übergeht" (Schelten 2009), denn „Voraussetzung und Fundament von Professionalität ist der Erwerb wissenschaftlichen Wissens in handlungsrelevanter Form" (Gieseke 2009). Noch bessere Professionalisierungsergebnisse lassen sich mit der Umsetzung von kollektiven Reflexionsprozessen erzielen, deren Mehrwert darin begründet liegt, „dass sie blinde Flecken des eigenen pädagogischen Handelns sichtbar machen können" (Berkemeyer et al. 2011).

Nimmt man also die Professionalisierungsdebatte ernst, ist es sinnvoll, bereits im Studium erste Professionalisierungsschritte zu ermöglichen. Professionalisierung kann somit durch den Erwerb wissenschaftlichen Wissens (*Professionswissen*) und dessen Anwendung in realitätsnahen *Praxisphasen* angebahnt werden, wenn dies mit (kollektiven) *Reflexionsmomenten* verbunden ist, die sowohl das berufsbiografische Wissen als auch das in der eigenen Handlung erlebte Erfahrungswissen hinterfragen und einen professionell-reflexiven Habitus zum Ziel haben (vgl. Pfadenhauer und Sander 2010).

Damit ist die universitäre Lehrpersonenbildung zwar keine hinreichende, aber definitiv eine notwendige Bedingung für die nachhaltige Professionalisierung an-

Abb. 13.1   Trias der universitären Professionalisierung

gehender Lehrpersonen (Berkemeyer et al. 2011) und setzt die Trias des Erwerbs von theoretischem, universitärem Wissen, von dessen Anwendung in (realitätsnahen) Handlungssituationen (Unterricht im weiteren Sinne) sowie der (kollektiven) theoriebasierten Reflexion über die dort gesammelten Erfahrungen voraus (siehe Abb. 13.1).

Die Umsetzung dieser Trias ist jedoch mit Herausforderungen verbunden, die es zu meistern gilt. So attestiert die Befundlage beispielsweise einem Teil der angehenden Lehrpersonen beim Belegen von praxisorientierten Lehrveranstaltungen einen „Praxis- bzw. Realitätsschock" (vgl. Dicke et al. 2016; Merzyn 2006; Messner 1999; Rabe et al. 2013; Tschannen-Moran et al. 1998) und dämpft damit die erhoffte professionalisierende Wirkung praktischer Studienanteile. Darüber hinaus besteht die Gefahr, dass sich sogar deprofessionalisierende Effekte einstellen, und zwar dann, wenn solche Lehrveranstaltungen nicht theoriegeleitet durchgeführt werden (vgl. Hascher 2011; Weyland 2014). Außerdem sind Lern- und Entwicklungsschritte erst dann möglich, wenn der sinnstiftende Charakter des Reflektierens durch die Studierenden erkannt und internalisiert wird (Weinberger 2013).

Es wird angenommen, dass Lehr-Lern-Labore die oben genannten Forderungen erfüllen. Das heißt, dass sie sowohl der Forderung nach praktischen Studienanteilen entgegenkommen, die Ausprägung professionellen Wissens fördern, dem „Realitätsschock" vorbeugen (Dohrmann und Nordmeier 2017, 2016; Krofta et al. 2013) sowie einen Beitrag zur Reflexionsfähigkeit der Studierenden liefern (Klempin und Sambanis 2017). Zusätzlich kann ein solches Format zur Verbesserung der Unterrichtskompetenzen der teilnehmenden Studierenden führen (vgl. Gröschner et al. 2013).

13.2   Ausgangslage

Lehr-Lern-Labore (LLL) etablieren sich als noch vergleichsweise junges universitäres Veranstaltungsformat der ersten Phase der Lehrpersonenbildung zunehmend in der Hochschullandschaft. Die Implementierung sowie der Betrieb von LLL knüpft direkt an die Schülerlabor-Bewegung an, die sich vornehmlich der Bildung von Schülerinnen und Schülern widmet und Bedarfe aufgreift, die mit schulischen Angeboten nicht oder nur unzureichend gedeckt werden können. LLL gehen einen Schritt weiter – sie versuchen einerseits, den Bildungsauftrag von Schülerlaboren aufzugreifen, und bieten andererseits die Möglichkeit, einen wichtigen Beitrag für die Professionalisierung zukünftiger Lehrpersonen zu leisten, sodass es den Studierenden durch die Verknüpfung theoretischer Wissensbestandteile mit praxisnahen Handlungssituationen ermöglicht wird, erste Erfahrungen in der Rolle als Lehrperson zu sammeln. Aus diesem Grund forderten Prenzel und Ringelband bereits im Jahr 2001 eine „Anbindung der Initiativen [Schülerlabore, Anm. d. V.] an die Lehreraus- und -fortbildung" (Prenzel und Ringelband 2001). Die Zielsetzungen der neu geschaffenen LLL sind dabei so vielfältig, wie es auch die konkreten Umsetzungen selbst sind. Dennoch gibt es Gemeinsamkeiten, die über die verschiedenen Standorte hinweg dem Veranstaltungsformat inhärent sind (siehe auch Brüning et al., Kap. 2; Weusmann et al., Kap. 3 in diesem Band). Eines der Ziele, die mit der Implementierung von LLL und der Durchführung entsprechender Lehrveranstaltungen verfolgt werden, ist die Etablierung einer forschungsbasierten, iterativ-reflexiven Einstellung zum Lehren bzw. zur Lehrkultur (Buchholz et al. 2013). Studierende sollen langsam an Lehrerfahrungen herangeführt werden. Dies kann beispielsweise durch das Unterrichten lernstarker Klassen oder in kleineren Gruppen geschehen bzw. durch die Konzentration auf bestimmte unterrichtliche Aspekte (Krofta et al. 2013). Im LLL ist die Möglichkeit des „Scheiterns" der von den Studierenden entworfenen und durchgeführten Lerngelegenheiten relativ gering, da diese sich in einem „unterrichtlichen Schongebiet" befinden (Fandrich und Nordmeier 2008). In diesem Zusammenhang wird von Komplexitätsreduktion als Eigenheit von LLL gesprochen (siehe auch Weusmann et al., Kap. 3 in diesem Band). Die unterrichtenden Personen werden von anderen Studierenden beobachtet; die Fachthematik wird von den Teilnehmenden (weitestgehend) selbstständig erarbeitet und fachdidaktisch arrangiert; die einzelnen „Phasen" werden (kollektiv) reflektiert; teilweise wird sogar die Wirksamkeit der Lernumgebung bei den Schülerinnen und Schülern empirisch überprüft (Münzinger 2001). Darüber hinaus erlaubt es die oft zyklische Kursgestaltung den teilnehmenden Studierenden, im Verlauf der Lehrveranstaltung verschiedene Positionen einzunehmen: u. a. als Lehrperson, Beobachterin bzw. Beobachter oder auch als Forscherin bzw. Forscher (Buchholz et al. 2013). Die Auseinandersetzung mit (echten) Schülerinnen und Schülern ist dabei von hervorgehobener Bedeutung, denn „Grundhaltungen zur Ausbildung entstehen im Austausch zwischen Individuum und Ausbildungskontext" (Niggli 2002). Münzinger (2001, S. 72) fasst den LLL-Betrieb folgendermaßen zusammen: „Hier wird erprobt, was möglich ist, weitergegeben, was empfohlen wird, aber immer so, dass die Besucher ihren eigenen Weg zum Thema, zu den Schülerinnen und Schülern und letztlich zur unterrichtlichen Behandlung finden müssen. Dieser Weg ist naturgemäß nicht immer erfolgreich, hat also etwas von einem Laborexperiment an sich. Doch die Erfahrung zeigt, dass auch Lehrversuche, die den Absolventen zunächst misslingen, besonderen Stoff bieten zur Bearbeitung und Reflexion."

13.3 Das Lehr-Lern-Labor-Blockseminar „Schwimmen, Schweben, Sinken"

Im Lehr-Lern-Labor „Schwimmen, Schweben, Sinken" an der Freien Universität Berlin gestalten die Teilnehmerinnen und Teilnehmer zielgerichtet Lernumgebungen, die es ermöglichen, theoriegeleitet praxisnahe Lehr-Lern-Situationen in komplexitätsreduzierten Settings zu erleben und eigenes Handeln zu erproben. Im Zentrum stehen Planung und Durchführung (im direkten Kontakt mit Schülerinnen und Schülern) sowie Analyse und Reflexion der Lehr-Lern-Situationen. In einem iterativen Prozess werden im LLL Aspekte der professionellen Handlungskompetenz gefördert.

Das LLL „Schwimmen, Schweben, Sinken" ist in ein Praxisseminar (Blockseminar) eingebettet und fester Bestandteil des Lehrveranstaltungsangebots für den lehramtsbezogenen Bachelorstudiengang Physik der Freien Universität Berlin. Es wurde bereits im Jahr 2005 konzipiert und im Wintersemester 2005/2006 erstmalig mit zehn Schulklassen verschiedener Partnerschulen erfolgreich getestet (Fandrich und Nordmeier 2008). In der Regel findet es während der vorlesungsfreien Zeit statt. Die „Praxiszeit" des Seminars erstreckt sich über fünf aufeinanderfolgende Werktage, die an zwei Einführungstagen vorbereitet werden. Die Zielgruppe der Veranstaltung sind Studierende im 3. bis 5. Fachsemester.

Dieses LLL-Format wurde seitdem fortlaufend begleitend beforscht (vgl. Abschn. 13.4). In den letzten Jahren hat sich die folgende Struktur etabliert: Jeden Tag besuchen zwei Schulklassen das LLL. Diese werden geteilt bzw. gedrittelt und in die „Verantwortung" der Studierenden übergeben. Die Einführungs- sowie die Auswertungsphase wird von derselben Person geleitet. Während dieser Unterrichtsminiatur haben die verbliebenen Studierenden des Seminars den Auftrag, ihre Kommilitoninnen und Kommilitonen theoriegeleitet zu beobachten. In der Experimentierphase werden die in der Vorbereitung gewonnenen Grundlagenkenntnisse durch die Schülerinnen und Schüler selbstständig anhand von Experimenten vertieft und erweitert. Die Betreuung wird dabei von allen studentischen Kursteilnehmenden übernommen. Nach jeder Auswertungsphase sowie der Verabschiedung der Schulklasse erfolgt die Reflexion der Unterrichtsminiatur. Begonnen wird mit der Selbstreflexion der Studierenden, die vorher die Leitung der jeweiligen Einführungs- bzw. Auswertungsphase übernommen hatten. Danach reflektieren die anderen Teilnehmenden sowie die Dozierenden schwerpunktorientiert die beobachteten Unterrichtsminiaturen bzw. die verantwortlichen Studierenden. Den Teilnehmenden, die zuvor unterrichteten, werden die Beobachtungsbögen ausgehändigt, die sie als Ausgangsmaterial bzw. Anregung für die Überarbeitung ihrer Unterrichtsminiatur benutzen können, die sie zweimal im Seminarverlauf durchführen. Zwischen beiden Terminen liegt mindestens ein Tag, der für die Überarbeitung des ursprünglichen Entwurfes genutzt werden soll.

Im Zeitraum vom Wintersemester 2014/15 bis zum Wintersemester 2017/18 nahmen insgesamt 129 Studierende an den LLL-Seminardurchläufen teil, von denen 76 (w = 24; m = 52) Physik auf Lehramt und 53 (w = 41; m = 12) Grundschullehramt

(Sachunterricht) studierten. Die eingeladenen Schulklassen stammten nahezu ausschließlich aus den Jahrgängen fünf und sechs und kamen aus Berliner Grundschulen. Im oben genannten Zeitraum nahmen 99 Klassen mit insgesamt 2661 Schülerinnen und Schülern an der Veranstaltung teil. Den größten Anteil machten dabei 5. Klassen aus (N = 56), gefolgt vom 6. Jahrgang (N = 35). Darüber hinaus nahmen sieben jahrgangsübergreifende Klassen (JÜL 5/6) sowie eine 8. Klasse teil.

13.4 Evaluation des Lehr-Lern-Labors

Von 2014 bis 2018 befasste sich das durch die Deutsche Telekom Stiftung geförderte Projekt „Schülerlabore als Lehr-Lern-Labore: Forschungsorientierte Verknüpfung von Theorie und Praxis in der MINT-Lehrerbildung" mit der Evaluation und Begleitforschung zur Wirksamkeit der Veranstaltung in Bezug auf die teilnehmenden Studierenden (vgl. Dohrmann und Nordmeier 2015, 2016, 2017, 2018; Nordmeier et al. 2014). In diesem Projekt wurden, in Verbindung mit theoretisch-empirischer Ausgangsliteratur, durch eine Vorstudie evidenzbasiert Forschungsfragen formuliert, die in eine multimethodische Hauptstudie mündeten. Im Folgenden werden das methodische Vorgehen in Bezug auf ausgewählte Teilaspekte sowie die entsprechenden Forschungsfragen bzw. -hypothesen vorgestellt.

Das LLL „Schwimmen, Schweben, Sinken" wurde als Veranstaltung konzipiert, die den frühen Kontakt von Studierenden mit Schülerinnen und Schülern gewährleisten soll (siehe oben). Dabei basiert die ursprüngliche Implementation des LLL weniger auf einer theoretischen Grundlage, sondern eher auf der anekdotischen Evidenz und der Erfahrung der Dozierenden. Da zur Wirksamkeit der Veranstaltung noch keine Daten vorlagen und die Resultate bezüglich des Spektrums der möglichen Effekte auf die Studierenden nicht bereits im Vorfeld eingeengt werden sollten, wurde die Ausgangsfrage für die Vorstudie bewusst global formuliert:

F_0: Was bewirkt die Teilnahme an einem Lehr-Lern-Labor und dessen Begleitseminar im Hinblick auf die Professionalisierung der Studierenden?

Um einen möglichst hohen Grad der Offenheit zu gewährleisten, wurden Gruppendiskussionen durchgeführt und im Rahmen der Grounded-Theory-Methodologie (GTM) hypothesengenerierend ausgewertet, sodass sie als Ausgangspunkt weiterer Untersuchungsschritte im Gesamtvorhaben dienen konnten. Der Diskussionsleitfaden orientierte sich hinsichtlich seiner Stimuli an den einzelnen Phasen bzw. „Bausteinen" der LLL-Veranstaltung und wurde durch im Vorfeld geführte Expertengespräche sowie durch einen Diskussions-Pre-Test validiert. Die Diskussionen fanden im Anschluss an die jeweiligen Lehrveranstaltungen mit sieben bzw. fünf Teilnehmenden statt, wurden audiografiert (jeweils ca. 100 min) und anschließend transkribiert. Die Auswertung erfolgte mit der GTM, da sich diese sowohl bei der datenbasierten Hypothesengenerierung (vgl. Corbin 2010) als auch bei der Exploration neuer Forschungsfelder anbietet (ebd.). Die Möglichkeit der Inkorporation unvorhergesehener Daten in den Forschungsprozess spricht ebenfalls für dieses methodische Vorgehen (vgl. Strübing 2014; Mey und Mruck 2010).

Auf der Basis der Forderungen an das Lehramtsstudium (vgl. Abschn. 13.1) sowie der Vorstudie konnte die Ausgangsfrage theorie- und evidenzbasiert in verschiedene Hypothesen und Forschungsfragen überführt werden, die sich alle auf die teilnehmenden Studierenden beziehen:

H_1: In einem „komplexitätsreduzierten" Lehr-Lehr-Labor-Setting kommt es nicht zu einem „Praxisschock", sondern zu einer positiven Entwicklung der Selbstwirksamkeitserwartungen.

H_2: Die Teilnahme am LLL-Seminar bewirkt eine Zunahme des fachdidaktischen (Planungs-)Wissens.

H_3: Die Teilnahme am LLL-Seminar bewirkt eine Verbesserung der (wahrgenommenen) Unterrichtskompetenzen.

H_4: Aufgrund der iterativen Struktur des LLL-Seminars, verbunden mit intensiven Reflexionsphasen, bewirkt die Teilnahme eine Verbesserung der Einstellung zum Thema Reflexion.

F_1: Welche Wahlmotive führen die Teilnehmenden in Bezug auf das Belegen der Veranstaltung an?

In der Hauptstudie wurden leitfadengestützte Interviews (N = 13) durchgeführt. Der Leitfaden wurde durch Gespräche mit Expertinnen bzw. Experten und aufgrund mehrerer Interviewtestläufe iterativ adaptiert und validiert. Die Interviews wurden sowohl induktiv als auch deduktiv inhaltsanalytisch nach Kuckartz (2016) ausgewertet. Überdies wurden in Anlehnung an Loughran et al. (2004) offene Fragen zum fachdidaktischen (Planungs-)Wissen der Teilnehmenden in einem schriftlichen Pre-Post-Test gestellt, die anschließend bezüglich ihrer Aussagequalität bewertet wurden. Dabei wurde die Bloom'sche Taxonomie (Krathwohl et al. 1978) als Bewertungsgrundlage genutzt und dem Forschungsgegenstand angepasst. Die Zuordnung der offenen Antworten erfolgte durch verschiedene Personen. Zusätzlich wurde ein Fragebogen im Pre-Post-Design eingesetzt, zu dem im Vorfeld kognitive Interviews zur Überprüfung der Itempassung in Bezug auf den Untersuchungsgegenstand durchgeführt wurden (N = 3) (vgl. Prüfer und Rexroth 2005). Eine Übersicht zu den hier vorgestellten und untersuchten Konstrukten und Konzepten findet sich in Tab. 13.1.

Das Erhebungsinstrument wurde immer in der ersten LLL-Seminarsitzung, also zu Beginn der ersten Einführungsveranstaltung (Pre-Test) und am Ende des letzten Seminartages (Post-Test) eingesetzt. Insgesamt wurden in den Jahren 2017 und 2018 74 Personen (26 männliche und 48 weibliche) befragt, die im Durchschnitt 24,8 Jahre (MIN = 19,0; MAX = 44,0; SD = 4,85) alt waren und sich im Mittel im 5. Bachelorsemester befanden (AM = 5,28; MIN = 3; MAX = 16; SD = 1,99). Von den Untersuchungsteilnehmenden studierten zum Erhebungszeitpunkt 34 Personen (m = 19; w = 15) im Bachelorstudiengang Lehramt Physik für integrierte Sekundarschulen und Gymnasien sowie 40 Personen (m = 7; w = 33) im Bachelorstudiengang Grundschulpädagogik (Sachunterricht). Die Befragung fand als Paper-and-Pencil-

Tab. 13.1 Auswahl erhobener Konstrukte und Konzepte

	Konstrukt/Konzept	Erhebungsmethode	Quelle
H_1	Selbstwirksamkeits-erwartungen	Fragebogen + Interview	Weusmann et al. (2017)
H_2	Fachdidaktisches (Planungs-)Wissen	Fragebogen (offenes Antwortformat)	Loughran et al. (2004); Krathwohl et al. (1978)
H_3	Unterrichtskompetenzen	Fragebogen	Gröschner (2008)
H_4	Einstellung zur Reflexion	Fragebogen	Neuber und Göbel (2016)
F_1	Wahlmotive	Interview	

Test statt und dauerte durchschnittlich zwischen 30 und 45 min. Alle Items konnten anhand einer sechsstufigen Likert-Skala bewertet werden (1: „trifft nicht zu"; 6: „trifft voll zu"). Die Erhebungszeiträume gingen mit den Seminarzeiträumen einher, sodass in jedem Semester eine Befragung stattfinden konnte. Eine Ausnahme bildet die Erhebung des fachdidaktischen Wissens; diese wurde in den Jahren 2015 bis 2017 und lediglich mit Lehramtsstudierenden im Fach Physik ($N = 42$; $w = 18$; $m = 24$) durchgeführt, die durchschnittlich 24,7 Jahre alt ($MIN = 19$; $MAX = 38$; $SD = 4,7$) und im fünften Bachelorsemester ($MIN = 1$; $MAX = 12$; $SD = 2,3$) waren (siehe Abschn. 13.4.2).

Die gewonnenen Daten wurden anschließend zusammengefasst. Dies ist legitim, da die Intervention nicht abgeändert und somit bei jeder Befragung exakt gleich durchgeführt wurde. Der Einfluss weiterer Interventionen auf die Testgruppe kann zumindest von universitärer Seite aus als äußerst gering eingeschätzt werden, da die Probandinnen und Probanden während des Seminarzeitraums keine weiteren Lehrveranstaltungen belegen können. Somit sind die Ergebnisse im Idealfall nur auf die im Seminar behandelten Inhalte zu beziehen. Einschränkungen gibt es bei den Kohortengrößen, bezogen auf die einzelnen Skalen, da zu Beginn des Forschungsprozesses noch nicht alle Skalen der finalen Instrumentenversion vorlagen, sondern erst sukzessive im Verlauf weiterer Erhebungen ergänzt wurden. Einige Probandinnen und Probanden ließen verschiedene Skalen aus, sodass diese nicht mitberechnet werden konnten und deshalb ebenfalls zu abweichenden Stichprobengrößen beitrugen.

13.4.1 Teilstudie 1: Veränderungen der Selbstwirksamkeitserwartungen (H_1)

In der vorliegenden Teilstudie wurde der potenzielle Praxisschock anhand der Entwicklung der Selbstwirksamkeitserwartungen (SWE) untersucht. Sollte ein Rückgang der SWE über den Seminarverlauf gemessen werden, wäre dies ein Indiz für einen Praxisschock (vgl. Rabe et al. 2012). Im Fragebogen sind drei Skalen zu den SWE (25 Items) von (angehenden) Lehrpersonen enthalten, die sich auf drei Bereiche beziehen: Planung, Durchführung und Reflexion von Lernsequenzen mit Schülerinnen und Schülern.

Tab. 13.2 t-Test-Ergebnisse und Effektstärken für die Subskalen und die Gesamtskala (SWE)

Skala/Subskala	ΔAM	SD	T	df	Sig	Cohens d	Konfidenzintervall (95 %)
SWE (gesamt)	0,38	0,51	6,14	69	< 0,001	0,72	[0,38; 1,07]
SWE (Planung)	0,57	0,72	6,79	73	< 0,001	0,78	[0,44; 1,11]
SWE (Durchführung)	0,26	0,62	3,56	71	< 0,001	0,42	[0,09; 0,75]
SWE (Reflexion)	0,27	0,49	4,66	71	< 0,001	0,53	[0,20; 0,87]

Für den t-Test (für abhängige Stichproben) wurden die Gesamtscores der Subskalen und anschließend die Mittelwerte über alle Skalen ermittelt. Da sowohl die Gesamtkohorte als auch die Subkohorten eine ausreichende Größe ($N > 30$) aufwiesen, war es nicht notwendig, einen Normalverteilungstest für die Stichprobendifferenzen durchzuführen (Bortz 1993, S. 136). Die Erhebung ergab einen statistisch signifikanten Unterschied für die SWE der Studierenden zwischen Beginn und Ende des Praxisseminars, $t(69) = 6,14$, $p < 0,001$. Der Mittelwert der SWE lag zu Beginn des Seminars bei 4,09 ($SD = 0,59$) und erhöhte sich bis zum Ende der Lehrveranstaltung auf 4,47 ($SD = 0,57$). Mit Cohens $d = 0,72$[1] kann an dieser Stelle von einem mittleren Effekt gesprochen werden. Auf der Ebene der Subskalen weist die Skala „SWE in Bezug auf die Planung von Unterricht" mit $d = 0,78$*** den größten Effekt auf. Eine Übersicht zu den Ergebnissen der Subskalen bietet Tab. 13.2.

Die deduktiv-skalierende Inhaltsanalyse bestätigt diesen Befund. Insgesamt wurden 60 Interviewabschnitte von zwei unabhängigen Personen in Bezug auf die Entwicklung der SWE codiert, von denen 52 der Kategorie „Zunahme der SWE", acht der Kategorie „keine Änderung der SWE" und keine einzige der Kategorie „Abnahme der SWE" zugeordnet wurden (Cohens $\kappa = 0,65$; Krippendorffs $\alpha = 0,71$).

13.4.2   Teilstudie 2: Veränderung des fachdidaktischen (Planungs-)Wissens (H₂)

Das fachdidaktische (Planungs-)Wissen in Bezug auf die Veranstaltungsinhalte wurde über acht offene Items erfasst, die den *CoRe*-Fragen nach Loughran et al. (2004) entsprechen und einen qualitativen Zugang zum fachdidaktischen Wissen bieten. Die Antworten zu den Items wurden im Anschluss durch zwei unabhängige Personen deduktiv-inhaltsanalytisch kodiert, d. h., sie wurden vier Niveaustufen zugeordnet, die die Qualität der Antworten widerspiegeln (0 = keine Antwort; 3 = höchste Antwortqualität). Die Grundlage für die Bewertung der Antwortqualität ist die Bloom'sche Taxonomie kognitiver Lernziele (Krathwohl et al. 1978). Sowohl Kappa als auch Alpha weisen für beide kodierenden Personen hervorragen-

---

[1] Morris und DeShon (2002) schlagen für die Berechnung von Cohens d eine Korrektur vor, bei der die in der Berechnung der Effektstärke verwendete Standardabweichung korrigiert wird. In den Korrekturfaktor geht die Korrelation zwischen Pre- und Post-Messung ein. Diese Korrektur wurde für alle berechneten Effektstärken in diesem Beitrag vorgenommen.

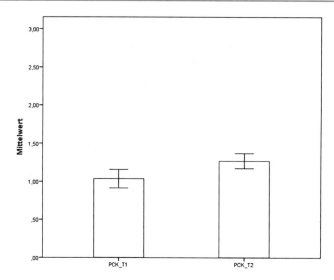

Abb. 13.2 Vergleich der Mittelwerte des fachdidaktischen Wissens (bezogen auf die Veranstaltungsinhalte) der Physiklehramtsstudierenden zwischen Pre- (*links*) und Post-Erhebung (*rechts*); Niveaustufen: 0–3

de Werte auf, und die Verlässlichkeit der eingeschätzten Antwortqualität in Bezug auf das (kontextbezogene) fachdidaktische (Planungs-)Wissen wird angenommen ($\kappa = 0{,}90$; $\alpha = 0{,}92$).

Der Vergleich der Mittelwerte zu Beginn und zum Ende der Lehrveranstaltung mittels t-Test für abhängige Stichproben zeigt einen statistisch signifikanten Unterschied bei der Bewertung des fachdidaktischen (Planungs-)Wissens, bezogen auf die Veranstaltungsinhalte (siehe Abb. 13.2).

Der Mittelwert zu Beginn des Seminars war 1,04 (SD = 0,39). Er erhöhte sich auf 1,27 (SD = 0,32) bis zum Ende der Lehrveranstaltung. Die Effektstärke beträgt d = 0,65 [CI: 0,02; 1,27]. Somit kann bestätigt werden, dass das Seminar eine positive Wirkung in Bezug auf die Entwicklung von fachdidaktischem (Planungs-)Wissen hat.

13.4.3 Teilstudie 3: Veränderungen und Unterschiede der Unterrichtskompetenzen (H₃)

Die Erhebung ergab einen statistisch signifikanten Unterschied für die (selbst eingeschätzten) Unterrichtskompetenzen aller Teilnehmenden zwischen Beginn und Ende des Praxisseminars, t(71) = 3,0, p = 0,004 über alle Skalen (siehe Tab. 13.3).

Zu Beginn des Seminars betrug der Mittelwert 4,38 (SD = 0,57); er erhöhte sich bis zum Ende der Lehrveranstaltung auf 4,56 (SD = 0,61). Die Erhebung ergab keinen statistisch signifikanten Unterschied für die (selbst eingeschätzten) Unterrichtskompetenzen der Physiklehramtsstudentinnen und -studenten zwischen Beginn und

Tab. 13.3 t-Test-Ergebnisse und Effektstärken für die Subskalen (Unterrichtskompetenzen)

Skala/Subskala	ΔAM	SD	T	df	Sig	Cohens d	Konfidenzintervall (95 %)
Unterrichtskompetenzen (gesamt)	0,18	0,52	3,0	72	0,004	0,36	[0,03; 0,59]
Unterrichten	0,37	0,59	5,32	72	< 0,001	0,63	[0,30; 0,96]
Erziehen	−0,03	0,67	0,19	72	0,698	−0,05	[−0,38; 0,27]
Beurteilen	0,21	0,58	3,07	72	0,003	0,38	[0,05; 0,70]

Ende des Praxisseminars, $t(31) = 1,16$; $p = 0,257$. Der Mittelwert zu Beginn des Seminars war 4,28 (SD = 0,56); er erhöhte sich bis zum Ende der Lehrveranstaltung auf 4,39 (SD = 0,55). Bei den Grundschullehramtsstudierenden ergab die Erhebung im Gegensatz zu den Physiklehramtsstudierenden einen signifikanten Unterschied für die (selbst eingeschätzten) Unterrichtskompetenzen zu Beginn und Ende des Praxisseminars: $t(39) = 3,08$; $p = 0,004$. Der Mittelwert der SWE lag zu Beginn des Seminars bei 4,47 (SD = 0,57) und erhöhte sich auf 4,71 (SD = 0,62) bis zum Ende der Lehrveranstaltung. Bezogen auf die Gesamtkohorte konnte der größte Effekt auf der Subskala „Unterrichten" nachgewiesen werden (d = 0,63[***]), wohingegen die Subskala „Erziehen" keine Effekte ermitteln konnte (d = −0,05[n.s.]). Bezüglich der selbst eingeschätzten Unterrichtskompetenzen scheinen somit besonders die Studierenden des Grundschullehramts vom Seminar zu profitieren. Eine Übersicht zu den Subskalen bietet Tab. 13.3.

13.4.4 Teilstudie 4: Veränderungen und Unterschiede in der Einstellung zur Reflexion (H_4)

In dieser Teilstudie wurden 52 Personen (w = 39, m = 13) befragt, die im Durchschnitt 25 Jahre (MIN = 20; MAX = 44) alt waren und sich im Mittel im fünften Bachelorsemester befanden (AM = 4,9; MIN = 3; MAX = 7). Von den Untersuchungsteilnehmerinnen und -teilnehmern studierten zum Erhebungszeitpunkt zwölf Personen (m = 6; w = 6) im Bachelorstudiengang Lehramt Physik für integrierte Sekundarschulen und Gymnasien und 40 Personen (m = 7, w = 33) im Bachelorstudiengang Grundschulpädagogik (Sachunterricht). Die Erhebung ergab einen statistisch signifikanten Unterschied für die Einstellung zur Reflexion bei der Gesamtkohorte zwischen Beginn und Ende des Praxisseminars, $t(50) = 3,76$; $p < 0,001$. Der Mittelwert der Einstellungen zur Reflexion zu Beginn des Seminars betrug 5,09 (SD = 0,54); er erhöhte sich auf 5,33 (SD = 0,49) bis zum Ende der Lehrveranstaltung. Die Mittelwertunterschiede werden erst signifikant, wenn die Subkohorte der Grundschulpädagogikstudierenden hinzugezogen wird. Für die Subkohorte der Physikstudierenden konnten keine signifikanten Entwicklungen festgestellt werden. Für die Gesamtkohorte zeigen die Subskalen eine gleichmäßige positive signifikante Entwicklung mit moderaten Effekten (siehe Tab. 13.4).

Tab. 13.4 Mess- und Kennwerte der Subskalen „Einstellung zur Reflexion"

Skala/Subskala	ΔAM	SD	T	df	Sig	Cohen's d	Konfidenzintervall (95 %)
Einstellung zur Reflexion (gesamt)	0,25	0,47	3,76	50	<0,001	0,49	[0,10; 0,89]
Individuelle Reflexion	0,28	0,74	2,82	51	0,007	0,40	[0,01; 0,79]
Kollegiale Reflexion	0,21	0,49	3,02	50	0,004	0,40	[0,00; 0,79]
Relevanz von Unterrichtsreflexion	0,26	0,63	2,94	51	0,005	0,38	[0,00; 0,77]

Weiterführende Ergebnisse der vorliegenden Untersuchung zum Thema Reflexion und damit verwandten Konstrukten finden sich bei Dohrmann und Nordmeier (2018).

13.4.5 Teilstudie 5: Wahlmotive (F_1)

In dieser Teilstudie wurden Wahlmotive aus den Interviews herauspräpariert, die von den Teilnehmenden während der leitfadengestützten Interviews genannt wurden. Da es nicht zu einer A-priori-Einengung auf bestimmte Motive kommen sollte, wurde für die vorliegende Analyse die Entscheidung zugunsten einer induktiven

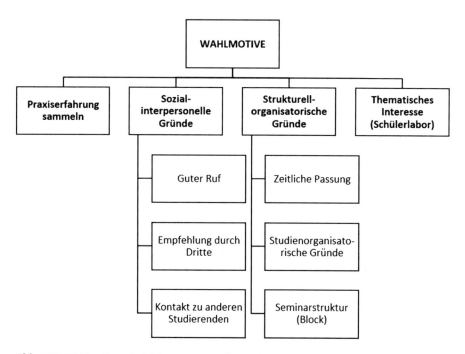

Abb. 13.3 Wahlmotive – induktiv gewonnene Kategorien

Kategorienbildung getroffen, damit auch alle durch die interviewten Personen genannten Motive identifiziert werden konnten. Dabei wurden 29 Nennungen von Motiven herausgearbeitet, deren Inhalt in weiteren Schritten paraphrasiert, zusammengefasst, generalisiert und zu Subkategorien ausgearbeitet wurde. Ähnliche Aussagen wurden zu einer Kategorie zusammengefasst. Die Kodierung der Textabschnitte erfolgte durch zwei Personen, sodass alle Entscheidungen zur Markierung eines Textabschnittes konsensual getroffen wurden.

Insgesamt ergaben sich vier Hauptkategorien (Praxiserfahrung sammeln, sozial-interpersonelle Gründe, strukturell-organisatorische Gründe, thematisches Interesse am Schülerlabor), wobei lediglich zwei Kategorien weitere Subkategorien aufweisen (siehe Abb. 13.3).

13.5 Zusammenfassung und Diskussion

Die Ergebnisse der hier vorgestellten Teilstudien zeigen, dass im Rahmen eines einwöchigen – und damit relativ kurzen, aber intensiven – Lehr-Lern-Labor-Blockseminars Professionalisierungsschritte bei den Teilnehmenden unterstützt werden können. Alle untersuchten Konstrukte (Selbstwirksamkeitserwartungen, fachdidaktisches (Planungs-)Wissen, (selbst eingeschätzte) Unterrichtskompetenzen, Einstellungen zur Reflexion) wiesen signifikante Zuwächse über den Seminarverlauf mit moderaten bis mittleren Effektstärken auf. Die quantitativen Daten zu den Veränderungen der Selbstwirksamkeitserwartungen konnten durch die Interviewdaten bestätigt werden. Darüber hinaus wurden mittels induktiv-qualitativer Inhaltsanalyse Wahlmotive identifiziert, die die Teilnehmenden zum Belegen der Veranstaltung bewegten.

Eine wichtige Annahme zur Praxis im Lehr-Lern-Labor konnte durch die Daten gestützt werden, denn aufgrund der Komplexitätsreduktion bleibt den Studierenden ein „Realitätsschock" erspart (vgl. Krofta et al. 2013; Tschannen-Moran et al. 1998). Erhebungen an den anderen Projektstandorten konnten ähnliche Ergebnisse erzielen (vgl. Weß et al. 2018). Dass die Selbstwirksamkeitserwartungen insbesondere in Bezug auf die Planung des Unterrichts hohe Effekte aufweisen, ist nicht verwunderlich, da der Großteil der Teilnehmenden im Seminar zum ersten Mal überhaupt Unterricht plant. Die positive Entwicklung des fachdidaktischen (Planungs-)Wissens im Seminarverlauf muss zurückhaltend interpretiert werden, denn es wurde mit offenen Items erfasst, anschließend kodiert und Niveaustufen (nominalskaliert) zugeordnet. Der positive Effekt lässt sich jedoch auch in anderen Untersuchungen zum Erwerb fachdidaktischen Wissens in LLL finden (vgl. Steffensky und Parchmann 2007; Buchholz et al. 2013; Anthofer und Tepner 2016; Fried und Trefzger 2017). Sowohl aktive (Planung und Durchführung des Unterrichts) als auch passive Lernphasen (Beobachtung fremden Unterrichts) bieten die Möglichkeit eines weiteren Wissenserwerbs. Dennoch muss festgehalten werden, dass die Studierenden auch zum Ende der Lehrveranstaltung in Bezug auf diese Wissensfacette noch viel Entwicklungspotenzial besitzen. Hinsichtlich der Veränderungen in den subjektiven Kompetenzeinschätzungen bestätigt sich die Annahme, dass der Fokus in Praktika insbesondere auf dem Unterrichten liegt, sprich: darauf, Unterricht zu planen und zu halten (Hascher 2006). Auch hier könnte sich die intendierte Komplexitätsreduktion in den Daten andeuten, denn eine mögliche Interpretation in Bezug auf die unveränderte Kompetenzeinschätzung beim „Erziehen" könnte darauf zurückzuführen sein, dass diese Subdimension im Seminar nicht angesprochen wird, da die Studierenden beispielsweise nur Kleingruppen und in einer vertrauten Umgebung unterrichten. Es könnte jedoch auch sein, dass sich die Teilnehmenden bereits vor dem Seminar in dieser Hinsicht als kompetent einschätzen (Gröschner et al. 2013). Auch in Bezug auf die Einstellung zur Reflexion lassen sich moderate Effekte nachweisen. Besonders erfreulich im Sinne des Professionalisierungsgedankens sind die bereits hohen Werte im Pre-Test. Wichtig ist in diesem Zusammenhang, dass die Studierenden den Wert des Reflektierens für die eigene Weiterentwicklung erkennen. Aufgrund der Kürze der Intervention ist der geringe Zuwachs erwartungskonform. Ein Deckeneffekt ist jedoch nicht auszuschließen, da aufgrund sozialer Erwünschtheit die Vermutung naheliegt, dass sich die Studierenden bereits vor dem Seminar als „sehr reflektierte angehende Lehrpersonen" etikettieren könnten. Zusätzlich zum bereits bekannten „Wunsch nach Praxis" seitens der Studierenden (vgl. Weyland 2014; Makrinus 2013; Hascher 2011; Hoppe-Graff et al. 2008) konnten weitere Wahlmotive identifiziert werden. Neben sozial-interpersonellen Gründen wie dem „guten Ruf des LLL" oder der „Empfehlung durch Dritte" sind es pragmatische Motive wie die „Seminarstruktur" als Block oder die „zeitliche Passung", die die Studierenden bezüglich der Wahl der Lehrveranstaltung anführen. Diese Informationen sind besonders vor dem Hintergrund interessant, dass es sich bei dem LLL um eine Wahlpflichtveranstaltung handelt, die die Studierenden nicht notwendigerweise besuchen müssen. Das heißt, es ist nicht unbedingt die praktische Ausrichtung als besonderes Charakteristikum der Veranstaltung, die für die Teilnehmenden relevant ist.

Zur weiteren Kontrolle möglicher Störvariablen wären einige Anpassungen im Design weiterführender Studien willkommen. So ist die Erhebung der Vorerfahrung im Unterrichten bzw. im Umgang mit Schülerinnen und Schülern möglicherweise ein Prädiktor für die Entwicklung der SWE während des Seminarverlaufs. Darüber hinaus wäre ein Kontrollgruppendesign wünschenswert, um Einflüsse außerhalb der Intervention aufdecken zu können. Da es sich beim Großteil der erhobenen Skalen um Selbsteinschätzungen handelt, wäre ein objektives Vergleichsmaß sinnvoll. Dennoch ist davon auszugehen, dass Selbsteinschätzungen eine geeignete Methode zum Erfassen des Kompetenzzuwachses durch universitäre Lehrveranstaltungen sind (vgl. Braun und Hannover 2008). Die hier vorgestellten Ergebnisse stärken daher die Annahme, dass Lehr-Lern-Labor-Veranstaltungen das Potenzial besitzen, einen wichtigen Beitrag zur Professionalisierung angehender Lehrpersonen zu leisten.

Literatur

Anthofer, S., & Tepner, O. (2016). Experimentell-fachdidaktisches Wissen und Handeln von Chemie-Lehramtsstudierenden. In C. Maurer (Hrsg.), *Authentizität und Lernen – das Fach in der Fachdidaktik*. Gesellschaft für Didaktik der Chemie und Physik, Jahrestagung, Berlin, 2015. (S. 316).

Berkemeyer, N., Järvinen, H., Otto, J., & Bos, W. (2011). Kooperation und Reflexion als Strategien der Professionalisierung in schulischen Netzwerken. In W. Helsper & R. Tippelt (Hrsg.), *Pädagogische Professionalität*. Zeitschrift für Pädagogik, Beiheft, 57. (S. 225–247). Wien: Beltz.

Bortz, J. (1993). *Statistik. Für Sozialwissenschaftler* (4. Aufl.). Berlin, Heidelberg: Springer.

Braun, E., & Hannover, B. (2008). Kompetenzmessung und Evaluation von Studienerfolg. In N. Jude, J. Hartig & E. Klieme (Hrsg.), *Kompetenzerfassung in pädagogischen Handlungsfeldern. Theorien, Konzepte und Methoden*. Bildungsforschung, 26. (S. 153–160). Bonn.

Buchholz, M., Saeli, M., & Schulte, C. (2013). PCK and Reflection in Computer Science Teacher Education. In P. S. E. Wi (Hrsg.), *Proceedings of the 8th Workshop in Primary and Secondary Computing Education*. The 8th Workshop in Primary and Secondary Computing Education. (S. 8–16). New York: ACM.

Corbin, J. (2010). Grounded Theory. In R. Bohnsack, W. Marotzki & M. Meuser (Hrsg.), *Hauptbegriffe Qualitativer Sozialforschung* (3. Aufl. S. 70–75). Opladen: Budrich.

Dicke, T., Holzberger, D., Kunina-Habenicht, O., Linninger, C., Schulze-Stocker, F., & Seidel, T. (2016). „Doppelter Praxisschock" auf dem Weg ins Lehramt? Verlauf und potenzielle Einflussfaktoren emotionaler Erschöpfung während des Vorbereitungsdienstes und nach dem Berufseintritt. *Psychologie in Erziehung und Unterricht, 63*(4), 244–257.

Dohrmann, R., & Nordmeier, V. (2015). Schülerlabore als Lehr-Lern-Labore (LLL): Ein Projekt zur forschungsorientierten Verknüpfung von Theorie und Praxis in der MINT-Lehrerbildung. Förderung von Professionswissen, professioneller Unterrichtswahrnehmung und Reflexionskompetenz im LLL Physik. In V. Nordmeier & H. Grötzebauch (Hrsg.), *PhyDid B, Didaktik der Physik*. Beiträge zur DPG-Frühjahrstagung in Wuppertal. (S. 1–7). Berlin: FU Berlin.

Dohrmann, R., & Nordmeier, V. (2016). Professionalisierung im Lehr-Lern-Labor Physik. In C. Maurer (Hrsg.), *Authentizität und Lernen – das Fach in der Fachdidaktik*. Jahrestagung, Gesellschaft für Didaktik der Chemie und Physik, Berlin, 2015. (S. 581–583). Regensburg: Universität Regensburg.

Dohrmann, R., & Nordmeier, V. (2017). Lehr-Lern-Labor und Professionalisierung im Lehramtsstudium Physik. In C. Maurer (Hrsg.), *Implementation fachdidaktischer Innovation im Spiegel von Forschung und Praxis*. Jahrestagung, Gesellschaft für Didaktik der Chemie und Physik, Zürich, 2016. (S. 560–563). Regensburg: Universität Regensburg.

Dohrmann, R., & Nordmeier, V. (2018). Professionalität im Lehr-Lern-Labor anbahnen: Ergebnisse zu verschiedenen Facetten von Reflexion und Selbstwirksamkeitserwartungen. In V. Nordmeier & H. Grötzebauch (Hrsg.), *PhyDid B, Didaktik der Physik*. Beiträge zur DPG-Frühjahrstagung Dresden 2018, Berlin. (S. 73–80).

Fandrich, J., & Nordmeier, V. (2008). Ausbildung von Lehramtsstudierenden am Schülerlabor „PhysLab". In DPG (Hrsg.), *Tagungsband der Frühjahrstagung in Berlin* (S. 1–2). Berlin: Lehmanns Media.

Fried, S., & Trefzger, T. (2017). Eine qualitative Untersuchung zur Anwendung von physikdidaktischem Wissen im Lehr-Lern-Labor. In C. Maurer (Hrsg.), *Implementation fachdidaktischer Innovation im Spiegel von Forschung und Praxis*. Gesellschaft für Didaktik der Chemie und Physik, Jahrestagung, Zürich, 2016. (S. 492). Regenburg: Universität Regenburg.

Gieseke, W. (2009). Professionalisierung in der Erwachsenenbildung/Weiterbildung. In R. Tippelt & A. von Hippel (Hrsg.), *Handbuch Erwachsenenbildung/Weiterbildung* (3. Aufl. S. 385–403). Wiesbaden: VS.

Gröschner, A. (2008). *Skalen zur Erfassung von Kompetenzen in der Lehrerausbildung: Ein empirisches Instrument in Anlehnung an die KMK „Standards für die Lehrerbildung: Bildungswissenschaften"*. Jena: Zentrum für Lehrerbildung und Didaktikforschung.

Gröschner, A., Schmitt, & Seidel, T. (2013). Veränderung subjektiver Kompetenzeinschätzungen von Lehramtsstudierenden im Praxissemester. *Zeitschrift für Pädagogische Psychologie, 27*(1–2), 77–86.

Hascher, T. (2006). Veränderungen im Praktikum – Veränderungen durch das Praktikum. *Zeitschrift für Pädagogik, 52*(51), 130–148.

Hascher, T. (2011). Vom „Mythos Praktikum" … und der Gefahr verpasster Lerngelegenheiten. *Journal für Lehrerinnen- und Lehrerbildung, 3*, 8–14.

Helsper, W., Krüger, H.-H., & Rabe-Kleberg, U. (2000). Professionstheorie, Professions- und Biographieforschung. Einführung in den Themenschwerpunkt. *ZBBS – Zeitschrift für qualitative Bildungs-, Beratungs- und Sozialforschung, 1*(1), 5–19.

Hoppe-Graff, S., Schroeter, R., & Flagmeyer, D. (2008). Universitäre Lehrerausbildung auf dem Prüfstand: Wie beurteilen Referendare das Theorie-Praxis-Problem? *Empirische Pädagogik, 22*(3), 353–381.

Klempin, C., & Sambanis, M. (2017). Die Förderung didaktischer Reflexionstiefe von Englischlehramtsstudierenden im Lehr-Lern-Labor Englisch. Berlin. https://www.researchgate.net/publication/318014900_Klempin_Christiane_Sambanis_Michaela_2017_Die_Forderung_didaktischer_Reflexionstiefe_von_Englischlehramtsstudierenden_im_Lehr-Lern-Labor_Englisch. Zugegriffen: 23. Okt. 2017.

Krathwohl, D. R., Bloom, B. S., Dreesmann, H., & Masia, B. B. (1978). *Taxonomie von Lernzielen im affektiven Bereich* (2. Aufl.). Beltz-Studienbuch, Bd. 85. Weinheim: Beltz.

Krofta, H., Fandrich, J., & Nordmeier, V. (2013). Fördern Praxisseminare im Schülerlabor das Professionswissen und einen reflexiven Habitus bei Lehramtsstudierenden? In V. Nordmeier & H. Grötzebauch (Hrsg.), *PhyDid B, Didaktik der Physik*. Beiträge zur DPG-Frühjahrstagung, Jena. Berlin: FU Berlin.

Kuckartz, U. (2016). *Qualitative Inhaltsanalyse. Methoden, Praxis, Computerunterstützung* (3. Aufl.). Weinheim: Beltz.

Loughran, J., Mulhall, P., & Berry, A. (2004). In search of pedagogical content knowledge in science: developing ways of articulating and documenting professional practice. *Journal of Research in Science Teaching, 41*(4), 370–391.

Makrinus, L. (2013). *Der Wunsch nach mehr Praxis. Zur Bedeutung von Praxisphasen im Lehramtsstudium*. Studien zur Schul- und Bildungsforschung, Bd. 49. Wiesbaden: Springer.

Merzyn, G. (2006). Fachdidaktik im Lehramtsstudium: Qualität und Quantität. *MNU, 59*(1), 4–7.

Messner, H. (1999). Berufseinführung – ein neues Element der Ausbildung von Lehrerinnen und Lehrern. *Beiträge zur Lehrerbildung, 17*(1), 62–70.

Mey, G., & Mruck, K. (2010). Grounded-Theory-Methodologie. In G. Mey & K. Mruck (Hrsg.), *Handbuch Qualitative Forschung in der Psychologie* (S. 614–626). Wiesbaden: Springer VS.

Morris, S. B., & DeShon, R. P. (2002). Combining effect size estimates in meta-analysis with repeated measures and independent-groups designs. *Psychological Methods, 7*(1), 105–125.

Münzinger, W. (2001). Lehr-Lern-Labor. Ein Projekt zur Neuorganisation der Lehrerfortbildung im mathematisch-naturwissenschaftlichen Bereich. *Naturwissenschaften im Unterricht Physik, 12*(3/4), 72–73.

Neuber, K.; Göbel, K. (2016): Schülerrückmeldungen zum Unterricht und Unterrichtsreflexion. Dokumentation der entwickelten Erhebungsinstrumente im Projekt „Schülerrückmeldungen zum Unterricht und ihr Beitrag zur Unterrichtsreflexion im Praxissemester (ScRiPS)" – Erste Skalenanalysen. Hrsg. v. Universität Duisburg Essen. Verfügbar unter http://duepublico.uni-duisburg-essen.de/servlets/DocumentServlet?id=42993. Zugegriffen: 23. Okt. 2017.

Niggli, A. (2002). Welche Komponenten reflexiver beruflicher Entwicklung interessieren angehende Lehrerinnen und Lehrer? Faktorenstruktur eines Fragebogens und erste empirische Ergebnisse. *Revue suisse des sciences de l'education, 26*(2), 343–364.

Nittel, D., & Seltrecht, A. (2008). Der Pfad der „individuellen Professionalisierung". Ein Bei-
    trag zur kritisch-konstruktiven erziehungswissenschaftlichen Berufsgruppenforschung. Fritz
    Schütze zum 65. Geburtstag. *BIOS, 21*(1), 124–145.
Nordmeier, V., Käpnick, F., Komorek, M., Leuchter, M., Neumann, K., Priemer, B., Risch, B.,
    Roth, J., Schulte, C., Schwanewedel, J., Upmeier zu Belzen, A., & Weusmann, B. (2014).
    *Schülerlabore als Lehr-Lern-Labore: Forschungsorientierte Verknüpfung von Theorie und
    Praxis in der MINT-Lehrerbildung.* Unveröffentlichter Projektantrag zum durch die Deutsche
    Telekom Stiftung geförderten Entwicklungsverbund „Lehr-Lern-Labore".
Pfadenhauer, M., & Sander, T. (2010). Professionssoziologie. In G. Kneer (Hrsg.), *Handbuch spe-
    zielle Soziologien* (S. 361–378). Wiesbaden: Springer VS.
Prenzel, M., & Ringelband, U. (2001). Lernort Labor: vielfältige Ansätze – gemeinsame Pro-
    bleme. In U. Ringelband, M. Prenzel & M. Euler (Hrsg.), *Lernort Labor. Initiativen zur
    naturwissenschaftlichen Bildung zwischen Schule, Forschung und Wirtschaft.* Bericht über
    einen Workshop, Kiel, 02.2001. (S. 115–118). Kiel: IPN.
Prüfer, P., & Rexroth, M. (2005). Kognitive Interviews. Zentrum für Umfragen, Methoden und
    Analysen – ZUMA Mannheim. http://nbn-resolving.de/urn:nbn:de:0168-ssoar-201470. Zu-
    gegriffen: 9. Jan. 2019.
Rabe, T., Krey, O., & Meinhardt, C. (2013). Physikdidaktische Selbstwirksamkeitserwartungen
    zukünftiger Physiklehrkräfte. In S. Bernholt (Hrsg.), *Inquiry-based Learning – Forschendes
    Lernen.* Jahrestagung 2012, Hannover. (S. 635–637). Kiel: IPN.
Rabe, T., Meinhardt, C., & Krey, O. (2012). Entwicklung eines Instruments zur Erhebung von
    Selbstwirksamkeitserwartungen in physikdidaktischen Handlungsfeldern. *ZfDN, 18*, 293–
    315.
Reh, S. (2004). Abschied von der Profession, von Professionalität oder vom Professionellen?
    Theorien und Forschungen zur Lehrerprofessionalität. *Zeitschrift für Pädagogik, 50*, 358–
    372.
Schelten, A. (2009). Lehrerpersönlichkeit – ein schwer fassbarer Begriff. *Die berufsbildende Schu-
    le, 61*(2), 39–40.
Schneider, E. (2004). Professionalität von Lehrerinnen und Lehrern. *ZDM, 36*(1), 1–2.
Steffensky, M., & Parchmann, I. (2007). The project CHEMOL: science education for children –
    teacher education for students! *Chemistry Education Research and Practice, 8*(2), 120–129.
Strübing, J. (2014). Grounded theory und theoretical sampling. In N. Baur & J. Blasius (Hrsg.),
    Handbuch Methoden der empirischen Sozialforschung (S. 457–472). Wiesbaden: Springer.
Tschannen-Moran, M., Woodfolk Hoy, A., & Hoy, W. K. (1998). Teacher efficacy: its meaning and
    measure. *Review of Educational Research, 68*(2), 202–248.
Weinberger, A. (2013). Einleitung. In A. Weinberger (Hrsg.), *Reflexion im pädagogischen Kontext.
    Forschungsberichte der Privaten Pädagogischen Hochschule der Diözese Linz* (S. 7–8). Wien:
    LIT.
Weß, R., Priemer, B., Weusmann, B., Sorge, S., & Neumann, I. (2018). Veränderung von Lehr-
    bezogenen SWE im MINT-Lehramtsstudium. In C. Maurer (Hrsg.), *Qualitätsvoller Chemie-
    und Physikunterricht – normative und empirische Dimensionen.* Gesellschaft für Didaktik
    der Chemie und Physik, Jahrestagung, Regensburg, 2017. (S. 540). Regensburg: Universität
    Regensburg.
Weusmann, B., Sorge, S., Priemer, B., & Neumann, I. (2017). Lehr-Lern-Labore in der MINT-
    Lehrerbildung – Veränderungen im Kompetenzerleben? In C. Maurer (Hrsg.), *Implementation
    fachdidaktischer Innovation im Spiegel von Forschung und Praxis.* Gesellschaft für Didaktik
    der Chemie und Physik, Jahrestagung, Zürich, 2016. (S. 548). Regensburg: Universität Re-
    gensburg.
Weyland, U. (2014). Schulische Praxisphasen im Studium: Professionalisierende oder deprofessio-
    nalisierende Wirkung. Fachhochschule Bielefeld (bwp@ Beruf- und Wirtschaftspädagogik –
    online, Profil 3). http://www.bwpat.de/profil3/weyland_profil3.pdf. Zugegriffen: 26. Febr.
    2017.

Förderung von Prozessen der Selbstreflexion bei Lehramtsstudierenden des Faches Technik – Repertory-Grid-Interviews als Reflexionsinstrument im Kontext des Lehr-Lern-Labors

14

Menke Saathoff ⓘD und Peter Röben ⓘD

Inhaltsverzeichnis

Abstract

Ein formuliertes Ziel des Entwicklungsverbundes „Schülerlabore als Lehr-Lern-Labore" ist es, Veranstaltungsformate mit Schülereinbindung in die Lehramtsausbildung zu integrieren. Die Arbeit im Lehr-Lern-Labor soll hierbei eine Phase im Prozess der Professionalisierung Lehramtsstudierender sein. Ein wichtiger Teil im Bestand der Profession von Lehrpersonen ist die Fähigkeit zur Reflexion des im Unterricht Erlebten und das Ziehen von Schlüssen für den zukünftigen Unterricht. Aus diesem Grund wurden im Rahmen der Veranstaltung „Automatisierungstechnik im Fokus des Schülerlabors" des Faches Technik an der Carl von Ossietzky Universität Oldenburg Studierende, die im Lehr-Lern-Labor unterrichten, mithilfe der Repertory-Grid-Methodik interviewt. Die Repertory-Grid-Methode unterstützt die befragte Person, sich individuelle Sichtweisen bewusst zu machen und diese zu kommunizieren. Unter Verwendung eines auf diese Belange entwickelten Settings sollen Selbstreflexionsprozesse bei den Studierenden gefördert und Rückschlüsse auf das Unterrichten im Lehr-Lern-Labor gezogen werden.

M. Saathoff (✉)
Institut für Physik / Arbeitsgruppe Technische Bildung, Carl von Ossietzky Universität Oldenburg
Oldenburg, Deutschland
E-Mail: menke.saathoff@uni-oldenburg.de

P. Röben
Institut für Physik / Arbeitsgruppe Technische Bildung, Carl von Ossietzky Universität Oldenburg
Oldenburg, Deutschland
E-Mail: peter.roeben@uni-oldenburg.de

© Springer-Verlag GmbH Deutschland, ein Teil von Springer Nature 2020
B. Priemer und J. Roth (Hrsg.), *Lehr-Lern-Labore*,
https://doi.org/10.1007/978-3-662-58913-7_14

14.1 Theoretische Einbettung

Wenn Studierende Erfahrungen im Schülerlabor an der Universität machen, werden ihre subjektiven Theorien (Groeben et al. 1988) über Schülerinnen und Schüler und das Lehren und Lernen getestet und modifiziert. Die subjektiven Theorien entfalten auch in anderen Veranstaltungen ihre Wirkung, denn sie bestimmen auch die Aufmerksamkeit und die Bewertung, die den sich dort anzueignenden Inhalten zugemessen wird. Im Schülerlabor findet jedoch ein unterrichtliches Handeln statt, das sich als „Handeln unter Druck" beschreiben lässt (Wahl 1991). Diese Art des Lernens unterscheidet sich grundlegend von der eher kontemplativen Art des Lernens im Seminar, weil der Unterrichtsprozess mit Schülerinnen und Schülern es erfordert, deren soziale Interaktionen wahrzunehmen, zu interpretieren und das eigene Handeln darauf abzustimmen.

Hinsichtlich der Frage, wie das unterrichtliche Handeln zu erklären ist, lassen sich in gegenwärtigen Diskussionen folgende Positionen ausmachen: Einmal wird vom Anwenden des Professionswissens ausgegangen – das Handeln basiert auf prozeduralem Wissen, das sich aus den Gebieten des Fachs, der Fachdidaktik und der Pädagogik speist (Baumert und Kunter 2006). Dem ist in den vergangenen Jahrzehnten im Bereich der Lehrerbildung beispielsweise von Neuweg (1999) mit Bezug auf Polanyi und Ryle eine Position gegenübergestellt worden, die bestreitet, dass das Handeln nur ein Umsetzen des Wissens von Handlungsregeln ist; stattdessen wird dem Können eine eigene Dignität zugesprochen, es wird nicht als „Magd des Wissens" aufgefasst.

Wenn man beide Positionen vergleicht, lässt sich feststellen, dass sie sich keineswegs gegenseitig ausschließen. Man kann beispielsweise durchaus an der Universität etwas über die Schule und den in ihr stattfindenden Unterricht lernen, was sich als Professionswissen bezeichnen lässt. Man lernt dabei etwa, welche Ziele das Bildungswesen mit Schulen verfolgt, welche Lehrpläne oder Curricula für das eigene Fach existieren – und wie man diese interpretiert – und wie man eigenen Unterricht entwickelt, der im Einklang mit diesen Zielen steht. Dennoch ist der Einwand von Neuweg nicht von der Hand zu weisen. Jeder, der unterrichtet, weiß, dass der Unterricht niemals nur darin besteht, dass die vorgefassten Ziele umgesetzt werden. Jeder Unterricht enthält ungeplante Situationen, auf die die Lehrperson angemessen reagieren muss, wenn sie nicht zu einem starren Korsett der Planerfüllung werden soll. Fast jede Stunde bietet Überraschungen – sei es, dass die Schülerinnen und Schüler anders reagieren, als man es sich vorgestellt hat, oder dass man den Stoff nicht so beherrscht, wie man dachte, oder aber, dass man Erfahrungen im Unterricht macht, die im fachdidaktischen oder pädagogischen Seminar gar nicht thematisiert wurden oder die – obwohl sie thematisiert wurden – bislang gar nicht als relevant für die eigene Person angesehen wurden. Die Schülerinnen und Schüler sind vielleicht nicht interessiert, stören den Unterricht oder lernen nicht so schnell wie erwartet; vielleicht lernen sie auch schneller als gedacht oder wissen bereits Dinge, die man nicht berücksichtigt hat. Ohne die konkrete Erfahrung des Unterrichts wird man nicht erkennen können, wie es einem selbst gelingt, den Lernprozess der Schülerinnen und Schüler zu initiieren, sie „bei der Stange zu halten" und die Resultate des Lernprozesses zu evaluieren. Die Unterrichtserfahrung ist daher ein Lernprozess für die zukünftige Lehrperson, in der sie auch lernt, wie sie die Möglichkeiten ihrer eigenen Persönlichkeit für die Gestaltung des Unterrichts einsetzen kann.

Allerdings ist dieser Lernprozess nicht schon dadurch gegeben, dass jemand Unterricht durchführt. Der Prozess des Unterrichtens ist nämlich zu unterscheiden von seiner Vorbereitung und den anschließenden Reflexionen darüber. Alfred Schütz hat die Unterscheidung zwischen „Um-zu-Motiven" und „Weil-Motiven" getroffen (Schütz et al. 2004, S. 195–197, 202–204). Die Um-zu-Motive beziehen sich sehr direkt auf die Handlungen: Ein Lehrer erklärt beispielsweise den Aufbau einer Windkraftanlage am Beispiel eines Modells, das die Schülerinnen und Schüler vor sich haben und selbst demontieren können. Weil er die Windkraftanlage erklären will, gibt der Lehrer jedem Schüler ein Modell (Um-zu-Motiv). Das Weil-Motiv beruht auf seinen Vorstellungen vom handlungsorientierten Lernen und auf der Bedeutung, die der regenerativen Energietechnik im Curriculum beigemessen wird. Das Weil-Motiv wird in der Vorbereitung auf den Unterricht geprägt, während Um-zu-Motive aus dem Unterricht selbst heraus entstehen.

Beide Handlungsgründe haben ihre Bedeutung für die konkrete Handlung, und es gibt natürlich weitere, beispielsweise Vorstellungen davon, was einen guten Lehrer ausmacht. Das heißt, in der Vorstellung vom Vollziehen einer gedachten Handlung vergleicht man auch das, was man selbst tut, mit dem, was gesellschaftlich geboten erscheint. Zu dem, was einen guten Lehrer ausmacht, liegen eigene Erfahrungen vor (z. B. aus der Schulzeit), aber man kennt vielleicht auch die fachdidaktische Literatur zum guten Lehrer (z. B. Meyer 2017). Schütz macht, Bezug nehmend auf Bergson, deutlich, dass das Handeln nicht einfach als eine Entscheidung zwischen zwei oder mehreren Wegen gedeutet werden kann (Schütz et al. 2004, S. 167–168). Das Argument bezieht sich auf die für das Handeln wesentliche Unterscheidung zwischen der noch zu vollziehenden Handlung und der vollzogenen Handlung: „Die zwei ‚Möglichkeiten', ‚Richtungen' oder ‚Tendenzen', die wir als koexistent aus dieser Fülle sukzessiver Bewusstseinsübergänge herauszulesen vermeinen, bestehen in Wahrheit vor vollzogenen Handlungen gar nicht; was besteht ist nur ein Ich, das mitsamt seinen Motiven in einem fortwährenden Werden begriffen ist" (Schütz et al. 2004, S. 168).

Dies trifft sicherlich auf Handlungen zu, für die es nur gering ausgeprägte Handlungsschemata gibt. Deswegen passt diese Betrachtung gut auf die Situation von Studierenden, die erst am Anfang ihrer Professionalisierung stehen und erst damit begonnen haben, Handlungsschemata für den Unterricht auszubilden.

Über die Eignung der eigenen Person für dieses Vorhaben kann es keine objektive Theorie geben, da die Individualität der eigenen Person ins Spiel kommt. Schon deshalb gehören Urteile über das eigene Wirken im Unterricht zum Bereich der sogenannten Alltagspsychologie, zu der auch die Erforschung der „Alltagstheorien", die Menschen ihrem eigenen Handeln zugrunde legen, zählt (Legewie 1999, S. 15). Diese Alltagstheorien beziehen sich auf Lebenswelten, wie sie beispielsweise die Schule darstellt. Das Stellen einer Aufgabe, die unterrichtliche Umsetzung bzw. die Überprüfung des Lernresultats, wie es im Lehr-Lern-Labor praktiziert wird, ist nur ein kleiner Ausschnitt aus diesem Bereich. Dennoch wirken auch hier schon Vorstellungen von der guten Lehrperson, und es werden hier Erfahrungen mit dem eigenen Wirken gemacht, die – so unsere Hypothese – zum Aufbau und der Modifikation von subjektiven Theorien führen.

Wolf Hilzensauer erläutert diesbezüglich, dass „... [s]ubjektive Überzeugungen die Lehrer/innenpersönlichkeit und damit das unterrichtliche Handeln [beeinflussen], da diese Überzeugungen maßgeblich für das Verständnis, wie Unterricht funktioniert, verantwortlich sind" (Hilzensauer 2017, S. 61). Eine professionelle Lehramtsausbildung sollte dementsprechend das Ziel verfolgen, „... dass sich Lernende ihrer Überzeugungen zu Erziehungsvorstellungen bewusst werden, sich damit auseinandersetzen und diese bewerten" (Hilzensauer 2017, S. 86).

Norbert Groeben beschreibt subjektive Theorien u. a. als „Kognitionen der Selbst- und Weitsicht, die im Dialog-Konsens aktualisierbar und rekonstruierbar sind [und] deren Akzeptierbarkeit als ‚objektive' Erkenntnis zu prüfen ist" (Groeben et al. 1988, S. 22). Zur Rekonstruierung dieser Kognitionen wird in dieser Untersuchung die Repertory-Grid-Methode genutzt. Bei der Repertory-Grid-Methode handelt es sich um ein strukturiertes Interviewverfahren, welches sich speziell dafür eignet, subjektive Sichtweisen von Personen zu erfassen (Fromm 1995, S. 7).

Ziel der Untersuchung ist es, den Einfluss des Unterrichtens im Lehr-Lern-Labor auf die subjektiven Theorien von Lehramtsstudierenden unter Verwendung der Repertory-Grid-Methode aufzuzeigen. Lehramtsstudierende sollen sich möglicher handlungsleitender Vorstellungen bewusst werden und diese kritisch reflektieren.

14.2 Das Lehr-Lern-Labor im Kontext des Forschungsvorhabens

Die Untersuchung wurde im Rahmen eines semesterbegleitenden Seminars zum Thema Automatisierungstechnik durchgeführt. Das Seminar ist für die Studierenden nicht verbindlich und bietet Platz für 16 Personen (n = 16). Der Ablauf des Seminars lässt sich wie in Abb. 14.1 dargestellt skizzieren.

14.3 Methodik

Teile von Abschn. 14.3 wurden aus Gründen der sachlichen Notwendigkeit – in überarbeiteter Fassung – aus dem Beitrag „Einfluss von Lehr-Lern-Laboren auf die Vorstellungen von Lehramtsstudierenden des Faches Technik" (Saathoff 2018) übernommen.

14.3.1 Grundlegendes zur Repertory-Grid-Methode

Die Repertory-Grid-Methode wurde vom Psychologen George A. Kelly entwickelt und 1955 erstmals in seinem Hauptwerk *The Psychology of Personal Constructs* publiziert. Bei der Repertory-Grid-Methode handelt es sich um ein strukturiertes

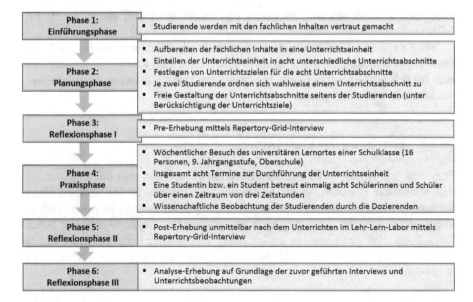

Abb. 14.1 Veranstaltungsskizze

Interviewverfahren, welches sich speziell dafür eignet, subjektive Sichtweisen von Personen zu erfassen (Fromm 1995, S. 7). Kelly bezeichnet diese sogenannten subjektiven Theorien als persönliche Konstrukte und beschreibt sie als „ways of construing the world" (Kelly zit. nach Stoffers 2015, S. 21). Diese Auffassung begründet sich im konstruktiven Alternativismus, welcher davon ausgeht, dass der Mensch keinen direkten Zugang zur Realität hat, „… sondern dass das, was Personen darüber wissen, ihre subjektive Konstruktion davon ist" (Meibeyer 1999, S. 22).

Kelly bezieht sich positiv auf Comte und den amerikanischen Pragmatismus (William James, John Dewey und Charles Sanders Peirce), grenzt sich aber auch ab, wenn es darum geht, dass der Mensch in der Lage ist, Alternativen zur Realität zu schaffen, und eben nicht einfach das Produkt seiner Umstände ist. Wichtig ist für ihn, wie eine Person Ereignisse antizipiert (Kelly 1963, S. 49). Er betrachtet eine Person nicht als Objekt in verschiedenen Zuständen, sondern als eine eigene Art von Bewegung („but is himself a form of motion") (Kelly 1963, S. 48). Antizipation von Ereignissen ist eine zentrale Kategorie bei Kelly. Er vergleicht dies mit der Tätigkeit des Wissenschaftlers. Antizipationen werden gesucht und gefunden, sie werden bestätigt und tragen zu neuen Antizipationen bei oder nicht und werden modifiziert. „Anticipation is both the push and pull of the psychology of personal constructs" (Kelly 1963, S. 49). Die Antizipationen beziehen sich auf „events", also auf reale Geschehnisse. „Anticipation is not merely carried on for its own sake; it is carried on so that future reality may be better represented" (Kelly 1963, S. 49). Kelly bezieht sich auch auf Freud, geht also davon aus, dass die Antizipationen nicht nur im Bewusstsein, sondern auch im Unterbewusstsein gebildet werden. Er gilt als ein früher Vertreter des Kognitivismus, obwohl dieser Begriff erst in den 1970er Jahren aufkam.

Beim Repertory-Grid-Interview wird mithilfe sogenannter *Elemente* ein Repertoire (engl.: repertory) an *Konstrukten* in einem speziellen Raster (engl.: grid) erhoben. Im Folgenden wird die Vorgehensweise zur Durchführung und Analyse eines solchen Interviews dargestellt.

14.3.2 Erhebung der Elemente

Elemente „… bilden den Gegenstandsbereich ab, auf den sich die zu gewinnenden Konstrukte beziehen sollen" (Altstötter-Gleich 1996, S. 73). Je nach Untersuchungsgegenstand können dies Personen, Ereignisse, Gegenstände oder beliebig andere Reize sein, die einen Vergleich ermöglichen (Meibeyer 1999, S. 43; Scheer 1993, S. 29). Welche Elemente im Interview Verwendung finden, liegt im Ermessen des Untersuchenden. Folgende Kriterien sollten beachtet werden (Scheer 1993, S. 29–30):

- Die Elemente müssen für den Untersuchungsbereich repräsentativ sein. Das bedeutet, dass die Elemente „… aus dem interessierenden Gegenstandsbereich stammen und (individuell) repräsentativ für die Grundgesamtheit …" (Hemmecke 2012, S. 108) sind.
- Elemente sollten einigermaßen homogen sein. Um zu verhindern, dass Verzerrungen entstehen, ist es von Vorteil, wenn Elemente von vergleichbarer Qualität sind. Unter anderem bedeutet dies, dass Elemente derselben Kategorie miteinander verglichen werden sollten. Kategorien können beispielsweise Personen, Ereignisse oder Gegenstände sein.
- Die Anzahl der Elemente ergibt sich generell aus der Fragestellung und dem zugrunde liegenden Untersuchungsgegenstand. Grundsätzlich sind weniger als sechs und mehr als 25 Elemente nicht zweckmäßig. So ist zu befürchten, dass bei zu vielen Elementen redundante Informationen erhoben werden. Bei einer zu geringen Anzahl an Elementen kann es zu Einschränkungen der Repräsentativität kommen.

Neben diesen Kriterien gibt es unterschiedliche Vorgehensweisen bei der Erhebung (Altstötter-Gleich 1996, S. 74):

- Die Elemente können zusammen mit den Probanden erarbeitet werden. Vorteil dieses Verfahrens ist, dass für den Probanden relevante und bedeutsame Elemente erzeugt werden. Problematisch ist jedoch, dass kein Vergleich mehrerer Probanden möglich ist. Auch hat der Untersuchende keine Sicherheit, dass die gewählten Elemente den zu interessierenden Gegenstandsbereich abdecken und die oben genannten Kriterien berücksichtigt werden.
- Elemente können vom Untersuchenden vorgegeben sein. Diese Erhebungsmethode garantiert eine Vergleichbarkeit mehrerer Probanden oder eines Probanden

zu unterschiedlichen Zeitpunkten. Nachteil ist, dass Probanden mit unbekannten oder nicht relevanten Elementen konfrontiert werden könnten.

• Eine Mischstrategie aus vorgegebenen und vom Probanden selbst erstellten Elementen.

In der hier vorgestellten Untersuchung wird eine Mischstrategie unter Verwendung sogenannter Rollenbeschreibungen angewendet. Dies bedeutet, dass die untersuchende Person lediglich Elementkategorien vorgibt. Diese Elementkategorien werden dann von der Auskunftsperson mit einer für sie bedeutsamen Beschreibung versehen. „Die Vorgabe von Kategorien dient dazu, eine möglichst breite Spanne von Elementen aus dem interessierenden Gegenstandsbereich zu bekommen und damit für den Gegenstandsbereich repräsentative Elemente" (Hemmecke 2012, S. 107).

In der Untersuchung verwendete Elemente:

E1:   Wie ich mich als Technik-Lehrkraft sehe
E2:   Meine Wunschvorstellung einer Technik-Lehrkraft
E3:   Die ideale Technik-Lehrkraft (gesellschaftliche Perspektive)
E4:   Eine Lehrkraft, mit der ich gut auskam
E5:   Eine Person/Lehrkraft, zu der ich aufschaue
E6:   Eine Lehrkraft, die mich in Technik unterrichtet hat
E7:   Eine Lehrkraft, die ein mir unbeliebtes Fach unterrichtet hat
E8:   Wie mich Kommilitonen sehen
E9:   Eine Lehrkraft, mit der ich schwer auskam
E10: Wie mich Schülerinnen und Schüler sehen

14.3.3   Erhebung der Konstrukte

Kelly beschreibt Konstrukte als die Art und Weise, „. . . in which things are construed as being alike and yet different from others" (Kelly 1963, S. 105). Im Sinne der Theorie der persönlichen Konstrukte nutzen Menschen Konstrukte, um ihre undifferenzierte Umwelt zu strukturieren und Ereignisse zu antizipieren. Diesbezüglich nehmen Menschen Unterscheidungen vor, indem sie Ereignisse und Dinge anhand selbst gewählter Aspekte nach Ähnlichkeit und Unähnlichkeit unterscheiden (Meibeyer 1999, S. 23). Im Repertory-Grid-Interview erfolgt die Erhebung der Konstrukte durch die Unterscheidung zwischen mehreren Elementen.

Es gibt mehrere Möglichkeiten, wie mithilfe der im vorangegangenen Schritt gewonnenen Elemente Konstrukte erhoben werden können. Gemein haben sie alle, dass es unterstützend wirkt, wenn die Elemente auf Kärtchen geschrieben und der interviewten Person vorgelegt werden. Die von Kelly beschriebene und auch in dieser Forschung verwendete Methode zur Konstrukterhebung ist die sogenannte Triadenmethode. Hierbei werden der Auskunftsperson jeweils drei Elemente (Triade) vorgelegt. Im Anschluss wird nachgefragt, in welcher Eigenschaft bzw. welchem Merkmal sich zwei dieser Elemente ähneln und in welcher Eigenschaft bzw.

welchem Merkmal sich das dritte Element von den ersten beiden unterscheidet
(Hemmecke 2012, S. 113). Dieses Vorgehen hat seinen Ursprung in der von Kelly begründeten Theorie der persönlichen Konstrukte und dem dort beschriebenen
Dichotomie-Korollarium (Kelly 1963, S. 59–64). Dieses besagt, dass „. . . ein Konstrukt mindestens aus der Ähnlichkeitsrelation zwischen zwei Elementen und der
Unähnlichkeitsrelation zu einem dritten Element gebildet wird" (Altstötter-Gleich
1996, S. 75).

Die Ähnlichkeit der gewählten Elemente wird von der Auskunftsperson formuliert und als sogenannter Konstruktpol im Grid vermerkt. Die Unähnlichkeit
bzw. die Unterscheidung des dritten Elements wird demgegenüber als sogenannter Kontrastpol vermerkt. Dieser Schritt wird mit unterschiedlichen Triaden so oft
wiederholt, bis die Anzahl der erhobenen Konstrukte der Anzahl der vorgegebenen Elemente entspricht. Welche Triaden verwendet werden, kann per Zufall durch
Ziehung oder per Vorgabe durch die interviewende Person geschehen. Letztere Vorgehensweise wurde in dieser Untersuchung angewandt, um eine systematische und
auf das Forschungsziel abzielende Kombination von Elementen zu erreichen (Altstötter-Gleich 1996, S. 77).

14.3.4   Bewertung der Elemente

Als abschließender Schritt werden alle Elemente nach den zuvor erzeugten Konstrukten bewertet. Ursprünglich hat Kelly die Elemente nur dichotom zuordnen
lassen (siehe Abb. 14.2). Um einen besseren Aufschluss über die Beziehungen der
Elemente zu erhalten und der Auskunftsperson mehr Freiheiten in der Beurteilung
einzuräumen, wird heutzutage vermehrt mit mehrstufigen Ratingskalen gearbeitet
(Hemmecke 2012, S. 121; Scheer 1993, S. 33–34).

Um eine „Stimmenthaltung" zu vermeiden, wird in dieser Untersuchung mit ei-
ner sechsstufigen Skala gearbeitet. Hierbei werden die Skalenwerte 1 bis 3 dem
Konstruktpol (✓) und die Werte 4 bis 6 dem Kontrastpol (✗) zugeordnet (siehe
Abb. 14.3).

14.3.5   Auswertung

Ziel eines Repertory-Grid ist es, die jeweilige Sichtweise auf einen bestimmten
Untersuchungsgegenstand so darzustellen, dass sowohl die untersuchte als auch die
untersuchende Person davon profitieren und ggf. neue Erkenntnisse erlangen (Hemmecke 2012, S. 122). Hinsichtlich der hier vorgestellten Studie beziehen sich diese
Erkenntnisse insbesondere auf Selbstreflexionsprozesse, die mithilfe der Methodik
und des zugrunde liegenden Untersuchungssettings (siehe Abb. 14.4) aufgezeigt
und damit einhergehend gefördert werden sollen. Zu diesem Zweck wird vorrangig
mit zwei Analysemethoden gearbeitet. Zum einen werden die Grids einer inhalts-
analytischen Inspektion („Eyeballing") unterzogen. „Diese Inspektion kann offen
angelegt sein und alle denkbaren Auffälligkeiten betreffen, sie kann aber auch in

Konstruktpol											Kontrastpol
✓	E1 Wie ich mich als Technik-Lehrkraft sehe	E2 Meine Wunschvorstellung einer Technik-Lehrkraft	E3 Die ideale Technik-Lehrkraft (ges. Perspektive)	E4 Eine Lehrkraft, mit der ich gut auskam	E5 Eine Person/ Lehrkraft, zu der ich aufschaue	E6 Eine Lehrkraft, die mich in Technik unterrichtet hat	E7 Eine Lehrkraft, die ein mir unbeliebtes Fach unterrichtet hat	E8 Wie mich Kommilitonen sehen	E9 Eine Lehrkraft, mit der ich schwer auskam	E10 Wie mich Schüler sehen	✗
Freundlich				✓				✓	✗		Aufgesetzt
Freie Planung			✓		✓		✗				Strikte Planung
Interessiert		✓				✓			✗		Desinteressiert
Autoritätsperson			✓	✓						✗	Freund
Vorbereitend	✓				✗			✓			Mit links
Erklärend		✓					✓		✗		Abfertigend
Kompetent	✗		✓			✓					Nicht kompetent (in der Entwicklung)
Nähe zu SuS.					✓		✗			✓	Distanz zu SuS.
Allgemeinwissen groß		✓		✓				✗			Allgemeinwissen klein
Verunsichert	✓					✗				✓	Nicht aus der Ruhe zu bringen

Abb. 14.2   Grid nach Abschluss der Triaden-Vorgabe

✓ 1 - 3	E1 Wie ich mich als Technik-Lehrkraft sehe	E2 Meine Wunschvorstellung einer Technik-Lehrkraft	E3 Die ideale Technik-Lehrkraft (ges. Perspektive)	E4 Eine Lehrkraft, mit der ich gut auskam	E5 Eine Person/ Lehrkraft, zu der ich aufschaue	E6 Eine Lehrkraft, die mich in Technik unterrichtet hat	E7 Eine Lehrkraft, die ein mir unbeliebtes Fach unterrichtet hat	E8 Wie mich Kommilitonen sehen	E9 Eine Lehrkraft, mit der ich schwer auskam	E10 Wie mich Schüler sehen	✗ 4 - 6
Freundlich	1	2	2	1	1	1	5	1	5	2	Aufgesetzt
Freie Planung	5	2	3	2	1	4	6	3	3	5	Strikte Planung
Interessiert	2	1	2	2	1	1	5	3	4	3	Desinteressiert
Autoritätsperson	5	4	2	2	5	4	2	5	3	5	Freund
Vorbereitend	1	6	6	5	5	6	5	3	5	1	Mit links
Erklärend	3	1	1	1	3	1	2	3	5	3	Abfertigend
Kompetent	4	1	1	1	2	1	1	4	1	3	Nicht kompetent (in der Entwicklung)
Nähe zu SuS.	2	2	4	3	1	1	5	2	4	2	Distanz zu SuS.
Allgemeinwissen groß	5	1	1	2	3	2	1	5	2	4	Allgemeinwissen klein
Verunsichert	1	6	6	6	6	6	6	2	3	2	Nicht aus der Ruhe zu bringen

Trifft voll zu	Trifft zu	Trifft eher zu	Trifft eher nicht zu	Trifft nicht zu	Trifft überhaupt nicht zu
1	2	3	4	5	6

Abb. 14.3   Grid nach Bewertung der Elemente

Abhängigkeit der Fragestellung sehr spezifisch sein ..." (Fromm und Paschelke 2013, Kap. 5). Zum anderen werden die erstellten Grids (Pre-Erhebung und Post-Erhebung) miteinander verglichen. Um eine Vergleichbarkeit der Daten zu gewährleisten, werden dieselben Elemente und Konstrukte wie in der Pre-Erhebung verwendet. Es kommt also zu einer Neubewertung des in der Pre-Erhebung erstellten Grids.

Die Resultate aus Eyeballing und dem Vergleich der Grids werden in einem Analysegespräch (Analyse-Erhebung) mit der Auskunftsperson aufgearbeitet und kommunikativ validiert. Die aus der Pre-Erhebung gewonnen Erkenntnisse werden

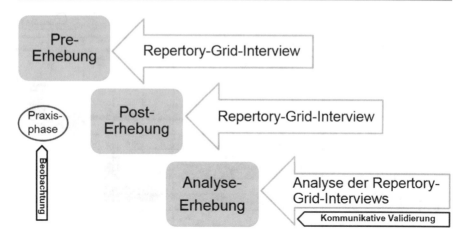

Abb. 14.4 Untersuchungssetting

einer wissenschaftlichen Beobachtung in der Praxisphase im Lehr-Lern-Labor unterzogen. Hierbei sollen unter anderem die im Kontext des „Forschungsprogramms
Subjektive Theorien" (Groeben et al. 1988) erläuterten Annahmen und Überlegungen berücksichtigt werden, welche beschreiben, „... dass eine subjektive Theorie
nach ihrer Rekonstruktion ... einerseits einer kommunikativen Validierung mit dem
oder der Befragten unterzogen, andererseits aber auch einem ‚Validierungsexpe-
riment' (Wahl et al. 1983) durch standardisierte Beobachtung ausgesetzt werden
sollte" (Flick 2010, S. 398).

14.4   Ergebnisse

Im Folgenden soll anhand eines Beispiels aufgezeigt werden, welche Ergebnisse
mithilfe der Repertory-Grid-Methode und des zugrunde liegenden Untersuchungssettings erreicht werden können. Im Speziellen wird erläutert, inwiefern diese Methodik zur Reflexion von Lehr-Lern-Sequenzen genutzt wird.

Die Grundlage für die Förderung dieser Reflexionsprozesse bilden sowohl die in
der Pre-Erhebung erstellten persönlichen Konstrukte als auch die durch die Post-
Erhebung aufgezeigten Veränderungen in den Bewertungen dieser Konstrukte. Unter Einbezug der in der Praxisphase vollzogenen wissenschaftlichen Beobachtung
werden diese in der Analyse-Erhebung zusammen mit der Auskunftsperson kommunikativ validiert.

Erste Ergebnisse zeigen, dass unter Verwendung der Repertory-Grid-Methodik
und des zugrunde liegenden Untersuchungssettings handlungsleitende Vorstellungen (subjektive Theorien) erhoben werden können und damit der Einfluss durch die
Praxisphase untersucht werden kann.

Um dies zu verdeutlichen, wird anknüpfend der Vergleich zweier Grids (Pre- und
Post-Erhebung) gezeigt und mit Aussagen der Auskunftsperson aus der Pre- und

✓ 1 - 3	**E1** Wie ich mich als Technik-Lehrkraft sehe		**E2** Meine Wunsch-vorstel-lung einer Technik-Lehrkraft		**E10** Wie mich Schüler sehen		✗ 4 - 6
Freundlich	1	< 2	2	> 1	2	= 2	Aufgesetzt
Freie Planung	5	> 3	2	= 2	5	> 2	Strikte Planung
Interessiert	2	< 3	1	< 2	3	= 3	Desinteressiert
Autoritätsperson	5	> 3	4	= 4	5	= 5	Freund
Vorbereitend	1	< 2	6	> 5	1	< 4	Mit links
Erklärend	3	= 3	1	< 2	3	< 4	Abfertigend
Kompetent	4	= 4	1	= 1	3	= 3	Nicht kompetent (in der Entwicklung)
Nähe zu SuS.	2	= 2	2	= 2	2	= 2	Distanz zu SuS.
Allgemeinwissen groß	5	> 4	1	= 1	4	> 3	Allgemeinwissen klein
Verunsichert	1	< 5	6	= 6	2	< 5	Nicht aus der Ruhe zu bringen

Trifft voll zu	Trifft zu	Trifft eher zu	Trifft eher nicht zu	Trifft nicht zu	Trifft überhaupt nicht zu
1	2	3	4	5	6

Abb. 14.5 Vergleich zweier Grids (Pre- und Post-Erhebung)

Analyse-Erhebung versehen. Hierbei wird der Fokus, dem Untersuchungsziel folgend, auf die Elemente E1 „Wie ich mich als Technik-Lehrkraft sehe", E2 „Meine Wunschvorstellung einer Techniklehrkraft" und E10 „Wie mich Schülerinnen und Schüler sehen" gesetzt.

Zur Erläuterung der Werte:

- Linker Wert = Bewertung aus der Pre-Erhebung.
- Rechter Wert = Bewertung aus der Post-Erhebung.
- Der Vergleichsoperator (Mitte) dient zum Vergleich der Werte.

Aufgrund der umfangreichen Erläuterungen und Darstellungen von Ergebnissen dieser Methodik wird an dieser Stelle stellvertretend das Konstruktpaar „Freie Planung/Strikte Planung" (siehe Abb. 14.5) ausgewählt.

Zur Erläuterung des Konstruktpaares beschreibt die Auskunftsperson bei der Konstrukterhebung (Triadenvergleich): „Die ideale Technik-Lehrkraft und die Lehrkraft, zu der ich aufschaue, da ist die Gemeinsamkeit – ähm – das spielerische Unterrichten und das – ähm – Freie eigentlich, also das freie Unterrichten. Und im Gegensatz dazu die Lehrkraft, die mich in Deutsch unterrichtet hat – ähm –, ja, also den strikten Plan ...". Eine konkretere begriffliche Annäherung an dieses Konstruktpaar ergibt sich aus noch folgenden Äußerungen der Analyse-Erhebung.

Im Auswertungsprozess werden Besonderheiten in den Bewertungen des Grids gesucht. Es ist zu erkennen, dass die Auskunftsperson sich nach der Praxisphase im Lehr-Lern-Labor sowohl im Element E1 als auch im Element E10 dem jeweils gegensätzlichen Pol zugeordnet hat. Ausgehend von den sich unterscheidenden Bewertungen in Pre- und Post-Erhebung wurde die Auskunftsperson in der Analyse-Erhebung auf diese Veränderung angesprochen. Hierdurch soll geprüft werden, ob sich hinter der Veränderung in den Bewertungen, also dem quantitativen Befund, eine qualitative Aussage verbirgt.

Wie im Grid zu sehen, hat sich die Auskunftsperson im Vorhinein sowohl bei E1 als auch bei E10 der „Strikten Planung" zugeordnet. Die eigene Wunschvorstellung wurde hingegen dem Konstruktpol (Freie Planung) zugeordnet. Nach der Praxisphase haben sich diesbezüglich Änderungen in den Bewertungen ergeben. Angesprochen auf diese Veränderung, äußert die Auskunftsperson: „... [I]ch hatte eigentlich einen genauen Plan, den ich auch verfolgen wollte – ähm –, habe aber auch, ja, eher frei noch gehandelt im Unterricht ..." Diese Aussage bezieht sich auf die in der Praxisphase auftretende Unterrichtsgegebenheit, in der insbesondere zwei sehr leistungsstarke Schüler, schneller mit Arbeitsschritten fertig wurden, als von der Auskunftsperson geplant. Dieser Umstand „zwang" die Auskunftsperson, vom Plan abzuweichen und spontan (frei) auf diese Gegebenheit zu reagieren. Konkret versorgte die Auskunftsperson die Schülerinnen und Schüler mit zusätzlichen elektrotechnischen Bauteilen und erläuterte diesbezüglich aufkommende Fragen. Dies gelang der Auskunftsperson sehr zufriedenstellend: „Die Schüler haben mich halt auch wirklich so gesehen, dass ich das relativ frei mache. Bei Nachfragen, denen das nochmal erklärt hab oder teilweise an der Tafel erklärt habe."

Einen Grund dafür, dass sie sich zuvor der strikten Planung zugeordnet hat, liefert die Auskunftsperson in der Analyse-Erhebung. Hier beschreibt sie im Kontext des Konstruktes und der auftretenden Unterrichtsgegebenheit: „Ich war mir relativ unsicher, weil Elektrotechnik auch nicht ganz so mein Themengebiet ist, aber es hat echt gut geklappt und ich konnte auf alles antworten, von daher war ich da echt positiv überrascht." Es zeigt sich, dass das Konstrukt „Freie Planung", also die Eigenschaft frei, flexibel und spontan zu unterrichten, vor allem von der selbstwahrgenommenen fachlichen Kompetenz der Auskunftsperson abhängig ist. So besteht für sie beim Aufgreifen ungeplanter Unterrichtsinhalte die Gefahr, dass sie auf unbekannte oder unvorbereitete Inhalte stößt. Die Auskunftsperson beschreibt diesbezüglich: „... [Und] das konnte ich halt dadurch auch nur machen, ... weil ich selber wusste, wie und hätte ich das halt nicht gewusst, hätte ich auch keine didaktische Reserve gehabt."

Es ist anzunehmen, dass die Auskunftsperson ihren Unterricht – und damit einhergehend ihre Unterrichtshandlungen – dahingehend ausgelegt hat, möglichst nicht auf Unterrichtssituationen zu stoßen, auf die sie nicht vorbereitet ist, um keine Schwächen, in diesem Fall fachliche Mängel, vor der Klasse preisgeben zu müssen. Eine Aussage aus der Pre-Erhebung zum Konstruktpaar „Verunsichert/Nicht aus der Ruhe zu bringen" stützt diese Annahme: „Wenn ich unsicher bin, glaube ich, kommt das auch ziemlich gut durch. Ähm – wie ich mich als Technik-Lehrkraft jetzt sehe, halt auch fachlich noch relativ unsicher. Es sei denn, ich habe mich ... wirklich intensiv mit dem Thema beschäftigt und kann – ähm – bin auf alle möglichen Fragen auch vorbereitet. Wenn 'ne Frage kommt und ich keine Antwort darauf habe, denke ich, kommt das ziemlich durch, dass ich da unsicher bin."

Der ungeplante Unterrichtsverlauf verlangte von der Auskunftsperson eine Adaptierung (Handeln unter Druck) ihrer ursprünglich vorgesehenen Handlungsabsichten (keine Abweichung vom Plan bzw. „Strikte Planung"), die letztlich dazu geführt hat, dass sie ihrer eigenen Wunschvorstellung (E2) näher kam.

Es zeigt sich, dass die Auskunftsperson ihren Unterricht und damit einhergehend ihre Unterrichtshandlung auf der Grundlage inadäquater Vorstellungen aufgebaut hatte. In diesem Kontext kann von einer Modifizierung einer subjektiven Theorie durch Praxiserfahrungen im Lehr-Lern-Labor gesprochen werden.

Schlussfolgernd kann festgehalten werden, dass handlungsleitendes Wissen mithilfe der Repertory-Grid-Methodik und des zugrunde liegenden Untersuchungssettings expliziert werden kann. Mittels dieser Explikation können implizite Wissensinhalte individuell diagnostiziert und der Auskunftsperson rückgemeldet werden (Latzel 2004, S. 68). Durch diese Rückmeldung wird erreicht, dass diese handlungsleitenden Vorstellungen „... kritisch betrachtet, weitergegeben oder im Fall der Inadäquatheit auch verändert werden" (Hemmecke 2012, S. 32).

Literatur

Altstötter-Gleich, C. (1996). *Theoriegeleitete Itemkonstruktion und -auswahl. Eine Modifikation des Einsatzes der Repertory-Grid-Technik, dargestellt am Beispiel der Erfassung der Geschlechteridentität.* Psychologie, Bd. 13. Landau: Verl. Empirische Pädagogik.

Baumert, J., & Kunter, M. (2006). Stichwort: Professionelle Kompetenz von Lehrkräften. *Zeitschrift für Erziehungswissenschaft, 9*(4), 469–520.

Flick, U. (2010). Gütekriterien qualitativer Forschung. In G. Mey & K. Mruck (Hrsg.), *Handbuch Qualitative Forschung in der Psychologie* 1. Aufl. Wiesbaden: Springer.

Fromm, M. (1995). *Repertory Grid Methodik. Ein Lehrbuch.* Weinheim: Deutscher Studien Verlag.

Fromm, M., & Paschelke, S. (2013). *Grid Practice. Anleitung zur Durchführung und Auswertung von Grid-Interviews.* Norderstedt: Books on Demand.

Groeben, N., Wahl, D., Schlee, J., & Scheele, B. (1988). *Das Forschungsprogramm Subjektive Theorien. Eine Einführung in die Psychologie des reflexiven Subjekts.* Tübingen: Francke.

Hemmecke, J. (2012). *Repertory Grids als Methode zum Explizieren impliziten Wissens in Organisationen. Ein Beitrag zur Methodenentwicklung im Wissensmanagement.* Wien: Universität Wien. Dissertation

Hilzensauer, W. (2017). *Wie kommt die Reflexion in den Lehrberuf? Ein Lernangebot zur Förderung der Reflexionskompetenz bei Lehramtsstudierenden.* (Internationale Hochschulschriften, Bd. 644. Münster: Waxmann.

Kelly, G. A. (1963). *A theory of personality. The psychology of personal constructs.* New York: W. W. Norton & Company.

Latzel, A. (2004). *Reflexion nach kritischer Erfahrung als Qualifizierungsmaßnahme. Messung, Potenzial und Training.* Berlin: Mensch und Buch.

Legewie, H. (1999). Alltagspsychologie. In R. Asanger & G. Wenninger (Hrsg.), *Handwörterbuch Psychologie.* Studienausg. (S. 15–20). Weinheim: Beltz.

Meibeyer, F. (1999). *Eine Anwendung der Repertory Grid-Technik. Unterrichtsstörungen aus der Sicht von Grundschullehrkräften.* Hildesheim: Universität Hildesheim. Dissertation

Meyer, H. (2017). *Was ist guter Unterricht?* (12. Aufl.). Berlin: Cornelsen.

Neuweg, G. H. (1999). *Könnerschaft und implizites Wissen. Zur lehr-lerntheoretischen Bedeutung der Erkenntnis- und Wissenstheorie Michael Polanyis.* Internationale Hochschulschriften, Bd. 311. Münster: Waxmann.

Saathoff, M. (2018). Einfluss von Lehr-Lern-Laboren auf die Vorstellungen von Lehramtsstudierenden des Faches Technik. Eine Untersuchung mentaler Modelle mit der Repertory-Grid-Methode. In M. Binder & C. Wiesmüller (Hrsg.), Lernorte Technischer Bildung: 19. Tagung der DGTB in Frankfurt 15.09.–16.09.2017 sowie 5. Nachwuchsforum 16.09.2017. 1. Aufl. Lernorte Technischer Bildung. 19. Tagung der DGTB in Frankfurt 15.09.–16.09.2017 sowie 5. Nachwuchsforum 16.09.2017. Tagung der DGTB, (Bd. 19, S. 156–169). Karlsruhe: Deutsche Gesellschaft für Technische Bildung e. V.

Scheer, J. W. (1993). Planung und Durchführung von Repertory Grid-Untersuchungen. In J. W. Scheer & A. Catina (Hrsg.), *Grundlagen und Methoden* 1. Aufl. Einführung in die Repertory Grid-Technik, (Bd. 1, S. 24–40). Bern: Huber.

Schütz, A., Endreß, M., & Renn, J. (Hrsg.). (2004). *Der sinnhafte Aufbau der sozialen Welt. Eine Einleitung in die verstehende Soziologie.* Konstanz: UVK.

Stoffers, A.-M. (2015). *Subjektive Theorien von Informatiklehrkräften zur fachdidaktischen Strukturierung ihres Unterrichts.* Oldenburg: Universität Oldenburg. Dissertation

Wahl, D. (1991). *Handeln unter Druck. Der weite Weg vom Wissen zum Handeln bei Lehrern, Hochschullehrern und Erwachsenenbildnern.* Weinheim: Deutscher Studienverlag.

Wahl, D., Schlee, J., Krauth, J. & Mureck, J. (1983). Naive Verhaltenstheorie von Lehrern. *Abschlußbericht eines Forschungsvorhabens zur Rekonstruktion und Validierung subjektiver psychologischer Theorien.* Oldenburg: Universität Oldenburg – Zentrum für pädagogische Berufspraxis.

Diagnostische Fähigkeiten Lehramtsstudierender – Förderung mit Videovignetten und Anwendung im Lehr-Lern-Labor

15

Sabine Meister, Sandra Nitz, Julia Schwanewedel ⓘ und Annette Upmeier zu Belzen ⓘ

Inhaltsverzeichnis

Abstract

An Lernstände angepasste Lehr-Lern-Situationen bedürfen prozessdiagnostischer Fähigkeiten der Lehrpersonen. Sowohl der Einsatz von Videovignetten als auch die Nutzung von Lehr-Lern-Laboren ermöglichen durch Verbindung von Theorie und Praxis, diese Fähigkeiten bereits in der universitären Phase der Lehrerbildung aufzubauen und zu erproben. Offen ist, inwiefern sich Vi-

S. Meister (✉) · A. Upmeier zu Belzen
Fachdidaktik und Lehr-/Lernforschung Biologie, Humboldt-Universität zu Berlin
Berlin, Deutschland
E-Mail: sabine.meister@hu-berlin.de

A. Upmeier zu Belzen
E-Mail: annette.upmeier@biologie.hu-berlin.de

S. Nitz
AG Biologiedidaktik, Universität Koblenz-Landau
Landau, Deutschland
E-Mail: nitz@uni-landau.de

J. Schwanewedel
Sachunterrichtsdidaktik, Humboldt-Universität zu Berlin
Berlin, Deutschland
E-Mail: julia.schwanewedel@hu-berlin.de

© Springer-Verlag GmbH Deutschland, ein Teil von Springer Nature 2020
B. Priemer und J. Roth (Hrsg.), *Lehr-Lern-Labore*,
https://doi.org/10.1007/978-3-662-58913-7_15

deovignetten und Lehr-Lern-Labore in ihrer Wirkungsweise unterscheiden und inwiefern Fachwissen zum Diagnosegegenstand sowie statusdiagnostische Fähigkeiten einen Einfluss darauf haben. Zur Bearbeitung dieser Fragen wurde an drei Universitätsstandorten eine Interventionsstudie zur *Diagnosekompetenz* Studierender bezogen auf den Diagnosegegenstand *Umgang mit Diagrammen* durchgeführt. In diesem Beitrag werden die Konstrukte sowie die daraus abgeleitete Intervention vorgestellt. Auf der Basis der Ergebnisse werden Implikationen für anknüpfende Forschungsprojekte und universitäre Lehre dargelegt.

15.1 Einleitung

Lehrpersonen stehen vor einer Vielzahl von pädagogischen, didaktischen und fachlichen Herausforderungen, auf die sie in der ersten Phase ihrer Ausbildung vorbereitet werden sollen. Darunter fällt u. a. die Fähigkeit, Lernende in Bezug auf deren Kompetenzstände einzuschätzen und individuell zu fördern (Ständige Kultusministerkonferenz der Länder 2004, 2008). Dies ist für die Gestaltung von Lehr-Lern-Situationen von besonderer Bedeutung, da erst auf der Basis einer gezielten Diagnose, vor allem von Lernprozessen, individuelle Lerngelegenheiten konzipiert und angeboten werden können (Helmke 2005; Ohlms 2012; Schrader 2013; Weinert 2000). Zwei Ansätze zur Förderung der Diagnosekompetenz Studierender wurden für den vorliegenden Beitrag aufgegriffen und im Rahmen einer Interventionsstudie an drei Universitätsstandorten mit Blick auf den Diagnosegegenstand Diagramme untersucht. Zum einen werden Lehr-Lern-Labore gezielt zu diesem Zweck in universitäre Lehrveranstaltungen integriert (Hößle 2014). Zum anderen werden für die Förderung diagnostischer Fähigkeiten Videovignetten, die Lernende in fachspezifischen Lehr-Lern-Situationen zeigen, genutzt (Bartel und Roth 2017). Vor dem beschriebenen Hintergrund stellt sich die Frage, inwieweit der Einsatz von Videovignetten und die Einbindung von Lehr-Lern-Laboren die prozessdiagnostischen Fähigkeiten angehender Lehrpersonen fördern und welche Wirkungen sich in Bezug auf die beiden Maßnahmen jeweils zeigen.

15.2 Diagnostische Fähigkeiten im Lehrberuf

Diagnostische Fähigkeiten von Lehrpersonen bilden als Teilkompetenz des fachdidaktischen Wissens (Aufschnaiter et al. 2015) die Grundlage für die passgenaue Förderung Lernender im Unterricht. Diagnostische Fähigkeiten sind dabei stets an den situationalen, fachspezifischen Kontext gebunden und somit domänen- bzw. themenspezifisch kontextualisiert (Baumert und Kunter 2006; Dübbelde 2013; Praetorius et al. 2012). Daraus folgt, dass die Fähigkeit von Lehrenden, die Kompetenzstände der Lernenden zu analysieren und zu diagnostizieren, sowohl vom eigenen Fachwissen zum Diagnosegegenstand als auch vom fachdidaktischen Wissen mit Blick auf die zu diagnostizierende Kompetenz abhängt. Günther et al. (2017) zeigten im Rahmen einer Intervention zur Modellkompetenz, dass die wirksame Förderung von Fachwissen zu Modellen und Modellkompetenz von angehenden Lehrpersonen nicht automatisch zur Steigerung der diagnostischen Fähigkeiten in Bezug auf die Modellkompetenz von Lernenden führt. Daraus folgt, dass diagnostische Fähigkeiten neben Fachwissen expliziert gelehrt, gelernt und geübt werden müssen.

Diagnostische Fähigkeiten können einerseits der Urteilskompetenz (Leistungsbewertung, Benotung) und andererseits der diagnostischen Expertise (Beurteilung von Unterrichtsprozessen, Stärken und Schwächen von Lernenden) zugeordnet werden (Helmke 2005; Ohlms 2012; Weinert 2000). Bezogen auf die theoretisch definierten Formen der Diagnose steht die Urteilskompetenz im Zusammenhang mit der Statusdiagnose, während die Prozessdiagnose eher der diagnostischen Expertise zugeordnet werden kann (Dübbelde 2013; Horstkemper 2006). Im Rahmen der vorliegenden Studie wird die Statusdiagnose in Anlehnung an Dübbelde (2013) verstanden als die Erfassung von aktuell vorliegenden Kompetenzausprägungen mittels Analyse von Aufgabenergebnissen und darin vorkommenden Vorstellungen der Lernenden zum Diagnosegegenstand (*Erkennen von Vorstellungen zum Diagnosegegenstand*). Die Prozessdiagnose wird hingegen als Identifikation und Beurteilung von in Prozessen der Aufgabenbearbeitung gezeigten Kompetenzausprägungen verstanden, wobei auf Aspekte, die einen Veränderungsprozess ermöglichen, fokussiert wird (Dübbelde 2013; Horstkemper 2006; *Identifizieren und Beurteilen von Diagnosesituationen zum Diagnosegegenstand*).

Unklarheit besteht hinsichtlich des Zusammenhangs dieser beiden Diagnoseformen. Während Ingenkamp und Lissmann (2005) diskutieren, dass Status- und Prozessdiagnose als nicht trennscharf voneinander abgegrenzt werden können, da auch im Rahmen der Prozessdiagnose die Produkte der Lernenden (verbale oder schriftliche Antworten) festgehalten werden müssen, hat Dübbelde (2013) gezeigt, dass zwischen den Ergebnissen eines statusdiagnostisch und eines prozessdiagnostisch ausgerichteten Testinstruments keine statistischen Zusammenhänge bestehen.

Die Prozessdiagnose erfolgt häufig auf der Basis von Unterrichtsbeobachtungen, in denen Diagnosesituationen identifiziert und dann beurteilt werden müssen (Barth 2017). Um Kriterien wie Objektivität und Validität an die Diagnose anlegen zu können, sollen zur Diagnose genutzte Unterrichtsbeobachtungen systematisch und kriteriengeleitet stattfinden (Opitz und Nührenbörger 2015). Die Kompetenzausprägungen der Lernenden werden dabei aus ihren Äußerungen und Handlungen abgeleitet. Die Zuordnung dieser Beobachtungen zu objektiven Kriterien kann dabei mithilfe von Kompetenzmodellen und daraus abgeleiteten Kompetenzrastern, sogenannten Rubrics, unterstützt werden. Mittels dieser auf beobachtbare Schülerhandlungen ausgerichteten Modelle lassen sich der Diagnoseprozess systematisieren und diagnostische Fähigkeiten trainieren.

15.2.1 Förderung von diagnostischen Fähigkeiten in der universitären Lehrerbildung

Grundlagen für diagnostische Fähigkeiten sollen entsprechend den KMK-Standards bereits in der ersten Phase der Lehrerbildung gelegt werden (KMK 2004, 2008). Dies stellt jedoch hohe Anforderungen sowohl an Dozierende als auch Studierende. Diagnosen, die insbesondere auf prozessdiagnostische Aspekte abzielen, basieren auf Unterrichts- und Schülerbeobachtungen, die in geeigneter Form – inhaltlich sowie organisatorisch – in den Seminarbetrieb integriert werden müssen. Im Rahmen von universitären Lehrveranstaltungen kann in der Auseinandersetzung mit Rubrics zu verschiedenen Schülerkompetenzen zunächst die kognitive Facette der Diagnosekompetenz angehender Lehrpersonen aufgebaut werden (Airasian und Russell 2008). Für die Performanz dieser Kompetenz sind entsprechende Anwendungsgelegenheiten essenziell (Park und Oliver 2008). Hierfür werden für die erste Phase der Lehrerbildung sowohl der Einsatz von Vignetten als auch die Angliederung von Lehr-Lern-Laboren an universitäre Lehrveranstaltungen diskutiert, wobei auch ein kombinierter Einsatz denkbar ist (Bartel und Roth 2017).

15.2.2 Rubrics als Grundlage für die Diagnose

Eine theoriebasierte Grundlage für die Diagnose von Schülerfähigkeiten stellen Kompetenzmodelle bzw. darauf basierende Rubrics (Kompetenzraster) dar. Kompetenzmodelle ermöglichen innerhalb der Lehr-Lern-Forschung empirische Untersuchungen und vermitteln aufbauend darauf zwischen abstrakten Bildungszielen in Form der nationalen Bildungsstandards und konkreten Aufgabenstellungen (Schecker und Parchmann 2006). Rubrics stellen gewissermaßen eine Operationalisierung des betreffenden Modells für den Einsatz in der Unterrichtspraxis dar (Burke 2006; Smit 2008). Airasian und Russell (2008) definieren ein solches Rubric als einen Satz klarer Erwartungen oder Kriterien, die Lehrenden und Lernenden dabei helfen, auf das zu fokussieren, was in einem Fach, im Zusammenhang mit einem Thema, in einem Bereich oder bei einer Aktivität bewertet wird. Die Kriterien sind dabei in der Regel deskriptiv und beschreiben jeweils variierende Stufen einer Kompetenz (Airasian und Russell 2008). Rubrics bestehen dabei aus zwei Merkmalen: 1) Kriterien für Teilkompetenzen und 2) Beschreibungen, wie die Kriterien auf unterschiedlichen Ausprägungsstufen beobachtbar und damit diagnostizierbar sind (Airasian und Russell 2008). Dafür werden manifeste Schülerhandlungen entsprechend den Teilkompetenzen und Ausprägungsstufen beschrieben. Rubrics ermöglichen somit die kriteriengeleitete Zuordnung von Beobachtungen und erleichtern die theoriebasierte Interpretation dieser Beobachtung mit Bezug auf die diagnostizierte Kompetenz.

Grundlegend für ein Rubric ist die differenzierte Beschreibung von Kompetenzausprägungen zu einem spezifischen Diagnosegegenstand. Im Folgenden wird der dieser Studie zugrunde liegende Diagnosefokus auf Schülerfähigkeiten im Umgang mit Diagrammen beschrieben.

15.2.3   Diagnosegegenstand: Umgang mit Diagrammen im Erkenntnisprozess

Im Rahmen naturwissenschaftlicher Erkenntnisprozesse, die in naturwissenschaftlichen Lehr-Lern-Laboren oft im Fokus stehen (Haupt et al. 2013), werden häufig Daten generiert, die die Lernenden in Form von Diagrammen zur Ergebnisrepräsentation darstellen. Daneben müssen die Lernenden bei der Suche nach phänomenspezifischen Informationen Diagramme interpretieren. Die Fähigkeit, adäquat mit Diagrammen umzugehen, wird als Teil naturwissenschaftlicher Grundbildung („scientific literacy") aufgefasst und wird dementsprechend sowohl in nationalen als auch in internationalen Bildungsstandards für die naturwissenschaftlichen Fächer gefordert (KMK 2005; NGSS Lead States 2013). Ausgehend von den deutschen Bildungsstandards für das Fach Biologie spielen Fähigkeiten im Umgang mit Diagrammen für die Kompetenzbereiche *Erkenntnisgewinnung*, *Kommunikation* und *Fachwissen* eine Rolle. Beispielsweise dienen Diagramme der Strukturierung und Präsentation von erhobenen Daten (*Erkenntnisgewinnung*; Kattmann 2013). Darüber hinaus ermöglichen Diagramme die fachliche Kommunikation der Lernenden über naturwissenschaftliche Sachverhalte und Phänomene (*Kommunikation*). Das Verständnis von Diagrammen und der darin enthaltenen Informationen bildet überdies eine Grundlage für den Aufbau von Wissensstrukturen (*Fachwissen;* Ainsworth 2006; Kattmann 2013; Kozma und Russel 2005; Nitz 2012). Besonders die beiden Teilfähigkeiten Interpretieren und Konstruieren von Diagrammen stehen im engen Zusammenhang mit den beschriebenen Facetten des Umgangs mit Diagrammen im naturwissenschaftlichen Unterricht und werden daher explizit in den Fachunterricht integriert und gefördert (Hubber et al. 2010). Viele Diagramme gehören zu den komplexeren Repräsentationen, bei denen die Darstellung der darin enthaltenen Informationen nicht intuitiv verständlich ist (Dreyfus und Eisenberg 1990), weshalb sie oft eine Herausforderung für Lernende darstellen.

Auf der Grundlage bisheriger Befunde zu Schwierigkeiten im Umgang mit Diagrammen (Kotzebue 2013; Kotzebue et al. 2015; Lachmayer 2008) sowie der theoretischen Auseinandersetzung mit Kompetenzmodellen, die im Zusammenhang mit den Fähigkeiten Interpretieren und Konstruieren stehen (Kozma und Russel 2005; Lachmayer 2008; Nitz und Tippett 2012), wurden ein Kompetenzstufenmodell zum Umgang mit Diagrammen sowie ein Rubric konkret zum Umgang mit Liniendiagrammen entwickelt (Nitz et al. 2018). Durch die Zuordnung von manifesten Handlungen zu definierten Ausprägungsstufen für die beiden Teilfähigkeiten bildet das entwickelte Rubric eine theoriebasierte Grundlage für die Diagnose von Kompetenzausprägungen im Umgang mit Liniendiagrammen bei Lernenden.

Da die diagnostischen Fähigkeiten komplex sind, sollen sie in Anwendungsgelegenheiten geübt werden (Park und Oliver 2008). Hierfür eignen sich die im Folgenden vorgestellten Möglichkeiten des Einbezugs von Videovignetten und Lehr-Lern-Laboren in die universitäre Lehrerbildung.

15.2.4 Übung und Anwendung diagnostischer Fähigkeiten mit Videovignetten

Videovignetten sind kurze Ausschnitte aus videografiertem Unterricht oder per Drehbuch inszenierte videografierte Lehr-Lern-Situationen, die bestimmte theoretische Facetten des unterrichtlichen Geschehens exemplarisch veranschaulichen (Jong et al. 2012). Sie bieten die Möglichkeit, Lernprozesse von Lernenden detailliert zu beobachten und zu analysieren (Prozessdiagnose) und sind somit Anwendungsgelegenheiten diagnostischer Fähigkeiten. Dabei wird die Komplexität der realen Lehr-Lern-Situation reduziert, indem auf einen bestimmten Diagnosegegenstand sowie zumeist eine kleine Schülergruppe fokussiert wird und gleichzeitig die direkte Interaktion für den Betrachter (meist ausgebildete oder zukünftige Lehrpersonen) zunächst ausbleibt (Olson et al. 2016). Die Diagnose mit Videovignetten erfolgt somit vermittelt über eine Sekundärerfahrung. Durch die Möglichkeit, selbstbestimmt durch die Vignette zu navigieren – mit Pausen und wiederholtem Ansehen –, ist sie individuell nutzbar. Aufgrund der Darstellung konkreter und authentischer Lehr-Lern-Situationen werden Videovignetten im Vergleich mit anderen Vignettenformen wie beispielsweise Textvignetten als geeigneter zum situativen Abrufen diagnostischer Fähigkeiten beschrieben (Syring et al. 2015).

In der fachdidaktischen Forschung existieren bereits empirisch untersuchte Förderansätze, die Diagnosekompetenz explizit mit Vignetten fördern oder zur Erfassung professioneller Kompetenzen in Testinstrumenten einsetzen (*Videovignette*: Bartel und Roth, Kap. 19 in diesem Band [Vergleich Video- und Textvignette]; Bartel und Roth 2017; Dübbelde 2013; Seidel et al. 2013; *Textvignette*: Wehner und Weber 2018; Brovelli et al. 2013).

15.2.5 Übung und Anwendung diagnostischer Fähigkeiten im Lehr-Lern-Labor

Prozessdiagnostische Fähigkeiten lassen sich auch durch Primärerfahrung fördern, indem sogenannte Lehr-Lern-Labore in die universitäre Lehre einbezogen werden (Hößle 2014).[1] Bei dieser Nutzung werden Schülerlabore zu Lehr-Lern-Laboren für Studierende, die in authentischen, aber komplexitätsreduzierten Situationen mit Kleingruppen von Lernenden unmittelbar interagieren. Durch die direkte Interaktion sowie die Einmaligkeit einer spezifischen Situation sind Lehr-Lern-Labore komplexer als Videovignetten, sie ermöglichen aber gleichzeitig adaptives Handeln sowie das Erproben von Lernunterstützungen. Durch die Anregung zur Auseinandersetzung mit der Lernaufgabe werden Gelegenheiten für die Diagnose initiiert. Lehramtsstudierende bekommen so die Möglichkeit, Erfahrungen für das eigene

---

[1] Lehr-Lern-Labore stellen Orte der Verknüpfung von Lehrerbildung, Entwicklung von Schülerkompetenzen und fachdidaktischer Forschung dar, die meist institutionell an eine Universität angegliedert sind (Haupt et al. 2013; siehe auch Kap. 2).

Lehren in didaktisch aufbereiteten Lehr-Lern-Settings zu sammeln (Hößle et al. 2017).

Die Einbettung beider Anwendungsgelegenheiten (Lehr-Lern-Labore und Videovignetten) für diagnostische Fähigkeiten in universitären Lehrveranstaltungen ermöglicht die gezielte und didaktisch moderierte Reflexion der individuellen Diagnosen der Studierenden. Erst dadurch können die theoretisch erarbeiteten und praktisch erprobten diagnostischen Fähigkeiten gefestigt und fachdidaktische Kompetenzen aufgebaut werden (Santagata und Angelici 2010).

15.3   Fragestellungen

(1) Inwiefern unterscheidet sich die Anwendung von Kriterien eines Rubric zum Diagnosegegenstand *Umgang mit Liniendiagrammen* an Videovignetten von der Anwendung in Lehr-Lern-Laboren bezogen auf die Förderung der prozessdiagnostischen Fähigkeiten *Identifizieren von Diagnosesituationen* und *Beurteilen der Kompetenzausprägung* von Lehramtsstudierenden?

(2) Inwiefern hängen Fachwissen sowie statusdiagnostische Fähigkeiten mit den prozessdiagnostischen Fähigkeiten *Identifizieren von Diagnosesituationen* und *Beurteilen der Kompetenzausprägung* von Lehramtsstudierenden zusammen?

(3) Inwiefern ziehen Lehramtsstudierende theoriegeleitete Kriterien zur Begründung ihrer diagnostischen Entscheidungen heran?

15.4   Methode und Design

15.4.1   Untersuchungsdesign der Interventionsstudie

Inhaltlich bestand die Intervention aus einem modularisierten Seminarkonzept. Der Inhalt des Moduls 1, in dem die Studierenden dieselben fachwissenschaftlichen Grundlagen zum Diagnosegegenstand, dem Umgang mit Diagrammen, erarbeiteten, war in allen Experimentalgruppen gleich. In Modul 2 erfolgte für alle Gruppen eine Erarbeitung von Grundlagen zur Diagnose und zu Diagnoseinstrumenten. In diesem Rahmen wurde das Rubric zum Umgang mit Liniendiagrammen erarbeitet und in die Entwicklung kriteriengeleiteter Beobachtungsbögen integriert. Zur Prüfung und gleichzeitigen Kontrolle statusdiagnostischer Fähigkeiten wurden diese anhand von schriftlichen Produkten Lernender in allen Gruppen geübt. Das Üben prozessdiagnostischer Fähigkeiten erfolgte daran anschließend mit Videovignetten (VV) oder Textvignetten (TV). Im dritten Modul wurden die prozessdiagnostischen Fähigkeiten mit den aus dem Rubric entwickelten Beobachtungsbögen an Videovignetten (VV) oder im Lehr-Lern-Labor (LLL) angewendet. Dafür konzipierten die Studierenden Diagnoseaufgaben im Kontext Umgang mit Diagrammen für Lernende der Sekundarstufe I in Gruppenarbeit. Der zeitliche Rahmen für die Konzeption der Aufgaben sowie deren Präsentation zum Zweck der Rückmeldung und Optimierung umfasste zwei Seminarsitzungen. Die Studierenden der Experimentalgruppen

TV-LLL und VV-LLL wendeten die konzipierten Diagnoseaufgaben und Beobachtungsbögen in zwei Besuchen im jeweiligen universitätsinternen Lehr-Lern-Labor an (insgesamt zwei Seminarsitzungen). Die Studierenden wurden in Gruppen
von drei bis fünf Personen eingeteilt. Sie wurden aufgefordert, die Schülergruppen (jeweils zwei bis drei Lernende) vorrangig in einer Beobachterrolle bei der
Bearbeitung ihrer konzipierten Diagnoseaufgaben mittels der Beobachtungsbögen
bezüglich des Umgangs mit Diagrammen zu diagnostizieren. Im Anschluss erfolgte
eine Reflexionsrunde mit den anwesenden Dozierenden. In der Experimentalgruppe
VV-VV erfolgten eine detailliertere theoretische Auseinandersetzung mit den konzipierten Diagnoseaufgaben sowie weitere Anwendungen der Beobachtungsbögen
an entsprechenden Videovignetten.

Damit die förderliche Wirkung der Anwendungsgelegenheiten Videovignette und Lehr-Lern-Labor auf prozessdiagnostische Fähigkeiten überprüft werden
konnte, umfasste das Untersuchungsdesign drei Experimentalgruppen (E1: VV-
LLL; E2: TV-LLL und E3: VV-VV; vgl. Abb. 15.1). Der Vergleich der Gruppen
VV-LLL und TV-LLL mit Gruppe VV-VV ermöglicht eine Aussage zur Wirksamkeit von Lehr-Lern-Laboren, während der Vergleich der Gruppen VV-LLL und
VV-VV mit Gruppe TV-LLL eine Aussage über die Wirksamkeit von Videovignetten auf die untersuchten Kompetenzen der Lehramtsstudierenden ermöglicht.
Der Vergleich der Gruppen VV-LLL und VV-VV mit Gruppe TV-LLL ermög-
licht es zusätzlich, empirische Hinweise auf den Einfluss des Testformats auf die
Performanz zu erhalten, da es sich beim Testinstrument zur Erhebung prozessdiagnostischer Fähigkeiten um einen Videovignettentest handelt.

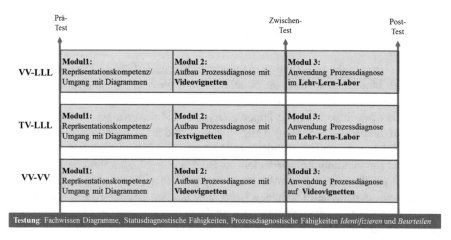

Abb. 15.1 Untersuchungsdesign der Interventionsstudie mit drei Experimentalgruppen und drei
Erhebungszeitpunkten. Experimentalgruppen wurden den an der Studie beteiligten Verbundstand-
orten zugeteilt (vgl. Abschn. 15.4.4 *Stichprobe und Umfang der Interventionsstudie*)

15.4.2 Testinstrumente

Die zu untersuchenden Variablen prozessdiagnostische Fähigkeiten (Identifizieren und Beurteilen von Diagnosesituationen zum Umgang mit Liniendiagrammen), Fachwissen zum Umgang mit Liniendiagrammen und statusdiagnostische Fähigkeiten (Erkennen nichtadäquater Vorstellungen im Umgang mit Liniendiagrammen) wurden zu drei Messzeitpunkten an den drei Standorten (Pre-, Zwischen- und Post-Erhebung) erhoben.

Die Testinstrumente für die Kontrollvariablen Fachwissen und statusdiagnostische Fähigkeiten wurden nach Kotzebue (2013) adaptiert. Tab. 15.1 gibt einen Überblick über Inhalte, Formate und Reliabilitätswerte der Instrumente.

Zur Erfassung der prozessdiagnostischen Fähigkeiten wurde ein Videovignettentest entwickelt. Jeder Test (für Pre-, Zwischen- und Post-Erhebung) umfasst zwei von sechs verschiedenen ca. dreiminütigen Videovignetten, wobei jeweils eine auf die Teilfähigkeit Konstruieren von Liniendiagrammen und die andere auf die Teilfähigkeit Interpretieren von Liniendiagrammen fokussiert. Alle Ausschnitte zeigen Aufgabenbearbeitungen von Gruppen mit zwei bis drei Lernenden. Das Testinstrument beinhaltet zu jeder der zwei Vignetten geschlossene und offene Items. Dabei erfolgt die Erhebung der prozessdiagnostischen Fähigkeiten einerseits mit geschlossenen Ratingitems (Konstruieren: 12 Items; Interpretieren: 13 Items; vgl. Tab. 15.2), die Beschreibungen möglicher Diagnosesituationen, die aus dem theoriebasierten Rubric abgeleitet wurden, in Kombination mit einer fünfstufigen Ratingskala um-

Tab. 15.1 Überblick über Testinhalte, -formate und Reliabilitätswerte der Testinstrumente für die Kontrollvariablen

Variablen	Inhalt	Format	Reliabilität (Cronbachs α)		
			Pre	Zwischen	Post
Statusdiagnostische Fähigkeiten 10 Items	Analysieren von Schülerdiagrammen und Erläutern von entsprechenden Vorstellungen im Umgang mit Diagrammen	Paper-Pencil Offene Aufgaben mit Codierung (1: richtig; 0: falsch; Score $_{Max} = 10$)	0,59	0,61	0,34[a]
Fachwissen Diagramme 14 Items	Konstruktion und Interpretation von Liniendiagrammen im biologischen Kontext	Paper-Pencil Offene Aufgaben mit Codierung (1: richtig; 0: falsch; Score $_{Max} = 14$)	0,76	0,78	0,76

[a]Es wird aufgrund einer genaueren Betrachtung der Scores für die einzelnen Items angenommen, dass sich das Abfallen des Cronbachs-Alpha-Wertes zum Zeitpunkt der Post-Erhebung aus einer inkonsistenten Beantwortung der Einzelitems ergibt, die im Zusammenhang mit einer verringerten Motivation bezüglich der Bearbeitung des Instruments zu diesem Zeitpunkt der Intervention steht. Hierbei zeigen sich geringere Scores im Vergleich zu den anderen Erhebungszeitpunkten für Items, die auf die Details bei der Einschätzung von Schülerdiagrammen (z. B. genaue Angabe von falschen Skalenbereichen auf einer Diagrammachse) abzielen

Tab. 15.2 Beispielitem zu den prozessdiagnostischen Fähigkeiten für die Teilfähigkeit Interpretieren beim Umgang mit Diagrammen

Die Schülerin …	Lehne vollkommen ab	Lehne ab	Stimme zu	Stimme vollkommen zu	Nicht im Video zu sehen
	1	2	3	4	0
… erkennt den Graphen als Beziehung zwischen den zwei dargestellten Variablen	☐	☐	☐	☐	☐

Vervollständigen Sie den Satz durch Zuordnung der passenden Ausprägungsstufe in Textlücke 1. Kreuzen Sie an.

„Die Fähigkeit des Lernenden, ein Liniendiagramm zu interpretieren, schätze ich auf eine ___1___ Ausprägungsstufe ein."

Textlücke 1:   ☐ niedrige   ☐ mittlere   ☐ hohe

Begründen Sie Ihre Zuordnung:

Abb. 15.2 Kombiniertes Item für die Teilfähigkeit Interpretieren beim Umgang mit Diagrammen für die Zuordnung der Ausprägungsstufe im Umgang mit Diagrammen sowie für die Begründung

fassen (1: *lehne vollkommen ab* bis 4: *stimme vollkommen zu*; 0: *nicht im Video zu sehen*).

Andererseits werden die Ratingitems durch ein kombiniertes Item zur Diagnose der Kompetenzausprägung ergänzt. Mit diesem wird eine der drei Ausprägungsstufen im Umgang mit Liniendiagrammen (Konstruieren oder Interpretieren) den Lernenden in der Videovignette zugeordnet und im offenen Testformat begründet (vgl. Abb. 15.2).

15.4.3 Analysemethoden

Die Testergebnisse der verwendeten Instrumente wurden zunächst deskriptiv analysiert. Für die Ermittlung der Scores im Videovignettentest wurden im Rahmen einer Expertenbefragung mit vier Expertinnen und Experten (Döring und Bortz 2016) für jede der sechs Videovignetten die gezeigten Diagnosesituationen identifiziert und entsprechend der Ratingskala beurteilt. Die Interrater-Übereinstimmung war akzeptabel ($\kappa = 0{,}42$; Wirtz und Caspar 2002); daran orientiert erfolgte eine diskursive Einigung unter allen vier Expertinnen und Experten auf eine Musterlösung. Zum Zweck der Differenzierung zwischen Identifizieren und Beurteilen von Diagnosesituationen erfolgte die Analyse der Ratingitems zweistufig. Zunächst wurde durch binäre Codierung (1: identifiziert; 0: nicht identifiziert) ein Score für die Fähigkeit des Identifizierens ermittelt, wobei die Expertenlösung als Codierungsmaßstab diente (Score$_{\text{Max}}$ Identifizieren $= 1$). Im zweiten Schritt wurden die Beurteilungen auf der Ratingskala für die zu identifizierenden Diagnosesituationen im Vergleich zur Expertenlösung codiert. Hierbei wurden für die exakte Übereinstimmung zwei Punkte, die gleiche Tendenz ein Punkt und die entgegengesetzte Tendenz null Punkte vergeben (Brovelli et al. 2013; Score$_{\text{Max}}$ Beurteilen $= 2$). Videovignette 4 (zweite

Vignette im Zwischentest) wurde aufgrund eingeschränkter Audioqualität, die bei der Durchführung der Studie zu Lösungsschwierigkeiten führte, von den Analysen ausgeschlossen. Dadurch beziehen sich die Aussagen zum Zwischentest in der folgenden Ergebnisdarstellung und Diskussion lediglich auf gezeigte Performanz bezüglich der Teilfähigkeit *Konstruieren*.

Für die Analyse der von den Studierenden angeführten Begründungen für diagnostische Entscheidungen wurde das kombinierte Item zur übergreifenden Beurteilung der Kompetenzausprägung herangezogen. Die Zuordnung der im Rubric definierten Ausprägungsstufen im Umgang mit Diagrammen durch die Studierenden wurde mit der Expertenlösung verglichen und bei Übereinstimmung als korrekt gewertet. Die zugehörigen Begründungen für die zugeordnete Kompetenzausprägung wurden in Anlehnung an die qualitative Inhaltsanalyse (Mayring 2010) analysiert. Das Rubric diente als Grundlage für die Ableitung von Kategorien, außerdem wurde auf die Verwendung kriterialer Begründungen und Einschätzungen zum Umgang mit Liniendiagrammen fokussiert. Für weiterführende Analysen wurden die Codierungen im Anschluss quantifiziert.

Die ermittelten Scores bildeten die Grundlage für Vergleichsanalysen zwischen den drei Experimentalgruppen und den drei Messzeitpunkten (Mixed-ANOVA) sowie die Zusammenhangsanalyse zwischen Fachwissen und status- bzw. prozessdiagnostischen Fähigkeiten (Rangkorrelation nach Spearman).

15.4.4   Stichprobe und Umfang der Interventionsstudie

Im Rahmen des Projektes „Schülerlabore als Lehr-Lern-Labore" nahmen an der vergleichenden Interventionsstudie 124 Lehramtsstudierende des Master of Education im Rahmen eines biologiedidaktischen Seminars teil. Die Interventionsstudie wurde über drei Standorte (Humboldt-Universität zu Berlin; Universität Koblenz-Landau; Christian-Albrechts-Universität zu Kiel) und in zwei Semestern (Sommersemester 2016 und 2017) durchgeführt, wobei jedem Standort eine Experimentalgruppe ($N_{E1} = 43$; $N_{E2} = 43$; $N_{E3} = 38$) zugeordnet war. Die Zuweisung der Probanden erfolgte demnach nicht zufällig. Jedoch wurde im Vorfeld der Studie ein Abgleich der Studienordnungen vorgenommen, sodass die Interventionsstudie im Rahmen ähnlicher Veranstaltungen (Veranstaltungsformat: Seminar; Zeitpunkt des Seminars im Regelstudienverlaufsplan: 1. bis 2. Semester im Master of Education) stattfand.

15.5   Ergebnisse der quantitativen Analysen

An allen drei Messzeitpunkten nahmen insgesamt 56 Probandinnen und Probanden ($n_{E1} = 13$; $n_{E2} = 24$; $n_{E3} = 19$) teil. Ihre Daten über den gesamten Zeitraum der Intervention bilden die Grundlage für die Vergleichsanalysen. Abb. 15.3 veranschaulicht den Vergleich der erreichten Scoremittelwerte für die vier erfassten Fähigkeitskonstrukte über die Zeit der Interventionsstudie.

Fachwissen Diagramme   Statusdiagnostische Fähigkeiten

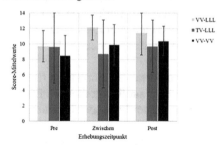   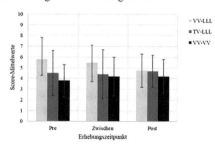

Prozessdiagnostische Fähigkeit *Identifizieren*   Prozessdiagnostische Fähigkeit *Beurteilen*

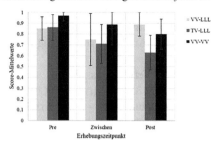   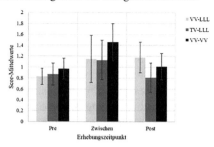

Abb. 15.3 Vergleich der Score-Mittelwerte mit Angabe der Standardabweichung für die vier erfassten Fähigkeitskonstrukte bezogen auf alle Gruppen und Erhebungszeitpunkte ($n_{Gesamt} = 56$;
$n_{E1} = 13$; $n_{E2} = 24$; $n_{E3} = 19$)

15.5.1 Erreichte Scoremittelwerte der drei Experimentalgruppen

15.5.2 Vergleich der Wirkung von Videovignetten und Lehr-Lern-Laboren auf die Förderung prozessdiagnostischer Fähigkeiten Studierender

Für die Performanz im Test zu den prozessdiagnostischen Fähigkeiten *Identifizieren*
und *Beurteilen* ergab die Vergleichsanalyse mit Mixed-ANOVA statistisch signifikante Interaktionseffekte (*Identifizieren*: $F(3,15, 61,40) = 4,44$, $p < 0,05$, partielles
$\eta^2 = 0,19$; *Beurteilen*: $F(3,74, 72,87) = 3,37$, $p < 0,05$, partielles $\eta^2 = 0,15$). Die Intervention zur Förderung der prozessdiagnostischen Fähigkeiten mit dem Fokus auf
den Umgang mit Diagrammen von Lernenden zeigte somit für beide Fähigkeiten
einen großen Effekt ($\eta^2 > 0,14$), bezogen auf die Zeit und die Gruppenzugehörigkeit.

Die Gruppe VV-VV zeigte über alle Messzeitpunkte hinweg eine statistisch
signifikant ($p < 0,05$) höhere Performanz hinsichtlich der Fähigkeit *Identifizieren*
im Vergleich zu mindestens einer der beiden anderen Gruppen. Somit war die
Fähigkeit, Diagnosesituationen zu identifizieren, bei den Studierenden der Gruppe VV-VV von Beginn der Intervention an ausgeprägter, was im Verlauf der

Intervention von den beiden Gruppen, die diagnostische Fähigkeiten zusätzlich im Lehr-Lern-Labor übten, nicht ausgeglichen werden konnte. Zeitlich betrachtet zeigt sich eine Abnahme der Testperformanz hinsichtlich der Fähigkeit *Identifizieren* für die Gruppen VV-VV ($F(1,60, 20,85) = 5,70$, $p < 0,05$, partielles $\eta^2 = 0,31$; Mittelwertdifferenz$_{\text{Pre-Post}} = 0,17$, $p < 0,05$) und TV-LLL ($F(1,73, 29,37) = 22,14$, $p < 0,05$, partielles $\eta^2 = 0,57$; Mittelwertdifferenz$_{\text{Pre-Post}} = 0,24$, $p < 0,05$).

Hinsichtlich der Fähigkeit *Beurteilen von Diagnosesituationen* zeigten sich andere Effekte. Studierende der Gruppe TV-LLL, die im Interventionsmodul mit Textvignetten anstatt mit Videovignetten arbeitete, zeigten zum Zeitpunkt der Zwischenerhebung eine niedrigere Performanz im Vergleich zur Gruppe VV-VV (Mittelwertdifferenz $= -0,34$, $p < 0,05$). Zum Zeitpunkt der Post-Erhebung blieb bei Gruppe TV-LLL trotz gleicher inhaltlicher Ausrichtung des Interventionsmoduls 3 (Anwendung im Lehr-Lern-Labor) eine niedrigere Testperformanz im Vergleich zu Gruppe VV-LLL (Mittelwertdifferenz $= 0,37$, $p < 0,05$), die wie Gruppe VV-VV ebenfalls vorher mit Videovignetten gearbeitet hatte.

Bei der zeitlichen Betrachtung zeigen die Gruppen TV-LLL und VV-VV eine ähnliche Entwicklung, wobei die Performanz hinsichtlich der Fähigkeit *Beurteilen* zum Zeitpunkt der Zwischenerhebung anstieg (TV-LLL: Mittelwertdifferenz$_{\text{Pre-Zwischen}} = -0,26$, $p < 0,05$; VV-VV: Mittelwertdifferenz$_{\text{Pre-Zwischen}} = -0,50$, $p < 0,05$), jedoch dann zur Post-Erhebung wieder abfiel (TV-LLL: Mittelwertdifferenz$_{\text{Zwischen-Post}} = 0,32$, $p < 0,05$; VV-VV: Mittelwertdifferenz$_{\text{Zwischen-Post}} = 0,45$, $p < 0,05$).

Für die beiden Kontrollvariablen *Fachwissen* und *statusdiagnostische Fähigkeiten* konnten aufgrund des Interventionsdesigns keine Interaktionseffekte ermittelt werden. Die Performanz im Fachwissen stieg über die Zeit der Intervention unabhängig von der Gruppenzugehörigkeit an (Mittelwertdifferenz$_{\text{Pre-Post}} = -1,22$, $p < 0,05$), was zeigt, dass alle Gruppen zu den jeweiligen Testzeitpunkten ähnliche fachwissenschaftliche Voraussetzungen hatten. Die Performanz bei den statusdiagnostischen Fähigkeiten änderte sich im zeitlichen Verlauf nicht, jedoch wies Gruppe VV-LLL über die gesamte Interventionszeit eine signifikant höhere Performanz im Vergleich zur Gruppe VV-VV auf ($F(2, 50) = 3,44$, $p < 0,05$, partielles $\eta^2 = 0,12$; Mittelwertdifferenz $= 1,27$, $p < 0,05$).

15.5.3 Zusammenhang zwischen Fachwissen, statusdiagnostischen und prozessdiagnostischen Fähigkeiten

Korrelative Zusammenhänge zwischen den Variablen Fachwissen zu Diagrammen, status- und prozessdiagnostische Fähigkeiten zum Umgang mit Liniendiagrammen wurden mit Rangkorrelation nach Spearman ermittelt. Über alle Messzeitpunkte hinweg ergab sich ein positiver starker Zusammenhang zwischen den Scores für die beiden prozessdiagnostischen Fähigkeiten *Identifizieren* und *Beurteilen von Diagnosesituationen* ($r_{\text{pre}} = 0,54$; $r_{\text{zwischen}} = 0,67$; $r_{\text{post}} = 0,73$; $p < 0,01$). Darüber hinaus wurde für die Zwischenerhebung ein statistisch signifikanter positiv mittlerer Zusammenhang zwischen dem Fachwissen und den statusdiagnostischen Fähigkeiten ermittelt ($r = 0,34$, $p < 0,01$).

15.6 Diskussion der quantitativen Analysen

Was die beobachtete Abnahme der Performanz der prozessdiagnostischen Fähigkeit *Identifizieren* bei zwei der drei Gruppen betrifft, wird angenommen, dass vor allem motivationale Aspekte eine Rolle spielten. Eine Testzeit von 90 min für jeden der drei Messzeitpunkte wurde nach Auskunft der Studierenden als anstrengend und kognitiv herausfordernd wahrgenommen. Dass die Gruppe VV-VV gegenüber den anderen Gruppen dennoch stets eine höhere Performanz zeigte, wird einerseits auf die intensive Auseinandersetzung mit Videovignetten als Anwendungsgelegenheit diagnostischer Fähigkeiten und einen damit verbundenen Testeffekt zurückgeführt (Schwichow et al. 2016). Dieser kam zustande, weil die in der Intervention bearbeiteten Videovignetten starke Ähnlichkeiten mit den im Testinstrument verwendeten Videovignetten aufweisen, sodass es wahrscheinlich ist, dass die Studierenden der Gruppe VV-VV im Identifizieren von Diagnosesituationen in solchen Videovignetten geschulter waren als die Studierenden der Gruppen VV-LLL und TV-LLL. Andererseits ist die höhere Performanz zu Beginn der Intervention mit Effekten der Klumpenstichprobe zu erklären; demnach ist es möglich, dass die Studierenden in der Gruppe VV-VV bereits in anderen Lehrveranstaltungen der gruppenzugehörigen Universität ähnliche Fähigkeiten entwickeln konnten.

Die beobachteten Effekte hinsichtlich der Fähigkeit *Beurteilen von Diagnosesituationen* lassen zum einen auf die Unterschiedlichkeit der beiden prozessdiagnostischen Teilfähigkeiten schließen. Zum anderen scheint auch hier die explizite Übung der prozessdiagnostischen Fähigkeit mit Videovignetten zur Schulung für die Bearbeitung der Videovignetten im Testinstrument zu führen.

Obwohl sich die beiden Gruppen TV-LLL und VV-LLL gemäß dem Untersuchungsdesign bezüglich der Übungsangebote prozessdiagnostischer Fähigkeiten (Text-/Videovignette) zwischen Pre- und Zwischenerhebung voneinander unterschieden (Abb. 15.1), zeigten sie ein ähnliches Muster in der Entwicklung ihrer Performanz hinsichtlich der prozessdiagnostischen Fähigkeit *Beurteilen*. Es scheint demnach möglich, dass das gezeigte Muster auf Artefakte im Testinstrument zurückzuführen ist. Die verwendeten Videovignetten zeigen theoriegemäß die unterschiedlichen Teilfähigkeiten Interpretieren und Konstruieren von Diagrammen, jedoch zeigen die kurzen Sequenzen lediglich Ausschnitte der Aufgabenbearbeitung, wodurch sich der Fokus von Vignette zu Vignette ändert. Darüber hinaus wurde im Zwischentest die Videovignette zur Teilfähigkeit *Interpretieren* aufgrund mangelnder Qualität entfernt, sodass es möglich ist, dass gerade bei der Diagnose dieser Teilfähigkeit Schwierigkeiten aufkamen, die sich in der Post-Erhebung erneut zeigen.

Die beobachteten signifikanten Gruppeneffekte, etwa die höhere Performanz im Test zu statusdiagnostischen Fähigkeiten der Gruppe VV-LLL, kann im Zusammenhang mit vorherigen universitätsspezifischen Lehrveranstaltungen stehen, in denen entsprechende Aufgaben, wie die „Fehleranalyse" in Diagrammen von Lernenden, bereits mehr oder weniger intensiv bearbeitet wurden. Hier zeigt sich erneut die Problematik sogenannter Klumpenstichproben, die aufgrund des Untersuchungsdesigns (Zuordnung von Experimentalgruppen je nach Untersuchungsstandort) vorgegeben wurden und somit zu erwarten waren (Döring und Bortz 2016). Die über den Interventionszeitraum gleichbleibende Performanz der Studierenden in Bezug auf ihre *statusdiagnostischen Fähigkeiten* ist damit erklärbar, dass die explizite Förderung dieser Fähigkeit in der Art, wie sie im eingesetzten Testinstrument operationalisiert ist, nicht Teil der Intervention war. Somit war ein Anstieg der Performanz in dieser Fähigkeit im Rahmen der Intervention nicht zu erwarten.

Zum Stand der Diskussion über Zusammenhänge zwischen den Variablen *Fachwissen, statusdiagnostische Fähigkeiten* und *prozessdiagnostische Fähigkeiten* geben auch die Ergebnisse dieser Studie keine eindeutigen Antworten, da ein statistischer Zusammenhang zwischen dem *Fachwissen* und den *statusdiagnostischen Fähigkeiten* nur zum Zeitpunkt des Zwischentests ermittelt werden konnte. Lediglich der Zusammenhang zwischen den prozessdiagnostischen Teilfähigkeiten *Identifizieren* und *Beurteilen* wird von den vorliegenden Ergebnissen gestützt. Jedoch sollten die Ergebnisse aufgrund der dem Projekt zugrunde liegenden Daten und der damit einhergehenden methodischen Einschränkungen lediglich als Tendenzen betrachtet werden (vgl. Abschn. 15.9 „Fazit und Ausblick").

15.7 Ergebnisse der qualitativen Analyse

Die qualitative Einschätzung der prozessdiagnostischen Fähigkeiten erfolgt über Analysen des kombinierten Items im Videovignettentest der 56 komplett vorliegenden Datensätze.

15.7.1 Zuordnung der Ausprägungsstufen für den Umgang mit Diagrammen der Lernenden in den Videovignetten

Die Zuordnung der in den fünf Videovignetten gezeigten und entsprechend dem Rubric definierten Ausprägungsstufen im Umgang mit Diagrammen durch die Studierenden wurde im Vergleich zur Expertenlösung bewertet. Tab. 15.3 zeigt die eingesetzten Videovignetten, die darin fokussierte Teilfähigkeit im Umgang mit Diagrammen, die verwendeten biologischen Kontexte und den Anteil der korrekten Zuordnungen durch die Studierenden.

15.7.2 Codierung der Begründungen zur Zuordnung der Ausprägungsstufen

Im Rahmen der qualitativen Analyse der offenen Begründungen zur Zuordnung der Ausprägungsstufe wurde ein drei Oberkategorien und elf Subkategorien umfassen-

Tab. 15.3 Übersicht über die Inhalte der zu den drei Erhebungszeitpunkten eingesetzten Videovignetten (*VV* = Videovignette; *AS* = Ausprägungsstufe)

Zeitpunkt der Erhebung	Videovignette	Teilfähigkeit	Biologischer Kontext	Korrekte Zuordnung der AS (%)
Pre-Test	VV 1	Interpretieren	Herz-Kreislauf-System	64,3
	VV 2	Konstruieren	Fotosynthese	82,1
Zwischentest	VV 3	Konstruieren	Fotosynthese	66,1
Post-Test	VV 5	Interpretieren	Herz-Kreislauf-System	69,6
	VV 6	Konstruieren	Fotosynthese	39,3

des Kategoriensystem deduktiv strukturiert, aus den Daten induktiv ausdifferenziert und anschließend angewendet (vgl. Abb. 15.4).

In Abb. 15.5 sind die prozentualen Häufigkeiten der codierten Kategorien in den Begründungen der Studierenden für alle fünf Videovignetten dargestellt. In den Begründungen der Zuordnung der Ausprägungsstufe des Lernenden in VV1 (Interpretieren, Pre-Test) wurden wenige übergreifende Einschätzungen bezüglich des Umgangs mit Liniendiagrammen codiert (8,9 % der Studierenden). Einschätzungen der Kompetenz erfolgten am häufigsten mit Bezug zur in der Videovignette gezeigten Aufgabenstellung (16,1 % der Studierenden). Erklärungsansätze für die Zuordnung erfolgten bereits bei 39,3 % der Studierenden mit Bezug zu Kriterien, die im Rubric zum Umgang mit Diagrammen für die in der Videovignette sichtbare

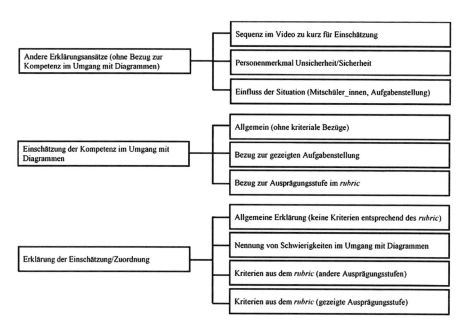

Abb. 15.4 Kategoriensystem zur Codierung der Begründungen im kombinierten Item des Videovignettentests

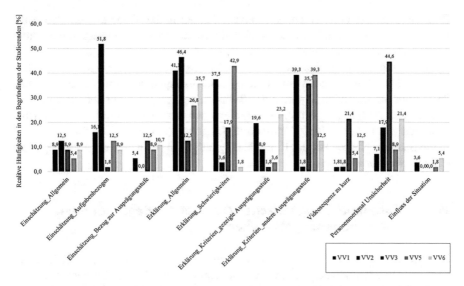

Abb. 15.5 Prozentuale Codierhäufigkeiten der Kategorien in den Begründungen der Studierenden für ihre Zuordnung der in den fünf Videovignetten gezeigten Ausprägungsstufen der Fähigkeit Umgang mit Liniendiagrammen

Ausprägungsstufe enthalten sind. Darüber hinaus erklärten 37,5 % der Studierenden ihre Zuordnung mit Schwierigkeiten, die der Lernende in der Videovignette zeigt. Die Zuordnung der Ausprägungsstufe im Umgang mit Liniendiagrammen für den Lernenden in VV2 (Konstruieren, Pre-Test) wurde von ungefähr der Hälfte der Studierenden mit Bezug zur Aufgabenstellung eingeschätzt (51,8 % der Studierenden). In den Begründungen wurden nur wenige kriteriengeleitete Erklärungen genutzt (10,7 % der Studierenden). Die Studierenden nutzten zur Begründung meist andere allgemeinere Erklärungsansätze (46,4 % der Studierenden), wie etwa: „Die Schülerin geht sehr strukturiert vor", oder den Gebrauch von Fachbegriffen bzw. Alltagssprache.

Begründungen der Studierenden für die Zuordnung der Ausprägungsstufe für VV3 (Konstruieren, Zwischentest) erfolgten zu 12,5 % mit einer Einschätzung der gezeigten Kompetenz mit Bezug zu den im Rubric beschriebenen Ausprägungsstufen. Überdies bezogen sich Erklärungsansätze bei 35,7 % der Studierenden auf Kriterien der korrekten Ausprägungsstufe. Ein weiterer häufig genannter Aspekt, der in die Begründungen der Studierenden einging, war die Unsicherheit der in der Vignette zu sehenden Lernenden (44,6 % der Studierenden). Darüber hinaus gaben 21,4 % der Studierenden an, dass sie Schwierigkeiten bei der eigenen Einschätzung aufgrund der Kürze der in der Videovignette gezeigten Sequenz hatten.

In den Begründungen zur Zuordnung der Ausprägungsstufe im Umgang mit Liniendiagrammen des Lernenden in VV5 (Interpretieren, Post-Test) fanden sich lediglich bei 8,9 % der Studierenden umfassende Einschätzungen mit Bezug zur im Rubric beschriebenen Ausprägungsstufe, jedoch bei 39,3 % der Studierenden

Erklärungsansätze unter Nutzung von Kriterien der in der Vignette gezeigten Ausprägungsstufe. Zusätzlich nannten 42,9 % der Studierenden gezeigte Schwierigkeiten des Lernenden im Umgang mit Diagrammen. Begründungen für die Zuordnung der gezeigten Lernendenkompetenzen in VV6 (Konstruieren, Post-Test) enthielten bei 10,7 % der Studierenden umfassende Einschätzungen der Kompetenz sowie bei 23,2 % der Studierenden Kriterien des Rubric entsprechend der in der Videovignette gezeigten Ausprägungsstufe. Die Studierenden nannten für diese Videovignette ebenfalls vermehrt das Personenmerkmal Unsicherheit (21,4 % der Studierenden) sowie Schwierigkeiten bei der Einschätzung aufgrund der Kürze der Videovignette (12,5 % der Studierenden).

15.7.3 Zusammenhang zwischen Qualität der Begründungen und Gruppenzugehörigkeit

Die Codierung der Begründungen für die Zuordnung der Ausprägungsstufe im Umgang mit Diagrammen bei dem in der Videovignette zu sehenden Lernenden wurde zur Prüfung statistischer Zusammenhänge zwischen der Qualität dieser Begründungen im Verlauf der Interventionsstudie und der Gruppenzugehörigkeit der Studierenden genutzt. Dabei wurde die Nutzung objektiver und zu der zu diagnostizierenden Fähigkeit passender Kriterien, wie sie für den Umgang mit Liniendiagrammen im Rubric formuliert sind, als Qualitätsmerkmal angesetzt. Für die statistische Analyse des Zusammenhangs wurde ein Chi-Quadrat-Test mit Monte-Carlo-Korrektur durchgeführt. Hierbei ergab sich lediglich für die Kategorie *Erklärung mit Kriterien aus dem Rubric (gezeigte Ausprägungsstufe)* für die VV5 (Interpretieren, Post-Test) ein statistisch signifikanter mittlerer Zusammenhang mit der Gruppenzugehörigkeit (Fischer-Exakt = 11,04, $p < 0,05$, Cramérs V = 0,46). Deskriptive Analysen zeigen, dass die Begründungen der Studierenden der Gruppe VV-VV ($n_{Gruppe} = 72,2\,\%$) im Vergleich zu denen der Studierenden der Gruppen VV-LLL ($n_{Gruppe} = 30,8\,\%$) und TV-LLL ($n_{Gruppe} = 21,7\,\%$) häufiger mit dieser Kategorie codiert wurden. Weitere

Tab. 15.4 Codierhäufigkeiten der Kategorien *Einschätzung mit Bezug zur Ausprägungsstufe im Rubric* und *Erklärung mit Kriterien aus dem Rubric (gezeigte Ausprägungsstufe)*. Die Grundgesamtheit bildet jeweils die Gesamtanzahl der Studierenden innerhalb der jeweiligen Gruppe ($n_{Gesamt} = 56$; $n_{E1} = 13$; $n_{E2} = 24$; $n_{E3} = 19$)

	Einschätzung mit Bezug zur Ausprägungsstufe im Rubric			Erklärung mit Kriterien aus dem Rubric (gezeigte Ausprägungsstufe)		
	VV-LLL (%)	TV-LLL (%)	VV-VV (%)	VV-LLL (%)	TV-LLL (%)	VV-VV (%)
VV1	0,0	12,5	0,0	58,3	37,5	33,3
VV2	0,0	0,0	0,0	0,0	4,2	0,0
VV3	23,1	8,3	10,5	30,8	25,0	52,6
VV5	15,4	8,7	5,6	30,8	21,7	72,2
VV6	7,7	16,7	5,6	15,4	8,3	16,7

Codierhäufigkeiten der Kategorien *Einschätzung mit Bezug zur Ausprägungsstufe im Rubric* und *Erklärung mit Kriterien aus dem Rubric (gezeigte Ausprägungsstufe)* für die drei Gruppen und die fünf eingesetzten Videovignetten in Bezug auf die prozentualen Anteile innerhalb der jeweiligen Gruppe sind in Tab. 15.4 dargestellt.

15.7.4   Exemplarische Darstellung der qualitativen Entwicklung der Begründungen über die Interventionszeit

Die Betrachtung der qualitativen Entwicklung der Begründungen auf Individual-ebene zeigte, dass zum Zeitpunkt der Pre-Erhebung ein Studierender bereits die Zuordnung der Ausprägungsstufe mit einer Einschätzung entsprechend dem Rubric vornahm und innerhalb seiner Begründung Schlüsselbegriffe aus vorherigen Items nutzte. Zum Zeitpunkt der Zwischenerhebung traf dies auf drei Studierende und zum Zeitpunkt der Post-Erhebung auf sechs Studierende zu. Dabei handelte es sich nicht zu jedem Messzeitpunkt um dieselben Individuen – d. h. beispielsweise, dass ein Studierender für die VV3 eine qualitativ auf das Rubric zurückgehende Diagnose zeigt, dies aber nicht für die Diagnosen von VV5 wiederholt.

Im Folgenden sind die Begründungsentwicklungen von drei Studierenden exemplarisch für die Videovignetten zur Teilkompetenz Konstruieren dargestellt, wobei Aussagen, die im Zusammenhang mit den Inhalten des Rubric stehen, fett hervorgehoben sind (vgl. Tab. 15.5).

15.8   Diskussion der qualitativen Analyse

Die Ergebnisse der qualitativen Analysen des kombinierten Items im Test zu den prozessdiagnostischen Fähigkeiten zeigen, dass die Studierenden im Verlauf der Intervention, unabhängig von ihrer Gruppenzugehörigkeit, bei ihrer Diagnose zu-nehmend kriteriengeleitet vorgingen. Jedoch deuten sowohl die Verteilung der Co-dierhäufigkeiten der Kategorie *Erklärung mit Kriterien aus dem Rubric (gezeigte Ausprägungsstufe)* über die Videovignetten hinweg als auch der Anteil an der kor-rekten Zuordnung der gezeigten Ausprägungsstufe auf Vignettenartefakte hin, die sich darin zeigen, dass keine eindeutige Verbesserung über die Zeit zu beobachten war. Mögliche Einflussfaktoren innerhalb der Vignette können die Dauer der ge-zeigten Sequenz und die dadurch entstehende Verschiebung des Fokus innerhalb der gezeigten Teilkompetenz (*Interpretieren* oder *Konstruieren*) sein. Diese Ver-mutung wird von der expliziten Nennung von Schwierigkeiten bei der Diagnose aufgrund der Kürze des Videos durch die Studierenden gestützt.

Darüber hinaus wird durch die qualitativen Analysen deutlich, dass ein Großteil der Studierenden Kompetenzausprägungen mit den Schwierigkeiten erklärte, die der in der Videovignette gezeigte Lernende im Umgang mit Diagrammen aufweist. Diese eher an Problemlagen ausgerichtete Herangehensweise an die Diagnose von Kompetenzen Lernender bietet eine gute Grundlage für die Ableitung individueller Förderansätze und ist nicht per se weniger professionell als eine auf das „Können" ausgerichtete und auf Kriterien beruhende Diagnose, zumal Videovignetten auch mit einer sogenannten „Fehlerdiagnose" in Verbindung gebracht werden (Heinrichs 2015). Beide Herangehensweisen der Diagnose lassen sich überdies durch gezielte Besprechung ineinander überführen, beispielsweise als zusätzlicher Inhalt innerhalb des in der Intervention durchgeführten Seminars.

Weiterhin sprechen die Ergebnisse dafür, neben dem Fokus auf einen Diagnosegegenstand Raum für weitere diagnostisch relevante Faktoren zu gewähren und deren Stellenwert mit den Studierenden zu diskutieren. Den Studierenden schien

Tab. 15.5 Qualitative Entwicklung der Diagnosebegründungen von drei Studierenden im Längsschnitt

	VV2 – Konstruieren – Pre-Test	VV3 – Konstruieren – Zwischentest	VV6 – Konstruieren – Post-Test
Die oder der Studierende A	„Begründet die Konstruktion des Liniendiagramms problemlos mit dem Text."	„Sie befindet sich auf der **Niveaustufe einer abbildenden Konstruktion** von Diagrammen, da sie beispielsweise bei der **Achsenbeschriftung lediglich die bekannte Größe** aus dem Text entnimmt. Es findet kein Zusammenhangsdenken statt, sondern nur Reproduktion."	„Basierend auf einer sehr guten Interpretation von Informationen aus dem Text und Liniendiagramm muss der Schülerin die Konstruktion von Diagrammen **bereits auf einer syntaktischen Ebene** bekannt sein. Sie **skizziert Trends**, welche typisch sind für Liniendiagramme."
Die oder der Studierende B	„Die Schülerin geht sehr strukturiert vor und hält sich an die vorgegebenen Werte und bezieht auch keine weiteren mit ein. Sie leitet ihre Mitschülerin an, einen ordentlichen Graphen zu zeichnen."	„Die Schülerin ist in der Lage, ein Koordinatensystem gemäß der **Diagrammkonventionen** zu erstellen und die in der Aufgabenstellung **vorgegebenen Größen korrekt den Achsen zuzuordnen.**"	„Die Schülerin **erkennt den Zusammenhang beider Größen** und kann das zugrunde liegende Konzept, dass die Fotosyntheseleistung bei steigender Lichtintensität zunimmt, aber irgendwann ihr Maximum erreicht, anwenden. Sie **stellt begründet Hypothesen** auf. Daher würde ich sie einem **semantischen Level** zuordnen."
Die oder der Studierende C	„Geht gut mit den gegebenen Informationen um. Zeigt mit dem Finger den Kurvenverlauf nach, beim Lesen des Textes. Dies zeigt einen unproblematischen Umgang mit der Aufgabe."	„**Wählt richtigen Diagrammtyp** – hält sich an **Konventionen** – darüber hinaus keine Mehrleistung."	„Trifft keine **weiterführende Vorhersage**, deswegen **Konstruktionsebene II mittleres Niveau.**"

es teilweise schwerzufallen, lediglich auf die Diagnose zum Umgang mit Diagrammen zu fokussieren, da sie oftmals Personenmerkmale oder Merkmale der gezeigten Lehr-Lern-Situation in ihre Begründungen integrierten. Um dem gerecht zu werden, können Beobachtungsbögen um entsprechende zu diagnostizierende Faktoren erweitert werden. Im Rahmen von universitären Seminaren wie dem hier vorgestellten, in denen diagnostische Fähigkeiten erst aufgebaut werden, erscheint eine Zuweisung von Diagnosefokussen auf Studierende innerhalb einer Kleingruppe sinnvoll, um dennoch die gezielte Diagnose von vordefinierten Diagnosegegenständen zu üben.

Die qualitativen Analysen der Begründungen mit Blick auf die individuelle Entwicklung der Studierenden in dieser Fähigkeit zeigen, dass die Nutzung objektiver Kriterien des Rubric zur Einschätzung des Umgangs mit Diagrammen im Verlauf der Intervention zugenommen hat. Einige Studierende waren zwar grundsätzlich in der Lage, Kriterien für ihre Diagnosen zu nutzen, wendeten dies aber nicht konsequent auf alle Videovignetten an. Die Ergebnisse aus den qualitativen Analysen lassen keinen Schluss hinsichtlich eines Zusammenhangs zwischen dem Nutzen von Kriterien und der in der Videovignette gezeigten Teilfähigkeit im Umgang mit Diagrammen zu (*Interpretieren* oder *Konstruieren*); vielmehr scheinen auch hier Artefakte in den Videos selbst eine Rolle zu spielen. Die Videovignetten zeigen jeweils nur Ausschnitte der Aufgabenbearbeitungen von Lernenden, sodass jeweils andere Aspekte – beispielsweise die Fähigkeit *Konstruieren* – gezeigt werden, für die wiederum andere Kriterien aus dem Rubric gelten. Darüber hinaus sind diese je nach Videovignette mehr oder weniger eindeutig identifizierbar und damit eventuell schwieriger mit Kriterien zu diagnostizieren (vgl. Ergebnisse in Tab. 15.3).

15.9   Fazit und Ausblick

Im Rahmen dieser Studie zeigte sich vor allem eine positive Wirkung auf prozessdiagnostische Fähigkeiten durch Übungen mit Videovignetten (Fragestellung 1). Das Arbeiten an Videovignetten ist dabei nicht besser oder schlechter als Lernangebote im Lehr-Lern-Labor, was vor allem für Universitäten, die nicht auf ein eigenes Lehr-Lern-Labor in der universitären Lehre zurückgreifen können, ein interessantes und grundlegendes Ergebnis ist. Jedoch scheinen bei diesem Ergebnis Testeffekte eine wesentliche Rolle gespielt zu haben. In weiterführenden Forschungsprojekten sollten deshalb zur Kontrolle entsprechender Effekte die Art der Anwendungsgelegenheit (z. B. Video-/Textvignetten) für die Prozessdiagnose auch im Testinstrument variiert werden (Schwichow et al. 2016).

Durch den direkten Vergleich zwischen dem Umgang mit Videovignetten und dem Besuch im Lehr-Lern-Labor wurde außerdem festgestellt, dass Videovignetten die Fokussierung auf die Diagnosetätigkeit erleichtern. Im Lehr-Lern-Labor finden zusätzlich zur Beobachtung und Diagnose instruktionale Interventionen bzw. Interaktionen zwischen Studierenden und Lernenden statt. Deshalb sollte mehr Zeit im Lehr-Lern-Labor verbracht werden, um zeitlich vergleichbare Möglichkeiten für die Diagnosetätigkeit zu ermöglichen. Aufgrund der natürlichen Unterschiedlichkeit der auftretenden Lerngelegenheiten für Studierende in Lehr-Lern-Laboren ist eine genaue Charakterisierung der Lernangebote für eine bessere Vergleichbarkeit in zukünftigen Forschungsprojekten zu Lehr-Lern-Laboren erforderlich. Dementsprechend könnte ein Ziel weiterer Forschung die Entwicklung und Definition von in der Lehr-Lern-Forschung geteilten Kriterien sein, nach denen Lehr-Lern-Labore miteinander verglichen und systematisiert werden können.

Bezüglich des Zusammenhangs zwischen den gemessenen Kompetenzen konnten auf der Grundlage der Ergebnisse dieser Studie keine eindeutigen Erkenntnisse gewonnen werden. Die Analysen der Ergebnisse dieser Studie zeigen keine statistischen Zusammenhänge zwischen Fachwissen, Status- und Prozessdiagnose (Fragestellung 2). Es ist naheliegend, dass die aus der Theorie zu erwartenden Zusammenhänge stark von deren Operationalisierung im jeweiligen Forschungsprojekt abhängen. Demnach sollte weitere Forschung in diesem Gebiet diesen Schritt deutlich darlegen, um daraus resultierende Ergebnisse vor dem Hintergrund früherer Studien und der Theorie (Dübbelde 2013; Ingenkamp und Lissmann 2005) eindeutig einordnen zu können.

Die intensive Auseinandersetzung mit einem Rubric zu einem bestimmten Diagnosegegenstand führt offenbar zu einer häufigeren Nutzung von Kriterien bei der Erklärung einer Diagnose von Kompetenzen Lernender (Fragestellung 3).

Die vorgestellten Ergebnisse lassen lediglich Aussagen zur vorliegenden Studie und zu den darin einbezogenen Studierenden zu und sind aufgrund methodischer Einschränkungen, die teilweise aus standortspezifischen Planungsbedingungen (z. B. Rahmenvorgaben in den jeweiligen Studien- bzw. Prüfungsordnungen, etwa zur Seminarart oder zur Prüfungsleistung; Unterschiede in den methodischen und inhaltlichen Ausrichtungen der besuchten Lehr-Lern-Labore) resultierten, vorsichtig zu interpretieren. Als Limitierung der Studie ist das Fehlen einer Kontrollgruppe, die ausschließlich die Instrumente ohne Lerngelegenheiten in der Intervention bearbeitet, zu nennen. Es ist nicht auszuschließen, dass die Veränderungen auf die Testsituationen selbst zurückzuführen sind. Hier kann der Umfang der zu bearbeitenden Instrumente zu drei Messzeitpunkten zu verringerter Testmotivation führen. Syring et al. (2015) haben beispielsweise gezeigt, dass Videovignetten gegenüber Textvignetten als kognitiv belastender wahrgenommen werden. Eine weitere Schwierigkeit, die mit standortübergreifenden Projekten wie diesem einhergeht, ist die Bildung von Klumpenstichproben. In der hier vorgestellten Studie zeigten sich bereits zu Anfang der Intervention signifikante Unterschiede zwischen den Gruppen in Bezug auf die gemessenen Kompetenzen (Döring und Bortz 2016). Bezüglich der Testinstrumente selbst deuten die aufgezeigten Diskrepanzen zwischen den Ergebnissen der quantitativen und qualitativen Analysen darauf hin, dass die eingesetzten Instrumente ggf. zu grobkörnig sind, um die Art von Lernfortschritten zu messen, die in der Intervention stattgefunden haben. In Bezug auf den Videovignettentest müssen die Videos mit Blick auf handlungsleitende Artefakte kritisch überprüft werden. Daraus ergibt sich die Erkenntnis, dass die Entwicklung adäquater Videovignetten viel Zeit für eine intensive Vorbereitung sowie eine reflektierte Weiterentwicklung braucht, vor allem, wenn die Vignetten als „Ersatz" für ein Lehr-Lern-Labor, also die direkte Interaktion mit Lernenden, eingesetzt werden sollen.

Literatur

Ainsworth, S. (2006). DeFT: A conceptual framework for considering learning with multiple representations. *Learning and Instruction*, *16*(3), 183–198.

Airasian, P. W., & Russell, M. K. (2008). *Classroom assessment: concepts and applications* (6. Aufl.). New York: McGraw-Hill.

v. Aufschnaiter, C., Cappell, J., Dübbelde, G., Ennemoser, M., Mayer, J., Stiensmeier-Pelster, J., & Wolgast, A. (2015). Diagnostische Kompetenz. *ZfP*, *61*(5), 738–759.

Bartel, M.-E., & Roth, J. (2017). Diagnostische Kompetenz von Lehramtsstudierenden fördern: Das Videotool ViviAn. In J. Leuders, T. Leuders, S. Prediger & S. Ruwisch (Hrsg.), *Mit Heterogenität im Mathematikunterricht umgehen lernen – Konzepte und Perspektiven für eine zentrale Anforderung an die Lehrerbildung* (S. 43–52). Wiesbaden: Springer Spektrum.

Barth, V. (2017). *Professionelle Wahrnehmung von Störungen im Unterricht.* Wiesbaden: Springer VS.

Baumert, J., & Kunter, M. (2006). Stichwort: Professionelle Kompetenz von Lehrkräften. *Zeitschrift für Erziehungswissenschaft*, *9*(4), 469–520.

Brovelli, D., Bölsterli, K., Rehm, M., & Wilhelm, M. (2013). Erfassen professioneller Kompetenzen für den naturwissenschaftlichen Unterricht – ein Vignettentest mit authentisch komplexen Unterrichtssituationen und offenem Antwortformat. *Unterrichtswissenschaft*, *41*, 306–329.

Burke, K. (2006). *From standards to rubrics in 6 steps.* Heatherton: Hawker Brownlow.

Döring, N., & Bortz, J. (2016). *Forschungsmethoden und Evaluation.* Heidelberg: Springer.

Dreyfus, T., & Eisenberg, T. (1990). On difficulties with diagrams: Theoretical issues. In *Proceedings of the 14th annual conference of the International Group for the Psychology of Mathematics Education* (Bd. 1, S. 27–36).

Dübbelde, G. (2013). *Diagnostische Kompetenzen angehender Biologie-Lehrkräfte im Bereich der naturwissenschaftlichen Erkenntnisgewinnung.* Kassel: Universität Kassel. Dissertation

Günther, S., Fleige, J., Upmeier zu Belzen, A., & Krüger, D. (2017). Interventionsstudie mit angehenden Lehrkräften zur Förderung von Modellkompetenz im Unterrichtsfach Biologie. In C. Gräsel & K. Trempler (Hrsg.), *Entwicklung von Professionalität pädagogischen Personals* (S. 215–236). Wiesbaden: Springer.

Haupt, O. J., Domjahn, J., Martin, U., Skiebe-Corrette, P., Vorst, S., Zehren, W., et al. (2013). Schülerlabor: Begriffsschärfung und Kategorisierung. *MNU*, *66*(6), 324–330.

Heinrichs, H. (2015). *Förderung der diagnostischen Kompetenz. In Diagnostische Kompetenz von Mathematik-Lehramtsstudierenden* (S. 91–99). Wiesbaden: Springer Spektrum.

Helmke, A. (2005). *Unterrichtsqualität – erfassen, bewerten, verbessern* (4. Aufl.). Seelze: Kallmeyer.

Horstkemper, M. (2006). *Fördern heißt diagnostizieren. Pädagogische Diagnostik als wichtige Voraussetzung für individuellen Lernerfolg.* Friedrich Jahresheft. (S. 4–7).

Hößle, C. (2014). Lernprozesse im Lehr-Lern-Labor Wattenmeer diagnostizieren und fördern. In A. Fischer, C. Hößle, S. Jahnke-Klein, V. Niesel, H. Kiper, M. Komorek & J. Sjuts (Hrsg.), *Diagnostik für lernwirksamen Unterricht* (S. 144–156). Baltmannsweiler: Schneider.

Hößle, C., Hußmann, S., Michaelis, J., Niesel, V., & Nührenbörger, M. (2017). Fachdidaktische Perspektiven auf die Entwicklung von Schlüsselkenntnissen einer förderorientierten Diagnostik. In C. Selter, S. Hußmann, C. Hößle, C. Knipping, K. Lengnink & J. Michaelis (Hrsg.), *Diagnose und Förderung heterogener Lerngruppen.* Münster: Waxmann.

Hubber, P., Tytler, R., & Hastam, F. (2010). Teaching and learning about force with a representational focus: Pedagogy and teacher change. *Research in Science Education*, *40*(1), 5–28.

Ingenkamp, K., & Lissmann, U. (2005). *Lehrbuch der Pädagogischen Diagnostik.* Weinheim: Beltz.

de Jong, R. J., van Tartwijk, J., Verloop, N., Veldman, I., & Wubbels, T. (2012). Teachers' expectations of teacher-student interaction: Complementary and distinctive expectancy patterns. *Teaching and Teacher Education*, *28*, 948–956.

Kattmann, U. (2013). Diagramme. In H. Gropengießer, U. Harms & U. Kattmann (Hrsg.), *Fachdidaktik Biologie* (S. 360–377). Hallbergmoos: Aulis.

KMK (2004). Standards für die Lehrerbildung – Bildungswissenschaften. http://www.kmk.org/fileadmin/veroeffentlichungen_beschluesse/2004/2004_12_16-Standards-Lehrerbildung.pdf. Zugegriffen: 27. Mai 2019

KMK (2005). *Bildungsstandards im Fach Biologie für den mittleren Bildungsabschluss*. München: Luchterhand.

KMK (2008). Ländergemeinsame inhaltliche Anforderungen für die Fachwissenschaften und Fachdidaktiken in der Lehrerbildung. http://www.kmk.org/fileadmin/veroeffentlichungen_beschluesse/2008/2008_10_16-Fachprofile-Lehrerbildung.pdf. Zugegriffen: 27. Mai 2019

v. Kotzebue, L. (2013). *Diagrammkompetenz als biologiedidaktische Aufgabe für die Lehrerbildung: Konzeption, Entwicklung und empirische Validierung eines Strukturmodells zum diagrammspezifischen Professionswissen im biologischen Kontext*. München: Technische Universität München. Dissertation

v. Kotzebue, L., Gerstl, M., & Nerdel, C. (2015). Common mistakes in the construction of diagrams in biological contexts. *Research in Science Education, 45,* 193–213.

Kozma, R., & Russel, J. (2005). Students becoming chemists: developing representational competence. In J. K. Gilbert (Hrsg.), *Visualization in science education* (S. 121–146). Dordrecht: Springer.

Lachmayer, S. (2008). *Entwicklung und Überprüfung eines Strukturmodells der Diagrammkompetenz für den Biologieunterricht*. Kiel: Christian-Albrechts-Universität Kiel. Dissertation

Lead States, N. G. S. S. (2013). *Next generation science standards: for states, by states*. Washington, DC: The National Academies Press.

Mayring, P. (2010). Qualitative Inhaltsanalyse. In *Handbuch qualitative Forschung in der Psychologie* (S. 601–613). Wiesbaden: Springer.

Nitz, S. (2012). *Fachsprache im Biologieunterricht: Eine Untersuchung zu Bedingungsfaktoren und Auswirkungen*. Kiel: Christian-Albrechts-Universität Kiel. Dissertation

Nitz, S., & Tippett, C. D. (2012). Measuring representational competence in science. In E. de Vries & K. Scheiter (Hrsg.), *Staging knowledge and experience: how to take advantage of representational technologies in education and training?* (S. 163–165). Grenoble: Université Pierre-Mendès-France.

Nitz, S., Meister, S., Schwanewedel, J., & Upmeier zu Belzen, A. (2018). Kompetenzraster zum Umgang mit Liniendiagrammen: Ein Beispiel für Diagnostik im Lehr-Lern-Labor. *MNU, 6,* 393–400.

Ohlms, M. (2012). Diagnosekompetenz durch Kompetenzdiagnose – Beschreibung und Entwicklung diagnostischer Kompetenz bei Lehrkräften. *bwp@ Berufs- und Wirtschaftspädagogik – online* (22), 1–13. http://www.bwpat.de/ausgabe22/ohlms_bwpat22.pdf. Zugegriffen: 27. Mai 2019

Olson, J. K., Bruxvoort, C. N., & Haar, V. A. J. (2016). The impact of video case content on pre-service elementary teachers' decision-making and conceptions of effective science teaching. *JRST, 53*(10), 1500–1523.

Opitz, E. M., & Nührenbörger, M. (2015). Diagnostik und Leistungsbeurteilung. In *Handbuch der Mathematikdidaktik* (S. 491–512). Berlin: Springer Spektrum.

Park, S., & Oliver, J. S. (2008). Revisiting the conceptualisation of pedagogical content knowledge (PCK): PCK as a conceptual tool to understand teachers as professionals. *Research in Science Education, 38,* 261–284.

Praetorius, A.-K., Lipowsky, F., & Karst, K. (2012). Diagnostische Kompetenz von Lehrkräften. In R. Lazarides & A. Ittel (Hrsg.), *Differenzierung im mathematisch-naturwissenschaftlichen Unterricht* (S. 115–146). Bad Heilbrunn: Klinkhardt.

Santagata, R., & Angelici, G. (2010). Studying the impact of the lesson analysis framework on pre-service teachers' abilities to reflect on videos of classroom teaching. *Journal of Teacher Education, 61,* 339–349.

Schecker, H., & Parchmann, I. (2006). Modellierung naturwissenschaftlicher Kompetenz. *Zeitschrift für Didaktik der Naturwissenschaften, 12*, 45–66.

Schrader, F.-W. (2013). Diagnostische Kompetenz von Lehrpersonen. *Beitrage zur Lehrerbildung, 31*(2), 154–165.

Schwichow, M., Zimmerman, C., Croker, S., & Härtig, H. (2016). What students learn from hands-on activities. *Journal of research in science teaching, 53*(7), 980–1002.

Seidel, T., Blomberg, G., & Renkl, A. (2013). Instructional strategies for using video in teacher education. *Teaching and Teacher Education, 34*, 56–65.

Smit, R. (2008). Formative Beurteilung im kompetenz- und standardorientierten Unterricht. *Beiträge zur Lehrerinnen- und Lehrerbildung*, 26(3), 383–392.

Syring, M., Bohl, T., Kleinknecht, M., Kuntze, S., Rehm, S., & Schneider, J. (2015). Videos oder Texte in der fallbasierten Lehrerbildung? *ZfE, 18*(4), 667–685.

Wehner, F., & Weber, N. (2018). Erfassung der Reflexionskompetenz bei Lehramtsstudierenden anhand von Fallvignetten. In S. Miller, et al. (Hrsg.), *Profession und Disziplin*. Jahrbuch Grundschulforschung, Bd. 22. Wiesbaden: Springer VS.

Weinert, F. E. (2000). Lehren und Lernen für die Zukunft – Ansprüche an das Lernen in der Schule. *Pädagogische Nachrichten Rheinland-Pfalz, 2*, 1–16.

Wirtz, M. A., & Caspar, F. (2002). *Beurteilerübereinstimmung und Beurteilerreliabilität: Methoden zur Bestimmung und Verbesserung der Zuverlässigkeit von Einschätzungen mittels Kategoriensystemen und Ratingskalen.* Göttingen: Hogrefe.

Diagnose- und Reflexionsprozesse von Studierenden im Lehr-Lern-Labor

16

Corinna Hößle, Bianca Kuhlemann und Antje Saathoff

Inhaltsverzeichnis

Abstract

Zwei Begleitstudien untersuchen die Teilschritte „Lernprozesse diagnostizieren" und „Lernprozesse reflektieren" des Prozessmodells zum zyklischen Forschenden Lernen im Lehr-Lern-Labor. In der ersten Studie werden Studierende mit qualitativen Fragebögen bei der Entwicklung und Erprobung von Diagnoseinstrumenten begleitet. Aus einer Inhaltsanalyse dieser Fragebögen lassen sich Erkenntnisse über verschiedene Herangehensweisen der Studierenden gewinnen. Auftretende Herausforderungen deuten auf eine Notwendigkeit der stärkeren Förderung der Diagnosekompetenzen im Lehramtsstudium hin. Die Unterrichtsreflexion der Studierenden wird im Rahmen einer Grounded-Theory-Studie mittels Gruppendiskussion genauer untersucht. Die Ergebnisse verweisen auf eine zentrale Achsenkategorie „Darstellen der eigenen Professionalität". Diese wird genauer vorgestellt und mit Beispielen veranschaulicht. Aus der Verbindung beider Studien werden am Ende des Artikels Implikationen für den Einsatz des Prozessmodells im Lehramtsstudium abgeleitet.

C. Hößle (✉) · B. Kuhlemann · A. Saathoff
Didaktik der Biologie, Carl von Ossietzky Universität Oldenburg
Oldenburg, Deutschland
E-Mail: corinna.hoessle@uni-oldenburg.de

B. Kuhlemann
E-Mail: bianca.kuhlemann1@uni-oldenburg.de

A. Saathoff
E-Mail: antje.saathoff@uni-oldenburg.de

© Springer-Verlag GmbH Deutschland, ein Teil von Springer Nature 2020
B. Priemer und J. Roth (Hrsg.), *Lehr-Lern-Labore*,
https://doi.org/10.1007/978-3-662-58913-7_16

16.1   Lehr-Lern-Labore als Orte der Lehrerprofessionalisierung

In den MINT-spezifischen Modulen des Oldenburger Lehramtsstudiums, die Lehr-Lern-Labore einbinden, wird der Ansatz des zyklischen Forschenden Lernens zugrunde gelegt (siehe Kap. 1 von Roth und Priemer). Im Fach Biologie werden dabei zu mehreren Zeitpunkten des Lehramtsstudiums Lehr-Lern-Labore in die verschiedenen Veranstaltungen implementiert. Hierbei variieren die Komplexität und der Umfang des Praxisbezugs. Als Teil des Masterstudiums haben Studierende die Möglichkeit, ein Seminar wahlweise im Lehr-Lern-Labor der „Grünen Schule", im „Lernlabor Wattenmeer" oder in der „Sinnesschule" zu belegen, das mit dem Erwerb von 3 KP abgeschlossen wird. Die Seminarstruktur umfasst die folgenden fünf Schritte, die iterativ durchlaufen werden: a) Entwicklung einer Lernsequenz samt Diagnoseaufgaben, b) Erprobung der Lernsequenz im Lehr-Lern-Labor gemeinsam mit einer Schulklasse, c) Diagnose individueller Lernprozesse, d) Reflexion der Lehr- und Lernprozesse und e) reflexionsbasierte Adaption der Lernsequenz an die diagnostizierten Lernstände der Schüler. Ziel der Module ist es, Studierende frühzeitig in den Fähigkeiten zu fördern, eine Lernsequenz zu entwickeln und zu erproben sowie die diagnostische Kompetenz und die strukturierte Reflexion der Lehrprozesse zu schulen. Um zu überprüfen, welche Fähigkeiten die Studierenden in den Phasen a) und d) haben, wurden zwei flankierende Begleitstudien durchgeführt, deren Ergebnisse im Folgenden (Abschn. 16.2 und 16.3) vorgestellt werden.

16.2   Lehr-Lern-Labore als Proberaum für diagnostische Übungen

16.2.1   Zur Bedeutung der Diagnose

Hußmann et al. (2007, S. 7) schreiben der Diagnosekompetenz eine herausragende Bedeutung zu, denn sie diene im schulischen Kontext dazu, „Schülerleistungen, -vorstellungen und -kompetenzen möglichst sensibel und vielschichtig zu verstehen und dieses Wissen zur Basis eines adaptiven Unterrichts zu machen". Lehramtsstudierende sollten bereits im Rahmen ihres Studiums für die Diagnose sensibilisiert werden, um bestmöglich für ihre Tätigkeit als Lehrperson vorbereitet zu sein (KMK 2004).

Zu den diagnostischen Fähigkeiten zählen verschiedene Teilkompetenzen, wie beispielsweise die Fähigkeit, „... unterschiedliche Verfahren zur Diagnostik von Schülerkompetenzen begründet aus[zu]wählen ... sowie in Anlehnung an dokumentierte Instrumente Aufgaben zur Diagnostik entwickeln und deren Güte hinterfragen [zu] können" (von Aufschnaiter et al. 2015, S. 739). Diagnostische Instrumente lassen sich in diesem Zusammenhang als ein Schüssel bezeichnen, mit dem man an Lernvoraussetzungen und Lernergebnisse gelangt. Sie sind darüber hinaus das Mittel, eine explizite und fundierte Diagnose zu erreichen (Hößle et al. 2017).

Neben der Fähigkeit, Aufgaben selbstständig zu konstruieren, sehen Ostermann et al. (2015, S. 46) die Aufgabenbeurteilung als „… wesentliche Facette fachdidaktischer Kompetenz." Insbesondere schriftliche Diagnoseaufgaben sind Instrumente, die sehr gut hinsichtlich ihrer Eignung und ihres diagnostischen Potenzials bewertet und ggf. adaptiert werden können. So können sie sich im Sinne der Diagnose als reiche Informationsquelle einsetzen lassen (Christiansen 2007).

Die Prozesse der Entwicklung, Bewertung und Erprobung von Diagnoseaufgaben lassen sich in ausgezeichneter Weise in fachdidaktische Seminare des Lehramtsstudiums integrieren. Die Bearbeitung der Diagnoseaufgaben dient als Lerneingangsdiagnose zu Beginn und ebenso als Lernergebnisdiagnose. Einen ausführlichen Einblick in die bei der Konstruktion von Diagnoseaufgaben zu beachtenden Merkmale geben Hußmann et al. (2007). An dieser Stelle seien drei Merkmale genannt, die im Rahmen der darzustellenden Studie von Bedeutung sind: Das erste Merkmal bezieht sich auf die Fokussierung auf zuvor festgelegte Kompetenzbereiche, sodass „… die Bearbeitung[en] nicht zugleich zu viele oder anspruchsvolle Wissenselemente besitzen" (Hußmann et al. 2007, S. 7). Als zweites Merkmal führen Hußmann et al. (2007) an, dass die Aufgabenstellungen unterschiedliche Bearbeitungsniveaus zulassen sollten, um möglichst viele Erkenntnisse über Schülerinnen und Schüler zu gewinnen. Das dritte Merkmal besagt, dass eine Diagnoseaufgabe zu einer möglichst ausführlichen Bearbeitung anregen sollte, um Einblick in möglichst viele Lernaspekte zu gewinnen.

16.2.2   Fragestellung und Forschungsdesign

Die vorzustellende Studie verfolgt das übergeordnete Ziel, zu untersuchen, wie Studierende des Lehramts Biologie Aufgaben zur Lerneingangs- und Lernergebnisdiagnose entwickeln. Um Hinweise darauf zu erhalten, sollen die Studierenden a) Diagnoseaufgaben entwickeln, b) deren diagnostisches Potenzial einschätzen, c) die Aufgaben im Lehr-Lern-Labor erproben und d) die Aufgaben erneut einschätzen und optimieren.

Im Zentrum der Erhebung stehen folgende Fragestellungen:

(1) *Welche Merkmale weisen die von Studierenden entwickelten Diagnoseaufgaben vor und nach der Erprobung auf?*
(2) *Wie beurteilen/beschreiben Studierende ihre entwickelten Aufgaben hinsichtlich festgelegter Kriterien vor und nach der Erprobung?*

16.2.3   Methodisches Vorgehen

Die Fragestellung wurde im Rahmen eines qualitativen Forschungsdesigns untersucht. Eingebettet wurden die Erhebungen in vier verschiedene fachdidaktische Seminare, in denen die Studierenden mit Schülerinnen und Schülern im Lehr-Lern-Labor in Kontakt kommen (siehe Abschn. 16.1). Als Probanden ($N = 36$) wurden

Biologie-Lehramtsstudierende im Bachelor- (3. bis 5. Semester) und im Masterstudium (1. bis 3. Semester) herangezogen. Anhand eines qualitativen Fragebogens mit offenen Items, der vor Beginn der Entwicklung der Unterrichtseinheit samt Diagnoseaufgaben von den Studierenden bearbeitet wurde, wurden das Vorwissen und die Erfahrungen der Studierenden mit Diagnose und Diagnoseaufgaben erfasst. Nachdem die Studierenden wahlweise eine schriftliche Aufgabe zur Diagnose von Schülervorstellungen (Lerneingangsdiagnose) oder zur Erhebung von Lernergebnissen entwickelt hatten, wurden sie mithilfe eines zweiten Fragebogens um eine erste Beschreibung und Einschätzung des diagnostischen Potenzials dieser Aufgabe gebeten. Dies umfasste u. a. die Nennung der zu ermittelnden Schülermerkmale (Vorstellungen oder Lernergebnisse), antizipierte Schülerantworten sowie eine Begründung für die Eignung der Aufgabenformulierung und des Aufgabenformates zur Erhebung des zu diagnostizierenden Merkmals.

Des Weiteren sollten Merkmale genannt werden (z. B. Offenheit, Motivation, Aktualität), die bei der Entwicklung der Aufgabe berücksichtigt wurden.

Im Anschluss an die Erprobung der Diagnoseaufgabe im Lehr-Lern-Labor erfolgte die Bearbeitung eines dritten Fragebogens zur Reflexion der Diagnoseaufgabe. Im Vordergrund standen eine erneute Beurteilung und Optimierung der Diagnoseaufgabe. Es wurde erfasst, welche Wirksamkeit die Praxisphase auf die Einschätzung und Optimierung von Diagnoseinstrumenten hatte. Die Analyse der Fragebögen erfolgte mithilfe der qualitativen Inhaltsanalyse nach Mayring (2015).

16.2.4 Ergebnisse

Aus der Auswertung der Erhebungen wird ersichtlich, dass Studierende des Lehramts Biologie auf sehr vielfältige Art Diagnoseaufgaben entwickeln.

Anhand der Beschreibung eines Aufgabenbeispiels der Probandin Lena kann im Folgenden exemplarisch auf Besonderheiten der von Studierenden entwickelten und erprobten Aufgaben eingegangen werden. Die vorgestellte Diagnoseaufgabe, die von der Probandin Lena konzipiert wurde, hat das Ziel, die Vorstellungen von Schülerinnen und Schülern eines fünften Jahrgangs zum Thema Tastsinn zu erheben. Als wichtige Gestaltungselemente wurden von der Probandin die „Realitätsnähe" sowie eine für die Schülerinnen und Schüler „interessante Aufgabengestaltung" angeführt (Lena, Fragebogen 2, Item 2). Des Weiteren betonte die Probandin, dass Wert auf eine offene Aufgabenformulierung gelegt wurde. So führt sie an, dass die Aufgabe „… offen ist, sodass alle SuS eine Antwort geben können" (Lena, Fragebogen 2, Item 7).

Die von ihr konzipierte und im Lehr-Lern-Labor eingesetzte Aufgabe lautete:

Können Menschen, die blind sind, Memory spielen? Wenn ja, wieso? Wenn nein, wieso nicht? (Lena, Fragebogen 2, Item 1)

Die Offenheit (siehe Fragestellung a)) des diagnostischen Instruments wird auch bei Hußmann et al. (2007) als ein wesentliches zu beachtendes Merkmal zur Diagnose von Schülervorstellungen aufgeführt. Eine umfassende Analyse der oben angeführten Aufgabe zeigt jedoch, dass das Merkmal in geringem Maße bei der Gestaltung der Aufgabe nur geringfügig umgesetzt wurde. So fordern Maier et al. (2013) hinsichtlich der Gestaltung einer offenen Aufgabe eine klare Aufgabenstellung mit mehreren möglichen Bearbeitungsformaten, was im Dargestellten fehlt. Die zu beobachtende Diskrepanz zwischen der Merkmalsnennung einer Aufgabe und der tatsächlichen Berücksichtigung des Merkmals bei der Aufgabengestaltung wurde im Rahmen der Studie mehrfach beobachtet (Dannemann et al. 2018; Kuhlemann und Hößle im Druck).

Hinsichtlich der Einschätzung der Wirksamkeit der Aufgabe vermerkte die Probandin nach dem Einsatz im Lehr-Lern-Labor etwas enttäuscht, dass „[die] Schüler … die Aufgabe mit einem Satz beantwortet [haben], obwohl sie mehr wussten" (Lena, Fragebogen 3, Item 6).

In der Nachbefragung (siehe Forschungsfrage b)) äußerte die Probandin, dass eine neue Aufgabenformulierung nötig sei, die zu einer ausführlicheren Aufgabenbearbeitung auffordert. Sowohl die Neuformulierung der Aufgabe als auch die Aufforderung zu mehr Eigentätigkeit – wie sie auch von Büchter (2006) gefordert wird – können dazu führen, dass mehr Erkenntnisse über die (Alltags-)Vorstellungen der Schülerinnen und Schüler gewonnen werden.

Das exemplarisch angeführte Ergebnis der Probandin Lena ermöglicht eine erste Einstufung der Fähigkeiten und dient der Orientierung hinsichtlich der Förderung, Diagnoseaufgaben zu entwickeln. Im Rahmen des Seminars spielt in diesem Zusammenhang insbesondere die gemeinsame Reflexion der Praxisphase eine entscheidende Rolle, wenn es darum geht, die Studierenden in ihren Fähigkeiten zu fördern. In dieser Phase können die einzelnen Aufgabenformulierungen bezüglich ihrer Eignung besprochen und optimiert werden. Merkmale können neben der Offenheit auch adressatengerechte Ansprache, eindeutige Formulierung und variierende Operatoren sowie unterschiedliche Schwierigkeitsgrade sein.

Das Projekt wird im Rahmen der gemeinsamen „Qualitätsoffensive Lehrerbildung" von Bund und Ländern aus Mitteln des Bundesministeriums für Bildung und Forschung gefördert.

16.3   Reflexion des Unterrichts im Lehr-Lern-Labor

Neben der Entwicklung und Erprobung von Diagnoseaufgaben wurde im Rahmen einer weiteren Studie der Prozess der Unterrichtsreflexion fokussiert. Herzog und von Felten (2001, S. 22) betonen hinsichtlich der Implementierung von Praxisphasen, diese „nicht als Orte der Erfahrungsbildung zu begreifen, sondern als Gelegenheit, um verborgene Wissensbestände pädagogischer und didaktischer Art zu reflektieren und mit wissenschaftlichem Wissen zu verbinden". Es wird somit deutlich, dass der Schritt der Reflexion von Unterrichtserfahrungen eine Stellschraube in der Professionalisierung darstellt und daher insgesamt auch als „Schlüsselkompetenz von Professionalität" (Combe und Kolbe 2008, S. 859) diskutiert wird.

16.3.1   Fragestellung und Forschungsdesign der Studie

Park und Oliver (2008) konnten empirisch feststellen, dass das fachdidaktische Wissen von Lehrpersonen durch Reflexion sowohl während des Unterrichts als auch im Anschluss daran erweitert werden kann. Hierzu äußern sie sich wie folgt (ebd., S. 278):

„Teachers develop PCK through a relationship found amid the dynamics of knowledge ac-quisition, new applications of knowledge, and reflection on the uses embedded in practice. [...] Although teachers' knowledge can be improved and learned by receptive learning, the most powerful changes result from experiences in practice."

Die Ergebnisse von Park und Oliver (2008) werden durch die Arbeit von Schmelzing et al. (2010) gestützt. Diese konnten in einer Fragebogenstudie mit angehenden und erfahrenen Biologielehrpersonen feststellen, dass eine Zunahme der Reflexionsfähigkeit im Verlauf der verschiedenen Ausbildungsphasen der Lehrerbildung stattfindet. Zusätzlich konnten sie einen Zusammenhang zwischen der expliziten Reflexionsfähigkeit und dem fachdidaktischen Wissen ermitteln, den sie so interpretieren, „dass deklarative fachdidaktische Kenntnisse vorhanden sein müssen, um unterrichtliche Anforderungssituationen beschreiben sowie explizit und theoriebasiert analysieren zu können" (ebd., S. 203).

Es zeigt sich, dass das explizite Reflektieren angehender Lehrpersonen in bisherigen Studien kaum tiefgehend untersucht wurde. Vor allem im Kontext von Lehr-Lern-Laboren zeigt sich ein deutlicher Bedarf daran, den Schritt der Unterrichtsreflexion detailliert zu beleuchten. Daraus ergibt sich für die explorativ angelegte Forschungsarbeit folgende Fragestellung:

Wie reflektieren Lehramtsstudierende der Biologie ihre Unterrichtserfahrungen im Lehr-Lern-Labor?

Im Mittelpunkt des Forschungsinteresses liegt der Prozess der Unterrichtsreflexion im Lehr-Lern-Labor. Die Ergebnisse können tiefere Einblicke in die Schritte und Vorgänge beim Reflektieren des Unterrichts liefern.

16.3.2   Methodisches Vorgehen

Zur Beantwortung der formulierten Fragestellung wurden Gruppendiskussionen mit Lehramtsstudierenden der Biologie durchgeführt, die zuvor in einem Lehr-Lern-Labor als Bestandteil eines fachdidaktischen Seminars (siehe Abschn. 16.1) unterrichtet hatten. Zu Beginn der Diskussionen wurden die Studierenden aufgefordert, ihre Unterrichtserfahrungen aus dem Lehr-Lern-Labor zu analysieren und zu reflektieren.

Gruppendiskussionen zeichnen sich durch ein sehr offenes Verfahren aus, das es den Teilnehmenden ermöglichen soll, die für sie relevanten Themen in einem selbstläufigen Diskurs zu bearbeiten. Diese Offenheit und Selbstläufigkeit wird vor

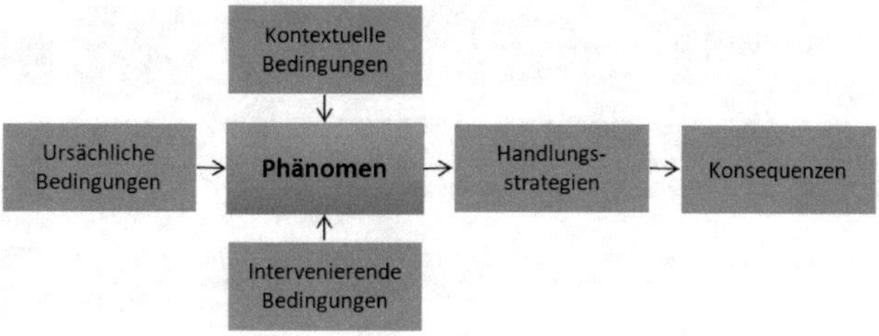

Kontextuelle Bedingungen

Ursächliche Bedingungen → **Phänomen** → Handlungs-strategien → Konsequenzen

Intervenierende Bedingungen

Abb. 16.1 Codierparadigma. (Nach Strauss und Corbin 1996; verändert dargestellt nach Mey und Mruck 2011, S. 40)

allem dadurch erreicht, dass die Gesprächsleitung einen möglichst geringen Einfluss auf den Diskurs nimmt (Loos und Schäffer 2014). Ziel der Diskussionen ist, dass die Studierenden ihre Unterrichtserfahrungen in einem sich selbst entwickelnden Diskurs reflektieren. Hierzu wurde folgender Einstiegsimpuls im Rahmen einer Pilotierungsphase entwickelt (Saathoff und Hößle 2017):

> Erzählt einmal, wie ihr den Tag und den Unterricht mit den Schülerinnen und Schülern heute erlebt habt. Reflektiert dabei bitte eure heutigen Erfahrungen.

Die Gruppendiskussionen erfolgten direkt im Anschluss an eine durchgeführte Lerneinheit im Lehr-Lern-Labor. Dabei setzten sich die Gruppen aus je zwei oder drei Studierendengruppen zusammen, die im selben Begleitseminar vorbereitet wurden und jeweils gemeinsam unterrichtet hatten (Teamteaching). Die Gruppen hatten in der Regel eine Größe von vier bis sechs Teilnehmenden. Es wurden insgesamt zehn Diskussionen mit Studierenden sowohl aus dem Bachelor- ($N = 19$) als auch aus dem Masterstudiengang ($N = 29$) durchgeführt.

Eine ausführlichere Darstellung der theoretischen Rahmung und des Forschungsdesigns findet sich auch bei Saathoff und Hößle (2018).

Die Auswertung erfolgte im Rahmen der Grounded-Theory-Methodologie nach Strauss und Corbin (1996). Dieses codierende Verfahren umfasst drei iterativ ablaufende Codierprozesse: das *offene Codieren*, bei dem Konzepte in Form von Codes benannt und auf ihre Eigenschaften analysiert werden, das *axiale Codieren*, bei dem die Codes durch Einsatz des Codierparadigmas (Strauss und Corbin 1996; siehe Abb. 16.1) neu in Verbindung gebracht werden und wodurch zentrale Achsenkategorien entstehen, und das *selektive Codieren*, bei dem auf einem höheren Abstraktionsniveau die Achsenkategorien zur zentralen Kernkategorie vereint werden. Das Ziel der Studie ist der Grounded-Theory-Methodologie folgend die Entwicklung einer Theorie mittlerer Reichweite, die in den Daten verankert („grounded") ist.

16.3.3 Ergebnisse

Im Folgenden soll ein Einblick in ausgewählte Ergebnisse gewährt werden. Hierzu wird, als Ergebnis des offenen und axialen Codierens, eine zentrale Achsenkatego-

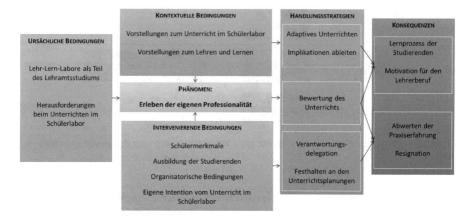

Abb. 16.2 Achsenkategorie „Darstellen der eigenen Professionalität", dargestellt anhand des Codierparadigmas. (Strauss und Corbin 1996)

rie dargestellt und mit exemplarischen Ausschnitten aus einer Gruppendiskussion veranschaulicht.

Die Daten verweisen auf eine zentrale Achsenkategorie, die als Phänomen „Darstellen der eigenen Professionalität" konzeptualisiert wurde und sich entsprechend der Forschungsfrage auf das Vorgehen der Studierenden beim Reflektieren ihres Unterrichts im Lehr-Lern-Labor bezieht (siehe Abb. 16.2). Die Reflexion zeichnet sich demnach dadurch aus, dass die Studierenden versuchen, die eigene Professionalität in Bezug auf das Unterrichten darzustellen. Dies kann in insgesamt zwei Richtungen erfolgen, wobei sich teilweise beide Formen in einer Diskussion finden lassen. So werden entweder die Lehrerfahrungen und die damit verbundenen Lehrprozesse lediglich in ein positives Licht gerückt und nicht weiter überprüft, oder der Unterricht wird kritisch hinterfragt und reflektiert.

> Aw: Ich fand's heute Morgen aber auch interessant, wie man ganz oft so direkt gemerkt hat, und das hätte ich jetzt auch anders sagen können. Also, wenn man 'ne Frage gestellt hat und dann so die leeren Blicke gesehen hat, dass man sich so dachte, ja das hast du …
> Cm: Bist voll dran vorbeigeschossen.
> Aw: Ja.
> Dw: Ja, oder wenn jemand aus der anderen Gruppe was gesagt hat, dachte ich so: Oh, das hätte ich ja jetzt auch kurz sagen können. Das ist voll die gute Idee.
> Aw: Ja, und dass man sich dachte, da hättest du jetzt besser einsteigen können, noch mal irgendwie sammeln können, dann wären alle besser dabei gewesen. Also, dass man sehr leicht halt auch eben in der Praxis dann gesehen hat, so funktioniert es jetzt nicht, oder bei manchen Sachen dann gesehen hat, jetzt sind sie auf einmal alle ruhig, und dann so: Was hast du gerade noch mal gesagt? Dass die jetzt auf einmal alle ruhig sind?

Zur Unterstreichung ihrer Professionalität verwenden die Studierenden in den Diskussionen verschiedene Handlungsstrategien. Eine dieser ist das adaptive Unterrichten und das Ableiten von Implikationen für den nachfolgenden Unterricht:

Ew: Und was mir auch noch aufgefallen ist: dass es manchmal etwas schwierig war, wenn man sich zum Beispiel im Kopf zwar vorher so 'n' Plan zurechtgelegt hat, wie man sozusagen den ganzen Ablauf so gestalten möchte, also auch so mit den Diagnoseaufgaben, und dann kamen zum Beispiel direkt solche Aussagen, zum Beispiel bei der Station mit den Gerüchen, wo die vier Behältnisse sind mit den Farben, wo sie dann ja erst mal aufschreiben sollen, was sie denken, wonach es riecht, und dass dann so direkt kam: Ja, das riecht alles nach gar nichts, und das direkt schon so auflösen wollten … Sodass man das dann trotzdem noch versucht zu lenken, dass man so denkt, ne, aber trotzdem können wir jetzt hier drüber sprechen. Auch wenn ihr denkt, dass ihr das so für euch schon gelöst habt. Also, das fand ich ganz interessant, dass man direkt einfach darauf reagieren musste, auf einzelne Aussagen, also, was man ja vorher nicht so vorhersehen konnte.

Als alternative Strategie zur Darstellung der eigenen Professionalität sind zudem die Übertragung von Verantwortung und das Festhalten an Unterrichtsplanungen zu nennen.

Aus den Handlungsstrategien, die die Studierenden in den Unterrichtsreflexionen entwickeln, ergeben sich Konsequenzen für die Selbstwahrnehmung der Studierenden als Teil der Professionalisierung. So kommt es bei Studierenden durch die Arbeit im Lehr-Lern-Labor zu einem bewussten Lernprozess, was ihre Lehrfähigkeiten betrifft. Des Weiteren beschreiben die Studierenden den Unterricht im Lehr-Lern-Labor als motivierend für den zukünftigen Lehrerberuf. Durch die Strategie der Delegation von Verantwortung hingegen kommt es verstärkt zu einer Abwertung der Praxiserfahrung oder zu Resignation in Bezug auf den eigenen Unterricht.

Darüber hinaus gibt es verschiedene Bedingungen, die beeinflussen, welche Strategien gewählt werden und welche Konsequenzen sich daraus ergeben. Dies sind z. B. die Vorstellungen der Studierenden zum Lehren und Lernen und zum Unterricht im Schülerlabor; aber auch die Schülermerkmale, der Ausbildungsstand der Studierenden, organisatorische Bedingungen der Lehrveranstaltung und die eigene Intention der Studierenden bezüglich ihres Unterrichts im Schülerlabor haben einen Einfluss auf den Verlauf der Unterrichtsreflexion.

Die Ergebnisse zeigen, dass die Studierenden in vielen Fällen Implikationen für ihren nachfolgenden Unterricht ableiten, um so ihre Lernsequenzen zu adaptieren. Dies ist entscheidend für einen Kompetenzzuwachs der Studierenden. Andererseits gibt es auch verschiedene Unterrichtssituationen, in denen Schwierigkeiten, die aufgetreten sind, nicht auf das eigene Lehren bezogen, sondern mit äußeren Umständen begründet werden. Dies wird u. a. von den dargestellten Bedingungen beeinflusst, die jedoch durch die Gestaltung der Lehrveranstaltung gelenkt werden können. Dies wird in Abschn. 16.4 diskutiert.

16.4 Bedeutung der Einbindung von Lehr-Lern-Laboren in die Lehrerbildung

Die aus den beiden dargestellten Forschungsarbeiten gewonnenen Erkenntnisse zum zyklischen Forschenden Lernen im Lehr-Lern-Labor können nun hinsichtlich ihrer Bedeutung für die Einbettung von Lehr-Lern-Laboren in fachdidaktische Veranstaltungsformate übergreifend diskutiert werden. Hierzu wurden aus den

Forschungsergebnissen konkrete Weiterentwicklungen zum Einsatz des Prozess-modells zum zyklischen Forschenden Lernen im Lehr-Lern-Labor abgeleitet. Die einzelnen Schritte dieser Weiterentwicklung werden im Folgenden beleuchtet.

16.4.1 Implikationen für Schritt a) „Entwicklung einer Lernsequenz"

Struktur des Lernlabors vermitteln

Für die Planung der Lernsequenz ist es von zentraler Bedeutung, nicht nur die Ziele des Unterrichts, sondern auch die Bedeutung des Schülerlabors als Praxiserfahrungsraum ausführlich mit den Studierenden zu diskutieren. Hier stellt sich z. B. die Frage nach der grundsätzlichen Ausrichtung des Schülerlabors: Welche Ziele verfolgt das Schülerlabor? Im dargestellten Fall dient das Schülerlabor als „notenfreier Erfahrungsraum", in dem Studierende angstfrei erste Unterrichtserfahrungen sammeln können und dazu ermutigt werden, diese selbstkritisch zu beleuchten. Diese Ausrichtung scheint ein besonderer Unterschied zum Praxisraum Schule zu sein, mit dem die Studierenden häufig bereits eine konkrete Leistungserwartung verbinden, die es zu erfüllen gilt.

Schülerorientierung ermöglichen

Ein im Lehr-Lern-Labor häufig auftretendes und mit Herausforderungen verbundenes Unterfangen ist die Vorbereitung ohne vorheriges Kennenlernen der Schülergruppen. Frühzeitiges Hospitieren sowie die frühzeitige Entwicklung von Diagnoseaufgaben, die den Schülerinnen und Schülern beispielsweise bereits im Vorfeld zur Bearbeitung ausgehändigt werden, können dem entgegenwirken. Die Ergebnisse liefern Einblicke in Lernvoraussetzungen und das Leistungsniveau der Schülerinnen und Schüler und können dann für weitere Diagnoseaufgaben, die im Lehr-Lern-Labor zum Einsatz kommen, genutzt werden. Dies unterstützt zudem die spätere Reflexion, da der Lernzuwachs der Schülerinnen und Schüler prozessorientiert betrachtet werden kann.

Organisation delegieren

Der Herausforderung, dass die Studierenden innerhalb ihrer Unterrichtsreflexion die Verantwortung für ihren eigenen Unterricht tendenziell delegieren und aufgetretene Schwierigkeiten beispielsweise mit organisatorischen Faktoren begründen, kann damit entgegengewirkt werden, dass den Studierenden mehr Verantwortung übertragen wird, auch im Bereich der Organisation des Labortags. So könnten sie im Vorfeld selbstständig den Kontakt zur Schulklasse und zur Lehrperson suchen, um Ziele abzusprechen und die Organisation zu klären.

Handlungsoptionen entwickeln

Der beobachteten Herausforderung, ausreichende Handlungsoptionen für den Unterricht zu entwickeln, kann bereits durch eine umfangreichere Unterrichtsplanung entgegengewirkt werden, die an ausgewiesenen Stellen Handlungsalternativen aufzeigt. Diese können in den Kleingruppen und in der Reflexionsphase hinsichtlich ihrer Eignung diskutiert werden.

Diagnosemerkmale vermitteln
Studierenden sollte ausreichend Zeit gegeben werden, Kriterien und Merkmale zur Entwicklung einer Diagnoseaufgabe kennen und anwenden zu lernen, um die Diskrepanz zwischen Wissen und praktischer Anwendung möglichst klein zu halten. Darüber hinaus sollten die Studierenden dazu angeleitet werden, sich zunächst auf wenige Merkmale zu konzentrieren und sich an einfachen Aufgabenformulierungen zu üben.

16.4.2   Implikationen für Schritt b) „Erprobung der Lernsequenz"

Lehrformate auswählen
Während des Unterrichts arbeiten die Studierenden häufig im Teamteaching. In der Reflexion des Unterrichts hat sich gezeigt, dass dies oft zu Unklarheiten hinsichtlich der Aufgabenverteilung führt. Diese sollte im Vorfeld konkret festgelegt werden. So sollte jedes Gruppenmitglied sowohl die unterrichtende Position als auch die Beobachterrolle einnehmen. Hierbei kann das Augenmerk einerseits auf die Lernprozesse und Merkmale der Schülerinnen und Schüler und andererseits auf das Lehrverhalten der zu beobachtenden Lehrperson gelegt werden.

16.4.3   Implikationen für Schritt c) „Diagnose der Lernprozesse"

Einsatz von Vignetten
Im Rahmen des Seminars wurden die Studierenden dazu angeleitet, anhand der Diagnoseaufgaben eine Statusdiagnostik durchzuführen. Als Vorbereitung wurden Vignetten eingesetzt, anhand derer die Studierenden in einem weniger komplexen Zusammenhang und in zeitlich verzögerter Abfolge üben konnten (Brauer et al. 2017). Um Studierende darüber hinaus an eine Prozessdiagnostik heranzuführen, können alternative Vignetten im Seminar als Vorbereitung eingesetzt werden. Aktuelle Forschungsarbeiten stellen dar, welche Anforderungen bei der Auswahl dieser Vignetten gestellt werden und inwiefern eine Einbettung in die Lehrerbildung erfolgen kann (Dannemann et al. 2018). Darüber hinaus gibt es verschiedene Internetplattformen, über die Vignetten erhältlich sind (z. B. www.uni-oldenburg.de/diz/projekte/videobasierte-unterrichtsreflexion oder www.biodidaktik.uni-hannover.de/videovignetten.html).

16.4.4 Implikationen für Schritt d) „Reflexion der Lehr-Lern-Prozesse"

Reflexionsfragen bündeln
Um die Studierenden bestmöglich auf den Schritt der Unterrichtsreflexion vorzubereiten, sollte die Reflexion im Begleitseminar theoretisch und auch praktisch trainiert werden. So sollte geklärt werden, welches Ziel und welche Inhalte eine Reflexion aufweist. Zudem sollte das Reflektieren praktisch erprobt werden, etwa durch die Arbeit mit Unterrichtsvignetten. Zusätzlich bietet es sich an, einen Fragenkatalog zur Unterrichtsreflexion zu entwickeln, der die Studierenden bei einer kriteriengeleiteten Reflexion unterstützt.

16.4.5 Implikationen für Schritt e) „Adaption der Lernsequenz"

Dokumentation der Adaptionen
Zur Erhöhung der Qualität und des Umfangs von vorgenommenen Adaptionen der Lernsequenzen durch die Studierenden ist eine Dokumentation dieser in Form von beispielsweise Lerntagebüchern oder Portfolios (Brouer 2007) geeignet.

Die dargestellten Implikationen sollen als Leitlinien zur Gestaltung von Lehrformaten unter Einbezug von Lehr-Lern-Laboren dienen. Hierbei ist anzumerken, dass auf bestimmte Schritte des Modells ein Schwerpunkt gesetzt werden kann. Es bietet sich zudem an, eine spiralcurriculare Verankerung der Lehr-Lern-Labore mit Fokussierung einzelner Schritte in die verschiedenen Stadien und Formate des Lehramtsstudiums zu übernehmen.

16.5 Ausblick

Die gewonnenen Erkenntnisse liefern wichtige Einblicke in die Phasen a) und d) des Prozessmodells zum zyklischen Forschenden Lernen im Lehr-Lern-Labor, das praxisorientierten Seminaren der Lehrerausbildung zugrunde gelegt werden kann. Durch die genannten Forschungsarbeiten kann das Modell ausgeschärft werden. Ziel ist es, die Phasen in einzelne Niveaus auszudifferenzieren, um die individuellen diagnostischen Fähigkeiten und Reflexionsprozesse von Studierenden frühzeitig einordnen und fördern zu können. Um dies leisten zu können, sind weitere Forschungsarbeiten nötig.

Literatur

von Aufschnaiter, C., Cappell, J., Dübbelde, G., Ennemoser, M., Mayer, J., Stiensmeier-Pelster, J., & Wolgast, A. (2015). Diagnostische Kompetenz: Theoretische Überlegungen zu einem zentralen Konstrukt der Lehrerbildung. *Zeitschrift für Pädagogik, 5*, 738–758.

Brauer, L., Fischer, A., Hößle, C., Niesel, V., Voß, S., & Warnstedt, J. A. (2017). Vignettenbasierte Instrumente zur Förderung der diagnostischen Fähigkeiten von Studierenden mit den Fächern Biologie und Mathematik (Sekundarstufe I). In C. Selter, S. Hußmann, C. Hößle, C. Knipping, K. Lengnink & J. Michaelis (Hrsg.), *Diagnose und Förderung heterogener Lerngruppen* (S. 257–276). Münster: Waxmann.

Brouer, B. (2007). Portfolios zur Unterstützujng der Selbstreflexion: Eine Untersuchung zur Arbeit mit Portfolios in der Hochschullehre. In M. Gläser-Zikuda & T. Hascher (Hrsg.), *Lernprozesse dokumentieren, reflektieren und beurteilen* (S. 235–266). Bad Heilbrunn: Klinkhardt.

Büchter, A. (2006). Kompetenzorientierte Diagnose im Mathematikunterricht. In Gesellschaft für Didaktik der Mathematik (Hrsg.), *Beiträge zum Mathematikunterricht 2006* (S. 155–158). Hildesheim: Franzbecker.

Christiansen, D. (2007). Entwicklung und Erprobung von Aufgaben zur Erfassung zentraler Kompetenzen im Chemieunterricht am Beispiel Säuren und Basen. https://d-nb.info/1019669578/34. Zugegriffen: 4. Mai 2018.

Combe, A., & Kolbe, F.-U. (2008). Lehrerprofessionalität: Wissen, Können, Handeln. In W. Helsper & J. Böhme (Hrsg.), *Handbuch der Schulforschung* (S. 857–875). Wiesbaden: VS.

Dannemann, S., Meier, M., Hilfert-Rüppell, D., Kuhlemann, B., Eghtessad, A., Höner, K., & Looß, M. (2018). Erheben und Fördern der Diagnosekompetenz von Lehramtsstudierenden durch den Einsatz von Vignetten. In M. Hammann & M. Lindner (Hrsg.), *Lehr- und Lernforschung in der Biologiedidaktik* (Bd. 8, S. 245–266). Innsbruck: Studienverlag.

Herzog, W., & von Felten, R. (2001). Erfahrung und Reflexion. Zur Professionalisierung der Praktikumsausbildung von Lehrerinnen und Lehrern. *Beiträge zur Lehrerbildung, 19*(1), 17–28.

Hößle, C., Hußmann, S., Michaelis, J., Niesel, V., & Nührenbörger, M. (2017). Fachdidaktische Perspektiven auf die Entwicklung von Schlüsselkenntnissen einer förderorientierten Diagnostik. In C. Selter, S. Hußmann, C. Hößle, C. Knipping, K. Lengnink & J. Michaelis (Hrsg.), *Diagnose und Förderung heterogener Lerngruppen*. Münster: Waxmann.

Hußmann, S., Leuders, T., & Prediger, S. (2007). Schülerleistungen verstehen – Diagnose im Alltag. *Praxis der Mathematik in der Schule, 49*(15), 1–9.

KMK (2004). Standards für die Lehrerbildung: Bildungswissenschaften. http://www.kmk.org/fileadmin/Dateien/veroeffentlichungen_beschluesse/2004/2004_12_16-Standards-Lehrerbildung.pdf. Zugegriffen: 20. Dez. 2018.

Kuhlemann, B., & Hößle, C. Angehende Lehrpersonen auf dem Weg zur akkuraten Diagnose. In T. Leuders, E. Christophel, M. Hemmer, F. Korneck & P. Labudde (Hrsg.), *Fachdidaktische Forschung zur Lehrerbildung*. Münster: Waxmann. in Druck.

Loos, P., & Schäffer, B. (2014). *Das Gruppendiskussionsverfahren: theoretische Grundlagen und empirische Anwendung*. Wiesbaden: VS.

Maier, U., Bohl, T., Kleinknecht, M., & Metz, K. (2013). Allgemeindidaktische Kriterien für die Analyse von Aufgaben. In M. Kleinknecht, T. Bohl, U. Maier & K. Metz (Hrsg.), *Lern- und Leistungsaufgaben im Unterricht: Fächerübergreifende Kriterien zur Auswahl und Analyse* (S. 9–40). Bad Heilbrunn: Klinkhardt.

Mayring, P. (2015). *Qualitative Inhaltsanalyse: Grundlagen und Techniken*. Weinheim: Beltz.

Mey, G., & Mruck, K. (2011). Grounded-Theory-Methodologie: Entwicklung, Stand & Perspektiven. In G. Mey & K. Mruck (Hrsg.), *Grounded theory reader* (S. 11–48). Wiesbaden: VS.

Ostermann, A., Leuders, T., & Nückles, M. (2015). Wissen, was Schülerinnen und Schülern schwer fällt. Welche Faktoren beeinflussen die Schwierigkeitseinschätzung von Mathematikaufgaben? *Journal für Mathematik-Didaktik, 36*(1), 45–76.

Park, S., & Oliver, J. S. (2008). Revisiting the conceptualisation of pedagogical content knowledge (PCK): PCK as a conceptual tool to understand teachers as professionals. *Research in Science Education, 38*, 261–284.

Saathoff, A., & Hößle, C. (2017). Wie reflektieren Biologielehramtsstudierende ihre Unterrichtserfahrungen im Lehr-Lern-Labor? Eine qualitativ-rekonstruktive Analyse. In D. Krüger, P. Schmiemann, A. Möller & A. Dittmer (Hrsg.), *Erkenntnisweg Biologiedidaktik 16* (S. 25–39). Rostock: Universität Rostock.

Saathoff, A., & Hößle, C. (2018). Professionalisierung durch Lehr-Lern-Labore: Lehramtsstudie-rende der Biologie reflektieren ihren Unterricht. In M. Lindner & M. Hammann (Hrsg.), *Lehr-und Lernforschung in der Biologiedidaktik* (Bd. 8, S. 287–302). Innsbruck: Studienverlag.

Schmelzing, S., Wüsten, S., Sandmann, A., & Neuhaus, B. (2010). Fachdidaktisches Wissen und Reflektieren im Querschnitt der Biologielehrerbildung. *Zeitschrift für Didaktik der Naturwis-senschaften, 16*, 189–207.

Strauss, A. L., & Corbin, J. (1996). *Grounded Theory: Grundlagen qualitativer Sozialforschung.* Weinheim: Beltz.

Zyklisches Forschendes Lernen im Oldenburger Studienmodul „Physikdidaktische Forschung für die Praxis" 17

Steffen Smoor und Michael Komorek

Inhaltsverzeichnis

Abstract

Im Oldenburger Lehr-Lern-Labor physiXS können Lehramtsstudierende der Physik erste professionelle Kontakte zu Schülerinnen und Schülern herstellen und deren Handeln und Kognitionen diagnostizieren. Darüber hinaus untersuchen sie die Wirkung eigener Lernumgebungen in komplexitätsreduzierten Lehr-Lern-Situationen. Im Modul „Physikdidaktische Forschung für die Praxis" passen die Studierenden ihre Lernumgebungen zwischen den Besuchen an die Möglichkeiten, Bedarfe und Schwierigkeiten der Schülerinnen und Schüler an. Als Grundlage dienen ihnen Diagnosedaten, die sie selbst erheben. Der vorliegende Beitrag stellt dar, wie Studierende in den Modus des Forschenden Lernens gelangen und welche Schwierigkeiten sie dabei aufgrund ihrer subjektiven Überzeugungen haben. Zu diesem Zweck wurden Interviews, Befragungen und schriftliche Aufzeichnungen sowie die Planungsmaterialien der Studierenden ausgewertet. Darauf aufbauend wird eine differenzierte curriculare Verortung von Lehr-Lern-Laboren vorgeschlagen.

S. Smoor (✉) · M. Komorek
Institut für Physik, AG Didaktik und Geschichte der Physik, Carl von Ossietzky Universität Oldenburg
Oldenburg, Deutschland
E-Mail: steffen.smoor1@uni-oldenburg.de

M. Komorek
E-Mail: michael.komorek@uni-oldenburg.de

© Springer-Verlag GmbH Deutschland, ein Teil von Springer Nature 2020
B. Priemer und J. Roth (Hrsg.), *Lehr-Lern-Labore*,
https://doi.org/10.1007/978-3-662-58913-7_17

Im wissenschaftlichen Diskurs wird meist davon ausgegangen, dass die Einbindung des Forschenden Lernens die Studierenden in der ersten Phase der Lehramtsausbildung dazu befähigen kann, den sogenannten „switch from teaching to learning" zu vollziehen (Duit und Widodo 2005; Guskin 1994; Huber 2009; Brown und McCartney 1998). Es geht also darum, Unterricht vom Denken der Schülerinnen und Schüler her zu planen und weniger als Abfolge eigener Lehraktivitäten zu strukturieren. Damit einher geht auch die Reflexion des Unterrichts durch die Brille der Lernenden. Dies steht im Einklang mit den durch die Kultusministerkonferenz formulierten Bildungsstandards für die Lehrerbildung (KMK 2004, 2017; Terhart 2002). Der geforderte Paradigmenwechsel bei angehenden Lehrpersonen scheint allerdings durch die bisherigen Modulstrukturen nicht gut unterstützt zu werden (Euler 2005b). Deshalb wird gefordert, neue Module zu entwickeln, die innovative Praxiselemente miteinbeziehen, die sogenannte Theorie-Praxis-Räume für Studierende öffnen. Lehr-Lern-Labore sind in dieser Hinsicht vielversprechend, weil sie die angehenden Lehrpersonen mit Schülerinnen und Schülern in Praxissituationen zusammenbringen. Dabei soll durch die Organisation im außerschulischen Lernort Universität die Motivation der Schülerinnen und Schüler erhöht und den Studierenden durch die Arbeit in und mit Kleingruppen ermöglicht werden, den Fokus auf fachdidaktische Fragestellungen zu richten (Nordmeier et al. 2014). In diesem Beitrag wird ein solches neu entwickeltes Modul vorgestellt und die empirische Begleitforschung in Auszügen beschrieben.

17.1 Theoretischer Rahmen

In den folgenden Abschnitten zur Bedeutung studentischer Prozesse im Lehr-Lern-Labor für den Aufbau professioneller Handlungskompetenzen, zu subjektiven Überzeugungen und zum Modell des zyklischen Forschenden Lernens werden die theoretischen Grundlagen der konzeptionellen Idee der Lehr-Lern-Labore und der Modulentwicklung vorgestellt, um das zugrunde liegende Modell, die Skizze der Modulumgebung sowie die Entwicklung der Forschungsinstrumente zu belegen. Abschließend werden die Forschungsergebnisse bezüglich der gewählten Forschungsfragen vorgestellt und diskutiert.

17.1.1 Bedeutung der Prozesse im Lehr-Lern-Labor für den Aufbau professioneller Handlungskompetenzen

Wie der Einfluss von Lehr-Lern-Laboren auf die professionelle Handlungskompetenz (Baumert und Kunter 2006) zu bewerten ist, wird kontrovers diskutiert. Definiert werden die Handlungskompetenzen durch vier Dimensionen: Professionswissen, motivationale Orientierungen, selbstregulative Fähigkeiten und Überzeugungen/Werthaltungen (Baumert und Kunter 2006). Beispielsweise sieht Helsper (2000) die einzige Möglichkeit für das Erlangen von professionellen Handlungskompetenzen in der Reflexion von auftretenden Spannungsgefügen zwischen Theorie und Praxis. Sein Modell bezieht sich auf die Ausführungen von Oevermann (1996) und unterscheidet bezüglich des Konstrukts der Reflexion zwischen dem Verständnis von Handlungsdilemmata, die Lehrerinnen und Lehrer erfahren, der „Einsozialisation" (Helsper 2000, S. 159) während des Referendariats und dem Ausgleich des professionellen Handelns im Berufsalltag durch eine biografische Reflexion (Abels 2011).

Helpers Modell schlägt aber für die erste Phase der Lehrerbildung keine konkreten Maßnahmen vor, wie professionelle Handlungskompetenz aufgebaut werden könnte. Selbstverständlich kann eine Auseinandersetzung mit dem Lehrerberuf nicht mehrere Jahre beruflicher Routine durch prägnante Erfahrungen im Studium vorausnehmen, aber die Anbahnung der Professionalisierung im Studium ist nicht zu unterschätzen (Neumann 2010). Lehr-Lern-Labore können hier ein gangbarer Weg sein, um professionelle Handlungskompetenz anzubahnen und im begrenzten Rahmen auch aufzubauen. Diese sind dabei um Aufgaben des „classroom management" und vielerlei Abstimmungen, wie sie Studierende in den verpflichtenden Schulpraktika bedenken müssen, reduziert. Einen weiteren Unterschied zu den Schulpraktika stellt die engmaschige Betreuung der Studierenden im Lehr-Lern-Labor gegenüber den längeren Praxisphasen dar, sodass die Studierenden dadurch ihr eigenes Verhalten reflektieren und sich professionell handelnd wahrnehmen.

17.1.2   Subjektive Überzeugungen im Lehr-Lern-Labor als Dimension der professionellen Handlungskompetenz

Im aktuellen Diskurs wird verstärkt auf die Ausschärfung, Definition und Erforschung des Professionswissens gesetzt. Die hier vorgestellte Studie rückt den Bedarf der Erkundung einer anderen Dimension in den Fokus, nämlich der subjektiven Überzeugungen, die Studierende bezüglich ihrer Erfahrungen im Theorie-Praxis-Raum haben. Baumert und Kunter (2006) differenzieren vier Bereiche von Überzeugungen und Werthaltungen bei Lehrpersonen: erstens die Überzeugungen zur Struktur, Genese und Validierung von Wissen, zweitens die subjektiven Lerntheorien, drittens die subjektiven Theorien des Lehrens von Unterrichtsgegenständen und viertens die selbstbezogenen Fähigkeitskognitionen.

Subjektive Überzeugungen beeinflussen auch die Planung von Lernumgebungen im Lehr-Lern-Labor. Ausgehend von einem transmissiven Verständnis des Lernens strukturieren Studierende Unterrichtssequenzen (Klinghammer et al. 2016) anders, als wenn sie Lernen als einen eigenaktiven Prozess verstehen, der auf einen individuellen Wissensaufbau im Umfeld sozialer Interaktion abzielt (Siebert 2005; Weißeno et al. 2013). Die eigenen Grundannahmen gehen über die Planung des Unterrichts hinaus und sind intensiv von den individuellen Erkenntnisvorstellungen geprägt (Biedermann et al. 2012).

Es besteht Einigkeit darüber, dass studentische Überzeugungen nicht ohne Weiteres verändert werden können (Birkhan 1999; Dann 1994; Fives und Buehl 2012; Kufner 2013). Es ist daher auch nicht zu erwarten, dass relativ kurze Lehr-Lern-Labor-Phasen radikale Änderungen der Überzeugungen der Studierenden nach sich ziehen. Allerdings weisen auch Überzeugungen im konstruktivistischen Sinne Flexibilität auf (Wahl 2002). Widulle (2009) postuliert beispielsweise, dass eine kritische Selbstreflexion die Überzeugungen verändern kann. Außerdem wird ein positiver Effekt bei der Arbeit in der studentischen Gruppe erwartet, da ein externes Feedback die Konfrontation mit den eigenen Überzeugungen unterstützt (Widulle 2009). Bezüglich der vorliegenden Studie stellen sich daher die folgenden Fragen: Inwiefern beeinflussen subjektive Überzeugungen die Arbeit von Studierenden in Lehr-Lern-Labor-Phasen grundlegend, und inwiefern wirken sich im Gegenzug die Erfahrungen im Lehr-Lern-Labor auf Einstellungen und Überzeugungen aus?

17.1.3 Das Modell des zyklischen Forschenden Lernens im Lehr-Lern-Labor

Weitgehend ungeklärt ist der Zusammenhang von subjektiven Überzeugungen und fachdidaktischem Wissen von Studierenden als Teil des Professionswissens, obgleich beides Bereiche professioneller Handlungskompetenzen sind. Das Lehr-Lern-Labor bietet einen ausgezeichneten Rahmen, um dieses Verhältnis zu untersuchen. Studierende haben dort die Möglichkeit, ihr Professionswissen in einem klar abgesteckten Rahmen zu reflektieren und so ihr eigenes Handeln und die Weiterentwicklung des eigenen Unterrichts wahrzunehmen. In diesem Sinne wird theoretisches Wissen mit praktischem Handeln verknüpft und zu diesem in Beziehung gesetzt. Weiterhin können die Studierenden durch selbstgewählte Forschungsprojekte den Schwerpunkt bei der Umsetzung und Reflexion eigenständig wählen, sodass das viel geforderte Forschende Lernen ablaufen kann (Euler 2005a; Huber 2009, 2018; Smoor und Komorek 2016). Die geplante Lernumgebung ist dabei als Hypothese zu verstehen, als Annahme, dass sie bei Schülerinnen und Schülern etwas auslöst und anregt. Die Überprüfung der Hypothese wird durch Diagnose- und Reflexionsprozesse realisiert, die dann zu einer neuen Hypothese – also zu einer veränderten Lernumgebung – führen.

Planung und Durchführung der Lernumgebung Planungsraster zur Unterrichtsvorbereitung bieten Studierenden Sicherheit und Ankerpunkte bei der Realisation von Lernumgebungen. Übersichtstabellen wie etwa bei Meyer (2018) stellen allerdings oftmals die Lehraktivitäten zu stark in den Vordergrund; die kognitiven Prozesse der Lernenden, beispielsweise hin zu einem „conceptual change" (Duit und Widodo 2005), werden dabei eher unterbewertet. Richter und Komorek (2017) setzen beim „Backbone"-Planungsraster auf die Fokussierung der Lernprozesse mithilfe eines Planungstools, das von den Lernprozessen und den damit verbundenen kognitiven Aktivitäten ausgeht. Integriert in dieses Tool sind Diagnoseaufgaben für den Lehrenden. Einen weiteren Vorteil stellt die Orientierung an den Lernschrittfolgen dar, wie sie Oser und Sarasin (1995) in ihren Basismodellen des Lernens postulieren und wie sie von Krabbe et al. (2015) für den Physikunterricht weiter konkretisiert wurden.

Im Modell des zyklischen Forschenden Lernens im Lehr-Lern-Labor (Nordmeier et al. 2014) sollen die Studierenden unter Berücksichtigung bekannter Präkonzepte ein auf den Lern- und Kompetenzstand der Schülerinnen und Schüler zugeschnittenes Lehr-Lern-Angebot planen und die darauf bezogene Reaktion der Schülerinnen und Schüler wahrnehmen und benennen, mithin diagnostizieren. Dadurch soll das Lehr-Lern-Labor Studierende dabei unterstützen, fachdidaktisches Wissen sowohl anzuwenden als auch aufzubauen. Die Diagnose von Verhalten sowie Denk- und Lernprozessen stellt den zentralen Kern des Lehr-Lern-Labors dar (Komorek und Prediger 2013; Selter et al. 2017). Die Ergebnisse der Diagnose sollen dann in eine Reflexion münden und zu einer Anpassung der eigenen Lehrangebote führen.

Diagnose Diagnosekompetenz bedeutet, dass Studierende mit spezifischen Instrumenten zu benennbaren und bestenfalls reproduzierbaren Befunden hinsichtlich Lernständen, aber auch hinsichtlich Lernprozessen gelangen (zum Thema der Prozessdiagnose vgl. Dübbelde 2013). Diese sollen dann zu einer Umstrukturierung der Lernumgebung führen (Hößle et al. 2017; Hesse und Latzko 2017). Dazu benötigen die Studierenden ein Verständnis des Einsatzes von Diagnoseinstrumenten, die diese Befunde generieren können. Studierende mit hoher diagnostischer Kompetenz verfolgen das Ziel, die individuellen und kognitiven Prozesse der Schülerinnen und Schüler zu erfassen, um der Absicht des individuellen Förderns nachzukommen (Hascher 2008; Komorek 2014).

Reflexion Die Studierenden haben gemäß dem Modell des zyklischen forschenden Lernens nach der Auswertung von erhobenen Diagnosedaten die Aufgabe, die angelaufene Lehr-Lern-Situation zu reflektieren, insbesondere die Eignung eingesetzter Aufgaben, des angesetzten Schwierigkeitsgrades der Lernumgebung und auch ihres eigenen Lehrverhaltens, jeweils auf dem Hintergrund ihres fachdidaktischen Wissens. Dadurch kommen die Studierenden den Forderungen von Schön (1987) nach, der eine „reflection-on-action" als zentrales Mittel der professionellen Reflexion beschreibt. Die Reflexion von Lernumgebungen weist dabei verschiedene Qualitäten und Ausprägungen auf, die die Studierenden im Lehramtsstudium erlangen sollen. Sie denken in der Reflexion darüber nach, in welchen Situationen bei den Schülerinnen und Schülern Schwierigkeiten aufgetreten sind und inwiefern diese einerseits mit Defiziten der Planung der Lernumgebung und andererseits mit den Lernenden selbst in Verbindung zu bringen sind (Meyer 2006). Reflexion bedeutet somit, dass die Studierenden die Leistungsfähigkeit der Schülerinnen und Schüler einschätzen und auf die Anpassung der umgesetzten Lernumgebung eingehen. Dadurch wird es ihnen ermöglicht, ihr eigenes Vorgehen zu hinterfragen und sich somit zu professionalisieren (Wildt 2006). Reflektierend handelnde Lehrpersonen beschreibt Abels (2011) als Personen, die in ihren Reflexionen sowohl die eigene Sicht auf die Abläufe einbeziehen als auch die Perspektiven anderer. Ob die Praxissituation im Lehr-Lern-Labor positive Auswirkungen auf die Reflexionskompetenz mit sich bringen kann, ist im wissenschaftlichen Diskurs allerdings umstritten (Fichten 2013).

Adaption Die Anpassung oder Adaption der eigenen Planung der Angebote im Lehr-Lern-Labor setzt spezifische Kompetenzen voraus, die Beck et al. (2008) zur adaptiven Lehrkompetenz zusammenfassen. Die Adaptivität bezieht sich dabei auf passgenaue Lehrimpulse, für die Studierende über eine differenzierte Auswahl an Handlungsalternativen verfügen müssen. Adamina (2010) und Kufner (2013) verstehen adaptive Lehrkompetenz als eine Fähigkeit, die ad hoc in einer Lehr-Lern-Situation zum Tragen kommt. Nach Beck et al. (2008) gehören zur adaptiven Lehrkompetenz die Dimensionen der Sachkompetenz, der diagnostischen Kompetenz, der didaktischen Kompetenz und der Klassenführungskompetenz. Studierende müssen demnach über ausreichend Fachwissen verfügen, um die Schwierigkeiten ihrer Schülerinnen und Schüler diagnostisch herauszuarbeiten und sie durch geeignete didaktische Entscheidungen aufzugreifen (Aebli 1997; Beck et al. 2008; Weinert und Helmke 1996). Lernumgebungen, die von Personen mit einem hohen Grad an adaptiver Lehrkompetenz konzipiert werden, befähigen die Schülerinnen und Schüler dazu, eigene Vorkenntnisse mit dem jeweiligen neuen Lerngegenstand abzugleichen (Oliveira 2010).

17.2 Skizze der Modulumgebung

Das 6KP-Modul „Physikdidaktische Forschung für die Praxis" umfasst vier Phasen, die in Abb. 17.1 dargestellt sind. In der *Einführungsphase* werden die zentralen Ideen des zyklischen Forschenden Lernens sowie die Rolle des Experiments im Lehr-Lern-Labor in den Mittelpunkt gestellt. Das Konzept der Diagnose und eine Auswahl an Diagnosetools werden vorgestellt und diskutiert und in Beziehung zum Konzept der Basismodelle des Lernens nach Oser und Sarasin (1995) gesetzt.

In der *Planungsphase* erarbeiten die Studierenden in Gruppen eine Lernumgebung für drei aufeinanderfolgende Treffen mit einer Kleingruppe von Schülerinnen und Schülern. Sie sollen Instrumente zur Diagnose der Prozesse aufseiten der Lernenden integrieren – mit dem Ziel, die Lernumgebung zwischen den Labornachmittagen zu verändern und sie an die diagnostizierten Möglichkeiten und Schwierigkeiten der Schülerinnen und Schüler anzupassen. Neben der Planung in Gruppen wird auf einen Austausch im Plenum gesetzt, damit die Studierenden ihre Vorbereitungen kritisch hinterfragen und Entscheidungen begründen.

In der *Laborphase* setzen die Studierenden ihre Lernumgebung mit Schülerinnen und Schülern der Sekundarstufe I um. Es sind dieselben Schülerinnen und

Erarbeitungsphase	Planungsphase	Laborphase	Reflexionsphase
• Impulse für ein Selbststudium bereitgestellter Literatur	• Austausch der Planung im Plenum	• Selbstständige Organisation im Lehr-Lern-Labor	• Diskussion der Lehr-Lern-Labore im Plenum

Abb. 17.1 Ablauf der Modulphasen. (Smoor 2018)

Schüler, mit denen sich die Studierenden an drei Nachmittagen im Abstand von ca. einer Woche treffen. Der mehrmalige Kontakt mit derselben Gruppe hat den Zweck, dass sich die Studierenden an spezifische Lernende anpassen können, um einen längerfristigen Lehr-Lern-Prozess zu organisieren, in dem Diagnoseergebnisse zu Verhaltensänderungen konkreter Schülerinnen und Schüler führen (Hascher 2008). Die Studierenden sollen zwischen den drei Besuchen und insbesondere in einer abschließenden *Reflexionsphase* im Plenum die Instruktion reflektieren, um den Gesamtprozess ihrer Gruppe zu diskutieren und zu bewerten.

17.3 Forschungsvorhaben

Aufgrund der bisherigen Ausführungen konzentriert sich die vorliegende Studie auf die Untersuchung des Geflechts von Teilprozessen im Modell des zyklischen Forschenden Lernens (Nordmeier et al. 2014). Dabei wird untersucht, wie subjektive Überzeugungen der Studierenden bezüglich des Lernens und anderer kognitiver Prozesse der Lernenden und bezüglich adressatengerechter Lehraktivitäten die didaktische Strukturierung der Lernumgebung beeinflussen. Zudem werden die Fähigkeiten der Studierenden, eine forschende Haltung einzunehmen und Distanz zum eigenen Lehren zu gewinnen, beleuchtet. Folgende Forschungsfragen werden formuliert:

Überzeugungen Wie beeinflussen subjektive Überzeugungen vom Lernen und Lehren die didaktischen Strukturierungen der Lernumgebung im Lehr-Lern-Labor?

Prozesse Welche Prozesse Forschenden Lernens durchlaufen die Studierenden? Inwiefern lassen sie sich mit dem Ansatz des zyklischen Forschenden Lernens modellieren?

Forschungsmodus Inwiefern gelingt es Studierenden, sich von ihren eigenen Strukturierungen und deren Wirkungen kritisch zu distanzieren?

17.3.1 Auswahl der eingesetzten Forschungsinstrumente

Es kamen Fragebögen mit offenen Items, qualitative Interviews und die Analyse von schriftlichen Berichten der Studierenden zum Einsatz (Abb. 17.2). Im Folgenden wird ausschnittweise die Strukturierung der Erhebungsinstrumente dargelegt und beschrieben, welche Daten damit erhoben wurden.

Subjektive Überzeugungen zu Denk- und Lernprozessen von Schülerinnen und Schülern
Im Vordergrund stand die Frage, inwiefern Studierende davon ausgehen, dass Schülerinnen und Schüler über eine kognitive Repräsentation ihrer Erfahrungswelt verfügen. Dies ist aus verschiedenen Erfahrungen mit Studierenden durchaus infrage

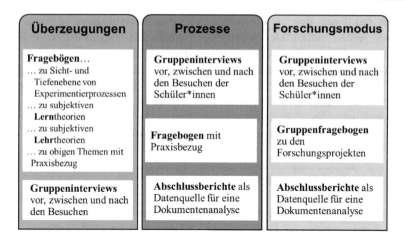

Überzeugungen	Prozesse	Forschungsmodus
Fragebögen… … zu Sicht- und Tiefenebene von Experimentierprozessen … zu subjektiven **Lern**theorien … zu subjektiven **Lehr**theorien … zu obigen Themen mit Praxisbezug	**Gruppeninterviews** vor, zwischen und nach den Besuchen der Schüler*innen	**Gruppeninterviews** vor, zwischen und nach den Besuchen der Schüler*innen
	Fragebogen mit Praxisbezug	**Gruppenfragebogen** zu den Forschungsprojekten
Gruppeninterviews vor, zwischen und nach den Besuchen	**Abschlussberichte** als Datenquelle für eine Dokumentenanalyse	**Abschlussberichte** als Datenquelle für eine Dokumentenanalyse

Abb. 17.2 Eingesetzte Instrumente je Forschungsfrage. (Smoor 2018)

zu stellen, denn oft beschränken sich die Studierenden vor allem auf äußere Handlungen der Schülerinnen und Schüler. Zu diesem Zweck werden die Studierenden u. a. mit der Aufgabe konfrontiert, die Prozesse der fiktiven Schülerin Anna darzustellen, die damit beauftragt wird, eine Experimentiersituation zum Ohm'schen Gesetz durchzuführen. Ziel der Fragestellung war es, zu erkunden, welche Prozesse die Studierenden bei Anna auf der Handlungsebene bzw. auf der kognitiven Ebene erwarteten. Die Studierenden hatten die folgende Frage zu bearbeiten:

> Stelle dir vor, du gibst deiner Schülerin Anna die Aufgabe, mit einer Spannungsquelle, Zuleitungen, einem Strommessgerät und Metalldrähten zu untersuchen, ob bei den Metalldrähten das Ohm'sche Gesetz erfüllt ist. Beschreibe so detailliert wie möglich, welche Prozesse Anna dann durchläuft bzw. welche Prozesse bei ihr ablaufen.

Subjektive Überzeugungen zu Lehr- und Lernprozessen
Hierzu wurde ein Item genutzt, bei dem die Studierenden zu einer fiktiven Diskussion von Lehrpersonen Stellung beziehen sollten:

> Herr Müller stellt sich vor, dass Schülerinnen und Schüler dann physikalische Zusammenhänge besonders gut lernen, wenn man das dazugehörende Wissen in Einzelteile zerlegt, die gut übernommen werden können. Er sagt: Lernen ist eigentlich das erfolgreiche Abspeichern von Wissen. Damit das gelingt, muss ich physikalisches Wissen in gut verdaubare, handliche und logische Stücke zerlegen und diese einfach und verständlich erklären. Dann wird das Wissen, das ich anbiete, von den Schülerinnen und Schülern erfolgreich aufgenommen und fest eingelagert. Beinahe wie bei einer Festplatte. Und wenn dann eine Klausur oder eine Anwendungssituation kommt, kann es von der Festplatte gut wieder abgerufen werden.

Diese Aussage beschreibt eine transmissive Vorstellung vom Lehr-Lern-Prozess, wonach Wissen übergeben und übernommen werden kann. Weitere fiktive Aussagen thematisieren auch die konstruktivistische Sicht auf den Lehr-Lern-Prozess.

Diesen zufolge stellt das Lehren einen Anstoß für den selbstkonstruierten Wissensaufbau dar, den Lehrende zwar anregen, aber nicht determinieren können. Die Studierenden konnten sich einer der beiden grundsätzlich unterschiedlichen Sichtweisen zuordnen und dies in einem offenen Antwortformat kommentieren.

Subjektive Überzeugungen zur Strukturierung von Lehrprozessen
Auch hier wird den Studierenden eine fiktive Situation vorgestellt, die sich um die Nützlichkeit der Strukturierung von Lehrprozessen anhand der Oser'schen Basismodelle dreht. Das folgende Beispiel propagiert die prototypische Einführung eines neuen Begriffs.

> Herr Wehmann entgegnet: ... Zwar wirken die Schülerinnen und Schüler ganz unterschiedlich, aber unter der Oberfläche läuft das Lernen doch sehr ähnlich ab. Da helfen bestimmte Maßnahmen allen gleich. Wenn ich z. B. einen neuen Begriff einführen will, dann brauche ich zu Anfang erst mal ein gutes Beispiel, an dem man sich abarbeiten kann. Ich habe mir für jeden Zweck ein bestimmtes Muster zurechtgelegt, das allen gleichermaßen hilft.

Subjektive Vorstellungen zur forschenden Haltung als Lehrperson (im Lehr-Lern-Labor)
Für die zweite und dritte Forschungsfrage ist relevant, wie die Studierenden nach ersten Erfahrungen im Lehr-Lern-Labor ihren eigenen Prozess rekonstruieren und ob sie ihn als einen Forschungsprozess wahrnehmen. Dazu wurden ihnen in Gruppen folgende Fragen und Aufgaben gestellt:

- Formuliert eure Forschungsfrage(n). Beschreibt die Annahmen, die ihr über die ablaufenden Prozesse bei den Schülerinnen und Schülern oder bei euch selbst getroffen habt. → Welche Daten habt ihr gesammelt, die euch bei der Beantwortung der Forschungsfrage helfen? Wie habt ihr sie gesammelt?
- Wie habt ihr die Daten ausgewertet?
- Welche Ergebnisse haben diese geliefert? Wie habt ihr mithilfe der Daten die abgelaufenen Prozesse reflektiert?
- Beschreibt, wie ihr die Experimentiersituation aufgrund eurer Reflexionsergebnisse angepasst habt. Beschreibt das zentrale Ergebnis eures Forschungsprojektes.

Auszüge aus den Interviewleitfäden
In Interviews im Anschluss an die Lehr-Lern-Labor-Situationen wurden die Studierenden zu allen oben skizzierten Teilprozessen befragt, um zu klären, ob sich ihre Wahrnehmung und Reflexion mit dem Modell des zyklischen Forschenden Lernens beschreiben lässt. Die Interviews beinhalten auch Fragen, die bereits in den Fragebögen angesprochen wurden:

Fragen zu den subjektiven Überzeugungen vom Lernen und zur forschenden Haltung:

- *Handlungsformen und kognitive Prozesse*: Welche neuen Handlungsformen habt ihr bei den Schülerinnen und Schülern hervorgerufen? Welche kognitiven Prozesse habt ihr insgesamt beobachtet?

- *Basismodelle des Lernens*: Wie hat euch die Planung anhand der Basismodelle während der Durchführung geleitet?
- *Subjektive Lerntheorie*: Was ist eure persönliche Definition von Lernen? Inwieweit spielen die Grundannahmen von Aufbau bzw. der Übergabe von Wissen dabei eine Rolle?
- *Forschungsvorhaben*: Was gibt es Neues zu eurer zentralen Forschungsfrage? Wie geht ihr nun weiter vor? Wo gibt es noch offene Fragen? Welche Schritte fehlen noch zum Abschluss des Forschungsprojektes?
- *Forschungsmodelle*: Auf welche Weise würdet ihr den Forschungsprozess eurer Schülerinnen und Schüler modellieren? Wie hat sich euer eigener Forschungsprozess gestaltet?

Zu Diagnoseprozessen:

- *Bedeutung von Diagnose*: Was habt ihr auf Grundlage der Diagnose Neues über eure Schülerinnen und Schüler erfahren? Wie haben die Erfahrungen im Seminar und Lehr-Lern-Labor eure Sicht auf die Diagnose verändert?

Zu Reflexionsprozessen:

- *Reflexion*: Wie habt ihr die zurückliegende Experimentiersituation reflektiert? Was ist das Ergebnis eurer Experimentiersituation? Welche Auswirkungen hatte das Lehr-Lern-Labor auf eure Reflexion von Lehr-Lern-Angeboten?

Zu Adaptionsprozessen:

- *Adaption für eine erneute Durchführung*: Wenn ihr noch einmal die geplante und durchgeführte Lernsituation umsetzen müsstet: Was würdet ihr anders machen, und woran würdet ihr festhalten?

17.3.2 Zusammensetzung der Teilnehmenden und Auswertungsverfahren

Die Studie bezieht sich ausschließlich auf offene Antwortformate, sodass sich eine qualitative Inhaltsanalyse der Daten anbietet (Mayring und Fenzl 2014; Ramsenthaler 2013). Insgesamt kann auf Interviews, Fragebögen und Abschlussberichte von 13 Gruppen mit jeweils drei Studierenden über zwei Moduldurchgänge zurückgegriffen werden. Dabei ist zu beachten, dass nicht jedes Instrument bei jedem der Studierenden eingesetzt werden konnte. In Smoor (2018) sind die Daten umfangreich ausgewertet worden, sodass hier lediglich auf die zentralen Ergebnisse eingegangen wird.

17.3.3 Ergebnisse zu den subjektiven Überzeugungen

Ein Großteil der Studierenden gibt an, die kognitiven Prozesse der Schülerinnen und Schüler während der Planung zu berücksichtigen, sodass die Struktur, Genese und Validierung von Wissensbeständen miteinbezogen werden. Im Interview fällt es den Studierenden zum Teil schwer, diese angenommenen kognitiven Prozesse zu rekonstruieren. Die Präkonzepte der Schülerinnen und Schüler werden meist als „Fehlvorstellungen" betrachtet, die überwunden werden müssen, indem ihnen Wissen als „eine Grundlage" dargeboten wird. Hier zeigen sich Vorstellungen von der Übergabe von Wissen; es wird also vielfach die Transmissionsvorstellung von Wissen genutzt.

Die Fragebögen, die vor und nach den Besuchen im Lehr-Lern-Labor eingesetzt werden, zeigen, dass die Studierenden meist einen explizit konstruktivistischen Standpunkt vertreten. Durch weiteres Nachfragen und anhand der Beobachtung der Durchführungen werden allerdings die transmissiven Vorstellungen vom Lernen durch die Handlungen deutlich. In diesen Fällen beschreiben die Studierenden das Lernen in Abhängigkeit von der gewählten Methodik. Die Schülerinnen und Schüler bauen Wissen nur dann eigenständig auf, wenn sie experimentieren oder anders eingebunden sind. In Erarbeitungsphasen, in denen die Studierenden die aktive Rolle übernehmen, wird den Schülerinnen und Schülern das Wissen übergeben. Hieraus könnte gefolgert werden, dass die üblichen fachdidaktischen Veranstaltungen *ohne Praxisbezug* vorwiegend träges fachdidaktisches Wissen generieren.

Bezüglich der Sicht auf die Basismodelle des Lernens ist eine gewisse Gleichgültigkeit der Studierenden festzustellen. Die Studierenden vertreten diese Sicht auf die Planung für das Lehr-Lern-Labor nicht explizit, aber führen keine grundlegenden Einwände dagegen an. Ein weiteres Ergebnis bezieht sich auf die Übertragbarkeit von Erkenntnissen aus dem Lehr-Lern-Labor auf schulische Kontexte. Die Studierenden schätzen zwar das Potenzial der Lehr-Lern-Labore, sie sind sich jedoch nicht darüber im Klaren, ob sie die selbst gewonnenen Erkenntnisse tatsächlich in der Schule umsetzen können, da sich aus ihrer Sicht das schulische Lernen stark von dem im Lehr-Lern-Labor unterscheidet. Dies hängt mit dem schulischen Lerndruck oder den starren Richtlinien der Kerncurricula zusammen.

17.3.4 Ergebnisse zu den Teilprozessen des zyklischen Forschenden Lernens

Insgesamt zeigt sich, dass die mehrfachen Besuche der Schülerinnen und Schüler dazu beitragen, dass sich die Studierenden – durch Adaption der Angebote – immer weiter auf diese Lernenden einlassen können. Weiterhin werden in allen Fällen auch die verschiedenen Teilprozesse des zyklischen Forschenden Lernens durchlaufen, sodass die Konzeption und Komplexität des Lehr-Lern-Labors von den Studierenden als gelungen eingeschätzt wird. Bezüglich der verschiedenen Teilprozesse zeigen sich allerdings auch Probleme der Studierenden, die für kommende Konzeptionen von Bedeutung sind. Diese werden in den nächsten Abschnitten dargestellt.

Planung Die Studierenden haben große Probleme bei der Erfassung von Denk- und Lernprozessen und des Vorwissens der Schülerinnen und Schüler. Sie berücksichtigen die kognitiven Prozesse der Schülerinnen und Schüler nur selten in ihrer Planung, planen also mögliche kognitive Prozesse nicht ein bzw. beginnen ihre Planung nicht bei den Kognitionen der Schülerinnen und Schüler. Auf der Handlungsebene gelingt es ihnen allerdings, verschiedene zentrale Handlungselemente miteinander zu verknüpfen. Die Planungskompetenz ist hier ggf. durch die bereits absolvierten Schulpraktika entwickelt. Der geforderte „switch from teaching to learning" (Duit und Widodo 2005) fällt ihnen insgesamt sehr schwer. Bei den geplanten Lernumgebungen können unterschiedliche Muster herausgearbeitet werden.

Beim Muster „strukturiertes Material" setzen die Studierenden auf die Gestaltung von Lernmaterialien für die Schülerinnen und Schüler, die sie durch eine Experimentieraufgabe führen. Dadurch können die Studierenden beobachten, ob die Schülerinnen und Schüler ihre Aufgabentexte lesen, verstehen und umsetzen können. Dies geschah bei vier der 13 Studierendengruppen. Beispielsweise wurde eine motivierende Piratengeschichte geschrieben und wurden Comics entwickelt, die die Schülerinnen und Schüler durch die Experimentiernachmittage führten. Die konkreten Lernmaterialien eigneten sich allerdings nicht dazu, die Schülerinnen und Schüler zum Erkunden anzuregen, da sie keine alternativen Lernpfade beinhalten.

Das Muster „Konstruktion" fokussiert die Herstellung eines Objektes, die durch eine informative Einleitung der Studierenden eingeführt wird. Am zweiten Experimentiernachmittag wurden teilweise Experimente durchgeführt; im Anschluss an diese Phase wurden die zentralen Produkte konstruiert, etwa Lautsprecher, U-Boote oder Zeppeline. Immerhin fünf der 13 Studierendengruppen entschieden sich für dieses Muster.

Das Muster „Experimentieren" hat das Ziel, dass durch mehrere, umfangreichere Experimente verschiedene Aspekte des gewählten Oberthemas erkundet werden. Zum Beispiel sollten die Schülerinnen und Schüler dreidimensionale Fotos generieren und die Funktionsweise von 3-D-Kinos experimentell kennenlernen. Bei zwei der Studierendengruppen war dieses Muster zu erkennen.

Der Fokus des Musters „Forschen" wurde auf die Entwicklung und Durchführung von Forschungsfragen und -methoden gelegt. Die Schülerinnen und Schüler erhielten die Möglichkeit, ihre experimentellen Kompetenzen zu stärken, indem sie beispielsweise das Flugverhalten eines Papierfliegers optimierten und dazu Untersuchungen durchführten. Zwei der 13 Gruppen setzten dieses Muster um und ließen die Schülerinnen und Schüler in diesem Sinne forschen. Das Muster ging über das Muster „Experimentieren" hinaus, da eine Forschungsfrage formuliert werden sollte.

Durchführung Die Studierenden gerieten bei der Durchführung trotz teils langwieriger Planung in problematische Situationen, die auf mangelnde Vorbereitung des Lernmaterials und auf eine ungünstige Zeitplanung zurückzuführen waren. Ihre spontanen Anpassungen bezogen sich deshalb nicht auf die kognitiven Prozesse, sondern mussten in den meisten Fällen als Maßnahmen zur „Schadensbegrenzung" auf der Sichtebene fungieren. Kufner (2013) hat gezeigt, dass der Wissensstand im Bereich des individualisierenden Lehrens mit einer spontanen Adaption zusammenhängt. Die Studierenden verfügten hier nicht über ausreichendes Wissen bezüglich der Binnendifferenzierung. Lediglich in vereinzelten Lehr-Lern-Settings sahen die Studierenden individuelle Maßnahmen vor, um jeden einzelnen Schüler und jede einzelne Schülerin zu fördern. Dabei hätten die Gruppen – besonders durch das gute Betreuungsverhältnis – die Möglichkeit gehabt, Maßnahmen zu realisieren, die die Schülerinnen und Schüler beim Lernen unterstützen.

Diagnose Die Studierenden übernahmen zwar die Aufgabe, Diagnoseinstrumente in ihre Lernumgebung einzubinden. Allerdings sahen sie es durchgängig nicht als gewinnbringend an, den Lernprozess der Schülerinnen und Schüler in den Mittelpunkt ihrer Betrachtung zu stellen. Ihnen fiel es schwer, die kognitiven Voraussetzungen der Schülerinnen und Schüler angemessen einzuschätzen und zu erheben. Es gelang ihnen nur selten, durch Beobachtungen die Prozesse der Schülerinnen und Schüler nachzuvollziehen (Prozessdiagnose) und Aussagen über die Leistungsstände zu machen (Leistungsdiagnose) (Dübbelde 2013). Gemäß ihren Äußerungen im Interview ist dies auf fehlende Routine und einen unausgereiften diagnostischen Blick zurückzuführen.

Die Studierenden zeigten zwar, dass sie geplante Diagnoseaufgaben durchführen können, eine Repräsentation der Tiefenebene des Denkens und Lernens ihrer Schülerinnen und Schüler gelang ihnen aber nicht in ausreichendem Maß. So hielten sie meist an ihrer ursprünglichen Planung fest, unabhängig vom Ergebnis ihrer Diagnoseinstrumente.

Reflexion Es ließen sich unterschiedliche Ausprägungen in den Reflexionsprozessen erkennen. In den Gruppen, in denen ein Gruppenmitglied ausschließlich die Beobachterrolle eingenommen hatte, wirkte sich dies positiv auf die Reflexionsbereitschaft der Gruppe aus, da in diesen Fällen die Bereitschaft zur Selbstkritik deutlich gestiegen war. Ein solches Setting scheint für die Umsetzung im Lehr-Lern-Labor gewinnbringend zu sein (Krofta et al. 2013).

Die Reflexionsprozesse der Studierenden führten oftmals zu dem Ergebnis, dass sich die Studierenden als nicht verantwortlich für auftretende Probleme fühlten. Meist verwiesen sie auf äußere Umstände wie die Tageszeit oder defektes Material oder auf das Unvermögen der Schülerinnen und Schüler, sich auf die Aufgabe einzulassen. Nur vereinzelt wurden die Lernprozesse der Schülerinnen und Schüler detailliert nachgezeichnet, wodurch der Blick auf eine Reflexion des eigenen Lehrverhaltens frei gewesen wäre. Die Heterogenität der Schülerinnen und Schüler wurde nur von wenigen Studierenden wahrgenommen und thematisiert, und nur wenige reagierten mit einer Differenzierung des Angebots darauf.

Adaption Die Studierenden machten sich in ihren Reflexionen über zahlreiche Aspekte aufseiten der Lernenden Gedanken. Diese Überlegungen bezogen sich meist auf eine Anpassung der fachlichen Struktur der Lernumgebung und auf das eigene Lehrverhalten sowie die eingesetzten Methoden. Selten wurden Überlegungen zu den Lernvoraussetzungen und Lernprozessen der Schülerinnen und Schüler einbezogen. Bei der Adaption spielten Überlegungen zum Zeitmanagement eine große Rolle. Offensichtlich ist das Zeitmanagement eine große Herausforderung für die Studierenden – es wird schlicht unterschätzt, wie lange bestimmte Aktivitäten der Schülerinnen und Schüler dauern. Bestimmte Schwierigkeiten der Schülerinnen und Schüler werden oftmals nicht erwartet. Dies verdeutlicht wiederum die noch geringe Orientierung an den Prozessen der Schülerinnen und Schüler.

Das Modell des zyklischen Forschenden Lernens, das den Regelkreis aus Angebot, Diagnose, Reflexion und Adaption beinhaltet, kann nur dann funktionieren, wenn Diagnose und Reflexion, sofern sie stattfinden, explizit dazu genutzt werden, die ursprüngliche Planung zu verändern bzw. das eigene Lehrverhalten an die Lernprozesse anzupassen. Dies gelingt den Studierenden jedoch nur punktuell. Ihre subjektiven Vorstellungen vom Lernen und Lehren und ihre Überzeugungen bezüglich der Möglichkeiten, die Schülerinnen und Schüler haben, wenn sie in ein Lehr-Lern-Labor kommen, behindert die Studierenden dabei, den Wert von Diagnose und Reflexion zu verstehen und Diagnose- und Reflexionsergebnisse effektiv für die Planung und Adaption zu nutzen. Herauszustellen ist, dass diese Anforderungen eine extreme Herausforderung für die Studierenden darstellen.

17.3.5 Ergebnisse zur Forschungsfrage bezüglich des Forschungsmodus

Einen forschenden Blick zu entwickeln, das eigene Tun und die Reaktionen der Schülerinnen und Schüler kritisch zu betrachten, Distanz zum eigenen Handeln aufzubauen und dabei Methoden der Selbst- und Fremddiagnose zu nutzen wird als wichtiger Teil der Profession im Lehrerberuf angesehen (Meyer 2006). In der vorliegenden Studie zeigt sich, dass die Studierenden generell dazu in der Lage sind, ihre Prozesse als Forschungsprozesse zu rekonstruieren, also nachträglich zu beschreiben. Dies gelingt ihnen jedoch eher in einer oberflächlichen Weise (Smoor 2018).

Naheliegend ist der Schluss, dass ein genaues Verständnis der Wiedergabe von Forschungsprozessen, wie sie sich auch im Modell von Meyer (2006) finden, eine Unterscheidung von Oberflächen- und Tiefenstruktur der ablaufenden Prozesse voraussetzt. Wenn dies nicht gelingt, muss konsequenterweise die Frage gestellt werden, wie die Studierenden Forschung definieren und welches Handeln von ihnen verlangt wird. Es ist eben nicht trivial, die eigenen Prozesse durch die Brille der Forschung zu betrachten, weil dies ein hohes Maß an Abstraktionsfähigkeit, an der Fähigkeit der Betrachtung mehrerer Ebenen und der Fähigkeit, sich kognitive – also nicht sichtbare – Prozesse vorzustellen, erfordert. Die Forschungsberichte ähneln dabei eher Praktikumsberichten mit hohem narrativem Anteil, sodass Hypothesen und Forschungsfragen und deren Beantwortung nur nebenbei aufgeführt werden.

17.4 Fazit: Curricular denken, modular handeln

Die Ergebnisse der vorliegenden Studie führen zu Überlegungen zur Neuausrichtung des universitären Curriculums, um bestimmte Probleme der Studierenden bezüglich der Erforschung kognitiver Prozesse ihrer Lernenden herauszustellen und das Potenzial der Lehr-Lern-Labore maximal auszuschöpfen.

Aspekte der Diagnose sollten nicht erst in Modulen installiert werden, die spät im Curriculum platziert sind, sondern bereits in den Fachdidaktik-Grundveranstaltungen thematisiert werden. Anzusprechen sind auch die subjektiven Überzeugungen bezüglich des Lehrens und Lernens, die Studierende mitbringen; diese müssen bewusst gemacht und problematisiert werden. Lehr-Lern-Labor-Situationen können dazu beitragen, diese Überzeugungen der Studierenden zu verdeutlichen – vor allem ihnen selbst. Lehr-Lern-Labor-Module können aufgrund der Vielzahl der dort ablaufenden Prozesse aber nicht allein für diese Bewusstmachung zuständig sein.

Dies legt des Weiteren den Schluss nahe, dass Lehr-Lern-Labor-Situationen an verschiedenen Stellen des Curriculums verankert werden sollten, um sukzessive den Fokus von den eigenen Lehrhandlungen auf die Lernprozesse der Schülerinnen und Schüler zu verlagern (Abb. 17.3). In der Bachelorphase können Lehr-Lern-Labore eingesetzt werden, um Studierende früh mit Schülerinnen und Schülern in Kontakt zu bringen und deren Denken kennenzulernen. In der Mitte des Studiums geben sie Studierenden die Gelegenheit, Denk- und Lernprozesse systematisch zu diagnostizieren und dabei zu lernen, Diagnoseinstrumente sicher auszuwählen, anzupassen und Diagnosedaten zu interpretieren. In der Masterphase können Studierende in Lehr-Lern-Laboren eigene Lernumgebungen umsetzen und deren Wirkung untersuchen. Somit findet über das Studium hinweg eine Komplexitätserhöhung statt, um die Studierenden für die nötigen Konstrukte zu sensibilisieren.

Die vorliegende Studie und andere Studien machen deutlich, dass Lehr-Lern-Labore ein wirkungsvolles Instrument der Professionalisierung sein können. Allerdings sind die Erwartungen an die Lehr-Lern-Labore auch sehr hoch, daher besteht das Risiko, dass Lehr-Lern-Labor-Situationen in realen Modulen überfrachtet werden und zu viele Ziele erreicht werden sollen. Hier ist etwas mehr Zurückhaltung angezeigt – die Platzierung der Lehr-Lern-Labor-Angebote im Curriculum soll-

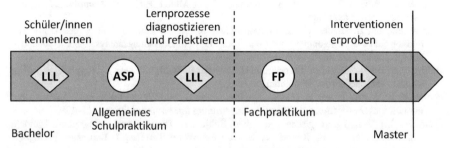

Abb. 17.3 Lehr-Lern-Labor-Curriculum in Kombination mit den schulischen Praxisphasen. (Smoor 2018)

te mit einer Konzentration auf bestimmte Aufgaben einhergehen. Die derzeitige Aufgabe besteht darin, die Curricula der Fächer in einer vernetzenden Weise auszuformulieren, indem fachliche und fachdidaktische Angebote systematisch mit den Praxisphasen in der Schule und denen im Lehr-Lern-Labor verknüpft werden. So können Studierende beispielsweise im Lehr-Lern-Labor für ihre subjektiven Überzeugungen sensibilisiert werden, die sie dann im Schulpraktikum hinterfragen und dadurch verändern können. Hier ist vor allem noch fachdidaktische Entwicklungsarbeit zu leisten. Diese muss in besonderem Maße darauf abzielen, die Überzeugungen Studierender erfahrbar und veränderbar zu machen, um Lehrpersonen auszubilden, die mit einer modernen Orientierung an den Schülerinnen und Schülern hinsichtlich des Zusammenhangs von Handlungsebene und kognitiver Ebene zurechtkommen. Außerdem muss vor dem Hintergrund von Heterogenität und Inklusion darauf geachtet werden, dass die Studierenden neben dem Lehren auch die unterschiedlichen Fähigkeiten der Schülerinnen und Schüler im Blick behalten und den Wert der Erforschung der Denk- und Lernprozesse erkennen.

Zuletzt sei noch angeführt, dass die hier generierten Ergebnisse nur deshalb entstehen konnten, weil sich Hochschullehrende auf die Vorerfahrungen ihrer Studierenden eingelassen haben. Obgleich Studierende dieses Sich-Einlassen von ihren Schülerinnen und Schülern stets erwarten, ist es an der Universität nicht der Normalfall. Damit das Konzept der Lehr-Lern-Labore gelingen kann, müssen sich auch die Hochschullehrenden der Orientierung an den Lernenden öffnen.

Literatur

Abels, S. (2011). *LehrerInnen als „Reflective Practitioner": Reflexionskompetenz für einen demokratieförderlichen Naturwissenschaftsunterricht.* Hamburg: Universität Hamburg. Dissertation

Adamina, M. (2010). Lernen begleiten, begutachten, beurteilen. In P. Labudde (Hrsg.), *Fachdidaktik Naturwissenschaft 1.–9. Schuljahr* 1. Aufl. utb-studi-e-book. (S. 181–196). Stuttgart: UTB.

Aebli, H. (1997). *Grundlagen des Lehrens: Eine allgemeine Didaktik auf psychologischer Grundlage* (4. Aufl.). Stuttgart: Klett-Cotta.

Baumert, J., & Kunter, M. (2006). Stichwort: Professionelle Kompetenz von Lehrkräften. *Zeitschrift für Erziehungswissenschaft, 9*(4), 469–520.

Beck, E., Guldimann, T., Bischoff, S., Brühwiler, C., & Müller, P. (2008). *Adaptive Lehrkompetenz.* Münster: Waxmann.

Biedermann, H., Brühwiler, C., & Krattenmacher, S. (2012). Lernangebote in der Lehrerausbildung und Überzeugungen zum Lehren und Lernen. Beziehungsanalysen bei angehenden Lehrpersonen. *Zeitschrift für Pädagogik, 58*(4), 460–475.

Birkhan, G. (1999). Subjektive Theorien. In U. Tewes & K. Wildgrube (Hrsg.), *Psychologielexikon* (S. 381–385). München: Oldenbourg.

Brown, R. B., & McCartney, S. (1998). The link between research and teaching: its purpose and implications. *Innovations in Education and training international, 35*(2), 117–129.

Dann, H.-D. (1994). Pädagogisches Verstehen: Subjektive Theorien und erfolgreiches Handeln von Lehrkräften. In K. Reusser & M. Reusser-Weyeneth (Hrsg.), *Verstehen. Pädagogischer Prozess und didaktische Aufgabe* (S. 163–182). Bern: Huber.

Dübbelde, G. (2013). *Diagnostische Kompetenzen angehender Biologie-Lehrkräfte im Bereich der naturwissenschaftlichen Erkenntnisgewinnung.* Kassel: Universität Kassel. Dissertation

Duit, R., & Widodo, A. (2005). Konstruktivistische Lehr-Lern-Sequenzen und die Praxis des Physikunterrichts. *Zeitschrift für Didaktik der Naturwissenschaften, 11*, 131–146.

Euler, D. (2005). Forschendes Lernen. In S. Spoun & W. Wunderlich (Hrsg.), *Studienziel Persönlichkeit: Beiträge zum Bildungsauftrag der Universität heute* (S. 253–272). Frankfurt: Campus.

Euler, M. (2005). Schülerinnen und Schüler als Forscher: Informelles Lernen im Schülerlabor. *Naturwissenschaften im Unterricht. Physik, 16*(90), 4–12.

Fichten, W. (2013). *Über die Umsetzung und Gestaltung Forschenden Lernens im Lehramtsstudium.* Verschriftlichung eines Vortrags aus der Veranstaltung „Modelle Forschenden Lernens" der Bielefelder School of Education. www.diz.uni-oldenburg.de/download/Publikationen/Lehrerbildung_Online/Fichten_01_2013_Forschendes_Lernen.pdf. Zugegriffen: 1. Okt. 2018.

Fives, H., & Buehl, M. M. (2012). Spring cleaning for the "messy" construct of teachers' beliefs: what are they? Which have been examined? What can they tell us? In K. R. Harris (Hrsg.), *Individual differences and cultural and contextual factors* 1. Aufl. APA handbooks in psychology. (S. 471–499). Washington, D.C.: American Psychological Association.

Guskin, A. E. (1994). Reducing student costs & enhancing student learning part II: restructuring the role of faculty. *Change: The Magazine of Higher Learning, 26*(5), 16–25.

Hascher, T. (2008). Diagnostische Kompetenzen im Lehrberuf. In C. Kraler (Hrsg.), *Wissen erwerben, Kompetenzen entwickeln. Modelle zur kompetenzorientierten Lehrerbildung* (S. 71–86). Münster: Waxmann.

Helsper, W. (2000). Antinomien des Lehrerhandelns und die Bedeutung der Fallrekonstruktion – Überlegungen zu einer Professionalisierung im Rahmen universitärer Lehrerausbildung. In E. Cloer, D. Klika & H. Kunert (Hrsg.), *Welche Lehrer braucht das Land? Notwendige und mögliche Reformen der Lehrerbildung* (S. 142–177). Weinheim: Beltz Juventa.

Hesse, I., & Latzko, B. (2017). *Diagnostik für Lehrkräfte.* Stuttgart: UTB.

Hößle, C., Hußmann, S., Michaelis, J., Niesel, V., & Nührenbörger, M. (2017). Fachdidaktische Perspektiven auf die Entwicklung von Schlüsselkenntnissen einer förderorientierten Diagnostik. In C. Selter, S. Hußmann, C. Hößle, C. Knipping, K. Lengnink & J. Michaelis (Hrsg.), *Diagnose und Förderung heterogener Lerngruppen. Theorien, Konzepte und Beispiele aus der MINT-Lehrerbildung* (S. 19–37). Münster: Waxmann.

Huber, L. (2009). Warum Forschendes Lernen nötig und möglich ist. In L. Huber, J. Hellmer & F. Schneider (Hrsg.), *Forschendes Lernen im Studium* (S. 9–35). Bielefeld: Webler.

Huber, L. (2018). Forschendes Lernen: Begriff, Begründungen und Herausforderungen. https://dbs-lin.ruhr-uni-bochum.de/lehreladen/lehrformate-methoden/forschendes-lernen/begriff-begruendungen-und-herausforderungen/#nav-block. Zugegriffen: 1. Okt. 2018.

Klinghammer, J., Rabe, T., & Krey, O. (2016). Unterrichtsbezogene Vorstellungen von Lehramtsstudierenden der Physik. *ZfDN, 22*(1), 181–195.

KMK (2004). *Standards für die Lehrerbildung: Bildungswissenschaften*

KMK (2017). Ländergemeinsame inhaltliche Anforderungen für die Fachwissenschaften und Fachdidaktiken in der Lehrerbildung. https://www.kmk.org/fileadmin/Dateien/veroeffentlichungen_beschluesse/2008/2008_10_16-Fachprofile-Lehrerbildung.pdf. Zugegriffen: 1. Okt. 2018.

Komorek, M. (2014). Entwicklung von Diagnosekompetenz bei Physik-Lehramtsstudierenden. In A. Fischer, C. Hößle, S. Jahnke-Klein, H. Kiper, M. Komorek & J. Michaelis (Hrsg.), *Diagnostik für lernwirksamen Unterricht* 1. Aufl. (Bd. 1, S. 15–35). Baltmannsweiler: Schneider Hohengehren.

Komorek, M., & Prediger, S. (Hrsg.). (2013). *Der lange Weg zum Unterrichtsdesign: Zur Begründung und Umsetzung fachdidaktischer Forschungs- und Entwicklungsprogramme.* Münster: Waxmann.

Krabbe, H., Zander, S., & Fischer, H. E. (2015). *Lernprozessorientierte Gestaltung von Physikunterricht: Materialien zur Lehrerfortbildung.* Ganz In – Materialien für die Praxis. Münster: Waxmann.

Krofta, H., Fandrich, J., & Nordmeier, V. (2013). *Fördern Praxisseminare im Schülerlabor das Professionswissen und einen reflexiven Habitus bei Lehramtsstudierenden?* PhyDid B-Didaktik der Physik-Beiträge zur DPG-Frühjahrstagung.

Kufner, S. (2013). *Diagnose und Prognose von Handlungskompetenz im Bereich adaptiven Lehrens bei Studierenden: eine Videostudie.* Passau: Universität Passau. Dissertation

Mayring, P., & Fenzl, T. (2014). Qualitative Inhaltsanalyse. In N. Baur & J. Blasius (Hrsg.), *Handbuch Methoden der empirischen Sozialforschung* (S. 543–556). Wiesbaden: Springer.

Meyer, H. (2006). Skizze eines Stufenmodells zur Analyse von Forschungskompetenz. In A. Obolenski & H. Meyer (Hrsg.), *Forschendes Lernen. Theorie und Praxis einer professionellen LehrerInnenausbildung* (2. Aufl. S. 99–115). Bad Heilbrunn: Klinkhardt.

Meyer, H. (2018). *Leitfaden Unterrichtsvorbereitung* (9. Aufl.). Berlin: Cornelsen.

Neumann, K. (2010). Professionswissen als Zentrum der Diskurse über Lehrerbildung. In D. Gaus & E. Drieschner (Hrsg.), *„Bildung"; jenseits pädagogischer Theoriebildung? Fragen zu Sinn, Zweck und Funktion der Allgemeinen Pädagogik.* Wiesbaden: VS.

Nordmeier, V., Käpnick, F., Komorek, M., Leuchter, M., Parchmann, I., Priemer, B., Risch, B., Roth, J., Schulte, C., Schwanewedel, J., Upmeier zu Belzen, A., & Weusmann, B. (2014). *Antrag auf Finanzierung des Entwicklungsverbundes „Schülerlabore als Lehr-Lern-Labore: Forschungsorientierte Verknüpfung von Theorie und Praxis in der MINT-Lehrerbildung".* Antrag an die Deutsche Telekom Stiftung

Oevermann, U. (1996). Skizze einer revidierten Professionalisierungstheorie. In A. Combe & W. Helsper (Hrsg.), *Pädagogische Professionalität* (S. 70–82). Frankfurt a. M.: Suhrkamp.

Oliveira, A. W. (2010). Improving teacher questioning in science inquiry discussions through professional development. *Journal of Research in Science Teaching, 47*(4), 422–453.

Oser, F., & Sarasin, S. (1995). Basismodells des Unterrichts: Von der Sequenzierung als Lernerleichterung. https://publishup.uni-potsdam.de/opus4-ubp/frontdoor/deliver/index/docId/410/file/OSERSARA.pdf. Zugegriffen: 1. Okt. 2018.

Ramsenthaler, C. (2013). Was ist „Qualitative Inhaltsanalyse?". In M. Schnell, C. Schulz, H. Kolbe & C. Dunger (Hrsg.), *Der Patient am Lebensende* (S. 23–42). Wiesbaden: Springer.

Richter, C., & Komorek, M. (2017). Backbone – Rückgrat bewahren beim Planen. In S. Wernke & K. Zierer (Hrsg.), *Die Unterrichtsplanung: Ein in Vergessenheit geratener Kompetenzbereich?! Status Quo und Perspektiven aus Sicht der empirischen Forschung* (S. 91–103). Bad Heilbrunn: Klinkhardt.

Schön, D. A. (1987). *Educating the reflective practitioner: toward a new design for teaching and learning in the professions.* San Francisco: Jossey-Bass.

Selter, C., Hußmann, S., Hößle, C., Knipping, C., Lengnink, K., & Michaelis, J. (Hrsg.). (2017). *Diagnose und Förderung heterogener Lerngruppen: Theorien, Konzepte und Beispiele aus der MINT-Lehrerbildung.* Münster: Waxmann.

Siebert, H. (2005). *Pädagogischer Konstruktivismus: Lernzentrierte Pädagogik in Schule und Erwachsenenbildung. Pädagogik und Konstruktivismus.* Weinheim: Beltz.

Smoor, S. (2018) *Lehr-Lern-Labore als Instrument der Professionalisierung im Lehramtsstudium Physik. Zyklische Gestaltungs- und Reflexionsprozesse im Theorie-Praxis-Raum Lehr-Lern-Labor.* Dissertation. Oldenburg: Universität Oldenburg. http://oops.uni-oldenburg.de/3962/. Zugegriffen: 1. Juni 2019.

Smoor, S., & Komorek, M. (2016). Forschendes Lernen von Lehramt Physik-Studierenden im Lehr-Lern-Labor. In C. Maurer (Hrsg.), *Authentizität und Lernen – das Fach in der Fachdidaktik.* Gesellschaft für Didaktik der Chemie und Physik, Jahrestagung, Berlin, 2015. (S. 494–496). Regensburg: Universität Regensburg.

Terhart, E. (2002). *Standards für die Lehrerbildung: Eine Expertise für die Kultusministerkonferenz.* ZKL-Texte, Bd. 24. Münster: ZKL.

Wahl, D. (2002). Mit Training vom trägen Wissen zum kompetenten Handeln? *Zeitschrift für Pädagogik, 48*(2), 227–241.

Weinert, F. E., & Helmke, A. (1996). Der gute Lehrer: Person, Funktion oder Fiktion? In A. Le-
   schinsky (Hrsg.), *Die Institutionalisierung von Lehren und Lernen. Beiträge zu einer Theorie
   der Schule* (S. 223–233). Weinheim: Beltz.
Weißeno, G., Weschenfelder, E., & Oberle, M. (2013). Konstruktivistische und transmissive Überzeugungen von Referendar/-innen. In A. Besand (Hrsg.), *Lehrer- und Schülerforschung in der
   politischen Bildung* (S. 68–77). Schwalbach: Wochenschau.
Widulle, W. (2009). *Handlungsorientiert Lernen im Studium: Arbeitsbuch für soziale und pädagogische Berufe.* Wiesbaden: VS.
Wildt, J. (2006). Reflexives Lernen in der Lehrerbildung – ein Mehrebenenmodell in hochschuldidaktischer Perspektive. In A. Obolenski & H. Meyer (Hrsg.), *Forschendes Lernen. Theorie
   und Praxis einer professionellen LehrerInnenausbildung* (2. Aufl. S. 71–84). Bad Heilbrunn:
   Klinkhardt.

Teil IV
Wahrnehmung der Lehr-Lern-Labore durch Studierende

Lehr-Lern-Labore als Vorbereitung auf den Lehrberuf – die Perspektive der Studierenden

18

Stefan Sorge ⓘ, Irene Neumann ⓘ, Knut Neumann ⓘ, Ilka Parchmann und Julia Schwanewedel ⓘ

Inhaltsverzeichnis

Abstract

Ein zentrales Ziel des Lehr-Lern-Labors der Kieler Forschungswerkstatt ist es, angehende Lehrpersonen auf die Herausforderungen beim Übergang in den Vorbereitungsdienst vorzubereiten. Im vorliegenden Beitrag wird der Frage nach-

S. Sorge (✉) · K. Neumann
Didaktik der Physik, IPN - Leibniz-Institut für die Pädagogik der Naturwissenschaften und Mathematik
Kiel, Deutschland
E-Mail: sorge@ipn.uni-kiel.de

K. Neumann
E-Mail: neumann@ipn.uni-kiel.de

I. Neumann
Didaktik der Mathematik & Didaktik der Physik, IPN - Leibniz-Institut für die Pädagogik der Naturwissenschaften und Mathematik
Kiel, Deutschland
E-Mail: ineumann@ipn.uni-kiel.de

I. Parchmann
Didaktik der Chemie, IPN - Leibniz-Institut für die Pädagogik der Naturwissenschaften und Mathematik
Kiel, Deutschland
E-Mail: parchmann@ipn.uni-kiel.de

J. Schwanewedel
Sachunterrichtsdidaktik, Humboldt-Universität zu Berlin
Berlin, Deutschland
E-Mail: julia.schwanewedel@hu-berlin.de

B. Priemer und J. Roth (Hrsg.), *Lehr-Lern-Labore*,
https://doi.org/10.1007/978-3-662-58913-7_18

gegangen, inwiefern Studierende die komplexitätsreduzierten Praxiserfahrungen im Lehr-Lern-Labor der Kieler Forschungswerkstatt als Bereicherung für ihre Vorbereitung auf die spätere berufliche Praxis erleben. Dazu wurden Interviews mit $N = 9$ Physiklehramtsstudierenden durchgeführt und ausgewertet. Die Studierenden diskutierten darin differenziert Vorteile und Grenzen des Lehr-Lern-Labors. So wurden beispielsweise die Möglichkeit des wiederholten Präsentierens eines gleichen Lerninhaltes und der Austausch mit Kommilitoninnen und Kommilitonen als förderlich eingeschätzt. Gleichzeitig sind sich die Studierenden der gesteigerten Komplexität beim regulären Unterrichten einer Schulklasse bewusst. Der Beitrag schließt mit einem Ausblick, wie die Perspektive der Studierenden dazu genutzt werden kann, das Lehr-Lern-Labor-Angebot weiterzuentwickeln.

18.1   Einleitung

Guter Unterricht zeichnet sich allgemein durch kognitiv aktivierende Lerngelegenheiten, eine schülerorientierte Lernunterstützung und effektive Klassenführung aus (Klieme et al. 2001). Die Lehramtsausbildung hat das Ziel, angehende Lehrpersonen zur Umsetzung gerade dieser Basisdimensionen guten Unterrichts in ihrer eigenen Praxis zu befähigen. Dabei steht in der universitären Lehramtsausbildung der wissenschaftlich fundierte Erwerb professioneller Kompetenzen (Baumert und Kunter 2006) im Fokus, die dann im Laufe des Vorbereitungsdienstes in der Praxis angewendet und theoriegeleitet reflektiert werden sollen. Schließlich sollen während der weiteren beruflichen Laufbahn die erworbenen Kompetenzen weiterentwickelt und verfeinert werden (Beschluss der Kultusministerkonferenz [KMK] 2008). Seit einigen Jahren gibt es jedoch vermehrt Bestrebungen, bereits in der ersten Phase der universitären Lehramtsausbildung eine stärkere Verzahnung von Theorie und Praxis zusätzlich zu den bereits etablierten Schulpraktika zu erreichen (z. B. Bundesministerium für Bildung und Forschung [BMBF] 2016). Als ein vielversprechender Ansatz zur verstärkten Verzahnung von Theorie und Praxis im Laufe der universitären Lehramtsausbildung werden dabei Lehr-Lern-Labore angesehen (z. B. Rehfeldt et al. 2018).

Lehr-Lern-Labore stellen universitäre Lerngelegenheiten dar, bei denen Lehramtsstudierende Schülerinnen und Schüler zu ausgewählten thematischen Fragestellungen in einem Schülerlabor unterrichten (vgl. auch Kap. 2). Zentral für die Entwicklung der Kompetenzen der Studierenden ist dabei die theoriegeleitete Planung, Durchführung und Reflexion ihrer praktischen Unterrichtstätigkeit im Lehr-Lern-Labor. Im Sinne des zyklischen Forschenden Lernens (vgl. Kap. 1) erhalten die Studierenden wiederholt die Gelegenheit, ihre Lerneinheit zu verfeinern, durchzuführen und theoriegeleitet zu reflektieren und damit auch wiederholt ihr erworbenes Wissen mit den praktischen Erfahrungen in Beziehung zu setzen. Bisher existieren jedoch erst wenige Erkenntnisse darüber, wie Studierende die verschiedenen Aspekte und die konkrete Umsetzung des zyklischen Forschenden Lernens in Lehr-Lern-Laboren wahrnehmen. Studien konnten bislang zeigen, dass Studierende im Rahmen von Lehr-Lern-Laboren Sicherheit im Umgang mit Schülerinnen und Schülern gewinnen und neuen methodischen Zugängen offener gegenüberstehen (z. B. Steffensky und Parchmann 2007; Völker und Trefzger 2011). Mit dem vorliegenden Beitrag sollen nun weitere Einblicke in die Art und Weise gegeben werden, wie Lehramtsstudierende verschiedene Phasen des zyklisch Forschenden Lernens im Lehr-Lern-Labor in der Kieler Forschungswerkstatt (www.forschungs-werkstatt.de) wahrnehmen und wie sie sich nach einer Lehrveranstaltung im Lehr-Lern-Labor insgesamt auf ihre spätere berufliche Praxis vorbereitet sehen.

18.2   Kontext und Durchführung der Erhebung

18.2.1   Die Kieler Forschungswerkstatt in der Lehramtsausbildung – KiFoLa

An der Christian-Albrechts-Universität zu Kiel konnte eine fächerübergreifende Lehrveranstaltung im Lehr-Lern-Labor der Kieler Forschungswerkstatt für Masterstudierende der Fächer Biologie, Chemie und Physik im Studienplan verankert werden (Details zur Lehrveranstaltungskonzeption siehe Kap. 6). In Seminaren erarbeiten sich die Lehramtsstudierenden zunächst einen ausgewählten fachdidaktischen Schwerpunkt auf theoretisch-wissenschaftlicher Ebene und haben dann die Gelegenheit, auf zyklisch forschende Weise inhaltsgleiche Unterrichtsminiaturen im Sinne des Microteaching (Fortune et al. 1967) wiederholt an vorhandenen Stationen in einem ausgewählten Themenlabor der Kieler Forschungswerkstatt durchzuführen. Durch die dreimalige Betreuung der gleichen Station mit unterschiedlichen Schülerinnen und Schülern in Kleingruppen haben die Studierenden die Möglichkeit, unterschiedliches Lernverhalten und unterschiedliche Vorstellungen von Schülerinnen und Schülern kennenzulernen und ihr eigenes Lehrverhalten im Laufe der drei Durchführungen gezielt zu variieren. Während der Durchführung der Unterrichtsminiaturen arbeiten die Studierenden in Tandems, um abwechselnd als Lehrperson und als beobachtende Person tätig zu sein; damit werden den Studierenden unterschiedliche Lerngelegenheiten zur Entwicklung und Reflexion ermöglicht (Jenkins und Veal 2002). Die Reflexionen der Studierenden werden überdies durch das Feedback von erfahrenen Lehrpersonen bzw. Dozenten und Dozentinnen der Universität unterstützt. Schließlich sind die Studierenden dazu angehalten, die Reflexionen der einzelnen Betreuungstermine schriftlich in Reflexionsprotokollen festzuhalten (Sorge et al. 2018) und ihre Erfahrungen in Bezug auf die Theorieseminare in Portfolios zu dokumentieren. Insgesamt konnte somit durch den theoretischen Input, die Durchführung in Tandems und die theoriegeleitete Reflexion sowie Adaption des eigenen Lehrverhaltens die Grundlage für zyklisches Forschendes Lernen im Kieler Lehr-Lern-Labor und damit für die gezielte Vorbereitung auf den späteren Lehrberuf gelegt werden.

Tab. 18.1 Auszug aus dem Interviewleitfaden zur Befragung der Teilnehmenden des Kieler Lehr-Lern-Labors

Thema	Gesprächsimpuls
Bewertung einzelner Aspekte: Seminarsitzung	Welche Rolle haben aus Ihrer Perspektive die Seminarsitzungen im Laufe des Semesters gespielt?
Bewertung einzelner Aspekte: Partnerarbeit	Können Sie mir ein wenig von der Arbeit im Tandem erzählen?
Bewertung einzelner Aspekte: Nutzung der Reflexionsprotokolle	Können Sie mir erzählen, wie Sie die Reflexionsprotokolle verwendet haben? Können Sie das an einem Beispiel deutlich machen?
Bedeutung für eigene Praxis	Können Sie mir ein Beispiel geben, welche Rolle die Lehrveranstaltung zur Vorbereitung auf die Praxiszeit eingenommen hat?

18.2.2 Methodisches Vorgehen zur Befragung der Studierenden

Um Erkenntnisse zur Einschätzung der Wirksamkeit der einzelnen Aspekte des zyklischen Forschenden Lernens sowie zur Lehrveranstaltung im Kieler Lehr-Lern-Labor insgesamt zu erhalten, wurden im Wintersemester 2016/2017 $N = 9$ Lehramtsstudierende (Master Physik) nach dem Besuch der Lehrveranstaltung befragt. Es handelte sich dabei um vier Studentinnen und fünf Studenten, die ihre Praxisphasen im ozean:labor, im geo:labor oder im energie:labor der Kieler Forschungswerkstatt absolviert haben.

Zur Befragung wurde ein semistrukturiertes Interview verwendet, das erst nach Beendigung aller relevanten Studienleistungen durchgeführt wurde. Insgesamt umfasste das Interview elf verschiedene Gesprächsimpulse zu bisherigen Studienerfahrungen, Erwartungen an die Lehrveranstaltung, zur Diskussion zentraler Aspekte des zyklisch Forschenden Lernens und zur generellen Einschätzung der Wirksamkeit der Lehrveranstaltung. In Tab. 18.1 sind ausgewählte zentrale Themen des Interviews und sinngemäße Gesprächsimpulse dargestellt, die zur folgenden Auswertung im vorliegenden Beitrag herangezogen wurden.

Neben den dargestellten Impulsen war die interviewende Person dazu angehalten, zusätzliche Nachfragen zu konkreten Beispielen zu stellen, um so ein möglichst umfassendes Bild der Erfahrungen der Studierenden zu erhalten. Die durchgeführten Interviews wurden mit dem Einverständnis der Studierenden aufgezeichnet und im Anschluss zur Analyse transkribiert. Die Interviewdauer variierte, sie betrug 13 bis 27 min (im Mittel 20 min). Die qualitative Analyse des Textmaterials wurde von zwei Personen des Autorenteams zunächst unabhängig voneinander durchgeführt. Dabei wurden die Interviews vollständig gelesen und die einzelnen Interviewsegmente thematisch sortiert. Anschließend wurden die zentralen Themen aller Interviews gemeinsam im Austausch identifiziert und repräsentative Zitate ausgewählt, um die Einschätzung der Studierenden zu zentralen Aspekten des zyklischen Forschenden Lernens sowie zur Vorbereitung auf den Vorbereitunsdienst zu beschreiben.

18.3 Einschätzungen der Studierenden zu Merkmalen der Lerngelegenheit

18.3.1 Bewertung der Seminarsitzungen

Die fachdidaktischen Seminare bieten eine Einführung in außerschulische Lernorte und deren Potenziale für die MINT-Bildung (z. B. Schwarzer et al. 2015) und legen den theoretischen Grundstein für die Betreuung in der Kieler Forschungswerkstatt, wie in dem folgenden Zitat deutlich wird:

> Sozusagen wirklich eine Wegweiserfunktion, könnte man auch sagen. Ohne das Seminar wäre das sehr konfus gewesen, glaube ich. (STU3)

Der Schwerpunkt der Seminarsitzungen kann dabei variiert werden und fokussiert auf aktuelle Themen der fachdidaktischen Forschung (siehe Kap. 6). Aufgrund der gegebenen Rahmenbedingungen in Form von Credit Points und notwendiger Zeit zur Erprobung im Lehr-Lern-Labor ist der zeitliche Umfang der theoretischen Seminarsitzungen jedoch auf zwei Sitzungen beschränkt. Im Kontext der hier vorgestellten Befragung der Studierenden lag der fachdidaktische Schwerpunkt auf der Interaktion mit Schülerinnen und Schülern zur Entwicklung eines adäquaten Konzeptverständnisses (zum fachdidaktischen Schwerpunkt siehe Kap. 6). Dazu sollten sich die Studierenden zunächst mit ausgewählter fachdidaktischer Literatur (z. B. Kobarg und Seidel 2007; Wellington und Osborne 2001) auseinandersetzen, Kriterien erfolgreicher Kommunikation mit Blick auf eine Konzeptentwicklung der Schülerinnen und Schüler diskutieren und deren Übertragbarkeit auf die konkrete Arbeit an der Station im Schülerlabor prüfen. In einer zweiten Sitzung sollten dann die bisherigen Erlebnisse an den einzelnen Stationen gemeinsam literaturbasiert reflektiert werden. Insgesamt bilden die Seminarsitzungen somit einen theoretischen Rahmen, der durch die unterschiedlich verteilten Termine zur Hospitation und Betreuung im Lehr-Lern-Labor mit der Praxis verknüpft wurde.

So erlebte auch die Mehrzahl der befragten Studierenden die Seminarsitzungen als wichtiges Element zur Verknüpfung von Theorie und Praxis, wie auch die folgenden Zitate exemplarisch illustrieren:

> Die erste mit dem theoretischen Input fand ich gut, und war meiner Meinung nach auch super sinnvoll, weil das einfach das Grundgerüst war, an dem man sich orientieren konnte. (STU4)

> Also, was in den Texten stand, konnte ich zum Teil anwenden. Ich bin eigentlich jemand, der sich sehr schwer tut, mit diesen – das wird immer „Offener Unterricht" genannt. Ich sehe ein, dass es viele Vorteile hat. Ich sehe aber auch einige Nachteile bei dem Modell und wurde aber dann durch die Texte ein bisschen ermutigt, das ein oder andere auszuprobieren. Gerade in dem Text von 2007. Da stehen auch die unterschiedlichen vier Ideen sozusagen drin. [. . .] Und die konnte man sehr gut einfach mal ausprobieren in der Forschungswerkstatt. Also, insofern haben sie mir schon geholfen, und sie haben mich auch ein bisschen dazu gebracht, meine Meinung von offenem Unterricht ein bisschen zu überdenken. (STU9)

In den Ausführungen der Studierenden wurde zudem deutlich, dass die Verknüpfung der Theorie mit der Praxis vor allem dann gut möglich ist, wenn in der Fachliteratur konkrete theoretische oder empirische Leitlinien oder Kriterien genannt werden, die zu einer Verbesserung des Unterrichts umsetzbar sind. Aus der Perspektive der Studierenden waren es allerdings vor allem organisatorische Faktoren, die eine Umsetzung der Theorie in der Praxis erschwerten:

> Wir hatten die Termine halt alle so früh, deswegen konnte man da nicht so viel mit anfangen. Also konnte man dann nicht mehr so viel mit reinnehmen, und die Lehrer hatten uns schon relativ viel Feedback zur Kommunikation mit den Schülern gegeben. Deswegen habe ich da gar nicht so drüber nachgedacht über die Theorie. (STU1)

Neben der Auswahl der Texte scheint somit insbesondere die Abstimmung der Betreuungstermine mit den Seminarterminen von zentraler Bedeutung zu sein. Der theoretische Input sollte idealerweise im Anschluss an die erste Hospitation erfolgen, damit erste Ideen zur Verknüpfung von Theorie und Praxis entwickelt werden können. Der Reflexionstermin der Seminarsitzung sollte den Studierenden vor allem die Gelegenheit geben, die bisherigen Praxiserfahrungen mit den Kommilitonen und Kommilitoninnen zu reflektieren:

> Da hat man dann einfach mal gehört, wie es bei den anderen so ablief, was die so erlebt haben, an welchen Stationen die waren. (STU6)

18.3.2 Bewertung der Arbeit im Tandem

Bereits zu Beginn des Semesters hatten die Studierenden die Aufgabe – neben der Entscheidung für ein ausgewähltes Themenlabor der Kieler Forschungswerkstatt –, ein Tandem für die Betreuung der Lernstationen zu bilden. Die Betreuung der Lernstationen sollte dann immer im Wechsel zwischen den Tandempartnern bzw. -partnerinnen erfolgen und somit einen Wechsel der Rollen als Lehrperson und beobachtende Person ermöglichen. Dieses Vorgehen bot neben organisatorischen Vorteilen bei der Planung der Klassenbesuche auch die Möglichkeit für die Studierenden, sich stärker mit ihren Kommilitonen und Kommilitoninnen auszutauschen:

> Ich finde das immer gut, wenn man sich noch mal absprechen kann und sich gegenseitig Feedback geben kann. Aber nicht von der Betreuerin oder dem Betreuer, sondern von Kommilitonen. Finde ich immer gut, sich Feedback gegenseitig zu geben und auch zu sehen, die steckt ja irgendwie im gleichen Zug sozusagen und macht das Gleiche durch, und dann kann man das immer noch vergleichen, wie setzt die andere Person das dann um. (STU6)

Dabei schien für verschiedene Studierende die Vertrautheit mit dem Tandempartner oder der -partnerin eine Grundvoraussetzung für die gemeinsame Arbeit und die gegenseitigen Rückmeldungen gewesen zu sein:

> Also, es ist schon eine freundschaftliche Ebene, aber man gibt sich dann halt trotzdem Kritik. Es ist jetzt nicht so, dass man zögert, den anderen zu kritisieren oder zu verbessern, weil man dem nicht zu nahetreten will. (STU5)

Auf der anderen Seite beschrieben aber auch zwei Studierende ihre positiven Erfahrungen mit einem neuen Kontakt und möglichen neuen Perspektiven, die man durch die gemeinsame Betreuung einnehmen konnte:

> Tandem finde ich gut. [. . .] Ich fand seine Art, wie er es gemacht hat, nicht gut. Aber ich fand diese Idee einfach genial, weil es genau das war, was mir fehlte. Mir fehlte irgendwie so ein Einstieg, um die Schülerinnen und Schüler abzuholen. (STU9)

Neben Möglichkeiten zum direkten Austausch und Lernen aus dem Lehrverhalten des Tandempartners bzw. der -partnerin bot die Arbeit im Tandem auch Gelegenheiten, das Verhalten der Schülerinnen und Schüler genauer zu analysieren, als es während des eigenen unterrichtlichen Handelns möglich gewesen wäre:

> Wir haben es aber ganz oft auch gemacht, dass sich eine Person um die jeweiligen Teilgruppen gekümmert hat und die andere nur zugeguckt hat. Und geguckt hat, was machen die denn? Machen die auch wirklich das, was André gesagt hat, oder machen die was anderes? (STU3)

18.3.3   Nutzung der Reflexionsprotokolle

Die Reflexion des Unterrichts stellt ein zentrales Element bei der Verknüpfung von Theorie und Praxis dar, da in dieser Phase bewusst Erlebtes mit theoretischen Überlegungen und den eigenen Überzeugungen in Relation gesetzt werden kann (Sorge et al. 2018; Stender 2014). Dieser komplexe Prozess stellt dabei insbesondere Lehramtsstudierende vor große Herausforderungen, die nur zum Teil bewältigt werden. Reflexionen bleiben häufig bei der Beschreibung des Erlebten stehen und erfüllen somit nur bedingt ihren Zweck zur Verknüpfung von Theorie und Praxis (Nowak et al. 2017). Zur Anleitung der Reflexionsprozesse und expliziten Verknüpfung mit fachdidaktischen Überlegungen wurde ein vorhandener Reflexionsbogen (Gess-Newsome et al. 2017) in Bezug auf die Spezifika der Lehr-Lern-Labore adaptiert, erprobt und wiederholt eingesetzt (Sorge et al. 2018). Basierend auf den eigenen Erfahrungen und theoretischen Überlegungen sollten die Reflexionsbögen ausgefüllt und Ideen zur Adaption der eigenen Praxis entwickelt werden:

> Das waren vier Fragen beziehungsweise vier Ansätze oder Richtungsgeber, die zum einen erst mal versuchen, kurz zu beschreiben, welche Station liegt überhaupt vor oder was ist überhaupt das Thema, und dann auch anknüpfen daran, festzumachen, welche Probleme können sich ergeben oder welche Lernziele können erreicht werden, oder was man noch daraus ableiten kann. (STU3)

In der Retrospektive gaben einige Studierende jedoch auch an, dass sie das Ausfüllen des Reflexionsbogens vor große Schwierigkeiten stellte:

> Ich fand einige Fragen problematisch, weil ich manchmal auch nicht so ganz verstanden habe, was da von mir verlangt wird. [. . .] Zum Beispiel die erste: Welche zentralen Themen wurden an der Station thematisiert? Ist immer das Gleiche irgendwie. Und welche

Bedeutung die Themen für die Schüler hatten. Da wusste ich auch manchmal nicht so genau. Wenn die zum Beispiel gar keine Physik haben, dann hat es für die irgendwie keine Bedeutung, außer dass sie wissen, wo Schweinswale leben zum Beispiel. Und dann auch Frage 3: Was haben die Schüler im Laufe der Station gelernt? Wie konnten sie dies feststellen? Das kann ich für mich irgendwie nicht feststellen, weil ich die ja nie wiedersehe. (STU1)

Da fand ich das teilweise schwer. Die zentralen Themen waren halt relativ klar abgesteckt, das war noch einfach zu beantworten. Das zweite war das mit den Fehlvorstellungen. Das fand ich bei Schall schwer, da irgendwie ein übergeordnetes Konzept festzustellen. (STU4)

Dabei scheinen für Studentin 1 und Student 4 vor allem Schwierigkeiten darin zu bestehen, Fehlvorstellungen und Lernfortschritte der Schülerinnen und Schüler explizit zu erkennen und zu benennen und ihr eigenes Handeln darauf zu beziehen. Dabei wäre es möglich, dass die Studierenden eigene Fehlvorstellungen haben, die wiederum die Diagnose der Fehlvorstellungen aufseiten der Schülerinnen und Schüler erschweren (Abell 2007). Weiterhin wäre jedoch auch denkbar, dass die Schwierigkeiten eher im Prozess der Reflexion und deren Verschriftlichung lagen. Um diesem Defizit zu begegnen, könnte der theoretische Input weniger auf das Handeln der angehenden Lehrpersonen fokussieren und stärker auf Anforderungen und Kompetenzen bei der Reflexion eingehen. Zudem führt Studentin 1 aus, dass die Wiederholung der Reflexion eine gewisse Redundanz beinhaltet, die demotivierend wirken kann. Andere Studierende berichteten jedoch davon, dass das fortführende Ausfüllen der Reflexionsprotokolle ebenso Vorteile besitzt (siehe auch Kap. 6):

Ich habe die so ausgefüllt, dass ich für jeden Termin eine Überarbeitung des vorherigen Termins vorgenommen habe, weil wir auch in einem Progress [sic] drinnen waren, der immer weiter verfeinert werden sollte. Und deswegen für jeden einzelnen Termin auch unterschiedliche Farben, damit man das auch so ein bisschen erkennen kann. Ich habe ähnliche Textpassagen da gelassen, sodass jetzt zum Beispiel beim vierten Termin ein bunter Flickenteppich ist an Farben, und sodass man wirklich sehen kann: Aha, dieser Aspekt wurde übernommen, mit in die nächste Gruppe, ein anderer ist hinzugekommen, oder ein anderer wurde wieder rausgestrichen, sodass man auch ganz gut die Entwicklung überhaupt mitnehmen kann. (STU3)

Aber ich fand es schon hilfreich, die Unterschiede zu protokollieren zwischen den einzelnen Gruppen, die man da hatte, oder zwischen den einzelnen Klassenstufen. Man hat schon gemerkt, dass es, obwohl es gleiche Klassenstufen waren, Leistungsunterschiede schon trotzdem da sind, auch teilweise ziemlich doll. Da fand ich die Reflexionsbögen eher hilfreich, das zu reflektieren. (STU5)

So zeigen die Aussagen von Student 3 und Student 5, dass sich die Reflexionsprotokolle sehr gut dazu eignen, eine Entwicklung über die verschiedenen Betreuungstermine hinweg darzustellen und dabei insbesondere heterogene Anforderungssituationen in den Blick zu nehmen. Zukünftig wäre es wichtig, den Studierenden vor Beginn der Arbeit im Lehr-Lern-Labor Beispiele für unterschiedliche Möglichkeiten der Arbeit mit den Reflexionsprotokollen aufzuzeigen (z. B. gezielte Farbcodierungen). Einige der Vorbehalte beim wiederholten Ausfüllen der Reflexionsbögen sind möglicherweise auch auf die geringe Erfahrung mit diesem Format

zurückzuführen. Zusätzlich bietet das fortführende Ausfüllen der Reflexionsprotokolle die Möglichkeit – durch bewusstes Reflektieren über die unterschiedlichen
Voraussetzungen von Schülerinnen und Schülern über verschiedene Klassenstufen
hinweg sowie auch innerhalb einer Klasse –, sich mit dem Thema Heterogenität
auseinanderzusetzen.

Neben eigenen Überlegungen zur Adaption aus den Reflexionsprotokollen wurde im Laufe der Interviewgespräche aber auch deutlich, dass vor allem die direkte
Rückmeldung durch erfahrene Lehrpersonen (Mentorinnen und Mentoren) und der
Austausch mit den Kommilitoninnen und Kommilitonen die Basis für die Anpassung des eigenen Verhaltens waren:

> Ich habe ziemlich viel da wieder reingegeben, was wir mit den Mentoren besprochen haben.
> Auch dass wir von den Mentoren allgemeine Tipps teilweise bekommen haben. Gerade
> wir hatten eine Gruppe mit einer sehr heterogenen Klasse, und da haben die auch allge-
> meine Tipps gegeben, was machen wir im Unterricht machen können wenn wir so eine
> Klasse haben. Und das habe ich auch mit reingeschrieben, dass man auch die allgemeinen
> Tipps behält. Also, man kann immer nochmal nachgucken, damit man die Tipps beherzigt.
> (STU8)

18.3.4   Einschätzungen der Studierenden zur Vorbereitung auf die spätere Praxis

Durch die Etablierung eines Lehr-Lern-Labors als Bestandteil der universitären
Lehramtsausbildung in Kiel wurde eine zusätzliche Lerngelegenheit zur Verknüpfung von Theorie und Praxis geschaffen. Durch diese Lerngelegenheit soll es ermöglicht werden, den Übergang in die spätere unterrichtliche Praxis im Vorbereitungsdienst zu erleichtern und somit auch den sogenannten Praxisschock abzumil-
dern (z. B. Dicke et al. 2016). Im Unterschied zu klassischen Schulpraktika bieten
Lehr-Lern-Labore eine komplexitätsreduzierte Lehr-Lern-Situation, die eine geziel-
tere Anwendung des fachdidaktischen Wissens ermöglichen soll. Dabei sind sich
die Studierenden aber gleichwohl der Grenzen und der Komplexitätsreduktion des
Lehr-Lern-Labors bewusst:

> Es waren auch relativ kleine Gruppen, muss man dazu auch sagen. Es waren so sechs,
> sieben Schüler nur. Ich glaube, das ist dann auch was anderes, wenn man vor einer großen
> Klasse steht. (STU3)

Insbesondere die tatsächliche Interaktion mit Schülerinnen und Schülern führte
jedoch zu einer Stärkung des Selbstbilds als Lehrperson und zu mehr Sicherheit
im Umgang mit Schülerinnen und Schülern (siehe auch Steffensky und Parchmann
2007):

> Also, auf jeden Fall die Scheu, mit Schülern richtig zu interagieren oder was auszuprobieren
> einfach. (STU5)

> Auch der Umgang prinzipiell. Also es ist alles deutlich entspannter geworden. Es waren
> auch relativ kleine Gruppen muss man dazu auch sagen, es waren so sechs sieben Schüler

nur [...] aber dennoch, ich glaub der Umgang und auch diese Entspanntheit mal abzuwarten, lass die mal erstmal formulieren, gucken wo wir da hinkommen. (STU3)

Durch die Diskussion der fachdidaktischen Literatur in den vorbereitenden Seminaren und die Möglichkeit, diese explizit in der Lehr-Lern-Situation anzuwenden, können die Studierenden auf der einen Seite den Wert der Theorie für die Praxis stärker wahrnehmen und auf der anderen Seite neue Lehrstrategien für ihr zukünftiges Handeln erlernen. Dabei sollte die gesteigerte Wahrnehmung der Relevanz fachdidaktischer Theorien auch dazu führen, dass zukünftig neue Inhalte besser erlernt werden und dadurch ein Transfer in die Praxis ermöglicht wird:

Es wird in Didaktik ja gerne mal davon geredet, dass man irgendwie nach einer Frage 30 Sekunden mindestens warten soll und dass man verschriftlichen soll, damit auch die leistungsschwächeren Schüler was beitragen können. Und das war vorher für mich schon nachvollziehbar, aber ich hab es halt nie ausprobiert in den Praktika. Und ich habe es tatsächlich bei meinen Mentoren, die ich hatte, auch nicht gesehen. Das ist so eine Sache – man wusste sie, aber man hat sie nie in der Anwendung gesehen, und dementsprechend dachte ich mir auch: Na ja, ganz so wichtig kann es nicht sein. Und als ich jetzt in der Forschungswerkstatt einfach mal die Gruppen hatte und vergleichen konnte, [...] das war so der Punkt, wo ich für mich jetzt auch für die Schule beschlossen hab oder fürs Referendariat beschlossen hab: Mensch, probier's einfach aus! (STU9)

Dass man auch aufpasst, dass man Fachsprache in manchen Bereichen wirklich explizit benutzt, um zu verdeutlichen, da gehört die Fachsprache hin, auch wenn die Schüler untereinander auch mal was Anderes sprechen dürfen, um sich verständlich zu machen. Aber dass man immer wieder darauf achtet, dass man sie einbaut und aktivierende Fragen benutzt und nicht irgendwie diese Pseudofragen. (STU7)

Die Aussagen der Studierenden zeigen einerseits, dass das Seminar im Lehr-Lern-Labor dazu anregt, über fachdidaktische Theorieelemente wie z. B. die Rolle von Schülervorstellungen, das eigene Handeln als Lehrperson oder auch die Verwendung von Fachsprache nachzudenken. Andererseits zeigen die Interviews auch auf, dass die Studierenden vorwiegend auf der Sichtstrukturebene des Unterrichts argumentieren. Zukünftig wäre es daher wichtig, Tiefenstrukturmerkmale in den Blick zu nehmen (z. B. nach Oser und Patry 1990) und Aspekte kognitiver Aktivierung und individueller Unterstützung der Schülerinnen und Schüler noch differenzierter zu betrachten. Hierbei könnten Videos der Lehr-Lern-Situationen im Labor nach dem Labortag gemeinsam analysiert und reflektiert werden, um so die Studierenden verstärkt auf tatsächlich stattfindende Lernprozesse im späteren Unterricht vorzubereiten.

Die Kombination von Theorie und Praxis hilft schließlich insgesamt dabei, die Relevanz fachdidaktischer Theorien und Reflexionen des eigenen Unterrichtsverhaltens deutlich zu machen. Gerade durch das vertiefte Diskutieren von Theorieelementen und die Steigerung der Wahrnehmung der Relevanz fachdidaktischer Theorien und Reflexionen sollten die Studierenden positiv auf die weitere Entwicklung im Vorbereitungsdienst vorbereitet werden.

18.4   Fazit

Zur Verbesserung des mathematisch-naturwissenschaftlichen Unterrichts sollte immer auch die Lehramtsausbildung in den Blick genommen werden. Die Implementation von innovativen bzw. zeitgemäßen fachdidaktischen Ideen im Unterricht setzt voraus, dass (angehende) Lehrpersonen dazu in der Lage sind, ihr wissenschaftlich erworbenes theoretisches Wissen auch in der Praxis anzuwenden. Das deutsche System der Lehramtsausbildung setzt auf eine gezielte Zweiteilung, bei der zunächst im Laufe der universitären Ausbildung die theoretischen Grundlagen erworben werden sollen und erst dann im Laufe des Vorbereitungsdiensts die Anwendung des Wissens im Vordergrund steht. Eine Möglichkeit, bereits im Laufe des Lehramtsstudiums eine Brücke zwischen Theorie und Praxis, zwischen Vorlesung und Praktika zu schlagen, ist die Einführung des zyklischen Forschenden Lernens im Lehr-Lern-Labor.

Für das Kieler Lehr-Lern-Labor wurde das zyklische Forschende Lernen insbesondere durch die direkte Adressierung theoretischer Bezüge, die Betreuung von Stationen in einem Schülerlabor in Tandems und die angeleitete Reflexion und Adaption realisiert. Dabei ist für das Gelingen der Lehrveranstaltung, auch aus der Perspektive der Studierenden, insbesondere die Vernetzung der verschiedenen Elemente gewinnbringend. Durch die Möglichkeit konkrete Schlussfolgerungen theoretischer und empirischer Arbeiten in der eigenen Praxis anzuwenden, werden zum einen die Bedeutsamkeit und Relevanz fachdidaktischer Forschung für den Unterricht betont und zum anderen neue Lehrmethoden und -ansätze erprobt und reflektiert. Die Anwendung und die Reflexion des theoretischen Wissens werden zudem durch die gemeinsame Arbeit im Tandem unterstützt, da so zusätzliche Kapazitäten zur Beobachtung von Lehr-Lern-Situationen geschaffen werden. In der Rolle des Beobachtenden haben die Studierenden die Gelegenheit, das Verhalten ihres Tandempartners bzw. -partnerin gezielt in Relation zu ihrem eigenen Verhalten zu sehen und ebenso die Arbeit der Schülerinnen und Schüler zu analysieren. Schließlich wird durch den Fokus auf die Reflexion erneut deren Bedeutung für die Studierenden gestärkt und durch das Reflexionsprotokoll ein Instrument zur Verfügung gestellt, das vor allem die Entwicklung der Reflexionsprozesse gut beschreiben kann.

Aus den Aussagen der Studierenden lassen sich Verbesserungspotenziale für das Lehrveranstaltungsangebot in Lehr-Lern-Laboren erschließen. Um eine optimale Verzahnung von Theorie und Praxis zu ermöglichen, erscheint es ratsam, die Theorie- und Praxisphasen weniger strikt zu trennen und stärker begleitend durchzuführen. Dies könnte z. B. dadurch unterstützt werden, dass für Lehr-Lern-Labor-Seminare eine höhere Anzahl von Credit Points vergeben werden und somit auch vermehrt Theoriesitzungen angeboten werden können, bei denen wiederholt theoretische Grundlagen besprochen und vor dem Hintergrund der Lehrerfahrungen diskutiert werden. Alternativ scheint eine stärkere inhaltliche Abstimmung mit anderen Lehrveranstaltungen sinnvoll, um so Synergieeffekte zwischen den einzelnen fachdidaktischen Lerngelegenheiten zu ermöglichen. Zudem scheint es eine besondere Herausforderung zu sein, gleichermaßen das Lehrverhalten und die Reflexionsfähigkeit der Studierenden zu fördern. Im vorliegenden Seminar lag ein starker Fokus auf einer Variation des Lehrverhaltens, sodass einige Studierende von hohen Anforderungen beim Ausfüllen der Reflexionsprotokolle berichteten. Wenn verstärkt Reflexionsprozesse der Studierenden in den Blick genommen werden sollen, sollte dies auch in den Theorieseminaren geschehen. Durch ein gezieltes Training im Umgang mit den Reflexionsprotokollen und den Anforderungen bei der Reflexion könnte diesen Problemen besser begegnet werden.

Die Aussagen der Studierenden deuten jedoch ebenso darauf hin, dass durch den Besuch eines Lehr-Lern-Labors trotz – oder gerade wegen – des unterschiedlichen Charakters im Vergleich mit dem späteren Unterricht ein sinnvoller Beitrag zur Vorbereitung auf den Vorbereitungsdienst geleistet werden kann. Vor dem Hintergrund dieser Erfahrungen wurde daher das Lehr-Lern-Labors im Lehramtsstudium der Naturwissenschaften an der Universität Kiel etabliert und den Studierenden somit eine weitere Möglichkeit gegeben, Fach und Fachdidaktik gezielt zu verknüpfen.

Literatur

Abell, S. K. (2007). Research on Science Teacher Knowledge. In S. K. Abell & N. G. Lederman (Hrsg.), *Handbook of research on science education* (S. 1105–1149). Mahwah: Lawrence Erlbaum.

Baumert, J., & Kunter, M. (2006). Stichwort: Professionelle Kompetenz von Lehrkräften. *Zeitschrift für Erziehungswissenschaft, 9*(4), 469–520.

Beschluss der Kultusministerkonferenz [KMK] (2008). *Ländergemeinsame inhaltliche Anforderungen für die Fachwissenschaften und Fachdidaktiken in der Lehrerbildung.* Berlin: Sekretariat der Kultusministerkonferenz.

Bundesministerium für Bildung und Forschung (2016). *Neue Wege in der Lehrerbildung. Die Qualitätsoffensive Lehrerbildung.* Berlin: BMBF.

Dicke, T., Holzberger, D., Kunina-Habenicht, O., Linninger, C., Schulze-Stocker, F., Seidel, T., Terhart, E., Leutner, D., & Kunter, M. (2016). „Doppelter Praxisschock" auf dem Weg ins Lehramt? Verlauf und potenzielle Einflussfaktoren emotionaler Erschöpfung während des Vorbereitungsdienstes und nach dem Berufseintritt. *Psychologie in Erziehung und Unterricht, 63,* 244–257.

Fortune, J. C., Cooper, J. M., & Allen, D. W. (1967). The stanford summer micro-teaching clinic, 1965. *Journal of Teacher Education, 18*(4), 389–393.

Gess-Newsome, J., Taylor, J. A., Carlson, J., Gardner, A. L., Wilson, C. D., & Stuhlsatz, M. A. M. (2017). Teacher pedagogical content knowledge, practice, and student achievement. *International Journal of Science Education.* https://doi.org/10.1080/09500693.2016.1265158.

Jenkins, J. M., & Veal, M. L. (2002). Preservice teachers' PCK development during peer coaching. *Journal of Teaching in Physical Education, 22,* 49–68.

Klieme, E., Schümer, G., & Knoll, S. (2001). Mathematikunterricht in der Sekundarstufe I: „Aufgabenkultur" und Unterrichtsgestaltung. In: Bundesministerium für Bildung und Forschung (Hrsg.), TIMSS – Impulse für Schule und Unterricht, Forschungsbefunde, Reforminitiativen, Praxisberichte und Video-Dokumente (S. 43–58). Bonn: BMBF.

Kobarg, M., & Seidel, T. (2007). Prozessorientierte Lernbegleitung – Videoanalysen im Physikunterricht der Sekundarstufe I. *Unterrichtswissenschaft, 35*(2), 148–168.

Nowak, A., Liepertz, S., & Borowski, A. (2017). Stärkung der Reflexionskompetenz im Praxissemester Physik. In C. Maurer (Hrsg.), *Implementation fachdidaktischer Innovation im Spiegel von Forschung und Praxis.* Gesellschaft für Didaktik der Chemie und Physik, Jahrestagung, Zürich, 2016. (S. 740–743). Regensburg: Universität Regensburg.

Oser, F., & Patry, J. L. (1990). *Choreographien unterrichtlichen Lernens. Basismodelle des Unterrichts.* Berichte zur Erziehungswissenschaft, Bd. 89. Freiburg: Pädagogisches Institut der Universität Freiburg.

Rehfeldt, D., Seibert, D., Klempin, C., Lücke, M., Sambanis, M., & Nordmeier, V. (2018). Mythos Praxis um jeden Preis? Die Wurzeln und Modellierung des Lehr-Lern-Labors. *die hochschullehre, 4,* 90–114.

Schwarzer, S., Itzek-Greulich, H., Parchmann, I., & Rehm, M. (Hrsg.). (2015). *Lernorte vernetzen.* Naturwissenschaften im Unterricht – Chemie, Bd. 26, Nr. 147. Seelze: Friedrich.

Sorge, S., Neumann, I., Neumann, K., Parchmann, I., & Schwanewedel, J. (2018). Was ist denn da passiert? Ein Protokollbogen zur Reflexion von Praxisphasen im Lehr-Lern-Labor. *MNU Journal, 71*(6), 420–426.

Steffensky, M., & Parchmann, I. (2007). The Project CHEMOL. Science education for children – Teacher education for students! *Chemistry Education Research and Practice, 8*(2), 120–129.

Stender, A. (2014). *Unterrichtsplanung: Vom Wissen zum Handeln. Theoretische Entwicklung und empirische Überprüfung des Transformationsmodells der Unterrichtsplanung.* Berlin: Logos.

Völker, M., & Trefzger, T. (2011). *Ergebnisse einer explorativen empirischen Untersuchung zum Lehr-Lern-Labor im Lehramtsstudium.* PhyDid B, Didaktik der Physik, Beiträge zur DPG-Frühjahrstagung, Münster.

Wellington, J. J., & Osborne, J. (2001). *Language and literacy in science education.* Buckingham: Open University.

Video- und Transkriptvignetten aus dem Lehr-Lern-Labor – die Wahrnehmung von Studierenden

19

Marie-Elene Bartel und Jürgen Roth (iD)

Inhaltsverzeichnis

Abstract

Die Bedeutung diagnostischer Kompetenz für professionelles Lehrerhandeln ist unumstritten. Lehr-Lern-Labore bieten einen Rahmen, wenn es darum geht, 1) Lehramtsstudierende für diese Schlüsselkompetenz zu sensibilisieren, 2) diese zu fördern und 3) die dabei stattfindenden Prozesse zu erforschen. Dazu wurde die Lernumgebung ViviAn – „**Vi**deo**vi**gnetten zur **An**alyse von Unterrichtsprozessen" entwickelt, die neben Video- oder Transkriptvignetten von Lernsituationen aus dem Lehr-Lern-Labor auch ergänzende Materialien und diagnostische Fragen zu den abgebildeten Situationen umfasst. Studierende können durch das Arbeiten mit ViviAn ihre diagnostischen Fähigkeiten entwickeln. In der hier dargestellten Teilstudie steht die Wahrnehmung und somit die Evaluierung der Lernumgebung durch die Studierenden im Fokus. Es zeigt sich, dass Studierende das Arbeiten mit ViviAn als positiv empfinden. Sie haben Interesse an der Arbeit mit ViviAn und sehen insbesondere das Arbeiten mit Videovignetten als relevant für die Unterrichtspraxis an.

M.-E. Bartel (✉)
Institut für Mathematik, Didaktik der Mathematik (Sekundarstufen), Universität Koblenz-Landau
Landau, Deutschland
E-Mail: bartel@uni-landau.de

J. Roth
Institut für Mathematik, Didaktik der Mathematik (Sekundarstufen), Universität Koblenz-Landau
Landau, Deutschland
E-Mail: roth@uni-landau.de

19.1 Diagnostische Kompetenz und Lehrpersonenbildung

Es gilt als unumstritten, dass diagnostische Kompetenz für Lehrpersonen eine wesentliche Grundlage ihres professionellen Handelns darstellt (Horstkemper 2004). Aus diesem Grund erscheint es wichtig, die Entwicklung diagnostischer Kompetenz bereits im Studium anzubahnen. Eine Möglichkeit, dies zu realisieren, stellt die Einbindung von Lehr-Lern-Laboren in die Lehramtsausbildung dar (vgl. Kap. 5 von Roth in diesem Band). Doch die Ressourcen – sowohl personeller als auch technischer Art – von Lehr-Lern-Laboren sind begrenzt. Vor diesem Hintergrund entstand die Idee, Video- sowie Transkriptvignetten aus Lehr-Lern-Laboren in fachdidaktischen Veranstaltungen bereits früh ins Lehramtsstudium einzubinden. Auf diese Weise soll die Entwicklung diagnostischer Kompetenz von Lehramtsstudierenden im direkten Zusammenhang mit dem Aufbau theoretischen fachdidaktischen Wissens angebahnt werden. Darüber hinaus kann durch die Arbeit mit Video- und Transkriptvignetten die fachdidaktische Lehre mit der Arbeit im Lehr-Lern-Labor vernetzt werden. Auf diese Weise erhalten die Studierenden erste Einblicke in die Arbeit von Schülerinnen und Schülern in einem Lehr-Lern-Labor (vgl. Kap. 5 von Roth in diesem Band).

Um den Begriff der *diagnostischen Kompetenz* zu fassen und zu operationalisieren, bietet sich ein Rückgriff auf das Kompetenzmodell von Blömeke et al. (2015) an. Kompetenz bzw. kompetentes Verhalten fußt nach diesem Modell auf zugrunde liegenden *latenten kognitiven und affektiv-motivationalen Dispositionen* sowie *situationsspezifischen Fähigkeiten* und wird sichtbar in *domänen-spezifischer Performanz*, sprich: dem beobachtbaren Verhalten. Das allgemein beschriebene Kompetenzmodell von Blömeke et al. wurde bereits auf unterschiedliche spezifische Kompetenzen übertragen, so auch auf die diagnostische Kompetenz (z. B. von Leuders et al. 2018). Diagnostische Kompetenz fußt dementsprechend auf kognitiven und affektiv-motivationalen Dispositionen der diagnostizierenden Person. Unter kognitiven Dispositionen kann neben der Intelligenz beispielsweise auch fachdidaktisches und fachwissenschaftliches Wissen subsumiert werden, wobei die beiden Letztgenannten durch Lernen und aktives Auseinandersetzen explizit ausgebaut werden können. Die affektiv-motivationalen Aspekte, wie beispielsweise Überzeugungen und Motivation, können etwa durch positive oder auch negative Erfahrungen beeinflusst werden. Die verschiedenen Dispositionen können sich gegenseitig beeinflussen. Neben den genannten Dispositionen sind auch diagnostische Fähigkeiten für kompetentes Diagnostizieren essenziell. Diagnostische Fähigkeiten sind hinsichtlich (1) des Wahrnehmens, (2) des Beschreibens der Situation, (3) des Erklärens des Zustandekommens der Situation und (4) des Entscheidens bezüglich des daraus zu folgernden (Unterrichts-)Handelns von Bedeutung. Diese Teilschritte wurden beispielsweise im Zuge der Operationalisierung professioneller Wahrnehmung von Seidel und Stürmer (2014) expliziert. Diagnostische Kompetenz wird in der Performanz, dem beobachtbaren (Unterrichts-)Handeln der betrachteten Person, sichtbar (vgl. Abb. 19.1). Es wird deutlich, dass die genannten Aspekte jeweils einander bedingen. So ist es einerseits schwierig, ohne zugrunde liegendes fachdidaktisches

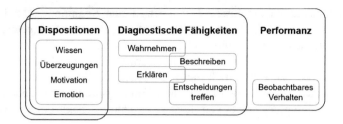

Abb. 19.1 Diagnostische Kompetenz als Kontinuum von Dispositionen über diagnostische Fähigkeiten bis zur Performanz. Die Darstellung ist eine mit Blick auf diagnostische Kompetenz adaptierte Darstellung nach Blömeke et al. (2015). Die Teilschritte der diagnostischen Fähigkeiten sind an die Idee der professionellen Wahrnehmung, beispielsweise von Seidel und Stürmer (2014), angelehnt

Wissen lernprozessbezogene Aspekte von Lernenden adäquat und fundiert zu diagnostizieren. Andererseits hat die Wirksamkeit der Performanz einer Lehrperson, u. a. moderiert durch ihr Reflexionsvermögen, Einfluss auf deren eigene Dispositionen. Aus diesen Überlegungen lässt sich folgern, dass zur bestmöglichen Förderung von Kompetenzen sowohl Dispositionen (weiter-)entwickelt als auch zugehörige Fähigkeiten mithilfe von Lerngelegenheiten trainiert werden müssen.

Aufgrund der Bedeutsamkeit von Diagnostik im Unterricht sollten bereits in der ersten Phase der Lehrpersonenbildung Lernmöglichkeiten geschaffen werden, sodass die Studierenden ihre diagnostischen Fähigkeiten entwickeln sowie ausbauen können. Das von Kirkpatrick (1979) entwickelte und vielfach zitierte Vier-Ebenen-Modell dient der Evaluierung von Lernmöglichkeiten hinsichtlich ihrer Reichweite. Lipowsky (2010) hat dieses Modell mit Blick auf die Wirksamkeit von Lehrpersonenbildung (konkret bezieht er sich dabei auf Lehrpersonenfortbildungen, also die dritte Phase der Lehrpersonenbildung) adaptiert:

Ebene 1 Reaktion und Einschätzung der teilnehmenden (angehenden) Lehrpersonen,
Ebene 2 Erweiterung der Lehrerkognitionen,
Ebene 3 unterrichtspraktisches Handeln,
Ebene 4 Effekte auf Schülerinnen und Schüler.

Im Rahmen der ersten Phase der Lehrpersonenbildung kann im Wesentlichen Einfluss auf die ersten beiden Ebenen genommen werden. Das unterrichtspraktische Handeln kommt zwar vor – etwa beim Konzipieren und Durchführen von Lernumgebungen in Lehr-Lern-Laboren –, doch aufgrund der wenigen dafür verfügbaren Zeit kann dahingehend nur eine geringe Wirkung erzielt werden. Gleiches gilt für die Effekte auf die unterrichteten Schülerinnen und Schüler; diese Effekte sind möglicherweise – wegen der relativ geringen Kontaktzeit – ebenfalls nicht oder lediglich gering ausgeprägt. Die entscheidenden Wirkungen sind folglich auf der Ebene 1, der Reaktion und Einschätzung der im Rahmen von universitären Lehrveranstaltungen und genutzten Lerngelegenheiten durch die Lehramtsstudierenden,

zu erwarten sowie auf der Ebene 2, den erweiterten Kognitionen der Lehramtsstudierenden. Letzteres lässt sich, mit Blick auf diagnostische Kompetenz, anhand
der folgenden messbaren diagnostischen Fähigkeiten erfassen: *Wahrnehmen, Beschreiben, Erklären* und *Treffen von Entscheidungen* bezüglich sinnvollen adaptiven Lehrerhandelns. Kirkpatrick und Kirkpatrick (2006) sehen die erste Ebene
als Grundvoraussetzung für den Erfolg aller Trainingsprogramme, denn ohne eine
positive Einstellung gegenüber dem Lerngegenstand erscheint Lernen nur schwer
möglich.

19.2   Schulung prozessdiagnostischer Fähigkeiten mit ViviAn

Schrader (2011) unterscheidet mit Blick auf pädagogische Maßnahmen zwischen
fünf Schwerpunkten der Diagnostik: 1) *Diagnostik zur Ermittlung von Lernvoraussetzungen* muss bereits vor dem Lernprozess erfolgen. 2) *Diagnostik zur Überwa-
chung des Lernfortschritts* und 3) *Diagnostik zur Abklärung von Lernschwierigkeiten* finden überwiegend während des Lernprozesses statt. Diese drei dienen –
im Sinne der pädagogischen Diagnostik – vorrangig der Optimierung von Lernprozessen der Lernenden. 4) *Diagnostik zur Bewertung von Lernprozessen* erfolgt
überwiegend im Anschluss an einen Lernprozess. Der fünfte Schwerpunkt, 5) *Diagnostik zur Entwicklung des eigenen Unterrichts und zur eigenen Professionalisierung*, kann unabhängig vom Lernprozess der Lernenden zu jedem Zeitpunkt
stattfinden.

   Die diagnostische Schulung im Rahmen der mathematikdidaktischen Lehrveranstaltungen am Campus Landau der Universität Koblenz-Landau fokussiert auf die
Diagnostik während des Lernprozesses, also auf die oben genannten Schwerpunkte 2) und 3). Im Rahmen dieses Beitrags wird aus diesem Grund von der Schulung
prozessdiagnostischer Fähigkeiten gesprochen. Die diagnostischen Aufträge, die
die Studierenden zu vorgegebenen Video- bzw. Transkriptvignetten bearbeiten, zielen auf die (Weiter-)Entwicklung der situationsspezifischen Fähigkeiten, sprich: die
diagnostischen Fähigkeiten Wahrnehmen, Beschreiben, Erklären und Treffen von
Entscheidungen aus dem oben dargestellten Modell der diagnostischen Kompetenz
ab. Gerade diese Fähigkeiten sind wesentlich, wenn es darum geht, den Lernprozess von Schülerinnen und Schülern zutreffend einzuschätzen und auf dieser Basis
adäquates Lehrpersonenhandeln einzuleiten. Diese Fähigkeiten sind besonders im
Lehr-Lern-Labor-Seminar, einer Lehrveranstaltung im Masterstudium des Lehramts Mathematik, gefordert. Dort betreuen Studierende u. a. Schulklassen bei ihrer
Arbeit an Lernumgebungen des Mathematik-Labors „Mathe ist mehr" (vgl. Roth
2013, Kap. 5 von Roth in diesem Band und www.mathe-labor.de). Damit die Lehramtsstudierenden bis zu diesem Seminar über prozessdiagnostische Fähigkeiten
verfügen, müssen diese im Rahmen der mathematikdidaktischen Lehrveranstaltungen in der Bachelorphase des Lehramtsstudiums geschult werden. Es war also die
Frage zu beantworten, wie prozessdiagnostische Fähigkeiten, die im Lehr-Lern-
Labor benötigt werden, in Lehrveranstaltungen mit zum Teil mehr als 300 Studierenden entwickelt werden können. Die Antwort darauf war die Entwicklung

Abb. 19.2 Oberfläche der Lernumgebung ViviAn mit einer Videovignette als Stimulus. (Vgl. Bartel und Roth 2017 sowie www.vivian.uni-landau.de)

der digitalen Lernumgebung ViviAn – „**Video**vignetten zur **An**alyse von Unterrichtsprozessen" (vgl. Bartel und Roth 2017 sowie Kap. 5 von Roth in diesem Band).

In ViviAn (vgl. Abb. 19.2 und www.vivian.uni-landau.de) sind Video- oder auch Transkriptvignetten von Lernsituationen aus dem Lehr-Lern-Labor eingebettet, die inhaltlich zu den vorher in der jeweiligen Vorlesung behandelten fachdidaktischen Theorien passen. Ergänzt werden die Vignetten durch weitere Materialien und Diagnoseaufträge zu den abgebildeten Situationen. Nach der Bearbeitung der Diagnoseaufträge können die Studierenden Expertenantworten dazu einsehen, die sie direkt mit ihren eigenen Bearbeitungen vergleichen können. Durch das Bearbeiten der Vignetten sowie den sich anschließenden Vergleich ihrer Antworten mit Expertenantworten sollen die Studierenden ihre prozessdiagnostischen Fähigkeiten (weiter-)entwickeln können.

Die vorliegende Studie zielt, wie zuvor beschrieben, auf die Prüfung der Wirksamkeit der Lernumgebung ViviAn ab. Da die Evaluierung der Lernumgebung durch die Studierenden auf der ersten Ebene nach Kirkpatrick (1979) ein wichtiges Maß für die Wirksamkeit von Maßnahmen der Lehrpersonenbildung ist (vgl. Abschn. 19.1), wurde untersucht, wie Studierende die Arbeit mit ViviAn wahrnehmen. Im Rahmen der vorliegenden Studie spiegelt sich die Wahrnehmung im Interesse der Studierenden an der Arbeit mit ViviAn und in der von ihnen wahrgenommenen Relevanz dieser Arbeit für ihre spätere Unterrichtspraxis (im Folgenden *Interesse* und *wahrgenommene Relevanz*) wider. Konkret wird in dem hier vorliegenden Beitrag folgende Forschungsfrage beleuchtet:

Wie nehmen Studierende die Arbeit mit der Lernumgebung ViviAn wahr? Unterscheidet sich diese Wahrnehmung zwischen den Studierenden, die mit Transkriptvignetten und denen, die mit Videovignetten gearbeitet haben?

19.3 Methoden

Erfasst wird die Einschätzung der Studierenden zu der Lernumgebung ViviAn mithilfe eines Fragebogens zu dem empfundenen Interesse und der wahrgenommenen Relevanz sowie mit einem Fragebogen zu den Aspekten *Zufriedenheit, wahrgenommene Schwierigkeit, Realitätsnähe* und *Gestaltung der Lernumgebung*.

Die experimentelle Studie fand im Sommersemester 2016 im Rahmen der Vorlesung *Didaktik der Zahlbereichserweiterungen* im Mathematiklehramtsstudium am Campus Landau der Universität Koblenz-Landau statt. Bei der Veranstaltung handelte es sich um eine Pflichtveranstaltung des Bachelorstudiums, die je nach angestrebtem Lehramt in unterschiedlichen Fachsemestern vorgesehen ist. Die Grund- und Förderschulstudierenden befanden sich nach Studienverlaufsplan im 3. oder 4. Fachsemester, die Studierenden mit dem Studienziel Lehramt an Gymnasium bzw. Realschule plus im 5. oder 6. Fachsemester.

Die Studierenden ($N = 185$) wurden randomisiert einer der beiden Experimentalgruppen zugewiesen. Experimentalgruppe 1 arbeitete mit Videovignetten als Stimulus, wohingegen Experimentalgruppe 2 mit Transkriptvignetten arbeitete. Alle weiteren Materialien (vgl. Abb. 19.2) und die dazugehörigen Diagnoseaufträge waren identisch. Zunächst wurde das für die Analysen der Vignetten notwendige fachdidaktische Wissen zu Grundvorstellungen bezüglich Brüchen und Bruchrechnung in der Vorlesung erarbeitet. In der Interventionsphase der Studie wurden für die Studierenden nacheinander acht thematisch passende Vignetten freigeschaltet. Abhängig von der Experimentalgruppe handelte es sich dabei entweder um Video- oder um Transkriptvignetten. Die Studierenden mussten jeweils mindestens vier dieser Vignetten allein im Selbststudium bearbeiten.

Interesse und *wahrgenommene Relevanz* wurden mittels eines Fragebogens zu zwei Messzeitpunkten erhoben, nämlich direkt nach der Bearbeitung der ersten Übungsvignette (Messzeitpunkt 1) sowie direkt im Anschluss an die Bearbeitung der vierten Übungsvignette (Messzeitpunkt 2). Basierend auf diesen beiden Messzeitpunkten wurde auch die Entwicklung der beiden Maße über die Bearbeitungszeit der Übungsvignetten hinweg erfasst. Zum Abschluss der Untersuchung waren alle Studierende dazu angehalten, einen abschließenden, der Evaluation der Lernumgebungen dienenden Fragebogen auszufüllen.

Da es zuvor noch keinen Fragebogen zum situativen Interesse und zur wahrgenommenen Relevanz gab, der einerseits dem Einsatz einer digitalen Lernumgebung und andererseits der angesprochenen Zielgruppe angepasst war, galt es, einen solchen zu entwickeln. Es wurden Items zum Interesse formuliert, beispielsweise: *Ich fand es interessant, die Gruppenarbeit von Schüler/innen zu analysieren*, sowie auch solche zur wahrgenommenen Relevanz, etwa: *Ich halte die Bearbeitung der Videos im Hinblick auf meine berufliche Ausbildung für sinnvoll*. Die Probandinnen und Probanden mussten die Aussagen jeweils anhand von vierstufigen Likert-Skalen bewerten. Die Skalen wurden durch die Pole *trifft voll zu* und *trifft nicht zu* begrenzt. Um eine tendenzielle Einschätzung zu erhalten, wurde bewusst auf eine neutrale Mittelkategorie verzichtet (Döring und Bortz 2016, S. 180). Der Tendenz von Probandinnen und Probanden, einem Item eher zuzustimmen (Bühner 2011, S. 134), wurde durch die Einbeziehung von Items mit negativer Polung Rechnung getragen.

Im Rahmen einer Vorstudie im Sommersemester 2015 wurde der aus elf Items bestehende Fragebogen in der Vorlesung Didaktik der Zahlbereichserweiterungen mit 71 Lehramtsstudierenden im Fach Mathematik erstmals eingesetzt, nachdem diese Studierenden acht Videovignetten in ViviAn bearbeitet hatten. Basierend auf den Bearbeitungen der Vorstudie wurde eine exploratorische Faktorenanalyse mit einer obliquen Rotation – die extrahierten Faktoren dürfen abhängig sein und miteinander korrelieren (vgl. z. B. Eid et al. 2010; Luhmann 2013) – durchgeführt. Das Ergebnis deutete auf zwei miteinander korrelierende Faktoren hin, die inhaltlich gut als 1) intrinsischer Aspekt des Interesses und 2) Wahrnehmung der Relevanz gedeutet werden konnten. Sowohl die statistischen Kennwerte als auch die inhaltliche Deutung der zu den beiden Faktoren gehörenden Items legen nahe, dass die beiden Faktoren zwar zusammenhängende, aber verschiedene Konstrukte abbilden.

Der Fragebogen, der in der Hauptstudie eingesetzt wurde, bestand aus 14 Items und setzte sich aus den Items der Vorstudie sowie weiterer Items zusammen. Jedem der beiden Faktoren können, basierend auf den Ergebnissen der Vorstudie sowie inhaltlicher Passung, sieben Items zugeordnet werden. Die Fragebögen für die beiden Experimentalgruppen unterscheiden sich lediglich im Aufgabenstamm (Jonkisz et al. 2012), in dem – je nach Intervention – die Bezeichner *Transkript* oder *Video* in den Items stehen (siehe Tab. 19.1 und 19.2).

Um die aus der Vorstudie abgeleitete und theoretisch angenommene Faktorenstruktur zur Prüfung der Konstruktvalidität zu verifizieren, wurden konfirmatorische Faktorenanalysen durchgeführt (Bühner 2011). Handelt es sich um zwei Konstrukte, so müsste ein zweidimensionales Modell mit den beiden Faktoren Interesse und wahrgenommene Relevanz besser zu den Daten passen als ein Modell mit denselben Faktoren, bei dem jedoch die Korrelation zwischen den beiden Faktoren auf 1 gesetzt wird (Hartig et al. 2012). Letzteres entspricht einem eindimensionalen Modell. Zur Bestätigung der zweidimensionalen Struktur dürfen bei der ersten Modellvariante die Faktoren zwar korrelieren, es sollte jedoch besser zu den Daten passen als das Modell mit der auf 1 gesetzten Korrelation. Vorausgesetzt, dass eine zweidimensionale Struktur besser zu den Daten passt, gilt es, die Konstruktvalidität der beiden Skalen Interesse und wahrgenommene Relevanz mit separaten konfirmatorischen Faktorenanalysen zu bestätigen.

Der Fragebogen, der am Ende der Untersuchung eingesetzt wurde, ist ebenfalls für die Untersuchung entwickelt worden. Mit diesem Fragenbogen sollte die individuelle Einschätzung der Studierenden zu ViviAn als Lernumgebung erfasst werden. Die Items waren auch bei diesem Fragebogen in beiden Experimentalgruppen identisch und unterschieden sich lediglich im Stimulus, sowohl inhaltlich (durch die verschiedenen Interventionen) als auch formal (durch den verwendeten Begriff in der Itemformulierung). Einige Items fokussierten auf die *Zufriedenheit* mit der ihnen zugeteilten Methode. So lautete ein Item der Videogruppe beispielsweise: *Ich bin froh, dass ich zum Beantworten der Diagnoseaufträge Videos zur Verfügung hatte.* Weitere Items, wie beispielsweise *Das Beantworten der Diagnoseaufträge mithilfe des Videos fällt mir leicht,* zielten auf die empfundene *Schwierigkeit* bei der Bearbeitung der Diagnoseaufträge mit der Methode ab. Zwei Items umfassten den Aspekt der *Realitätsnähe* der Arbeit mit ihrer Methode. Zudem bearbeiteten die Studierenden Items zur inhaltlichen und formalen *Gestaltung der Lernumgebung,* wie beispielsweise: *Ich finde die Benutzeroberfläche der Lernumgebung ViviAn übersichtlich.* Diese Fragebögen wurden, wie auch der Fragebogen zu Interesse und wahrgenommener Relevanz, mit konfirmatorischen Faktorenanalysen auf Konstruktvalidität hin geprüft.

Die konfirmatorischen Faktorenanalysen wurden mithilfe des R-Packages *lavaan* (Rosseel 2018) durchgeführt. Cronbachs Alpha wurde mit dem R-Package *psych* (Revelle 2018) berechnet.

19.4 Ergebnisse

Bei der Darstellung der Ergebnisse fällt auf, dass die Zahlen der Teilnehmenden zwischen den unterschiedlichen Analysen variieren. Dies liegt daran, dass zum einen nicht alle Probandinnen und Probanden alle Aufgaben bearbeitet haben und zum anderen aus technischen Gründen nicht alle Bearbeitungen vom System gespeichert wurden. Dies führt dazu, dass nicht zu jedem Messzeitpunkt Daten von allen Teilnehmenden vorliegen. Mit dieser Tatsache wurde in dieser Studie wie folgt umgegangen: Für die Validierung der Skalen wurden stets alle Einzeldaten genutzt. Für die Analysen zur Beantwortung der Forschungsfragen wurden nur die Personen berücksichtigt, die an Vor- und Nachtest sowie allen Interventionen teilgenommen haben. Trotzdem fehlen aus technischen Gründen auch einzelne Werte dieser Personen, sodass die Teilnehmerzahlen der Detailanalysen sich voneinander unterscheiden.

Für die zentralen Analysen wurden lediglich die Personen berücksichtigt, von denen ein vollständiger Datensatz zu Vor- und Nachtest sowie zu allen Interventionen vorlag. Letzteres traf in der Videogruppe auf $N_{VG} = 71$ und in der Transkriptgruppe auf $N_{TG} = 75$ Teilnehmende zu. Davon waren in der Videogruppe zehn (14,7 %) und in der Transkriptgruppe elf (14,9 %) Personen männlich. Das Durchschnittsalter in der Videogruppe betrug $M_{VG} = 21,8$ ($SD_{VG} = 3,12$) und in der Transkriptgruppe $M_{TG} = 21,4$ ($SD_{TG} = 1,53$). In der Videogruppe haben 14 Studierende Mathematik für das Lehramt an weiterführenden Schulen (Realschulen plus bzw. Gymnasien), 25 für das Lehramt an Grundschulen und 32 für das Lehramt an Förderschulen studiert. In der Transkriptgruppe verteilten sich die Studierenden wie folgt auf die Lehrämter: zwölf Lehramt für weiterführende Schulen, 36 Grundschullehramt, 27 Förderschullehramt. Im Durchschnitt waren die Studierenden der Videogruppe im 3,97. ($M_{VG} = 3,97$; $SD_{VG} = 0,77$) Semester und die Studierenden der Transkriptgruppe im 3,84. ($M_{TG} = 3,84$; $SD_{TG} = 0,79$) Semester.

19.4.1   Konstruktvalidität und interne Konsistenz der Skalen

Die konfirmatorischen Faktorenanalysen wurden alle mit dem *robusten Maximum-Likelihood*-Schätzer (MLR) durchgeführt. Aufgrund schlechter statistischer Kennwerte sowie geringer inhaltlicher Passung wurden zwei Items pro Skala eliminiert, sodass die beiden Skalen letztendlich jeweils aus fünf Items bestehen. Um die aus der Vorstudie abgeleitete und aus inhaltlicher Sicht naheliegende zweidimensionale Betrachtung der Konstrukte zu prüfen, wurde ein zweidimensionales Modell, bei dem die latente Korrelation der beiden Dimensionen frei geschätzt wurde, mit einem zweidimensionalen Modell, bei dem die Korrelation auf 1 gesetzt wurde, verglichen. Die Fit-Indizes (vgl. Tab. 19.1) beider Modelle deuteten auf eine schlechte Modellpassung hin. Der niedrige CFI deutete auf teilweise geringe Faktorladungen hin, der zu hohe RMSEA auf korrelierte Messfehler. Sie sprachen eher für eine zweidimensionale Modellierung. Auch das informationstheoretische Maß nach Akaike (*Akaike Information Criterion*, AIC) sowie das Bayes'sche Informationskriterium (*Bayesian Information Criterion*, BIC) deuteten auf eine zweidimensionale Modellierung hin (eindimensionales Modell: AIC = 2755,3; BIC = 2935,1; zweidimensionales Modell: AIC = 2720,6; BIC = 2906,4). Die Tendenz zur zweidimensionalen Modellierung spiegelte sich ebenfalls in den teilweise zwar hohen, aber nicht den kritischen Wert 0,8 überschreitenden latenten Korrelationen wider. Die beiden Konstrukte korrelierten auf latenter Ebene zum ersten Messzeitpunkt in der Videogruppe mit $r = 0,74$ und in der Transkriptgruppe mit $r = 0,55$. Zum zweiten Messzeitpunkt, der separat modelliert wurde, betrug die latente Korrelation in der Videogruppe $r = 0,61$ und in der Transkriptgruppe $r = 0,78$. Somit waren die Korrelationen in beiden Gruppen auffallend unterschiedlich hoch. Diese Tatsache bestätigte ebenfalls die Betrachtung zweier getrennter Konstrukte.

Tab. 19.2 enthält die Items für das Konstrukt *Interesse* am Arbeiten mit ViviAn sowie die zugehörigen Faktorladungen, die sich aus zwei voneinander getrennten konfirmatorischen Faktorenanalysen für jede der beiden Gruppen ergaben. Die Fit-Indizes ($\chi^2 = 4,348$; $df = 5$; $p = 0,500$; CFI = 1,000; RMSEA = 0,000; $N_{VG} = 78$) für die Videogruppe deuteten auf eine sehr gute Modellpassung hin. Auch die interne Konsistenz war mit $\alpha = 0,76$ zufriedenstellend. In der Transkriptgruppe hingegen deuteten die Kennwerte ($\chi^2 = 12,677$; $df = 5$; $p = 0,085$; CFI = 0,946; RMSEA = 0,113; $N_{TG} = 74$) auf eine schlechte Modellpassung hin. Der sehr hohe RMSEA ließ auf korrelierte Messfehler schließen. Auffallend bei der Betrachtung

Tab. 19.1 Informationskriterien des ein- und zweidimensionalen Modells unter Berücksichtigung der Gruppen

Modell	df	χ^2 (VG)	χ^2 (TG)	CFI	RMSEA
1-dimensional	70	61,717	87,370	0,769	0,124
2-dimensional	68	46,088	55,700	0,901	0,082

Anmerkung: $N_{VG} = 75$, $N_{TG} = 73$; df = Freiheitsgrade; χ^2 = Chi-Quadrat; CFI = Comparative Fit Index, RMSEA = Root Mean Square Error of Appoximation

Tab. 19.2 Items und standardisierte Faktorladungen der Skala *Interesse am Arbeiten mit ViviAn*

Int:	Interesse an der Arbeit mit Videos/Transkripten	Standardisierte Faktorladungen	
		Videogruppe	Transkriptgruppe
Int1	Ich habe Interesse an der Bearbeitung der Videos/ Transkripte	0,750	0,606
Int2	Ein solches Video/Transkript würde ich auch außerhalb der Veranstaltung bearbeiten	0,774	0,715
Int3	Ich bearbeite die Videos/Transkripte ausschließlich, um die Bonuspunkte zu erlangen. (−)	−0,637	−0,898
Int4	Ich finde das Bearbeiten der Videos/Transkripte überflüssig. (−)	−0,441	−0,509
Int5	Ich würde gerne weitere Videos/Transkripte zu anderen Themenbereichen bearbeiten	0,528	0,601

der standardisierten Faktorladungen war, dass das Item Int3, das den extrinsischen Aspekt des Interesses anspricht, in der Transkriptgruppe höher auf dem Faktor lud als in der Videogruppe. Die interne Konsistenz der Skala war in der Transkriptgruppe mit Cronbachs Alpha von $\alpha = 0,80$ besser als in der Videogruppe.

Tab. 19.3 enthält die Items und zugehörigen Faktorladungen der Skala *wahrgenommene Relevanz* der Arbeit mit ViviAn. Die Ergebnisse beruhen auf zwei für beide Gruppen getrennt durchgeführten konfirmatorischen Faktorenanalysen. In der Videogruppe sprachen die Kennwerte ($\chi^2 = 3,781$; $df = 5$; $p = 0,581$; CFI $= 1,000$; RMSEA $= 0,000$; $N_{VG} = 75$) für eine sehr gute Modellpassung. Cronbachs Alpha war mit einem Wert von $\alpha = 0,71$ zufriedenstellend. Auch die Fit-Indizes ($\chi^2 = 6,455$; $df = 5$; $p = 0,264$; CFI $= 0,974$; RMSEA $= 0,062$; $N_{TG} = 75$) der Transkriptgruppe deuteten auf eine gute Modellpassung hin. Auffallend erschien die geringe Ladung von Item Rel4. Diese könnte auf die Formulierung „praktische Auseinandersetzung" zurückzuführen sein – eine praktische Auseinandersetzung ist beim Arbeiten mit Transkriptvignetten besonders schwer vorstellbar. Vermutlich ist der Wert von Cronbachs Alpha mit $\alpha = 0,67$ in der Transkriptgruppe aus diesem Grund geringer als in der Videogruppe.

Um eine konfirmatorische Faktorenanalyse mit beiden Gruppen gemeinsam durchzuführen und den jeweiligen Stimulus in diesem Kontext adäquat zu berücksichtigen, musste, wie in Abschn. 19.3 beschrieben, die Gruppenvariable mit aufgenommen werden. Die Faktorladungen in beiden Gruppen sind bei diesem Vorgehen identisch mit denen in Tab. 19.2 und 19.3, da diese bei den Gruppenanalysen getrennt voneinander geschätzt werden. Die Kennwerte ($\chi^2_{VG} = 3,554$, $N_{VG} = 78$, und $\chi^2_{TG} = 10,360$, $N_{TG} = 74$, $df = 10$; $p = 0,177$; CFI $= 0,975$; RMSEA $= 0,072$) der Skala Interesse wiesen bedingt auf eine gute Modellpassung hin. Insbesondere der RMSEA fällt relativ hoch aus, was auf korrelierte Messfehler schließen ließ. Die standardisierten Faktorladungen waren in beiden Gruppen je nach Item sehr unterschiedlich. Die interne Konsistenz der Skala lag mit einem Cronbachs Alpha von $\alpha = 0,78$ im positiven Bereich. Die Fit-Indizes ($\chi^2_{VG} = 3,963$, $N_{VG} = 75$, und $\chi^2_{VG} = 6,143$, $N_{TG} = 75$, $df = 10$, $p = 0,431$, CFI $= 0,999$, RMSEA $= 0,012$) der Skala

Tab. 19.3 Items und standardisierte Faktorladungen der Skala wahrgenommene Relevanz der Arbeit mit ViviAn

Rel:	Wahrgenommene Relevanz der Arbeit mit Videos/Transkripten	Standardisierte Faktorladungen	
		Videogruppe	Transkriptgruppe
Rel1	Ich halte das Arbeiten mit den Videos/Transkripten für relevant für meine spätere Unterrichtspraxis	0,680	0,713
Rel2	Das Bearbeiten der Videos/Transkripte stellt für mich eine gute Verbindung zwischen Theorie und Praxis dar	0,708	0,470
Rel3	Das Bearbeiten der Videos/Transkripte hat nichts mit dem Unterricht in der Schule zu tun. ($-$)	$-0,456$	$-0,561$
Rel4	Das Bearbeiten der Videos/Transkripte stellt eine praktische Auseinandersetzung mit den theoretischen Inhalten der Vorlesung dar	0,337	0,235
Rel5	Ich halte die Bearbeitung der Videos/Transkripte im Hinblick auf meine berufliche Ausbildung für sinnvoll	0,730	0,737

Relevanz deuteten auf einen guten Modell-Fit hin. Die interne Konsistenz der Skala war mit einem Cronbachs Alpha von $\alpha = 0,70$ zufriedenstellend.

Zur Überprüfung der Faktorenstruktur sowie zur Konstruktvalidität des Abschlussfragebogens wurde eine konfirmatorische Faktorenanalyse mit den drei Skalen *Zufriedenheit, wahrgenommene Schwierigkeit* und *Realitätsnähe* gemeinsam durchgeführt (vgl. Tab. 19.4). Dieses Vorgehen hat den Vorteil, dass auch bei Skalen mit drei oder zwei Items die Faktorenladungen der Items bestimmt werden können. Die Fit-Indizes ($\chi^2_{VG} = 36{,}314$, $N_{VG} = 72$, $\chi^2_{TG} = 36{,}557$, $N_{TG} = 71$, $df = 48$, $p = 0{,}012$, CFI $= 0{,}958$, RMSEA $= 0{,}085$) der konfirmatorischen Faktorenanalyse mit den drei Faktoren deuteten auf eine geringe Modellpassung hin.

Tab. 19.4 Items und standardisierte Faktorladungen der Skalen des Abschlussfragebogens

VVT_vgl.:	Zufriedenheit mit der zugeteilten Methode	Standardisierte Faktorladungen	
		Videogruppe	Transkriptgruppe
VVT1	Hätte ich es mir aussuchen können, hätte ich mit Transkripten/Videos und nicht mit Videos/Transkripten gearbeitet	0,977	0,804
VVT2	Ich bin froh, dass ich zum Beantworten der Diagnoseaufträge Videos/Transkripte zur Verfügung hatte	$-0,860$	$-0,895$
VVT3	Zur Beantwortung der Diagnoseaufträge hätte ich lieber Transkripte/Videos anstelle von Videos/Transkripten zur Verfügung gehabt	0,764	0,945

VVT_schw.:	Wahrgenommene Schwierigkeit	Standardisierte Faktorladungen	
		Videogruppe	Transkriptgruppe
VVT4	Das Arbeiten mit Videos/Transkripten empfinde ich als schwierig	0,696	0,734
VVT5	Das Bearbeiten der Videos/Transkripte nehme ich als mühsam wahr	0,750	0,865
VVT6	Das Beantworten der Diagnoseaufträge/Transkripte mithilfe des Videos fällt mir leicht	−0,783	−0,703
VVT7	Das Beantworten der Diagnoseaufträge mithilfe des Videos/Transkriptes empfinde ich als anstrengend	0,915	0,851

VVT_rn.:	Wahrgenommene Realitätsnähe	Standardisierte Faktorladungen	
		Videogruppe	Transkriptgruppe
VVT8	Durch das Arbeiten mit Videos/Transkripten erfährt man viel über Lehr-Lern-Prozesse	0,824	0,693
VVT9	Das Arbeiten mit Videos/Transkripten empfinde ich als realitätsnah	0,628	0,609

Tab. 19.5 zeigt die Items sowie die standardisierten Faktorladungen der Skala *Gestaltung der Lernumgebung*. Die Fit-Indizes ($\chi^2_{VG} = 1,862$, $N_{VG} = 71$, $\chi^2_{TG} = 3,854$, $N_{TG} = 72$, $df = 4$; $p = 0,221$; CFI $= 0,981$; RMSEA $= 0,077$) der Skala zur Gestaltung der Lernumgebung deuteten auf eine akzeptable Modellpassung hin. Die interne Konsistenz war mit Cronbachs Alpha $\alpha = 0,69$ in der Videogruppe und $\alpha = 0,71$ in der Transkriptgruppe in beiden Gruppen zufriedenstellend.

Tab. 19.5 Items und standardisierte Faktorladungen der Skala Gestaltung der Lernumgebung

GdL:	Gestaltung der Lernumgebung	Standardisierte Faktorladungen	
		Videogruppe	Transkriptgruppe
GdL1	Ich finde die Benutzeroberfläche der Lernumgebung ViviAn übersichtlich	0,637	0,444
GdL2	Meiner Meinung nach sind zu viele unterschiedliche Materialien in ViviAn integriert	−0,457	−0,638
GdL3	Durch die vielen Buttons ist es mir schwergefallen, mich zurechtzufinden	−0,760	−0,950
GdL4	Das Design der Lernumgebung ist selbsterklärend	0,546	0,485

19.4.2   Ergebnisse zum Interesse und zur wahrgenommenen Relevanz

Wie zuvor dargestellt, entspricht sowohl bei der Skala *Interesse* als auch bei der Skala *wahrgenommene Relevanz* jeweils 0 dem geringstmöglichen Wert, also völliger Ablehnung, und 15 dem höchsten erreichbaren Wert, also absoluter Zustimmung.

Bezüglich der wahrgenommenen Relevanz der Arbeit mit ViviAn für die spätere Unterrichtspraxis gab es zum ersten Messzeitpunkt über beide Gruppen hinweg keine Anzeichen für eine signifikante Varianzheterogenität: $F(1, 138) = 0{,}228$, $p = 0{,}634$. Die Studierenden der Videogruppe ($M_{VG} = 12{,}41$, $SD_{VG} = 2{,}08$, $N_{VG} = 66$) empfanden das Arbeiten mit den Videos im Mittel als relevanter als die Studierenden der Transkriptgruppe ($M_{TG} = 11{,}16$, $SD_{TG} = 2{,}15$, $N_{TG} = 74$) das Arbeiten mit den Transkripten. Die Mittelwerte der beiden Gruppen unterschieden sich dabei signifikant: $t(138) = 3{,}475^{***}$, $p < 0{,}001$, mit einer mittleren Effektstärke von $d = 0{,}59$. Auch zum zweiten Messzeitpunkt gab es keine signifikante Varianzheterogenität über beide Gruppen hinweg: $F(1, 133) = 0{,}681$, $p = 0{,}411$. Die Videogruppe ($M_{VG} = 12{,}33$, $SD_{VG} = 2{,}49$, $N_{VG} = 64$) nahm ihre Arbeit auch zu diesem Zeitpunkt als relevanter wahr als die Transkriptgruppe ($M_{TG} = 11{,}21$, $SD_{TG} = 2{,}64$, $N_{TG} = 71$). Der Unterschied war ebenfalls signifikant: $t(133) = 2{,}52^{**}$, $p = 0{,}013$, $d = 0{,}43$. Verbundene t-Tests über die beiden Messzeitpunkte zeigen, dass sich die Mittelwerte der wahrgenommenen Relevanz sowohl in der Videogruppe, $t(58) = 0$, $p = 1$, als auch in der Transkriptgruppe, $t(69) = -0{,}11$, $p = 0{,}92$, zwischen dem ersten und dem zweiten Messzeitpunkt kaum verändert haben. Es liegt auch kein Interaktionseffekt zwischen den Gruppen vor (vgl. Abb. 19.3a).

Auch bezüglich des Interesses an der jeweiligen Arbeit gab es zum ersten Messzeitpunkt keine Hinweise auf signifikante Varianzheterogenität über die beiden Gruppen hinweg: $F(1, 140) = 1{,}285$, $p = 0{,}259$. Die vorliegenden Mittelwertunterschiede, $M_{VG} = 10{,}97$, $SD_{VG} = 2{,}34$ mit $N_{VG} = 69$ und $M_{TG} = 10{,}51$, $SD_{TG} = 2{,}74$ mit $N_{TG} = 73$, waren nicht signifikant: $t(140) = 1{,}083$, $p = 0{,}281$. Zum zweiten Messzeitpunkt lag ebenfalls keine signifikante Varianzheterogenität über beide Gruppen vor: $F(1, 135) = 0{,}027$, $p = 0{,}871$. Es gab auch hier keinen relevanten Mittelwertunterschied zwischen der Videogruppe, $M_{VG} = 10{,}50$, $SD_{VG} = 3{,}00$ mit $N_{VG} = 66$, und der Transkriptgruppe, $M_{TG} = 10{,}01$, $SD_{TG} = 3{,}22$ mit $N_{TG} = 71$, wie der t-Test zeigte: $t(135) = 0{,}91$, $p = 0{,}362$. Abb. 19.3b ist die Entwicklung des Interesses in beiden Gruppen zu entnehmen. Ein verbundener t-Test über die beiden Messzeitpunkte zeigt, dass sich in der Videogruppe die Mittelwerte (1. Messzeitpunkt: $M_{VG} = 10{,}95$, 2. Messzeitpunkt: $M_{VG} = 10{,}58$, $N_{VG} = 64$) nicht statistisch signifikant über die beiden Messzeitpunkte ändern, $t(63) = 1{,}57$, $p = 0{,}121$. Dagegen zeigte ein verbundener t-Test in der Transkriptgruppe marginal signifikante Veränderungen der Mittelwerte über die beiden Messzeitpunkte (1. Messzeitpunkt: $M_{TG} = 10{,}55$, 2. Messzeitpunkt: $M_{TG} = 10{,}03$, $N_{TG} = 69$), $t(68) = 1{,}98$, $p = 0{,}052$. Ein Interaktionseffekt zwischen den beiden Gruppen über die beiden Messzeitpunkte lag nicht vor.

Die Studierenden beider Gruppen waren zufrieden mit ihrer Gruppenzuweisung. Sie präferierten jeweils die ihnen zur Verfügung stehende Methode. Mittelwert-

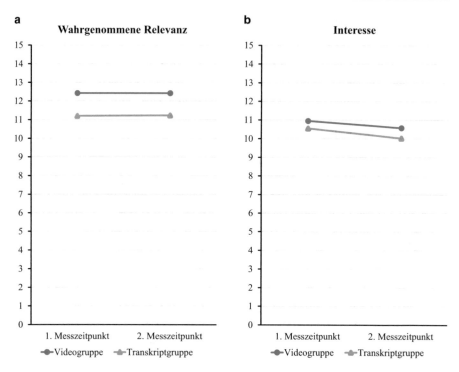

Abb. 19.3 **a** Entwicklung der wahrgenommenen Relevanz in den Experimentalgruppen, **b** Entwicklung des Interesses in den Experimentalgruppen

unterschiede, $M_{VG} = 6{,}39$, $SD_{VG} = 2{,}66$ mit $N_{VG} = 71$ und $M_{TG} = 6{,}32$, $SD_{TG} = 2{,}78$ mit $N_{TG} = 72$, $t(141) = 0{,}165$, $p = 0{,}869$, auf der Skala von 0 (vollkommene Ablehnung) bis 9 (vollkommene Zustimmung) waren nicht zu verzeichnen. Darüber hinaus schätzten die Studierenden das Arbeiten mit der ihnen zur Verfügung stehenden Methode als ungefähr gleich schwierig ein, sodass keine Mittelwertunterschiede, $M_{VG} = 5{,}49$, $SD_{VG} = 2{,}70$ mit $N_{VG} = 71$ und $M_{TG} = 5{,}31$, $SD_{TG} = 2{,}70$ mit $N_{TG} = 71$ und $t(140) = 0{,}404$, $p = 0{,}68$, zwischen den Gruppen vorhanden waren. 0 bedeutete bei dieser Skala, dass die Studierenden das Arbeiten als sehr leicht und 12, dass sie es als schwer empfanden. Die Studierenden der Videogruppe, $M_{VG} = 4{,}87$, $SD_{VG} = 1{,}04$ mit $N_{VG} = 71$, schätzten die Arbeit mit Videos als signifikant realitätsnaher, $t(141) = 7{,}509{***}$, $p = 0{,}000$, ein als die Studierenden der Transkriptgruppe, $M_{TG} = 3{,}47$, $SD_{TG} = 1{,}19$ mit $N_{TG} = 72$, das Arbeiten mit Transkripten. Das Maximum bei dieser Skala betrug 6 Punkte und bedeutete, dass die Studierenden das Arbeiten als sehr realitätsnah empfanden. Die Effektstärke Cohens d betrug $d = 1{,}26$. Die Studierenden nahmen die Gestaltung der Lernumgebung auf einer Skala von 0 bis 12 ungefähr als gleich gut wahr. Relevante Mittelwertunterschiede, $M_{VG} = 9{,}71$, $SD_{VG} = 1{,}91$ mit $N_{VG} = 70$ und $M_{TG} = 9{,}85$, $SD_{TG} = 2{,}03$ mit $N_{TG} = 72$, $t(139{,}85) = -0{,}402$, $p = 0{,}69$, zwischen den beiden Gruppen waren nicht zu verzeichnen.

19.5 Diskussion

Ausgangspunkt dieser Studie war die Frage, wie diagnostische Kompetenz als eine wesentliche Voraussetzung für professionelles Lehrerhandeln im Rahmen von Lehr-Lern-Laboren gefördert werden kann. Eine Überlegung war, dass diagnostische Kompetenz langfristig entwickelt werden muss und deshalb nicht erst in Lehr-Lern-Labor-Seminaren, die oftmals in höheren Fachsemestern stattfinden, angebahnt werden sollte. Aus diesem Grund werden am Campus Landau der Universität Koblenz-Landau diagnostische Fähigkeiten mithilfe der Lernumgebung ViviAn parallel zu allen mathematikdidaktischen Lehrveranstaltungen gefördert. Wenn eine solche Lernumgebung wirksam sein soll, ist es auf der Ebene 1 nach Lipowsky (2010) zunächst wesentlich, positive Reaktionen und Einschätzungen der teilnehmenden Studierenden zu dieser Lernumgebung zu erzielen. Zum einen wurde dies durch die Einschätzungen der Probandinnen und Probanden zur Lernumgebung operationalisiert und am Ende der Untersuchung mit einem Fragebogen erhoben. Es zeigte sich, dass das Arbeiten mit ViviAn, unabhängig von der zugrundeliegenden Repräsentationsform der Vignetten (Video bzw. Transkript), durchgängig als positiv wahrgenommen wurde und die Teilnehmenden beider Experimentalgruppen zufrieden mit der ihnen zugeteilten Repräsentationsform waren.

Zum anderen wurden die positiven Reaktionen und Einschätzungen der Studierenden mit Interesse an der Arbeit mit ViviAn sowie der wahrgenommenen Relevanz dieser Arbeit für die spätere Berufspraxis operationalisiert und zu zwei Messzeitpunkten innerhalb der Interventionsphase erfasst. Es konnte gezeigt werden, dass die meisten Studierenden Interesse an der Arbeit mit ViviAn haben und dieses Interesse mit der Anzahl der bearbeiteten Vignetten nur marginal abnimmt. Dieses Ergebnis ist nahezu unabhängig von der Art der Vignette – wenn auch die Studierenden, die Videovignetten bearbeitet hatten, tendenziell ein leicht größeres Interesse an der Arbeit mit ViviAn haben und behalten. Dieses Ergebnis steht im Einklang mit Ergebnissen von Burgula et al. (2016). Auch in deren Untersuchung unterscheidet sich das aufgabenspezifische Interesse nicht signifikant zwischen Text- und Videovignetten. Die wahrgenommene Relevanz der Arbeit mit ViviAn für die spätere Unterrichtspraxis ist, unabhängig von der Art der Vignette, sehr hoch und nimmt auch mit der Anzahl der bearbeiteten Vignetten nicht ab. Es wird aber auch deutlich, dass die wahrgenommene Relevanz des Arbeitens mit ViviAn für die spätere Unterrichtspraxis signifikant größer ist, wenn mit Videovignetten gearbeitet wird. Hier scheinen die Studierenden eine größere Nähe der Videovignetten zur realen Unterrichtssituation und der dort notwendigen Diagnostik wahrzunehmen. Die als höher empfundene Realitätsnähe spiegelt sich auch in den Antworten des Abschlussfragebogens wider. Die Arbeit mit Videovignetten wird also als deutlich realitätsnäher eingeschätzt als die Arbeit mit Transkriptvignetten. Sollte auch die Performanz, also das beobachtbare (Unterrichts-)Handeln der Studierenden (vgl. Blömeke et al. 2015), mit Videovignetten besser gefördert werden können als mit Transkriptvignetten, würde das in der Kombination dafür sprechen, in Zukunft Schulungen prozessdiagnostischer Fähigkeiten mit Videovignetten durchzuführen. Dazu wäre es allerdings notwendig, das unterrichtliche Handeln der Studierenden in deren Unterrichtspraxis zu erfassen und zu bewerten.

Eine Limitation dieser Untersuchung ist sicher die nicht zu allen Messzeitpunkten vollständig zufriedenstellende Konstruktvalidität der verwendeten Fragebögen. Hier könnte eine weitere Ausschärfung der zugehörigen Items Abhilfe schaffen. Darüber hinaus ist noch zu untersuchen, 1) inwiefern die Konstrukte Interesse und wahrgenommene Relevanz von Persönlichkeitsmerkmalen (etwa *Big Five,* z. B. Neyer und Asendorpf 2018) der Studierenden abhängen und 2) ob und ggf. wie die hier untersuchten Konstrukte mit der Entwicklung der prozessdiagnostischen Fähigkeiten der Studierenden korrelieren. Bereits jetzt konnte aber gezeigt werden, dass die Lernumgebung ViviAn von den Studierenden angenommen und wertgeschätzt wird und somit die Grundvoraussetzung für die Wirksamkeit einer Lernumgebung nach dem Vier-Ebenen-Modell erfüllt.

Literatur

Bartel, M.-E., & Roth, J. (2017). Diagnostische Kompetenz von Lehramtsstudierenden fördern. Das Videotool ViviAn. In J. Leuders, T. Leuders, S. Prediger & S. Ruwisch (Hrsg.), *Mit Heterogenität im Mathematikunterricht umgehen lernen. Konzepte und Perspektiven für eine zentrale Anforderung an die Lehrerbildung* (S. 43–52). Wiesbaden: Springer.

Blömeke, S., Gustafsson, J.-E., & Shavelson, R. J. (2015). Beyond dichotomies – competence viewed as a continuum. *Zeitschrift für Psychologie, 223*(1), 3–13.

Bühner, M. (2011). *Einführung in die Test- und Fragebogenkonstruktion* (3. Aufl.). München: Pearson.

Burgula, K., Holodynski, M., Hellermann, C., & Gold, B. (2016). Fallbasierte Unterrichtsanalyse. Effekte von video- und textbasierter Fallanalyse auf kognitive Belastung, aufgabenspezifisches Interesse und die professionelle Unterrichtswahrnehmung von Grundschullehramtsstudierenden. *Unterrichtswissenschaft,* (4), 323–338.

Döring, N., & Bortz, J. (2016). *Forschungsmethoden und Evaluation in den Sozial- und Humanwissenschaften* (5. Aufl.). Heidelberg: Springer.

Eid, M., Gollwitzer, M., & Schmitt, M. (2010). *Statistik und Forschungsmethoden.* Weinheim: Beltz.

Hartig, J., Frey, A., & Jude, N. (2012). Validität. In H. Moosbrugger & A. Kelava (Hrsg.), *Testtheorie und Fragebogenkonstruktion* (2. Aufl. S. 143–172). Berlin: Springer.

Horstkemper, M. (2004). Diagnosekompetenz als Teil pädagogischer Professionalität. *Neue Sammlung, 44*(2), 201–214.

Jonkisz, E., Moosbrugger, H., & Brandt, H. (2012). Planung und Entwicklung von Tests und Fragebogen. In H. Moosbrugger & A. Kelava (Hrsg.), *Testtheorie und Fragebogenkonstruktion* (2. Aufl. S. 27–74). Berlin: Springer.

Kirkpatrick, D. L. (1979). Techniques for evaluating training programs. *Training and development journal, 33,* 78–92.

Kirkpatrick, D. L., & Kirkpatrick, J. D. (2006). *Evaluating training programs. The four levels* (3. Aufl.). San Francisco: Berrett-Koehler.

Leuders, T., Dörfler, T., Leuders, J., & Philipp, K. (2018). Diagnostic competence of mathematics teachers: Unpacking a complex construct. In T. Leuders, K. Philipp & J. Leuders (Hrsg.), *Diagnostic competence of mathematics teachers. Unpacking a complex construct in teacher education and teacher practice* (S. 3–31). Cham: Springer.

Lipowsky, F. (2010). Lernen im Beruf: Empirische Befunde zur Wirksamkeit von Lehrerfortbildungen. In F. H. Müller (Hrsg.), *Lehrerinnen und Lehrer lernen. Konzepte und Befunde zur Lehrerfortbildung* (S. 51–70). Münster: Waxmann.

Luhmann, M. (2013). *R für Einsteiger. Einführung in die Statistiksoftware für die Sozialwissenschaften* (3. Aufl.). Weinheim: Beltz.

Neyer, F. J., & Asendorpf, J. B. (2018). *Psychologie der Persönlichkeit* (6. Aufl.). Berlin: Springer.

Revelle, W. (2018). Package "psych". Procedures for psychological, psychometric, and personality research. https://cran.r-project.org/web/packages/psych/psych.pdf. Zugegriffen: 24. Sept. 2018.

Rosseel, Y. (2018). Package "lavaan". Latent variable analysis. https://cran.r-project.org/web/packages/lavaan/lavaan.pdf. Zugegriffen: 24. Sept. 2018.

Roth, J. (2013). Vernetzen als durchgängiges Prinzip – Das Mathematik-Labor „Mathe ist mehr". In A. S. Steinweg (Hrsg.), *Mathematik vernetzt*. Mathematikdidaktik Grundschule, (Bd. 3, S. 65–80). Bamberg: University of Bamberg Press.

Schrader, F.-W. (2011). Lehrer als Diagnostiker. In E. Terhart, H. Bennewitz & M. Rothland (Hrsg.), *Handbuch der Forschung zum Lehrerberuf* (S. 683–698). Münster: Waxmann.

Seidel, T., & Stürmer, K. (2014). Modeling and measuring the structure of professional vision in preservice teachers. *American Educational Research Journal, 51*(4), 739–771. https://doi.org/10.3102/0002831214531321.

Evidenzbasierte Entwicklung eines Lehr-Lern-Labor-basierten Seminars zur Förderung von Teilfähigkeiten des formativen Assessments

20

Verena Zucker und Miriam Leuchter ⓘD

Inhaltsverzeichnis

Abstract

Formatives Assessment ist bedeutsam für den Lernerfolg im naturwissenschaftlichen Grundschulunterricht, seine Umsetzung stellt (angehende) Lehrpersonen allerdings vor große Herausforderungen. An der Universität Koblenz-Landau (Campus Landau) wurde daher ein Seminar für Masterstudierende zur Förderung von Kompetenzen des formativen Assessments entwickelt. Kern des Seminars ist die Umsetzung eines Lehr-Lern-Labors. Der Beitrag präsentiert eine Untersuchung zur Evaluation der Seminarkonzeption durch die Studierenden. Die Ergebnisse zeigen insgesamt ein positives Bild einer Kombination der drei aufeinander aufbauenden Seminarbausteine 1) Theorieerarbeitung, 2) Anwendung der Theorien bei der Analyse von videografierten Lehr-Lern-Situationen und 3) Planung, Durchführung und Reflexion eines Lehr-Lern-Labors. Sie verdeutlichen zudem das Potenzial des eigenen Videografierens im Lehr-Lern-Labor.

V. Zucker (✉) · M. Leuchter
Institut für Bildung im Kindes- und Jugendalter, Universität Koblenz-Landau
Landau, Deutschland
E-Mail: zucker@uni-landau.de

M. Leuchter
E-Mail: leuchter@uni-landau.de

20.1   Einleitung

Die Integration von Praxisbausteinen in die universitäre Ausbildung von Lehrpersonen wird als bedeutsam für einen frühzeitigen Aufbau professioneller Kompetenzen zum formativen Assessment angesehen (Gotwals und Birmingham 2016). Sie lässt sich auf verschiedene Art und Weise in Lehrveranstaltungen realisieren. Beispielsweise können Lernstände von Schülerinnen und Schülern anhand bearbeiteter Materialien diagnostiziert werden, oder Unterricht wird geplant, durchgeführt und reflektiert. In der fachdidaktischen MINT-Lehramtsausbildung wird in diesem Zusammenhang verstärkt die Integration von Lehr-Lern-Laboren in Lehrveranstaltungen diskutiert.

Auf der Grundlage bestehender Forschung wurde daher an der Universität Koblenz-Landau (Campus Landau) ein Lehr-Lern-Labor in ein Seminar für Grundschullehramtsstudierende im Master integriert. Der Fokus des Seminars lag auf dem Ausbau von Kompetenzen in Bezug auf formatives Assessment (Black und Wiliam 2009; Cowie und Bell 1999). Gegenstand dieses Beitrags ist eine Evaluation der Seminarkonzeption mithilfe der Einschätzungen von Studierenden.

20.2   Formatives Assessment im naturwissenschaftlichen Grundschulunterricht

Schülerinnen und Schüler haben bereits vor einer Lehr-Lern-Situation vielfältige Vorstellungen von naturwissenschaftlichen Inhalten. Diese Vorstellungen sind jedoch nicht nur individuell verschieden, sondern stimmen in vielen Fällen auch nicht mit wissenschaftlichen Konzepten überein (Duit 2015; Harlen 2001). Dennoch beeinflussen sie das Lernen in hohem Maße und führen zu unterschiedlichen Lernprozessen im Unterricht (Chi 2008; Möller 1999). Die Vorstellungen der Schülerinnen und Schüler müssen also vor dem Unterricht diagnostiziert werden, damit sie bei der Planung von Lernumgebungen berücksichtigt werden können. Um im Weiteren das Lernangebot auf seine Passung zu überprüfen, müssen darüber hinaus die Vorstellungen auch während des Unterrichts diagnostiziert werden. Damit kann den sich stetig verändernden Vorstellungen Rechnung getragen werden (Driver et al. 1994).

Die adäquate Gestaltung einer Lernumgebung allein führt allerdings selten auf direktem Wege zu einer Umstrukturierung von Vorstellungen. So kann es vorkommen, dass einem Lernenden die Unzulänglichkeit seiner Vorstellung gar nicht von selbst bewusst wird. Studien zeigen in diesem Zusammenhang, dass neben passenden Lernumgebungen insbesondere die Unterstützung durch die Lehrperson einen Einfluss auf den Erfolg und die Nachhaltigkeit von Lernprozessen hat (z. B. Hardy et al. 2006). Rückmeldungen können dabei als eine wichtige Maßnahme der Lehrperson während des Lehr-Lern-Prozesses gesehen werden.

In der Bildungsforschung werden das stetige Diagnostizieren und Rückmelden an die Schülerinnen und Schüler unter dem Konzept des formativen Assessments subsumiert (Black und Wiliam 2009; Cowie und Bell 1999). Empirische Befunde zeigen in Bezug auf den naturwissenschaftlichen Unterricht, dass dies eine Bedingung für den Lernerfolg ist (z. B. Decristan et al. 2015). Gleichzeitig zeigen Studien auch, dass das Diagnostizieren von unterschiedlichen Vorstellungen sowie das passgenaue Rückmelden komplexe Prozesse sind, die Lehrpersonen vor große Herausforderungen stellen (Gotwals et al. 2015; Haug und Ødegaard 2015). Eine Anbahnung entsprechender Kompetenzen bereits in der universitären Ausbildung kann daher als bedeutsam angesehen werden (Bürgermeister und Saalbach 2018; Gotwals und Birmingham 2016).

20.3   Komponenten einer Lehrveranstaltung zur Förderung professioneller Kompetenzen

Aus theoretischer Sicht besitzen Lehr-Lern-Labore viel Potenzial hinsichtlich des Ausbaus professioneller Kompetenzen von angehenden Lehrpersonen (Zucker und Leuchter 2018). Aus empirischer Sicht gibt es unseres Wissens bisher nur wenige Studien, in denen die Wirksamkeit von Tätigkeiten in Lehr-Lern-Laboren und ihre Einbindung in die fachdidaktische Ausbildung untersucht wurden (vgl. Leonhard 2008; Steffensky 2007 sowie z. B. den Beitrag von Hößle, Kuhlemann und Saathoff in Kap. 16 in diesem Band). Dies trifft auch auf die Ausbildung von angehenden Lehrpersonen im Bereich des naturwissenschaftlichen Grundschulunterrichts zu. Um eine Lehrveranstaltung mit integriertem Lehr-Lern-Labor zu konzipieren, wurden daher insbesondere Ergebnisse hochschuldidaktischer Forschung zugrunde gelegt.

20.3.1   Dreischrittiger Seminaraufbau

In Anlehnung an das Kompetenzmodell von Blömeke et al. (2015) wird professionelles Lehrerhandeln als ein Zusammenspiel der drei Aspekte Dispositionen, situationsspezifische Fähigkeiten und Performanz gesehen. Dispositionen umfassen u. a. kognitive Aspekte wie das professionelle Wissen. Situationsspezifische Fähigkeiten beinhalten das Wahrnehmen und Interpretieren von lernbedeutsamen Ereignissen in komplexen Lehr-Lern-Situationen und das Treffen von Entscheidungen. Die Performanz ist das beobachtbare Lehrerhandeln, durch sie wird die getroffene Entscheidung sichtbar.

Im Folgenden werden auf der Basis dieses Modells drei mögliche Bausteine der Kompetenzförderung präsentiert:

(1) Ausbau von Dispositionen: Ein bedeutsamer Aspekt von universitären Lehrveranstaltungen ist der Ausbau von professionellem Wissen, dazu zählt beispielsweise fachliches und fachdidaktisches Wissen. Dieses Wissen dient u. a. als Ressource beim Interpretieren lernbedeutsamer Momente und bei der adaptiven und fachlich adäquaten Unterstützung von Lernenden (König et al. 2014;

Leuchter und Saalbach 2014). In einem Seminar können einzelne Wissenselemente durch die Theorielektüre aufgebaut sowie durch text- oder videobasierte Unterrichtsausschnitte (Vignetten) veranschaulicht werden.

(2) Förderung von situationsspezifischen Fähigkeiten: Damit das erworbene Wissen anwendbar wird, bedarf es dessen perspektivischem Einsatz in konkreten Lehr-Lern-Situationen. In Seminaren können etwa theoriebasiert Unterrichtssequenzen geplant oder text- und videobasierte Lehr-Lern-Situationen analysiert werden (Gold et al. 2017; Santagata et al. 2007; van Es und Sherin 2008). Letzteres ermöglicht eine Analyse ohne Handlungsdruck und umfasst u. a. das Erkennen lernbedeutsamer Momente und deren Interpretation.

(3) Performanz: Bei der Anwendung des erworbenen Wissens unter Handlungsdruck bieten sich für Studierende insbesondere komplexitätsreduzierte Lehr-Lern-Situationen an, da sie in diesen die Möglichkeit haben, auf spezifische Elemente zu fokussieren. Das Lehr-Lern-Labor stellt eine Möglichkeit einer solchen komplexitätsreduzierten Situation dar (Brüning 2017).

Dass ein Fokus auf diese drei Aspekte im Rahmen einer Lehrveranstaltung zur Förderung professioneller Kompetenzen bei Grundschullehramtsstudierenden beitragen kann, wurde durch Untersuchungen beispielsweise von Gold et al. (2017) sowie Sunder et al. (2016) gezeigt. Darüber hinaus berichten Lehrpersonen in einer Fortbildung, dass das Analysieren von Videos, das gemeinsame Planen und Diskutieren sowie das Reflektieren eigener und fremder Lehr-Lern-Situationen bedeutend für den Ausbau ihrer Kompetenzen in Bezug auf das formative Assessment war (Bell und Cowie 2001).

20.3.2 Einsatz vignettenbasierter Lernformate

Studien zeigen, dass professionelle Kompetenzen von angehenden Lehrpersonen mithilfe vignettenbasierter Lernformate gefördert werden können (Santagata et al. 2007; Seidel et al. 2011; Sunder et al. 2016). Bei den Vignetten kann es sich sowohl um Ausschnitte von Lehr-Lern-Situationen fremder Lehrpersonen als auch um Ausschnitte selbst durchgeführter Lehr-Lern-Situationen handeln. Beide Formen bieten dabei ihr ganz eigenes Lernpotenzial.

Vignetten fremder Lehrpersonen werden in diesem Beitrag als bedeutsam bei der Vorbereitung für das Lehr-Lern-Labor gesehen. Sie bieten erstens die Möglichkeit, theoretische Inhalte zu veranschaulichen. Zweitens kann das erworbene Wissen vor der Durchführung eines Lehr-Lern-Labors erst einmal ohne Handlungsdruck auf eine reale Lehr-Lern-Situation bezogen werden. Drittens stellen Vignetten fremder Lehrpersonen eine Übungsmöglichkeit für eine Analyse eigener Videovignetten dar.

Eigene Videovignetten bieten hohes Potenzial bezüglich vertieften Lernens. (Angehende) Lehrpersonen analysieren theoriebasiert ihr eigenes Handeln und reflektieren eigene Kompetenzen, um diese in Bezug auf weitere Lehr-Lern-Situationen ausbauen zu können (Brouwer et al. 2017; Gröschner et al. 2018). Durch das Videografieren kann diese Reflexion auch mit zeitlichem Abstand zur Durchführung der Lehr-Lern-Situation erfolgen. Allerdings stellten Seidel et al. (2011) in einer Studie fest, dass sich Lehrpersonen bei der Analyse eigener Videos weniger intensiv mit kritischen Ereignissen auseinandersetzten.

Aus diesen Ausführungen lässt sich schließen, dass eine Kombination von fremden und eigenen Videovignetten sinnvoll für den Ausbau von Kompetenzen zu sein scheint. So zeigten etwa Hellermann et al. (2015), dass Studierende, die sowohl eigene als auch fremde Videovignetten analysierten, ihre situationsspezifischen Fähigkeiten stärker verbesserten als Studierende, die lediglich fremde Vignetten analysierten.

20.4   Ziel und Fragestellung

Das Ziel dieser Studie war die Evaluation eines Seminars mit integriertem Lehr-Lern-Labor. Das Seminar diente dem Ausbau von Kompetenzen des Diagnostizierens und Rückmeldens als Kernmerkmale des formativen Assessments. In Anlehnung an Modelle zur Evaluation von (Lehrerinnen-und-Lehrer-)Fortbildungen nach z. B. Kirkpatrick (1979) und Lipowsky (2004) wurde dazu eine persönliche Einschätzung der Studierenden hinsichtlich der Wirksamkeit der Lehrveranstaltung vorgenommen. Das Ziel dieser Studie wird durch folgende Fragestellungen konkretisiert:

(1) Welche Rolle spielt das Lehr-Lern-Labor bei der Weiterempfehlung und beim Ausbau professioneller Kompetenzen?
(2) Welche Bedeutung hat das eigene Videografieren von Lehr-Lern-Situationen bei der Weiterempfehlung des Seminars bzw. beim Kompetenzausbau?

20.5   Evidenzbasierte Entwicklung eines Seminars mit integriertem Lehr-Lern-Labor

20.5.1   Intervention

In der vorliegenden Studie wurden 67 Masterstudierende des Grundschullehramts (87 % weiblich, durchschnittliches Alter: $M = 23{,}6$, $SD = 1{,}37$) nach dem Besuch eines Seminars mit integriertem Lehr-Lern-Labor zur Konzeption des Seminars und zur Einschätzung des eigenen Kompetenzausbaus befragt. Die 67 Studierenden waren auf insgesamt vier inhaltsgleiche Seminare aufgeteilt. In zwei Seminaren wurde die Durchführung der Tätigkeiten im Lehr-Lern-Labor gefilmt (insgesamt 36 Studierende, im Folgenden EG1), in zwei Seminaren wurden die Tätigkeiten nicht gefilmt (insgesamt 31 Studierende, im Folgenden EG2). Die Seminare fanden im Sommersemester 2018 an der Universität Koblenz-Landau (Campus Landau) statt, umfassten zehn Sitzungen und waren eine Pflichtveranstaltung.

Das Seminar bestand aus drei Bausteinen, durch deren Kombination Kompetenzen zum formativen Assessment gefördert werden sollten. Grundlegend für die Konzeption der Bausteine waren dabei zum einen das Kompetenzmodell von Blömeke et al. (2015), zum anderen Ergebnisse aus Studien von u. a. Bell und Cowie (2001) sowie Gold et al. (2017).

1. Baustein Ausbau von Dispositionen (vier Sitzungen): In einem ersten Schritt wurden die theoretischen Grundlagen erarbeitet. Dazu gehörte u. a. der Erwerb von pädagogischem Wissen zum formativen Assessment, Fachwissen zum im Lehr-Lern-Labor umgesetzten Unterrichtsinhalt „Schwimmen und Sinken" und fachdidaktisches Wissen (z. B. Wissen über mögliche Fehlvorstellungen und deren Diagnostik).
2. Baustein Ausbau der situationsspezifischen Fähigkeiten (in die vier Theoriesitzungen integriert): Das erworbene Wissen wurde bei der Analyse von Videovignetten fremder Lehrpersonen aktiviert und angewendet. Die Studierenden analysierten dazu eigenständig Vignetten und diskutierten diese in Gruppen und im Plenum. Der Fokus der Analyse lag auf dem Erkennen von Momenten der Diagnostik und Rückmeldung sowie dem Interpretieren dieser Momente in Bezug auf Lehr-Lern-Prozesse.
3. Baustein Ausbau der Performanz (sechs Sitzungen): Im weiteren Verlauf der Lehrveranstaltung folgte dann die Umsetzung des erlernten Wissens im Rahmen eines Lehr-Lern-Labors. Dieses umfasste erstens das Planen einer Lehr-Lern-Situation zum Thema Schwimmen und Sinken (zwei Sitzungen). Dazu gehörte auch das Planen von Tätigkeiten der Diagnostik und von möglichen Reaktionen auf die jeweiligen Äußerungen der Schülerinnen und Schüler. Zweitens folgte die konkrete Durchführung der Lehr-Lern-Situation, bei der eine Gruppe von drei bis vier Studierenden eine Gruppe von vier bis fünf Schülerinnen und Schülern betreute (eine Sitzung). Drittens wurden die durchgeführten Lehr-Lern-Situationen in Bezug auf Tätigkeiten der Diagnostik und der Rückmeldung reflektiert (drei Sitzungen). Die beiden Seminargruppen, in denen die Lehr-Lern-Situationen videografiert worden waren, nutzten die eigenen Videos zur Reflexion. Die Seminargruppen, die nicht videografiert worden waren, nutzten dagegen Reflexionsbögen und verglichen zudem ihre Lehr-Lern-Situationen mit Lehr-Lern-Situationen von Studierenden vorheriger Semester. Die fremden Lehr-Lern-Situationen wurden in Form von Textvignetten präsentiert.

20.5.2 Instrumente und Auswertung

Die Studierenden evaluierten die Seminare, indem sie Fragen zur allgemeinen Einschätzung der Seminarkonzeption und Fragen zur Einschätzung des eigenen Kompetenzausbaus beantworteten. Die Befragung bestand dabei u. a. aus offenen Fragen, um mehr Raum für subjektive Sichtweisen zu geben. Ergänzend wurden ge-

schlossene Fragen eingesetzt, um den Fokus auf die spezifischen Bausteine des Seminars richten zu können.
Die Befragung umfasste Fragenkomplexe

- zur Weiterempfehlung des Seminars (offenes Antwortformat; geschlossenes Antwortformat: vier Items, vierstufige Likert-Skala),
- zum zeitlichen Anteil der einzelnen Bausteine (geschlossenes Antwortformat: fünf Items, dreistufige Likert-Skala),
- zur Relevanz der einzelnen Bausteine (geschlossenes Antwortformat: 13 Items, vierstufige Likert-Skala),
- zur Einschätzung des allgemeinen Kompetenzausbaus (offenes Antwortformat; geschlossenes Antwortformat: ein Item, vierstufige Likert-Skala),
- zur Einschätzung des Kompetenzausbaus in Bezug auf die Diagnostik und Rückmeldung (geschlossenes Antwortformat: fünf Items, vierstufige Likert-Skala).

Die Auswertung der erhobenen Daten erfolgte mittels deskriptiver Verfahren. Bei der Testung auf Unterschiede zwischen den Stichproben wurden t-Tests berechnet. Die Voraussetzung einer Normalverteilung wurde nicht geprüft, da nach dem zentralen Grenzwertsatz eine Normalverteilung ab 30 Probandinnen und Probanden pro Gruppe angenommen werden kann (Bortz und Schuster 2010, S. 126). Zur Prüfung des Aufklärungswerts einzelner Bausteine wurden lineare Regressionen gerechnet. Die offenen Items wurden vor der Auswertung quantifizierbar gemacht.

20.6   Ergebnisse

20.6.1   Evaluation des Seminars in Bezug auf die Konzeption

Zusammenfassend zeigte sich, dass die meisten der Studierenden (EG1, mit eigenen Videos: 93 %, EG2, ohne eigene Videos: 97 %) das Seminar mit integriertem Lehr-Lern-Labor weiterempfehlen würden. Alle drei Bausteine des Seminars wurden bei geschlossenem Antwortformat hoch bewertet (siehe Tab. 20.1). Die Seminargruppen unterschieden sich dabei nicht signifikant in Bezug auf die einzelnen Faktoren der Weiterempfehlung.

In Bezug auf das offene Antwortformat zur Weiterempfehlung ließen sich dagegen sowohl Gemeinsamkeiten als auch Unterschiede zwischen den Seminargruppen EG1 und EG2 feststellen. Hauptgrund für die Weiterempfehlung war in beiden Gruppen die Umsetzung einer Lehr-Lern-Situation im Rahmen des Lehr-Lern-Labors und die damit eng verbundene Theorie-Praxis-Verknüpfung im Seminar (EG1: 80 %, EG2: 66 %). Während bei der EG2 (ohne eigene Videos) insbesondere die Dozierende einen bedeutsamen Wiederempfehlungsfaktor darstellte (EG1: 20 %, EG2: 50 %), war für die EG1 (mit eigenen Videos) dagegen eher der Einsatz von Videovignetten bedeutsam (EG1: 29 %, EG2: 5 %). Die gewählten theoretischen Fokusse wurden in beiden Seminargruppen gleich häufig als relevant beschrieben (EG1: 23 %, EG2: 24 %).

Tab. 20.1 Faktoren der Weiterempfehlung

Weiterempfehlungs-faktor	Dozierende		Theoretische Inhalte		Einsatz von Vignetten		Integration eines Lehr-Lern-Labors	
Seminargruppe	EG1	EG2	EG1	EG2	EG1	EG2	EG1	EG2
M (SD)	3,41 (0,78)	3,52 (1,06)	3,29 (0,72)	3,00 (1,00)	3,32 (0,68)	3,35 (0,95)	3,62 (0,78)	3,48 (0,93)
Gesamt	3,48 (0,91)		3,16 (0,88)		3,34 (0,82)		3,56 (0,85)	

Anmerkung: vierstufige Likert-Skala (4 = stimme zu; 3 = stimme eher zu; 2 = stimme eher nicht zu; 1 = stimme nicht zu)

Tab. 20.2 Einschätzung des zeitlichen Anteils einzelner Bausteine, gemessen an der gesamten Seminarzeit

Baustein	Erarbeiten theoretischer Inhalte		Analysieren von fremden Videovignetten		Planen des Lehr-Lern-Labors		Durchführen des Lehr-Lern-Labors		Reflektieren des Lehr-Lern-Labors	
Seminar-gruppe	EG1 (%)	EG2 (%)	EG1 (%)	EG2 (%)	EG1 (%)	EG2 (%)	EG1 (%)	EG2 (%)	EG1 (%)	EG2 (%)
Zu hoch	5	–	27	23	1	3	–	–	10	6
Angemessen	91	94	72	77	70	84	69	84	67	77
Zu niedrig	4	6	1	–	29	13	31	16	23	17

Zusätzlich zur Weiterempfehlung wurden die Studierenden zur Angemessenheit des zeitlichen Anteils der einzelnen Bausteine im Verhältnis zur gesamten Seminarzeit befragt (siehe Tab. 20.2). Die Erarbeitung theoretischer Inhalte (vier Sitzungen) wurde dabei alles in allem für angemessen befunden. Auch die anderen Bausteine wurden von den meisten Studierenden als angemessen eingeschätzt. Allerdings wurde der Anteil des Analysierens von Videovignetten (in die vier Sitzungen integriert) von ca. einem Viertel der Studierenden als zu hoch eingeschätzt, während der zeitliche Anteil des Planens (zwei Sitzungen), Durchführens (eine Sitzung) und Reflektierens (drei Sitzungen) von rund einem Viertel der Studierenden als zu niedrig eingeschätzt wurde.

20.6.2 Evaluation des Seminars in Bezug auf den eigenen Kompetenzausbau

Die meisten der Studierenden in beiden Seminargruppen stimmten der Aussage (eher) zu, dass das Seminar zu einem Ausbau ihrer Kompetenzen beigetragen habe (EG1: $M = 3{,}58$, $SD = 0{,}60$; EG2: $M = 3{,}58$, $SD = 0{,}67$). In Bezug auf die geförderten Kompetenzen ließen sich allerdings Unterschiede zwischen den Gruppen in Bezug auf die offenen Items feststellen. Die Studierenden der Seminare mit eigenen Videos (EG1) gaben beispielsweise häufiger an, dass ihre Kompetenzen der Diagnostik (EG1: 56 %, EG2: 30 %) und der Rückmeldung (EG1: 65 %, EG2: 30 %)

ausgebaut werden konnten. Studierende der Seminare ohne eigene Videos (EG2) fokussierten dagegen verstärkt den Ausbau der Kompetenzen in Bezug auf den Unterrichtsinhalt Schwimmen und Sinken (EG1: 12 %, EG2: 60 %). Sie erwähnten beispielsweise den Ausbau von fachdidaktischem Wissen sowie eine Zunahme ihrer Selbstwirksamkeitsüberzeugung, das Thema auch eigenständig unterrichten zu können.

Zusätzlich zur offenen Befragung wurden geschlossene Items zu den einzelnen Bausteinen des Seminars eingesetzt (siehe Tab. 20.3). Dabei zeigte sich, dass die drei Bausteine von den Studierenden aller Seminare als relevant für den Ausbau ihrer Kompetenzen empfunden wurden. Die Relevanz der Theorie ($M = 3{,}65$, $SD = 0{,}50$) und die der Planung, Durchführung und Reflexion des Lehr-Lern-Labors ($M = 3{,}55$, $SD = 0{,}53$) wurde dabei höher eingeschätzt als die Analyse von fremden Videovignetten ($M = 3{,}10$, $SD = 0{,}64$).

Tab. 20.3 Relevanz der einzelnen Bausteine für den Ausbau der eigenen Kompetenzen

Baustein	Erarbeiten theoretischer Inhalte		Analysieren von Videovignetten		Planen, Durchführen und Reflektieren des Lehr-Lern-Labors	
Anzahl der Items	3		4		6	
Beispielitem	Im Seminar wurde Wissen vermittelt, welches für mein zukünftiges Lehrerhandeln relevant ist		Ich glaube, dass das Bearbeiten der fremden Videoszenen zu meiner persönlichen Kompetenzentwicklung beigetragen hat		Die Planung, Durchführung und Reflexion des Unterrichts hat mich dabei unterstützt, Theorie und Praxis miteinander zu verknüpfen	
Seminargruppe	EG1	EG2	EG1	EG2	EG1	EG2
Cronbachs α	0,83	0,88	0,73	0,67	0,86	0,93
M (SD)	3,63 (0,56)	3,68 (0,42)	3,09 (0,70)	3,11 (0,57)	3,56 (0,53)	3,55 (0,68)
Gesamt	3,65 (0,50)		3,10 (0,64)		3,55 (0,53)	

Anmerkung: vierstufige Likert-Skala (4 = stimme zu; 3 = stimme eher zu; 2 = stimme eher nicht zu; 1 = stimme nicht zu)

Tab. 20.4 Einschätzung der Bedeutsamkeit der Bausteine in Bezug auf den Ausbau von Kompetenzen zu Diagnostik und Rückmeldung

Baustein	Erarbeiten theoretischer Inhalte		Analysieren von Videovignetten		Planen des Lehr-Lern-Labors		Durchführen des Lehr-Lern-Labors		Reflektieren des Lehr-Lern-Labors	
Seminargruppe	EG1	EG2	EG1	EG2	EG1	EG2	EG1	EG2	EG1	EG2
M (SD)	3,42 (0,60)	3,26 (0,58)	3,31 (0,62)	3,23 (0,56)	3,19 (0,71)	3,39 (0,62)	3,17 (0,65)	3,45 (0,62)	3,36 (0,54)	3,23 (0,72)
Gesamt	3,34 (0,59)		3,27 (0,59)		3,31 (0,48)		3,30 (0,47)		3,29 (0,60)	

Anmerkung: vierstufige Likert-Skala (4 = stimme zu; 3 = stimme eher zu; 2 = stimme eher nicht zu; 1 = stimme nicht zu)

Anschließend wurden Zusammenhänge zwischen dem selbst eingeschätzten Kompetenzausbau und den einzelnen Bausteinen anhand linearer Regressionen untersucht. Dabei zeigte sich in beiden Gruppen kein Zusammenhang zwischen dem Kompetenzausbau und der Relevanz der Theorie. Zusammenhänge ließen sich dagegen zwischen dem Kompetenzausbau und der Relevanz von fremden Videovignetten feststellen (EG1: $(F(1,34) = 10,11$, $p = 0,003)$; EG2: $(F(1,29) = 9,56$, $p = 0,004))$. In beiden Gruppen konnten 21 % (EG1, mit eigenen Videos) bzw. 22 % (EG2, ohne eigene Videos) der Varianzen aufgeklärt werden. Weitere Zusammenhänge fanden sich in Bezug auf den Kompetenzausbau und die Relevanz des Lehr-Lern-Labors (EG1: $(F(1,34) = 12,27$, $p < 0,001)$; EG2: $(F(1,29) = 65,47$, $p < 0,001))$. Insbesondere in der Gruppe ohne eigene Videos erklärte das Lehr-Lern-Labor einen Großteil der Varianz (EG1: 24 %, EG2: 68 %).

Zuletzt wurde die Relevanz der einzelnen Bausteine in Bezug auf den selbst eingeschätzten Kompetenzausbau der Studierenden zu Diagnostik und Rückmeldung untersucht (siehe Tab. 20.4). Insgesamt zeigte sich eine ähnliche Bedeutsamkeit aller Bausteine. Unterschiede zwischen den Gruppen bestehen lediglich deskriptiv.

20.7 Diskussion

In dieser Studie wurde untersucht, wie Masterstudierende des Grundschullehramts ein Seminar mit integriertem Lehr-Lern-Labor in Bezug auf die Seminarkonzeption und den Ausbau eigener Kompetenzen einschätzen. Die Evaluation der aus drei Bausteinen bestehenden Seminarkonzeption erwies sich dabei insgesamt als positiv. Im Folgenden wird, in Anlehnung an die gestellten Forschungsfragen, zuerst der Fokus auf das Lehr-Lern-Labor an sich und im Weiteren auf die Bedeutung der eigenen Videografien gelegt.

Zum Einfluss des Lehr-Lern-Labors auf die Weiterempfehlung und auf die subjektive Kompetenzeinschätzung In diesem Seminar umfasste das Lehr-Lern-Labor die Planung, Durchführung und Reflexion einer Lehr-Lern-Situation. Es stellte sowohl für die Studierenden mit eigenen Videos als auch für die ohne eigene Videos den bedeutsamsten Faktor der Weiterempfehlung dar. Gleichzeitig wurde es auch als relevant für den Kompetenzausbau, u. a. in Bezug auf den der Diagnostik und der Rückmeldung, gesehen. Der Erfolg in diesem Seminar lässt sich dahingehend eventuell mit einem wechselseitigen Prozess der Theorie-Praxis-Verknüpfung erklären (vgl. Herzog und von Felten 2001): 1) Die Studierenden wurden zuerst schrittweise an die Praxis herangeführt, indem theoretische Inhalte an Vignetten veranschaulicht und im Weiteren Vignetten dann eigenständig analysiert wurden. 2) Nach der Durchführung einer eigenen Lehr-Lern-Situation wurden die Studierenden von der Praxis zurück zur Theorie geführt, indem sie die Praxis vor dem Hintergrund erworbenen Wissens reflektierten. Das Lehr-Lern-Labor scheint sich folglich als eine gute Möglichkeit für jene Theorie-Praxis-Verknüpfung zu erweisen, die sich Studierende in der universitären Lehreramtsausbildung wünschen (Lersch 2006). Dieser Wunsch könnte darüber hinaus auch der Grund dafür sein, dass einige Studierende den zeitlichen

Anteil des Lehr-Lern-Labors als zu gering bewerteten. Mit der Umsetzung von Seminaren mit mehr als zehn Sitzungen könnte der Theorie-Praxis-Verknüpfung mehr Zeit eingeräumt werden. Eine Möglichkeit könnte darin bestehen, eine Lehr-Lern-Situation im Lehr-Lern-Labor nicht nur einmalig durchführen zu lassen, sondern mehrmalig (Zucker und Leuchter 2018). Auf diese Weise könnte beispielsweise eine Lehr-Lern-Einheit durch mehrmaliges Durchführen mit unterschiedlichen Schülerinnen und Schülern in einem iterativen Prozess stetig verbessert werden. Alternativ könnte aber auch ein Lehr-Lern-Labor mit aufeinander aufbauenden Lehr-Lern-Situationen mit den gleichen Schülerinnen und Schülern eingesetzt werden. Dies würde dann am ehesten an die Komplexität des Unterrichts heranführen.

Zur Bedeutung von Videovignetten im Lehr-Lern-Labor   In Bezug auf den Einsatz von Videos konnten Unterschiede zwischen den Studierenden festgestellt werden, die mit eigenen Videos gearbeitet hatten, und denen, die dies nicht getan hatten. So nannten Studierende der Seminare mit eigenen Videos häufiger Videovignetten als Grund für eine Weiterempfehlung. Die Beschreibungen einiger Studierender legten dabei nahe, dass damit insbesondere die eigenen Videos gemeint waren. Da die Studierenden der anderen Gruppe keine eigenen Videos erstellt hatten, könnte dies auch der Grund für lediglich wenige Nennungen in dieser Gruppe sein. Dies lässt vermuten, dass Videovignetten insbesondere dann als relevant angesehen werden, wenn es sich um die eigenen Videos handelt. Daraus lässt sich schließen, dass der Mehrwert fremder Videovignetten Studierenden möglicherweise nicht bewusst ist. Dies lässt sich auch daran festmachen, dass erstens die Studierenden den zeitlichen Anteil an fremden Videovignetten (im Vergleich zu den anderen Bausteinen) am ehesten als zu hoch einschätzten. Zweitens wird den fremden Videovignetten der geringste Wert an empfundener Relevanz im Vergleich zu den anderen Bausteinen zugesprochen. Bedeutsam sind daher die Fragen, warum die fremden Videovignetten einen geringeren Mehrwert für die Studierenden hatten als die anderen Bausteine und inwiefern die wahrgenommene Relevanz von Videovignetten fremder Lehrpersonen bei Studierenden gestärkt werden kann. Als eine die fremden Videos ergänzende Möglichkeit können beispielsweise Rollenspiele gesehen werden (Gerteis 2009), in denen etwa die Situationen der fremden Videovignetten nachgespielt und fortgesetzt werden.

Die Ergebnisse dieser Studie legen zwar nahe, dass die drei Seminarbausteine bei den Studierenden zu einem Ausbau der Kompetenzen beigetragen haben, allerdings lassen sich auch Unterschiede zwischen den Seminargruppen erkennen. Während etwa die Studierenden der Seminare mit eigenen Videos insbesondere den Ausbau von Kompetenzen zur Diagnostik und zur Rückmeldung nannten, beschrieben Studierende des Seminars ohne eigene Videos vielfach Kompetenzen in Bezug auf das konkrete Unterrichtsthema Schwimmen und Sinken. Da die Seminare sich in ihrem Aufbau lediglich in Bezug auf das Videografieren und die damit eng verbundene Reflexionsgestaltung unterschieden, wird somit insbesondere diesem Teilbaustein des Lehr-Lern-Labors eine bedeutsame Rolle zugewiesen. Das eigene Videografieren scheint dabei ein guter Reflexionsanlass für den eigenen Kompetenzausbau zu sein (Gold et al. 2017; Tripp und Rich 2012). Auch in Bezug auf Kompetenzen des formativen Assessments scheint das eigene Videografieren großes Potenzial zu besitzen, da es die eigenen Handlungen bewusst machen kann. Dies ist bedeutsam, da Studien zeigen, dass formatives Assessment bei Lehrpersonen zum Teil unbewusst abläuft und eine explizite Artikulation teilweise schwerfällt (Bell und Cowie 2001; Haug und Ødegaard 2015).

Darüber hinaus unterschieden sich die Gruppen beim Beschreiben einer möglichen Weiterempfehlung dahingehend, dass Studierende der Seminare ohne eigene Videos häufiger die Dozierende als Weiterempfehlungsfaktor nannten als die Studierenden der Seminare mit eigenen Videos. Dies könnte ein Hinweis darauf sein, dass durch das Fokussieren eigener Kompetenzen mithilfe von Videografien die Dozierende als ausschlaggebender Grund für eine Weiterempfehlung in den Hintergrund rückt. Eigene Videos könnten daher einen bedeutsamen Aspekt bei der Minimierung von Einflüssen durch Dozierende darstellen. Inwiefern Sympathie und Begeisterungsfähigkeit als mögliche individuelle Persönlichkeitsunterschiede der Dozierenden an dieser Stelle einen Einfluss hatten, wurde im Rahmen dieser Studie allerdings nicht untersucht.

20.8   Limitationen und Ausblick

Die vorgestellten Ergebnisse deuten auf die Bedeutsamkeit von Lehr-Lern-Laboren hin. Allerdings liegen auch Limitationen sowie Ansatzpunkte für weitere potenzielle Forschung vor. Eine Limitation betrifft den inhaltlichen Schwerpunkt des Seminars, das formative Assessment. Formatives Assessment wurde im Seminar durch das Diagnostizieren und Rückmelden konkretisiert. In der Forschungsliteratur umfasst das formative Assessment darüber hinaus noch weitere Merkmale wie etwa das Anregen von sogenanntem Self- und Peer-Assessment (Black und Wiliam 2009), weshalb diese beiden Aspekte in eine weitere Studie einbezogen werden könnten. Im vorgestellten Seminar wurde der Fokus jedoch bewusst auf lediglich zwei Merkmale des formativen Assessments gelegt, um während der begrenzten Seminardauer eine vertiefte Auseinandersetzung mit einem Gegenstand zu ermöglichen (Lipowsky 2004). Vermutlich lassen sich die drei beschriebenen Bausteine des hier dargestellten Seminars auch auf weitere theoretische Inhalte beziehen.

Einige Studierende beschrieben den Ausbau ihrer Selbstwirksamkeitsüberzeugungen in Bezug auf die Umsetzung des Unterrichtsthemas Schwimmen und Sinken. Daher kann vermutet werden, dass auch bei weiteren Unterrichtsthemen der Ausbau von Selbstwirksamkeitsüberzeugungen angeregt werden kann. Insbesondere vor dem Hintergrund, dass naturwissenschaftliche Themen im Unterricht meist nur in geringem Maß vorkommen (z. B. Möller 2004), wäre dies eine Möglichkeit, die Selbstwirksamkeit der Lehrpersonen und somit den naturwissenschaftlichen Grundschulunterricht zu stärken.

Auf methodischer Ebene ist zudem anzuführen, dass im Rahmen dieser Studie nur die Selbsteinschätzung der Studierenden untersucht wurde. Die Selbsteinschätzung stellt nach Kirkpatrick (1979) und Lipowsky (2004) jedoch lediglich eine von vier zu untersuchenden Ebenen im Rahmen einer Evaluation dar. Konkrete Verhaltensänderungen beispielsweise wurden nicht untersucht. Eine solche Untersuchung wäre allerdings bedeutsam, da die Ergebnisse u. a. durch Antworten im Sinne der sozialen Erwünschtheit verzerrt sein könnten. In Bezug auf das vorgestellte Seminar werden Daten zur objektiven Einschätzung des Kompetenzausbaus zurzeit ausgewertet.

Abschließend kann festgehalten werden, dass Lehr-Lern-Labore ein hohes Potenzial hinsichtlich des Ausbaus verschiedener Kompetenzen angehender Lehrpersonen aufweisen. Da ihre Komplexitätsreduzierung auf verschiedene Weise gestaltet werden kann, stellen sie folglich eine gute Möglichkeit dar, Theorie und Praxis zu jedem Zeitpunkt der universitären Lehramtsausbildung sinnvoll zu verknüpfen.

Literatur

Bell, B., & Cowie, B. (2001). Teacher development for formative assessment. *Waikato Journal of Education, 7*, 37–49.

Black, P., & Wiliam, D. (2009). Developing the theory of formative assessment. *Educational Assessment, Evaluation and Accountability, 21*(1), 5–31.

Blömeke, S., Gustafsson, J. E., & Shavelson, R. J. (2015). Beyond dichotomies – competence viewed as a continuum. *Zeitschrift für Psychologie, 223*(1), 3–13.

Bortz, J., & Schuster, C. (2010). *Statistik für Human- und Sozialwissenschaftler* (7. Aufl.). Berlin: Springer.

Brouwer, N., Besselink, E., & Oosterheert, I. (2017). The power of video feedback with structured viewing guides. *Teaching and Teacher Education, 66*, 60–73.

Brüning, A. (2017). Lehr-Lern-Labore in der Lehramtsausbildung – Definition, Profilbildung und Effekte für Studierende. In U. Kortenkamp & A. Kuzle (Hrsg.), *Beiträge zum Mathematikunterricht* (S. 1377–1378). Münster: WTM.

Bürgermeister, A., & Saalbach, H. (2018). Formatives Assessment: Ein Ansatz zur Förderung individueller Lernprozesse. *Psychologie in Erziehung und Unterricht, 65*, 194–205.

Chi, M. T. H. (2008). Three types of conceptual change: belief revision, mental model transformation, and categorical shift. In S. Vosniadou (Hrsg.), *International handbook of research on conceptual change* (S. 61–82). New York: Routledge.

Cowie, B., & Bell, B. (1999). A model of formative assessment in science education. *Assessment in Education: Principles, Policy & Practice, 6*(1), 101–116.

Decristan, J., Klieme, E., Kunter, M., Hochweber, J., Büttner, G., Fauth, B., Hondrich, A. L., Rieser, S., Hertel, S., & Hardy, I. (2015). Embedded formative assessment and classroom process quality: How do they interact in promoting science understanding? *American Educational Research Journal, 52*(6), 1133–1159.

Driver, R., Asoko, H. M., Leach, J., Mortimer, E., & Scott, P. H. (1994). Constructing scientific knowlegde in the classroom. *Educational Researcher, 23*(7), 5–12.

Duit, R. (2015). Alltagsvorstellungen und Physik lernen. In E. Kirchner, R. Girwidz & P. Häußler (Hrsg.), *Physikdidaktik – Theorie und Praxis* (3. Aufl. S. 657–680). Berlin: Springer.

van Es, E. A., & Sherin, M. G. (2008). Mathematics teachers' "learning to notice" in the context of a video club. *Teaching and Teacher Education, 24*(2), 244–276.

Gerteis, M. (2009). Welche Rolle spielen Rollenspiele? Überlegungen zu Stellenwert, Inhalt und Methodik der Kommunikationsausbildung in der tertiarisierten Lehrerinnen- und Lehrerbildung. *Beiträge zur Lehrerinnen- und Lehrerbildung, 27*(3), 438–450.

Gold, B., Hellermann, C., & Holodynski, M. (2017). Effekte videobasierter Trainings zur Förderung der Selbstwirksamkeitsüberzeugungen über Klassenführung im Grundschulunterricht. *Zeitschrift für Erziehungswissenschaft, 20*, 115–136.

Gotwals, A. W., & Birmingham, D. (2016). Eliciting, identifying, interpreting, and responding to students' ideas: teacher candidates' growth in formative assessment practices. *Research in Science Education, 46*(3), 365–388.

Gotwals, A. W., Philhower, J., Cisterna, D., & Bennett, S. (2015). Using video to examine formative assessment practices as measures of expertise for mathematics and science teachers. *International Journal of Science and Mathematics Education, 13*(2), 405–423.

Gröschner, A., Schindler, A.-K., Holzberger, D., Alles, M., & Seidel, T. (2018). How systematic video reflection in teacher professional development regarding classroom discourse contributes to teacher and student self-efficacy. *International Journal of Educational Research, 90,* 223–233.

Hardy, I., Jonen, A., Möller, K., & Stern, E. (2006). Effects of instructional support within constructivist learning environments for elementary school students' understanding of "floating and sinking". *Journal of Educational Psychology, 98*(2), 307–326.

Harlen, W. (2001). Taking children's own ideas seriously. In W. Harlen (Hrsg.), *Taking the Plunge* (2. Aufl. S. 48–64). Portsmouth: Heinemann.

Haug, B. S., & Ødegaard, M. (2015). Formative assessment and teachers' sensitivity to student responses. *International Journal of Science Education, 37*(4), 629–654.

Hellermann, C., Gold, B., & Holodynski, M. (2015). Förderung von Klassenführungsfähigkeiten im Lehramtsstudium – Die Wirkung der Analyse eigener und fremder Unterrichtsvideos auf das strategische Wissen und die professionelle Wahrnehmung. *Zeitschrift für Entwicklungspsychologie und Pädagogische Psychologie, 47*(2), 97–109.

Herzog, W., & von Felten, R. (2001). Erfahrung und Reflexion. Zur Professionalisierung der Praktikumsausbildung von Lehrerinnen und Lehrern. *Beiträge zur Lehrerinnen- und Lehrerbildung, 19*(1), 17–28.

Kirkpatrick, D. L. (1979). Techniques for evaluating training programs. *Training and Development Journal, 33*(6), 78–92.

König, J., Blömeke, S., Klein, P., Suhl, U., Busse, A., & Kaiser, G. (2014). Is teachers' general pedagogical knowledge a premise for noticing and interpreting classroom situations? A video-based assessment approach. *Teaching and Teacher Education, 38,* 76–88.

Leonhard, T. (2008). Zur Entwicklung professioneller Kompetenzen in der Lehrererstausbildung. Konzeption und Ergebnisse einer explorativen Fallstudienuntersuchung. *Empirische Pädagogik, 22*(3), 382–408.

Lersch, R. (2006). Lehrerbildung im Urteil der Auszubildenden. Eine empirische Studie zu beiden Phasen der Lehrerausbildung. In C. Allemann-Ghionda & E. Terhart (Hrsg.), *Kompetenzen und Kompetenzentwicklung von Lehrerinnen und Lehrern.* Zeitschrift für Pädagogik, Beiheft, (Bd. 51, S. 164–181). Weinheim: Beltz.

Leuchter, M., & Saalbach, H. (2014). Verbale Unterstützungsmaßnahmen im Rahmen eines naturwissenschaftlichen Lernangebots in Kindergarten und Grundschule. *Unterrichtswissenschaft, 42*(2), 117–131.

Lipowsky, F. (2004). Was macht Fortbildungen für Lehrkräfte erfolgreich? Befunde der Forschung und mögliche Konsequenzen für die Praxis. *Die deutsche Schule, 96*(4), 462–479.

Möller, K. (1999). Konstruktivistisch orientierte Lehr-Lernprozeßforschung im naturwissenschaftlich-technischen Bereich des Sachunterrichts. In W. Köhnlein, B. Marquardt-Mau & H. Schreier (Hrsg.), *Vielperspektivisches Denken im Sachunterricht* (S. 125–191). Bad Heilbrunn: Klinkhardt.

Möller, K. (2004). Naturwissenschaftliches Lernen in der Grundschule – Welche Kompetenzen brauchen Grundschullehrkräfte? In H. Merkens (Hrsg.), *Lehrerbildung: IGLU und die Folgen* (S. 65–84). Opladen: Leske & Budrich.

Santagata, R., Zannoni, C., & Stigler, J. W. (2007). The role of lesson analysis in pre-service teacher education: An empirical investigation of teacher learning from a virtual video-based field experience. *Journal of Mathematics Teacher Education, 10*(2), 123–140.

Seidel, T., Stürmer, K., Blomberg, G., Kobarg, M., & Schwindt, K. (2011). Teacher learning from analysis of videotaped classroom situations: Does it make a difference whether teachers observe their own teaching or that of others? *Teaching and Teacher Education, 27*(2), 259–267.

Steffensky, M. (2007). Was lernen Studierende im Schülerlabor? Schülerlabore als Bestandteil der naturwissenschaftsdidaktischen Ausbildung. In D. Lemmermöhle, M. Rothgangel, S. Bögeholz, M. Hasselhorn & R. Watermann (Hrsg.), *Professionell lehren – Erfolgreich lernen* (S. 161–170). Münster: Waxmann.

Sunder, C., Todorova, M., & Möller, K. (2016). Förderung der professionellen Wahrnehmung bei Bachelorstudierenden durch Fallanalysen. Lohnt sich der Einsatz von Videos bei der Repräsentation der Fälle? *Unterrichtswissenschaft, 44*(4), 339–356.

Tripp, T. R., & Rich, P. J. (2012). The influence of video analysis on the process of teacher change. *Teaching and Teacher Education, 28*(5), 728–739.

Zucker, V., & Leuchter, M. (2018). Lehr-Lern-Labore als lernwirksame Orte der fachdidaktischen MINT-Lehrerbildung – Förderung von Kompetenzen Studierender hinsichtlich des Diagnostizierens und Rückmeldens. *MNU, 71*(6), 364–369.

Stichwortverzeichnis

© Springer-Verlag GmbH Deutschland, ein Teil von Springer Nature 2020
B. Priemer und J. Roth (Hrsg.), *Lehr-Lern-Labore*,
https://doi.org/10.1007/978-3-662-58913-7

Printed in the United States
By Bookmasters